非晶物质——常规物质第四态

（第三卷）

汪卫华　著

科学出版社

北　京

内 容 简 介

本书分三卷，试图用科普的语言，以典型非晶物质如玻璃、非晶合金等为模型体系，系统阐述自然界中与气态、液态和固态并列的第四种常规物质——非晶物质的特征、性能、本质以及广泛和重要的应用，全面介绍了非晶物质科学中的新概念、新思想、新方法、新工艺、新材料、新问题、新模型和理论、奥秘、发展历史、研究概况和新进展，其中穿插了研究历史和精彩故事。本书力图把非晶物质放入一个更大的物质科学框架和图像中，放到材料研究和应用史中去介绍和讨论，让读者能从不同的角度和视野来全面了解非晶物质及其对科技发展和人类文明的影响。

国内目前关于非晶物质科学的书籍偏少，这与蓬勃发展的非晶物质科学和广泛的非晶材料应用形势不相适应。本书可作为学习和研究物质科学和材料的本科生、研究生、科研人员的参考读物，也可供从事非晶物理、非晶材料、玻璃材料研究和产业的科研工作者、工程技术人员、企业家、研究生以及玻璃爱好者参考。

图书在版编目（CIP）数据

非晶物质——常规物质第四态. 第三卷 / 汪卫华著. —北京：科学出版社，2023.6
ISBN 978-7-03-075636-7

Ⅰ. ①非… Ⅱ. ①汪… Ⅲ. ①非晶态–物理学 Ⅳ. ①O751

中国国家版本馆 CIP 数据核字（2023）第 097028 号

责任编辑：钱　俊　田轶静 / 责任校对：彭珍珍
责任印制：吴兆东 / 封面设计：无极书装

科 学 出 版 社 出版
北京东黄城根北街 16 号
邮政编码：100717
http://www.sciencep.com

北京中科印刷有限公司印刷
科学出版社发行　各地新华书店经销

*

2023 年 6 月第 一 版　开本：787×1092　1/16
2025 年 1 月第二次印刷　印张：26 1/4
字数：600 000

定价：238.00 元
（如有印装质量问题，我社负责调换）

前　言

　　非晶物质是物质世界中最平常、最普遍、最多样化的物质，也是人类应用最古老和最广泛的材料之一。非晶物质涉及我们生活的方方面面，如非晶玻璃曾经对人类的生活、科学的发展、社会的进步，甚至文化、艺术和宗教都产生了极大的影响，还在东西方文化和文明的差异与分歧中起到了至关重要的作用。此外，从科学的角度看，非晶物质也是最复杂和神秘的、最难认识和理解的物质之一，因此至今我们对于非晶物质的认识还非常肤浅。非晶物质甚至还没有科学和明确的定义，它的本质问题一直是一个科学难题和热门话题。

　　从物质角度看，非晶物质是自然界中最复杂的常规物质之一，可以被看作是与气态、液态和固态并列的第四种常规物质态。自然界中有大量的具有多样性、普遍性的非晶态物质，因为非晶物质有很多特征和特性，所以很难将其归类于晶体固体或者液体。它是复杂的多体相互作用体系，是远离平衡态的亚稳物质，其基本结构特征是微观原子结构长程无序，短程或局域有一定的序，宏观各向同性均匀，微观具有本征的非均匀性；它具有复杂的多重动力学弛豫行为，其物理、化学和力学性质、特征及结构都随时间不停地演化。不稳定、非均匀、非线性、随机性和不可逆是非晶物质的基本要素，自组织、复杂性和时间在非晶物质中起重要作用。非晶态物质的复杂性、多样性和时间相关性导致它的独特和奇异性质。非晶物质体系虽然比生命体系简单得多，但很多方面和生命物质有类似之处，它们都是复杂体系，能量相对很高，受熵的调控，是远离平衡的亚稳态，所以都会随着时间发生性能和结构衰变，通过环境的特定变化也可使得非晶物质体系暂时年轻化。非晶态物质还有类似生命物质的记忆效应、遗传特性、对外界能量反响的敏感性、可塑性及可通过训练来改进某种性能的特征。这使得非晶物质的研究非常重要，同时研究难度也很大。关于非晶物质和体系的解释和认识既丰富又有趣，但理论发展还不成熟。

　　非晶物质的复杂性、多样性、非线性、非平衡、无序性并没有阻挡住人们对它的兴趣和研究，现在人们把越来越多的目光从相对简单的有序物质体系转移到复杂的、动态的无序非晶体系。2021 年的诺贝尔物理学奖授予意大利科学家 G . Parisi，以表彰他对理解复杂无序系统的开创性贡献，也说明无序体系本身研究的重要科学意义和价值。对非晶物质的探寻，将帮助我们窥探物质的本质，了解物质的奥秘。非晶物质的研究是在混乱和无序中发现规律和序，在纷繁和复杂中寻求简单和美，引领了新的物质研究方向，导致很多新概念、新思想、新方法、新工艺、新材料、新模型、新理论，以及新物质观的产生。同时熵和序调控的理念催生了准晶、高熵材料、高熵金属玻璃、非晶基复合材料等新材料体系，颠覆了传统材料从成分和缺陷出发设计和制备的思路，把结构材料的强度、韧性、弹性、抗腐蚀、抗辐照等性能指标提升到前所未有的高度，促进了功能和结构特性的融合，对材料的研发理念、结构材料、绿色节能、磁性材料、催化、生物材料、能源材料、信息材料等领域产生深刻的影响，改变了材料领域的面貌。性能独特的非晶材料在日常生活和高新技术领域成为广泛使用的材料。另外，非晶物质(如金属、玻璃)作为相对简单的无序体系，为研究材料科学、凝聚态物理、复杂体系中的重要科学问题提供了理想、独特的模型体系，极大地推动了复杂无序体系的研究和发展，并成为凝聚态物理的一个重要和有挑战性的分支学科。遗憾的是国内关于非晶物质的书籍偏少，这和蓬勃发展的非晶物质科学和广泛的非晶材料应用形势不相适应。

本书试图用科普的语言，以典型非晶物质(如玻璃、非晶合金、过冷液体)为模型体系来全面介绍非晶物质在整个物质世界的位置，非晶材料的研发、发展和应用历史，以及对人类历史和社会、科学发展的重大作用，重点阐述非晶物质科学中的主要概念，非晶物质科学研究方法、理论模型、重要科学问题和难题，非晶物质形成机制、结构特征、表征方法和模型，非晶物质的本质、热力学和动力学特征，非晶物质和时间、维度的关系，非晶物质中的重要转变——玻璃转变，非晶物质的流变特征和断裂特征，非晶物质的重要物理和力学性能，以及非晶材料各种应用等方面的概况和最新的重要进展，其中穿插了非晶物理和材料的研究历史和精彩故事。

本书是在非晶物质前沿问题艰难探索过程中和如何解决非晶领域的难题与挑战的思考中完成的。书中回顾了非晶物质材料的研究和研发历程，分析了当前该领域的前沿科学问题、发展方向、重要进展、机遇和挑战及在高新技术领域的应用场景，并探讨了其发展前景。每个章节都介绍了与非晶物质相关的研究动态及趋势，试图回答什么是非晶物质的前沿并提出问题，并用一章节列出了非晶物质科学和技术领域重要的 100 个科学、技术和应用问题与难题。对于这些问题并不试图给出简单和明确的答案，而是希望能引起思考，启发读者能加入到这些问题的对话和研究中来。本书还介绍了有关非晶物质的很多最新的研究进展和新知识，这些新知识或许是浅薄的，但浅薄的新知识尽管是片断、粗浅、有缺陷和不完整的，却代表了本领域的创新。

本书希望把非晶物质研究相容地放入一个更大的物质科学框架和图像中，放入材料研究和应用史中，放入现实世界中去介绍和讨论，让读者能从不同的角度和视野全面了解非晶物质体系及其研究发展历程，以及对技术和科学发展、人类社会和生活的影响。相信读完本书后，读者会对第四类常规物质态非晶物质有更加立体、生动和深入的认知，能像欣赏名画和名曲那样发现非晶物质的美、价值、意义和奥妙。

本书可作为学习和研究非晶物质科学和材料的本科生、研究生的参考读物，也可供从事相关领域的科研工作者以及对玻璃有兴趣的读者参考。

目　　录

第 13 章 非晶物质的晶化及热稳定性：无序和有序的竞争

格言

♣ Crystallization is death.——E. S. Fedorov

♣ All materials search for the lowest accessible energy state, nucleation is ubiquitous.——J. M. Gibson

水的结晶和晶体

13.1 引　言

非晶物质作为 4 种常规物态的一类，和气态、液态、晶态(包括准晶态)物质之间可以互相转化。液态转变到非晶态的过程叫玻璃转变，非晶物质转变成晶态物质的过程叫晶化。非晶物质晶化的难易程度是衡量非晶物质形成能力和稳定性的主要因素。因此，研究晶化也是认识非晶物质本质的途径之一。

高能量液态物质随温度或压力凝聚的路径有两条：一是非晶化形成非晶物质；二是结晶晶化形成晶体。所以在液态凝固的过程中，结晶和非晶化玻璃转变是互相竞争的两个过程，即原子/分子体系的凝聚过程是非晶化和晶化、无序和有序化竞争的过程。对结晶的认识可以从另一个侧面理解非晶化过程和非晶物质的本质[1,2]。

通过玻璃转变形成的非晶物质在热力学上是远离平衡的亚稳态，非晶物质衰变的最终态就是通过晶化结晶成为晶体，结晶意味着非晶态的"死亡"。非晶态的结晶和熔体的凝固结晶都是晶化，晶化的两条路径如图 13.1 所示，但是二者既有共同点，也有不同点。比较液态晶化和非晶态物质晶化过程可以区别这两类常规物质的本质不同。

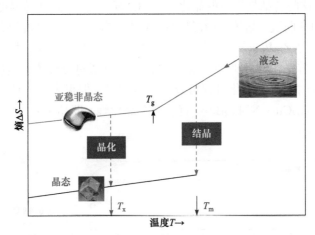

图 13.1　液态随温度或压力凝聚的两条路径，以及液态、非晶态转化为晶态的两条路径

物相的稳定性是物质状态的一种惯性表现，即物态的任何变化须克服势垒。非晶物质的物态或者构型(inherent state)的改变是通过克服势垒，以流变或者晶化(粒子重排)的方式进行的。晶化和非晶物质的稳定性以及非晶形成能力是关联的。研究晶化有助于寻求提高非晶材料形成能力的途径，探索非晶新材料。

非晶物质的物理、化学、力学性质在晶化或部分晶化之后，会发生明显的改变，很多独特的性能会完全或部分丧失，同时影响非晶材料的服役。因此，一方面，非晶材料的晶化条件、稳定性(服役的极限温度和压力等)决定了其服役的极限条件；另一方面，可控的晶化也可以使得非晶材料某些性能优化或增强，如通过可控晶化，许多氧化物玻璃可以变成性能独特的微晶玻璃；还可以通过控制晶化得到部分晶化或全部晶化的纳米结构材料，从而使其具有独特的物理、力学性能；可控晶化还可以优化非晶合金的力学性能(如塑性、强度、软磁性能等)。因此，非晶物质晶化的机制、控制因素的研究对非晶材料性能优化和应用具有重要意义。

非晶物质的晶化会形成很多独特的物理现象，如形核、独特的形貌(如雪花)、表面晶化、外延生长等，这些现象的研究对认识非晶形成规律、相变、形核和长大规律、材料生长的控制都具有意义。

本章重点讨论非晶物质以及液态的晶化现象、特征和异同，包括其形核、长大、结晶过程和规律；介绍控制形核、长大的物理因素和条件，液态形核长大和非晶态物质形核长大的异同；介绍形核、长大的理论和模型及最新进展；讨论非晶物质的热稳定性以及与晶化的关系；讨论晶化、稳定性对非晶物质性能的影响，晶化和稳定性的关系及控制；介绍如何获得高稳定的非晶材料，如何利用晶化调控非晶材料性能等。

13.2　非晶物质的晶化现象和特征

13.2.1　晶化现象和类型

熔体随温度降低或者压力升高会凝固结晶，亚稳态非晶物质在一定条件下会向更稳定的晶态相转变，这两者都是物质的晶化。图 13.2 所示是熔体 Al 随温度降低在熔点附近结晶和晶化的热力学曲线。熔体 Al 在结晶的同时放热，直到结晶过程完成，熔体转变成晶态固体。图 13.3 是 Zr 基非晶合金结晶、晶化的热力学曲线(DSC 曲线)。可以看到随着温度的升高，非晶首先在 T_g 处吸热，能量升高，转变成过冷液体，然后在 T_{x1} 开始晶化结晶，晶化过程同时放热。晶化过程可以是一步完成，但很多情形是多步完成。如该多组元非晶合金 $Zr_{41}Ti_{14}Cu_{12.5}Ni_8Fe_2Be_{22.5}$ 就有 3 个晶化峰，即晶化分三步进行(图 13.3)。因

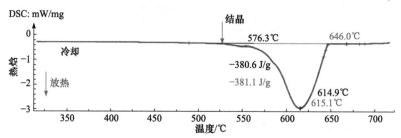

图 13.2　熔体 Al 结晶过程的热力学曲线

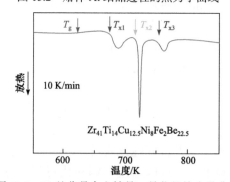

图 13.3　Zr 基非晶合金结晶、晶化的热力学曲线

此，晶化在热力学上是体系放热，能量降低的相转变过程；在动力学上是体系组成粒子被激活、重排重组的过程；在结构上是大量组成粒子从无序到有序重新排列的过程。

和自然界很多物质、材料的生长过程一样，熔体和非晶物质晶化的共同点都是先经过形核然后再长大两个阶段，最终形成晶态物质。图 13.4 是熔体或者非晶物质形核示意图，这些纳米级大小的晶态核在涨落过程中不断产生、不断湮灭，当其中一些核超过一定的临界尺寸(不同物质临界核的尺寸大小不一)时，就会迅速长大成晶粒。图 13.5 是晶核瞬态形成、长大过程的计算机模拟。可以看到，核在熔体涨落过程中可以瞬间(几个纳秒的时间尺度)形成，在合适的条件下可以迅速(纳秒尺度)长大成晶粒[3]。晶粒长大，晶粒之间再合并形成宏观的晶体。现代微观结构分析技术已经能够直接原位观察形核和长大过程，为晶化研究提供了有力的手段。如图 13.6 是使用透射电子显微镜(TEM)和扫描透射电子显微镜(STEM)技术的组合实时监测成核和生长过程，直观地揭示了 $Al_{90}Sm_{10}$ 非晶合金中的形核过

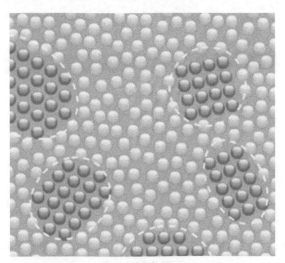

图 13.4　熔体或非晶物质形核示意图(小球代表原子，排列整齐的小球团簇代表晶核)

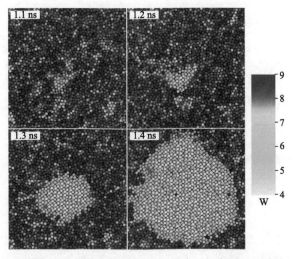

图 13.5　晶核瞬态(几个纳秒的时间尺度)形成、长大过程的计算机模拟[3]

程。图 13.7 是在非晶 $Al_{90}Sm_{10}$ 中，晶态 ε 相的长大过程的原位电镜照片[4]。图 13.8 是高分辨电镜实时原位观测到的 Au 核在涨落过程中形成、长大、产生、湮灭的图像[5]。图 13.9 是利用原位扫描隧道显微镜对硼氧辛二维共价聚合物进行表征，揭示非晶成核、生长延伸过程，非晶态向晶态的转变，晶核随时间的变化。该实验精确地确定了临界晶核的大小、成核速率和生长速度等形核的结晶参数，包括在不同时间段直接观察亚临界核、近临界核和超临界核，在实验上测定出临界成核尺寸，还发现了非经典结晶路径的存在[5]。可见现代技术手段，包括电镜、计算机模拟、胶体模拟等使得形核和长大这个经典课题又重新焕发了活力，导致了很多重要发现，给经典形核、晶化理论带来很多挑战，有兴趣的读者可参照相关文献[5-10]。

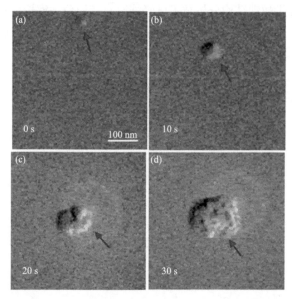

图 13.6　在非晶 $Al_{90}Sm_{10}$ 中晶态ε相(*Im-3m*，ε-相，成分 $Al_{64}Sm_8$，晶格参数 1.381)形成稳定核过程的原位电镜照片[4]

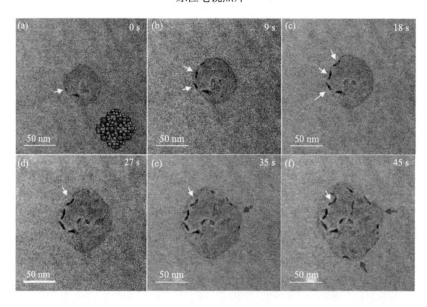

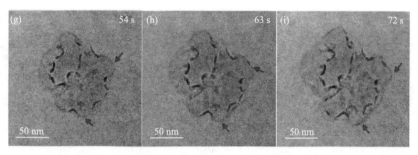

图 13.7　在非晶 $Al_{90}Sm_{10}$ 中，晶态ε相($Im\text{-}3m$，ε-相，成分 $Al_{64}Sm_8$，晶格参数 1.381)长大过程的原位电镜照片[4]

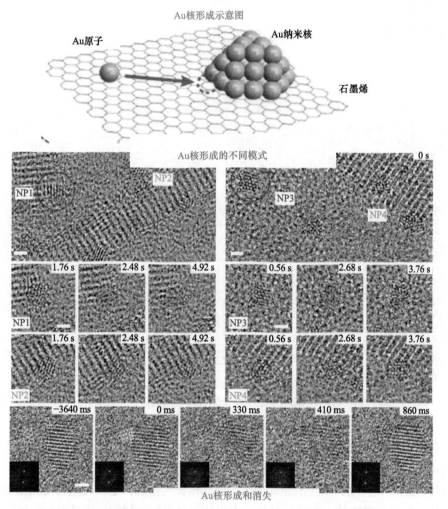

图 13.8　Au 核在涨落过程中形成、长大、产生、湮灭的电镜实验观测[5]

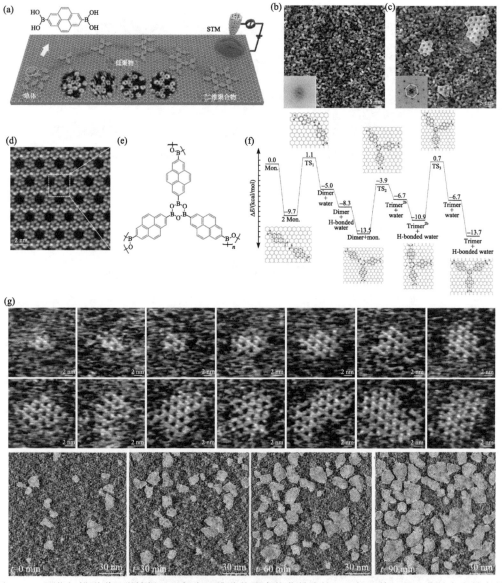

图 13.9　原位扫描隧道显微镜揭示硼氧辛二维共价聚合物非晶成核、生长延伸过程，非晶态向晶态的转变，晶核随时间的变化[6]

　　液体和非晶物质的晶化过程也有区别。非晶物质的结晶是在 T_g 附近进行的，这时体系处在过冷液态，黏滞系数很高，扩散缓慢，虽然过冷度相比熔体很大(熔体过冷度～0，而非晶过冷度 $\Delta T = T_m - T_g$)，晶化的驱动力大，但晶核长大很慢，是长大控制的晶化过程；而在熔体中，粒子扩散很快，形核后晶核长大很快，是形核控制的晶化过程。非晶物质的晶化由于晶核长大过程相对缓慢，因此，均匀非晶基体中形核与长大是模型体系，可用来验证大过冷度下的经典形核理论，并提供了通过可控晶化来优化非晶材料性能的机会。

　　本章重点介绍和讨论非晶物质的晶化过程。非晶物质的晶化是形核和长大两个过程组成的，其驱动力来自于非晶相与晶相之间的自由能差。晶化产物及其形态决定于晶化方式。例如，对于非晶合金，根据晶化产物的不同可将晶化过程分为三种类型[11]，即多晶型、共晶型和初晶型。图 13.10 是这三种晶化类型的自由能变化示意图。多晶型晶化是指非晶相晶化成与之成分相同的过饱和固溶体合金或亚稳相或稳态晶化相，见图 13.10 中的晶化路径 1 和 4。这种类型的晶化只能发生在单质或合金靠近相图中间化合物成分附近。所形成的过饱和相也可能再通过随后的析出反应而分解。亚稳相也会通过进一步的晶化而成为稳态的平衡相。如 $Ni_{33}Zr_{67}$、$Fe_{33}Zr_{67}$、$Co_{33}Zr_{67}$、$Zr_{50}Co_{50}$ 等非晶合金、非晶 Ge 和非晶 Si 膜的晶化都是典型的多晶型晶化。此类非晶物质中的形核通常为无规形核，晶核均匀地分布在非晶基底中，晶核各自长大到彼此互相接触而合并，其晶核的长大速率 u 可表示为

$$u = u_0 \cdot \exp\left(\frac{-Q_{\mathrm{g}}}{RT}\right)\left[1 - \exp\left(\frac{-\Delta G}{RT}\right)\right] \tag{13.1}$$

式中，u_0 是数量级在 10^3 m/s 的预指数因子；Q_{g} 是一个原子脱离非晶基体并附着于晶体的激活能；ΔG 是两相间的摩尔自由能差；R 是气体常数。

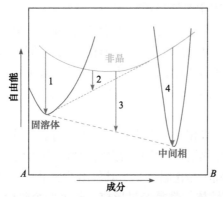

图 13.10　非晶物质晶化的自由能变化示意图，非晶物质可以晶化成固溶体和中间相(如金属间化合物)。非晶和晶态的能差是晶化的驱动力

共晶型晶化是指非晶晶化成为两种晶体相，如图 13.10 中相变路径 3 所示。这种晶化类型的相变驱动力最大，可发生在相图中两个晶态相之间的整个成分区间内，晶化产物的结构呈层状，晶化产物的平均成分与非晶相一样。如 $Ni_{80}P_{20}$ 非晶合金的晶化就是典型的共晶型。共晶型晶化与多晶型晶化一样为非连续反应，晶体与非晶基体的总成分相同。但是与多晶型不同的是共晶型晶化是通过长程扩散来调整两个晶体相中的溶质分布，在较大的过冷度下，当扩散为体扩散时，其晶核长大速率可表示为

$$u = \frac{2 \cdot \pi \cdot a \cdot D}{\lambda} \tag{13.2}$$

当扩散发生在非晶/晶相的界面处，即为界面扩散时，其晶核长大速率可表示为

$$u = \frac{4 \cdot \pi^2 \cdot a \cdot \delta \cdot D}{\lambda^2} \tag{13.3}$$

式中，a 是描述界面处的基体和晶态相的成分的无量纲项；δ 是界面层的厚度；λ 是两晶

化相间的间距；D 是扩散系数。

如果非晶相的成分既不在多晶型晶化的成分附近，也不在共晶型晶化的成分范围内，那么，首先会在非晶基体上析出一个初晶相，即初晶型晶化。初晶相可以是过饱和固溶体，也可以是金属间化合物，依据晶相的成分而定。即图 13.10 中的相变路径 2：非晶→固溶体+剩余非晶相。剩余非晶相还可以再次晶化，再次晶化可以是以上三种晶化类型之一，弥散的初晶相可能会成为剩余非晶相晶化的优先形核位置。在初晶型晶化过程中，会在晶化界面前沿产生浓度梯度，所以长程扩散会起很大作用，其晶核的生长速率随时间而减小，如果生长是由体扩散控制的，则其生长速率可用下式表示：

$$u = a_f (D/t)^{1/2} \tag{13.4}$$

式中，a_f 为无量纲参数，可通过样品浓度和初晶相界面的深度确定[12]；D 为体扩散系数；t 为时间。在初晶相和剩余非晶相达到亚稳平衡以后，进一步生长通过 Ostwald 熟化以很低的生长速率进行，在剩余非晶相再次晶化之前，其晶化相的体积不会发生变化。

13.2.2 晶化特征

非晶物质的晶化有如下主要特征：

晶化是非晶物质的本征特性。处于热力学亚稳态的非晶物质，其能量高于晶态相，相变驱动力大于零，因此非晶物质都有发生形核、长大的晶化趋势，这是晶化不同于熔化等过程的地方。在一定条件下(温度、压力、辐照、长时间衰减等)，非晶物质会发生晶化。晶化在微观上并不是在某个固定温度发生，但是宏观上不同非晶体系有明显的晶化温度点、放热过程和速率。

非晶物质的晶化类似一级相变。当非晶物质加热到某个温度时，开始突然大量结晶，同时放出潜热，称之为晶化热焓，晶化热焓大约相当于其熔化潜热一半的热量释放[13]。用热分析方法可以较准确地确定晶化温度 T_x，其放出的热量，晶化的激活能等参数。

非晶物质的晶化类似熔体，都是经过形核、长大两个阶段。非晶物质的晶化过程首先是要形成晶核，这些晶核可以长大，也可以湮灭，只有超过一定临界尺寸的晶核会迅速长大成晶体[14,15]。如图 13.11 是 Ag_6Cu_4 临界晶核形成的计算机模拟。其周围包围着类晶体的有序区域、二十面体和过冷液体。图 13.12 是电镜下直接观测到的非晶基底上的晶核长大[14]。形成临界核需要激活能达到一定的值，这个值称为临界激活能 ΔE^*。

非晶物质具有宏观特征晶化温度 T_x。通常用连续升温来测量非晶物质的宏观晶化。当加热到某一特定温度时，非晶物质就会发生大规模晶化，转变成晶态产物，这一温度称为动态晶化温度，T_x，简称晶化温度。它在 DSC 晶化曲线上是放热峰的起始位置(图 13.3)。用热分析方法可以准确、方便地确定晶化温度。T_x 也是非晶物质最容易测量的参量。晶化温度和熔体结晶温度不同，液体的结晶点是其相图上晶相和液相的平衡温度。晶化温度 T_x 和升温速率有关，会随升温速率变化。一旦温度超过 T_x，非晶材料立即晶化，失去其原有结构特征和独特性能，因此，晶化温度是非晶材料热稳定性的指标。晶化温度越高，非晶材料的热稳定性越好。大部分非晶材料的晶化温度 T_x 为 $0.4T_m \sim 0.6T_m$。晶化温度受成分、制备热历史和条件等因素影响。动态晶化温度 T_x 是一个快速有效的衡量非晶材料价键结构、结构特征、动力学和热力学等特征的重要参数。

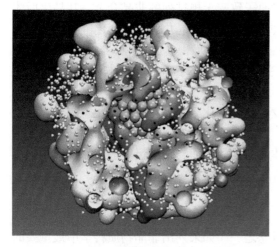

图 13.11　Ag₆Cu₄临界晶核(蓝绿色球)的形成。其周围(橘黄色)是类晶体的有序区域、二十面体(黄色)和过冷液体(白色)[15]

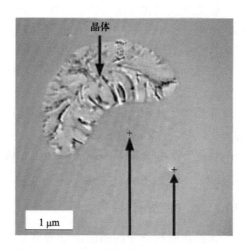

图 13.12　电镜下直接观测到的非晶基底上的晶核长大[14]

不同非晶物质的热稳定性差别很大。例如，AuSi 非晶合金在室温下 24 小时就自发晶化，单质金属非晶在几开尔文温度就会晶化，而有些氧化物非晶玻璃，如石英玻璃，用常规的加热速率，直到液态(大于 1000℃)也难以观察到明显的晶化。T_x 是一个快速有效的衡量非晶材料热稳定性的参数。

非晶物质晶化需要激活能。非晶物质晶化需要克服晶化激活能ΔQ，ΔQ 的大小和非晶的稳定性、结构特征有关；ΔQ 可以通过 DSC 测量。

压力和温度类似，能导致非晶物质晶化。足够高的压力也能导致非晶晶化。图 13.13 是 Ce₇₅Al₂₅非晶合金(常压下其晶化温度远高于室温)在室温、高压下原位同步辐射 X 射线衍射图[16]。可以看到，当压力达到 25 GPa 时，该非晶合金会在室温突然晶化。但是压力诱导的晶化，一般没有一个类似 T_x 的临界压力点。

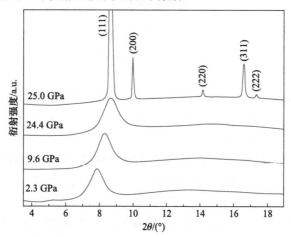

图 13.13　Ce₇₅Al₂₅非晶合金在室温、高压下原位同步辐射 X 射线衍射图，压力在室温下可以导致非晶物质晶化[16]

非晶物质晶化伴随着体积收缩。即使对原子致密无规排列的非晶合金，其晶化后体积收缩也可达 1% 左右[12]。有的非晶体系，如氧化物玻璃，晶化后体积变化可以达到 10% 以上。粒子的无序堆积占有更大的体积，晶化使得粒子堆积更加致密。

非晶物质的晶化温度 T_x 和 T_g 呈正相关关系，即具有高 T_g 的非晶体系，其晶化温度 T_x 也高[17-18]。

非晶物质几乎所有物理性质在晶化后发生显著变化。非晶物质的晶化意味着非晶相的消亡，其特性和性能都发生质变。

维度和尺寸影响非晶物质的晶化。块体非晶物质表面、纳米尺度的非晶物质晶化比其内部和块体要快几个量级，表面晶化激活能只是块体的一半左右。

13.2.3 晶化激活能

非晶物质科学中的激活能是最重要的概念之一。如果列出非晶物质科学中最重要的三个概念，激活能应该是其中之一。实际上，脆度(fragility)、弹性模型、形变、流变单元、剪切形变区(STZ)、动力学、扩散、能量地形图等都是和激活能密切相关的概念和理论模型，晶化激活能也是研究晶化的重要概念。

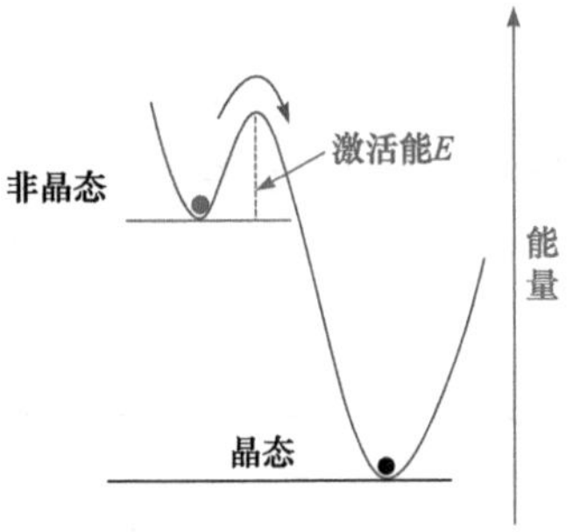

图 13.14 非晶物质晶化激活能

非晶物质的晶化需要温度、压力达到一定的阈值才能发生，这是因为晶化需要激活能。激活能示意图见图 13.14，它是物质非晶态和晶态之间的能垒。晶化激活能是衡量非晶稳定性、动力学行为的重要参数。利用等温 DSC 和变温 DSC 可分析计算晶化过程的激活能 E。下面介绍用变温 DSC 估算晶化过程激活能的简单有效方法。从 DSC 曲线可以测得非晶物质起始晶化温度(T_x)和各个晶化峰的峰值温度(T_{pi})，其精度可达到±1 K。在连续加热条件下，主要晶化过程的表观激活能 E 和频率因子 ν_0 可通过 Kissinger 方法测定[19]估算，即

$$\ln \frac{\theta^2}{\phi} = \frac{E}{k_B \theta} + C \tag{13.5}$$

这里 θ 是 T_x 或 T_{pi}，ϕ 是 DSC 的升温速率，k_B 是玻尔兹曼常量，C 是常数。可由 DSC 测得 θ，然后用数据 $\ln(\theta^2/\phi)$ 对 $1/\theta$ 作图，对 $\ln(\theta^2/\phi)$-$1/\theta$ 进行线性模拟，得到的 $\ln(\theta^2/\phi)$-$1/\theta$ 的斜率即是晶化表观激活能 E。

我们这里用非晶合金作为例子来具体说明晶化激活能是如何利用 DSC 实验测出的。图 13.15 是淬火态的 $Zr_{41}Ti_{14}Cu_{12.5}Ni_{10}Be_{22.5}$ 块体非晶合金在不同加热速率下的 DSC 曲线，随着加热速率的增加，晶化温度 T_x 及其晶化峰值温度 T_{pi} 均向高温移动，其晶化行为与加热速率有关，这一现象说明晶化具有显著的动力学效应。所有非晶合金都有类似的晶化特征。在该非晶合金中加入少量 Fe，改变合金成分虽然会影响其晶化行为，如改变 T_x、T_{pi} 和 ΔT 等值[20]，但并不改变其晶化和玻璃转变的动力学效应。图 13.16 分别是 $Zr_{41}Ti_{14}Cu_{12.5}Ni_{10-x}Fe_xBe_{22.5}(x = 0,2,5)$ 非晶合金的第二晶化峰的 Kissinger 曲线。可以看出，$\ln(\theta^2/\phi)$ 与 $1/\theta$ 存在很好的线性关系，由其斜率可以得到晶化的表观激活能。表 13.1 给出了由 Kissinger 方法计算得到的 $Zr_{41}Ti_{14}Cu_{12.5}Ni_{10}Be_{22.5}$ 大块非晶合金的各晶化过程的激活能。对于非晶合金，其晶化激活能一般为 1~3 eV。

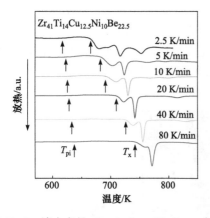

图 13.15　淬火态的 $Zr_{41}Ti_{14}Cu_{12.5}Ni_{10}Be_{22.5}$ 大块非晶合金在不同加热速率下的 DSC 曲线[20]

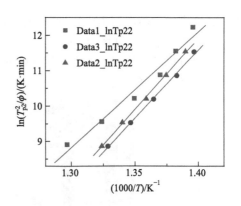

图 13.16　$Zr_{41}Ti_{14}Cu_{12.5}Ni_{10-x}Fe_xBe_{22.5}$ ($x = 0,2,5$) 非晶合金的第二晶化峰的 Kissinger 曲线[20]

表 13.1　$Zr_{41}Ti_{14}Cu_{12.5}Ni_{10-x}Fe_xBe_{22.5}$ 大块非晶合金在淬火态时的 T_g, T_x, T_{p1}, T_{p2} 和 ΔT
(加热速率为 10 K/min)[20]

T_g/K	T_x/K	T_{p1}/K	T_{p2}/K	ΔT/K	$(E_{p1}/r)/$(kJ/mol)	$(E_{p2}/r)/$(kJ/mol)
625	692	710	730	67	192.56 /0.989	272.50 /0.995

注：r 为相关系数。

可以通过调控晶化激活能来调控非晶物质的某些性能，如通过提高非晶合金晶化激活能来改进非晶合金的稳定性和弹性模量。

13.3　晶化动力学

大量实验、理论和模拟证明，晶化不是在物质体系各个微观位置上同时发生的，而是与自然界很多过程和事物一样，起始于体系中某个或者某些微小的区域，即始于某些纳米级尺寸的晶核。自然界小到物相变化、磁畴形成、相分离的发生、位错界面的形成，大到生命的孕育及星球、银河系等星系的形成，甚至宇宙的诞生，都是起始于某些微小的核，然后这些晶核经过生长扩展到整个系统。非晶物质的晶化和熔体的结晶实际上都是在其过冷液区内很微观的区域开始进行的，其晶化的动力学过程可以分为两个阶段：第一阶段是成核阶段，包含大量稳定核的形成和湮灭，这是个热力学吸热过程；第二阶段是这些稳定的临界晶核的长大过程，晶核长大、集聚成为晶体的生长阶段，这是个放热过程。结晶动力学条件控制非晶物质的晶化。下面就来考察过冷液体中形核和长大的行为，以及动力学和热力学规律。

13.3.1　形核

形核是自然界和物质中无处不在的现象。例如，形核决定了乌云什么时候变成大雨，决定了炉子上的一锅水什么时候会沸腾，决定了豆浆能否变成豆腐；抑制冰的形核，使得鱼能够生活在冰冷的水中；抑制形核可以制备出非晶物质；通过控制晶态冰的形核可以制成冰画艺术品，如图 13.17 所示[21]。形核也是需要广泛深入研究的重要物理现象，太阳系的行星就是从细小尘埃形核开始的。尘埃如何形核，变成临界核(星子)，再到行星一直是困扰科学家的难题。

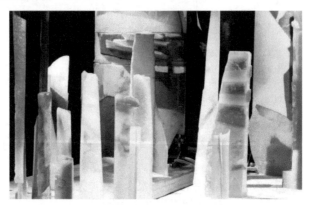

图 13.17　通过控制晶态冰的形核制成的冰画艺术品[21]

"核"这个字，英文是"nucleus"，来自拉丁语的 kernel 或者 inner part，牛津英文字典的定义为"核是一种物质，或者一个群体，或者一种运动的中心和最重要部分，是其行为和生长的基础 (The central and most important part of an object, movement, or group, forming the basis for its activity and growth)[22]"。瞬态核起源于体系的统计涨落起伏，其寿命决定于其尺寸。根据耗散理论，在一个系统中，一个新的结构产生于某些有限的扰动起伏，从一个状态转变成另一个状态不是一步完成的。它首先必须在一个有限的区域内把自己建立起来，然后再侵入扩展至整个空间[23]。现代技术已经可以原位观测纳米级的形核过程，如图 13.6~图 13.9 所示。图 13.18 是 Si 从液态 AuSi 中，在 525℃，真空度 4×10^{-6} Torr①下形核的明场像，可以看到核逐渐长大、合并[7]。

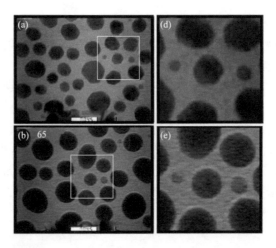

———————————
① 1 Torr=1.333 × 10^2 Pa。

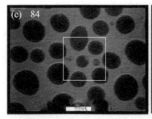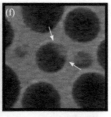

图 13.18　Si 从液态 AuSi 形核的明场像(525℃，4×10^{-6} Torr 下成核)。尺度棒：20 nm[7]

　　形核概念不仅对晶化，而且对非晶形成、相分离、物理冶金等很多领域都产生了深远的影响，因为很多物理过程、材料生长都是从形核开始的。所以，形核的控制决定了后面的相变和材料生长，形核的研究是理解晶化的关键，同时也是控制材料性能的关键。一个很好的例子是图 13.19 中花瓶上玻璃釉中的美丽图案就是通过控制形核晶化形成的，每个图案都是从一个晶核演化来的[24]。

图 13.19　涂有非晶釉的花瓶。非晶釉上的美丽图案是通过控制形核晶化形成的，证明了控制形核的重要性[24]

　　早在 1721 年，Fahrenheit 就发现了水的过冷。图 13.20 是自然界中的过冷水结晶形成的雾凇。大气中的过冷水滴接触到冷的物体快速冻结形成雾凇[25]。一种相在另一种相中(如在过冷熔体中晶体相形核)形核的概念可一直追溯到 Gibbs[26]。Gibbs 提出一种相在另一种相因为成分涨落会形成瞬时核胚，不同尺寸的微量晶胚不断产生和湮灭。当生成相比原始相具有较低的自由能时，如果晶胚正好达到了一个足够大的尺寸，核长大所需的自由能比产生两相之间清晰界面的界面能更低，晶胚将稳定，并长大。甚至包括爱因斯坦在内的很多物理学家当年都考察过液滴在蒸汽相中形核过程的理论[27]。关于形核的研究热潮起起伏伏，直到今天。Volmer 和 Weber 于 1925 年在德国复兴了形核研究，并提出了形核动力学理论[28]，另外两位德国理论物理学家 Becker 和 Doring 又进一步完善、改进了形核理论[29]。但是，直到多年之后的 20 世纪 50 年代，形核的实验测量才成为可能。当时，在通用电气公司工作的 David Turnbull 发明了将熔体(如汞)分散成很多很小的小液滴的技术，他采用多种不同物质，如十二酸酯，来分散包裹水银小颗粒，水银颗粒尺寸为 2~8 μm，并将它们密封间隔。该技术使得有些小液滴受非均匀形核的作用和影响被减小到可以忽略(13.3.2 节将要具体地介绍他的这些技术)。他的这项形核研究测量法非常巧妙[30-32]，所以直到今天仍然被经常采用，他的相关文章也仍然被广泛引用。

图 13.20   自然界的过冷。图中雾凇是大气中的过冷水滴接触到冷的物体快速形核冻结的结果[25]

根据成核条件，又可将成核分成均匀形核和非均匀形核两个过程。均匀形核是指在一个均匀相内的形核，其形核概率是随机和各处相同的；非均匀形核是指由第二相(如装液体的容器器壁)提供晶态界面情况下的成核，在界面处的形核概率要远大于其他区域。对于实际情形，大多数观察到的是非均匀形核过程。

对形核的研究主要集中在形核动力学，因为微观上很难观察到单个形核事件，是因为临界核尺寸太小。关于形核的理论及动力学，在第 4 章中已有较详细的介绍。关于形核更详细的理论和实验建议大家参照两本书：K. F. Kelton 和 A. L. Greer 的书：*Nucleation in Condensed Matter*[33]，D. M. Herlach 的书：*Solidification of Containerless Undercooled Melts*[34]。本节重点概括介绍均匀形核和非均匀形核的图像和主要特征，重点介绍一些有趣的、重要的形核的微观尺度上的最新研究进展。

近年来，随着结构研究技术的进步，形核事件在微观尺度上被观察到了，古老的形核研究又成为新热点，如观察到蛋白质成核[35]、胶体的成核事件[36]，甚至非晶合金的成核事件[37]。胶体成为研究和测量成核事件的模型体系。如图 13.21 是原位观测胶体形核[38]。通过原位观测形核过程，可测得核的临界尺寸、孕育时间、核尺寸的演化过程等信息，验证和修正形核理论及模型，大大促进了形核研究的发展[38,39]。

图 13.22 给出了形核的直观经典图像：由于液态物质的成分、密度涨落，会形成瞬时核，这些核是前驱体，是不稳定的，随时产生、随时湮灭。随着温度或压力的变化，有些瞬时核会越过形核势垒，达到临界尺寸，变成临界核，临界核也可能变回瞬时核。如果这些临界核能进一步长大，就变成稳定晶核，可以持续长大。成核及成核速率还和原子从液相迁移到核上的活化能(扩散能垒)有关。其主要特征是存在临界尺寸和形核势垒。如果是非均匀形核，即形核在有杂质和缺陷提供的基底界面上进行，界面可以大大降低形核势垒，促进形核。人工降雨、豆腐制作过程中加入石膏或盐卤都是加入异质形核界面，促进形核和长大。经典的形核图像为很多实验证实。

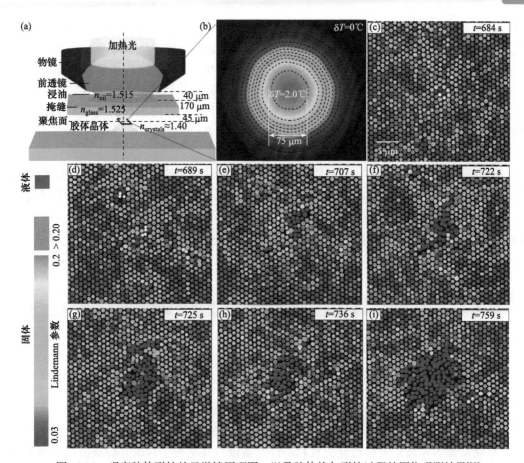

图 13.21　观察胶体形核的显微镜原理图，以及胶体均匀形核过程的原位观测结果[38]

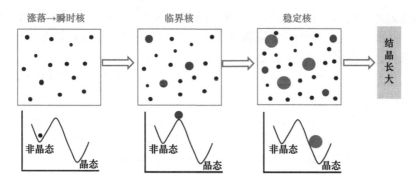

图 13.22　非晶物质中形核的直观、经典图像

　　为了纯化形核研究的条件，控制形核过程，人们发展了很多控制非均匀形核、实现均匀形核的方法。实现均匀形核、提高液态过冷度的常用方法有：助熔剂包裹方法，无容器方法(如电磁悬浮、静电悬浮)，落管，空间微重力条件等。

　　助熔剂包裹是一种准无容器技术，助熔剂技术是用于非晶材料的形核控制和制备的古老技术。Turnbull 和 Kui 等把这项技术应用到非晶合金领域，通过熔体形核的控制，首先制备出块体非晶合金[40]。他们用 B_2O_3 熔体包裹合金 PdNiP 样品，B_2O_3 熔点低(450℃)，但不易挥发(1860℃)，和 PdNiP 样品在高温条件下无化学反应，而且能吸收合金熔体中易产生非均质形核的杂质，在合金熔体冷却结晶过程中实现熔体与坩埚壁的隔离，从而可抑制坩埚壁诱导的过冷熔体非均质形核结晶效应。但是，该方法依然需要用坩埚来盛放助熔剂及合金样品。此外，由于合金对助熔剂的化学组成有选择性，对一种合金很难找到合适的助熔剂。目前只有 Pd 基、Fe 基、Mg 基合金能找到合适的助熔剂。

无容器方法(如电磁悬浮、静电悬浮)是研究形核的重要方法，如图 13.23 所示，熔体可以被完全悬浮，器壁的非均匀影响被完全消除，可以有效控制和研究形核。悬浮技术还可以和同步辐射、中子散射等结构研究手段结合，原位研究形核、长大、相形成、过冷、结晶、晶化、非晶化、动力学、扩散等过程，在材料科学中发挥着越来越重要的作用[34]。

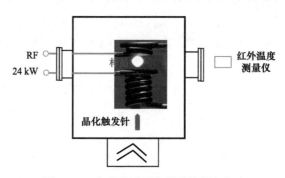

图 13.23　电磁悬浮无容器形核研究方法

空间微重力环境是形核研究的有利条件。微重力环境便于对研究对象进行无器壁方式观测与实验，克服非均匀形核的影响，纯化形核研究的因素。各国有条件的科学家都曾利用微重力环境包括返回式卫星、国际空间站、落塔、失重飞机等进行材料的形核研究，取得一批重要成果。中国科学院物理研究所(后文简称物理所)王文魁、陈熙深等曾利用微重力条件，如落管方法(图 13.24)、返回式卫星、神舟号飞船开展了非晶合金体系的形核、长大研究。图 13.25 是在神舟 3 号飞船上利用微重力环境制备的 PdNiCuP 块体非晶合金，插图照片是在空间和地面制备的样品比较。空间制备的非晶合金样品是近乎完美的非晶合金球，晶化产物也不同于地面制备的样品，说明空间条件对形核具有重要影响。我国已经在自己建造的空间站上安装了一台静电悬浮无容器材料加工装置，将为包括非晶合金在内的多个领域的形核研究提供重要平台和机遇。

13.3.2　有趣的形核事件例子

形核是研究了数百年时间的古老课题，已经建立了经典形核理论。经典形核理论在很多情形下可以很好地解释宏观形核过程以及形核动力学。由于形核过程的时间尺度和空间尺度都非常小，对形核过程的直接观测早期限于实验条件很难做到。近年来，结构研究技术和计算机模拟技术的发展，使得微观形核过程的研究有了很大的进展，发现了很多独特、有趣的形核现象，极大地丰富了形核研究内容，加深了对形核机制的认识。下面是一些有趣的关于形核研究进展的例子。

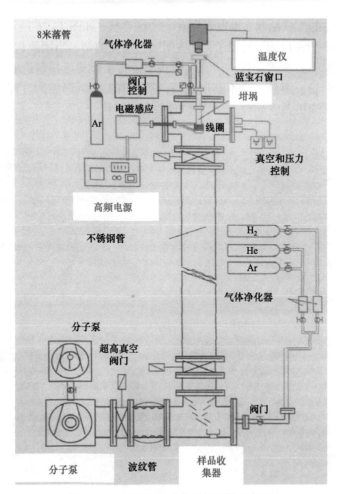

图 13.24 模拟微重力条件的落管设备[34]

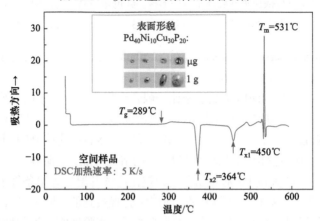

图 13.25 在神舟 3 号飞船上利用微重力环境制备的 PdNiCuP 块体非晶合金，插图照片上、下分别是在
空间和地面制备的样品比较(物理所秦志成提供)

例如，实验能直接观察到临界核现象。Yau 和 Vekilov 发现包含少于 20~50 个分子
的小晶体趋向于溶解，而多于 20~50 个分子的小晶核趋向于长大[35]。利用激光扫描共聚

焦显微镜观察胶体的形核结晶，也发现存在一个临界核，如图 13.26 所示。当核的团簇小于 20 个胶体小球时[图 13.26(a)、(b)]，这些团簇会消失溶解，当团簇包含多于 20 个胶体小球时可以长大成小晶粒[36]。这些研究从微观上证实了经典形核理论的图像：母相中的新相并不是均匀生长，而是一个不断形成核，不断消失、再形成的过程。只有那些超过临界尺寸的核能继续长大成晶粒。形核具有随机的特性。

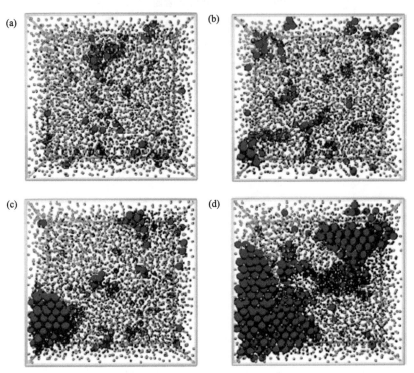

图 13.26　激光扫描共聚焦显微镜观察胶体小球的形核。红色是类晶体的构型，蓝色是类液体母相。剪切熔化之后的等待时间：(a) 20 min；(b) 43 min；(c) 66 min；(d) 89 min[36]

另一个例子是 Schroers 和 Johnson 等在 Turnbull 方法基础上，设计了一个巧妙的实验来观测单个形核事件[37]。他们选用过冷液区宽、非晶形成能力强的 Pd$_{43}$Ni$_{10}$Cu$_{27}$P$_{20}$ 合金作为研究体系，该体系在过冷液区结晶速率比一般合金慢很多，便于研究形核规律。其研究方法和 Turnbull 类似，把块体 Pd 基非晶合金碾成很多尺寸在 100～350 μm 的颗粒(颗粒选择这个尺度是 DSC 能测量到其晶化行为的最小尺度)，然后把这些 Pd 基非晶合金粉末均匀分散到 B$_2$O$_3$ 助熔剂中，这样每个颗粒都被 B$_2$O$_3$ 助熔剂分隔开，避开了界面对形核的影响；然后使用 DSC 研究这些大量 Pd 基非晶合金颗粒在连续升温、等温条件下的均匀形核和晶化现象。由于每个非晶小颗粒是被隔开的，所以实验观察到的实际上是各个小颗粒的形核、晶化过程，观察到了非晶合金中接近单个的形核事件。实验证实非均匀形核对晶化的影响，不同颗粒由于其中含杂质等非均匀核不一样，晶化时间大不一样[37]。

图 13.27(a)是块体 Pd$_{43}$Ni$_{10}$Cu$_{27}$P$_{20}$ 非晶合金(也包裹在 B$_2$O$_3$ 助熔剂中)在 733 K 的等温晶化 DSC 曲线，可以看到，块体非晶直到 7680 s 的时候才突然形核、长大，发生晶化，

插图是晶化峰的宽度，即晶化从开始到完成经历 80 s。图 13.27(b)是尺寸为 100～350 μm 的 $Pd_{43}Ni_{10}Cu_{27}P_{20}$ 非晶合金颗粒，包裹在 B_2O_3 助熔剂中，在 733 K 的等温晶化 DSC 曲线。可以看到这些颗粒的晶化不是同时发生的，而且发生的时间相差很大，这些颗粒的晶化起始时间的分布从 0 s 到 1.5×10^5 s。即使在 733 K 等温晶化 1.5×10^5 s 之后，仍有 15% 的颗粒没有晶化。图 13.28 是实验得到的形核、晶化事件和时间的关系。这和块体 $Pd_{43}Ni_{10}Cu_{27}P_{20}$ 非晶合金在 7680～7760 s 就完全晶化现象完全不同。因为块体非晶中含有很多没有长大的晶核，这些晶核在其晶化过程中起到非均匀性的作用，促进晶化。变成小颗粒后，有些小颗粒中没有或者晶核很少，类似均匀形核的环境，不同的颗粒非均匀形核的环境不一样，因此晶化发生的时间和难易完全不一样，因此有的颗粒因为含的晶核多，很快晶化；有的颗粒含的晶核很少甚至没有，可以大大延缓晶化[37]。

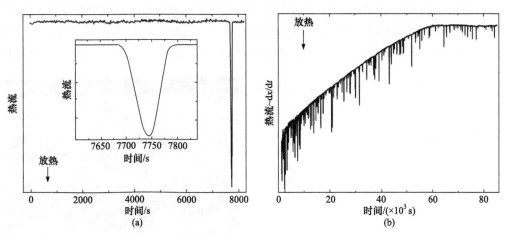

图 13.27　(a)块体 $Pd_{43}Ni_{10}Cu_{27}P_{20}$ 非晶合金在 733 K 的等温晶化 DSC 曲线，插图是晶化峰的放大；(b)100～350 μm 的 $Pd_{43}Ni_{10}Cu_{27}P_{20}$ 非晶合金颗粒，包裹在 B_2O_3 助熔剂中，在 733 K 的等温晶化 DSC 曲线，这些系列下坠线是单个形核事件造成的[37]

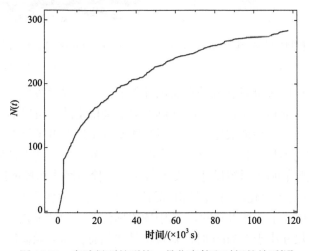

图 13.28　实验得到的形核、晶化事件和时间的关系[37]

直接观察核的稳定性随尺寸的演化是百年来形核研究的困境。显微技术和薄膜制备技术的发展使得临界核的实验观察成为可能[41-43]。使用激光脉冲沉积的方法可在非晶 SiN 衬底上沉积 PdSi 纳米颗粒(图 13.29)，非晶 SiN 衬底是高分辨透射电子显微镜观察窗，是由多晶硅支撑的 5 nm 厚的非晶氮化硅(a-Si₃N₄)片。其优点是可以在沉积得到样品后直接将样品转移至电镜进行观察。沉积在 10⁻⁵ Pa 的高真空下进行，环境温度为室温。得到的 PdSi 纳米颗粒的尺寸分布可以为一到几十纳米。这样的尺寸范围适合对临界核尺寸的研究。每一个纳米颗粒可以看作是一个独立的系统，其尺寸为主要变量，由于颗粒尺寸较小，可不考虑一个纳米颗粒内出现多处形核的情况。非晶 SiN 衬底为形核提供了均匀的表面环境[44]。电镜观测过程中电子束的辐照可以作为外部能量造成纳米颗粒中原子重排，电子束辐照的能量可以导致一定量的结构变化，但不足以熔化较大的晶体颗粒[45]。

沉积得到的 PdSi 纳米颗粒的电镜扫描照片如图 13.30 所示。纳米颗粒在衬底上均匀分布，其形状呈现出较高的圆度。高分辨电镜图样可以分析纳米颗粒的结构信息(如图 13.31 照片所示)，其中一部分颗粒存在周期性的晶格结构，另一部分则没有周期结构，是非晶态。

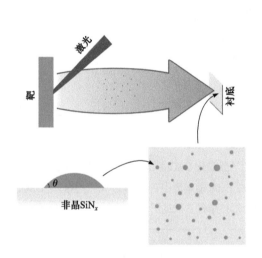

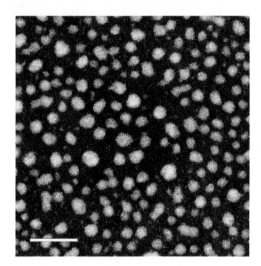

图 13.29　激光脉冲沉积制备纳米颗粒的示意图[41,42]　　　图 13.30　沉积得到的 PdSi 纳米颗粒的电镜扫描照片[42]。标尺：10 nm

经典形核理论中的关键概念就是在晶化过程中存在临界形核尺寸，当晶核小于该尺寸时不能稳定存在，晶核大于该尺寸时在热力学上是稳定的，可以继续长大。临界形核尺寸是由晶粒的吉布斯自由能决定的。使用双球差矫正透射电子显微镜，可以在实空间上对这些纳米颗粒的形核过程进行原子尺度的原位观测。根据纳米颗粒结构随尺寸的演化，可以观察到颗粒的临界形核尺寸，发现新现象，检验经典形核理论的预测。

PdSi 颗粒(很强的抗氧化性)中非晶相、晶体占比随尺寸的变化见图 13.32(这些数据是从图 13.30 的电镜照片中统计得到的)。图中虚线标记尺寸为纳米颗粒的临界转变尺寸。可以看到，当颗粒尺寸小于 2.3 nm 时，颗粒都是非晶态，而当颗粒尺寸大于(3.8±0.1)nm 时，颗粒都具有晶体结构。在临界尺寸附近，晶体颗粒占比快速变大。由于每个颗粒都可以看作一个独立的形核系统，因此，图 13.32 中的转变过程实际上说明了 PdSi 纳米颗粒存在临界核尺寸(约为 2.3 nm)。理论计算得到 PdSi 纳米颗粒的临界核半径结果与实际测量在颗粒与衬底接触角为 17°时相吻合，从微观上进一步验证了经典形核理论。

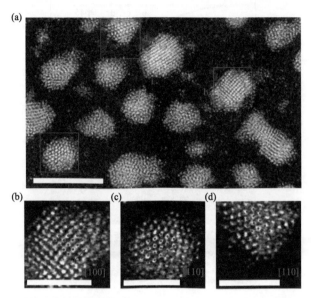

图 13.31　晶化颗粒的晶格结构[43]。标尺：5 nm，(b)、(c)和(d)分别对应(a)中 b、c 和 d

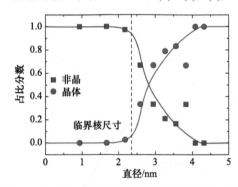

图 13.32　颗粒中非晶和晶体相占比随尺寸的变化[43]

利用电镜还可以原位观察分析纳米颗粒在电子束提供的能量辐照下结构随尺寸的演化，即非晶颗粒的稳定性。图 13.33 展示的是尺寸分别为 1.9 nm、2.4 nm 和 3.0 nm 的颗粒结构在电子束辐照下随时间的演化。其中图 13.33(a)是不同尺寸的颗粒根据经典形核理论预测的吉布斯自由能的示意图。从图 13.33(b)～(d)中可以看到，在连续四次电镜电子束扫描过程中，尺寸为 1.9 nm 的小颗粒始终保持非晶结构，尺寸为 3.0 nm 的颗粒则始终保持着晶体的结构。这说明它们各自的结构都是相对稳定的。而尺寸为 2.4 nm 的颗粒则在同样的条件、过程中发生了从晶体到非晶再到晶体的往复随机变化。这样的变化说明这个直径为 2.4 nm 的颗粒结构很不稳定。这是因为该尺寸接近于 PdSi 纳米颗粒的临界核尺寸，这个状态的颗粒其吉布斯自由能处于峰值附近，在这个尺寸，颗粒晶体结构和非晶结构具有相近的能量，如图 13.34 所示，所以其结构在非晶和晶核之间可随机变化，这个观察结果与经典形核理论的描述相一致，证明了临界核的存在[43]。

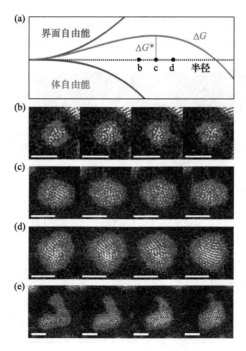

图 13.33 (a)形核能垒ΔG*随尺寸变化的示意图。(b)~(d)不同尺寸颗粒的结构随时间的演化。(e)三个小颗粒合并形成一个大晶粒的过程。标尺：2 nm[43]

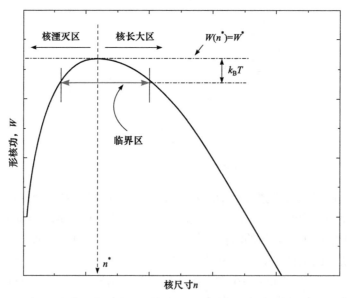

图 13.34 对于一个体系存在临界团簇(所含原子个数 n)，存在临界原子个数 n^{*}[34]

　　电子束辐照可以赋予颗粒一定的动能，使得颗粒得以在衬底上移动，甚至合并为更大的颗粒。图 13.33(e)所示的是典型的颗粒合并过程，三个小于临界核尺寸的非晶颗粒合并形成了一个更大的接近圆形的晶粒。合并后颗粒尺寸大于临界尺寸，因此，合并后的大颗粒自发转变成晶态颗粒，合并过程也进一步证明大于临界核尺寸的颗粒更容易形成晶体结构。

　　另外，研究发现当系统的尺寸接近临界核尺寸时，非晶和晶体之间的转变会变得越来越受系统尺寸的影响[46]。当系统尺寸减小时，晶体结构的稳定性受到表面效应的影响变得不稳定，甚至导致颗粒体系的非晶化，或者使得体系表现出类液体的性质[47,48]。这表明尺寸效应可能成为新的获得非晶相的一种方式[48]，在"低维非晶物质"一章，我们将详细讨论尺寸和维度在非晶材料形成、性能、动力学等方面的重要作用。

　　分子动力学模拟可以模拟颗粒的形核和稳定性。通过计算机模拟在均匀衬底上构建不同大小的纳米颗粒(50 个、100 个、200 个、300 个、900 个原子)，再对颗粒在低于熔点，高于玻璃转变温度的温度下进行退火，然后对稳定后的颗粒结构进行分析。图 13.35 展示的是不同尺寸的颗粒结构及其对应的模拟电镜图样。可以直观地看到，原子数为 100～300 的颗粒发生了从非晶到晶体结构的转变，与实验结果是相吻合的，分子动力学模拟的结果进一步证实了颗粒的临界核尺寸。

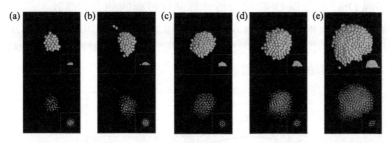

图 13.35　分子动力学模拟在硬质衬底上的颗粒和尺寸的关系。包括原子形貌(上)和对应的模拟 STEM 图样(下)。插图包括原子形貌的侧视图(上)和 STEM 图样的傅里叶变换(下)[43]

13.3.3　长大

　　非晶物质的晶化往往发生在深过冷液相区，即 T_g 附近，一旦形核，会快速长大。所以，控制晶核的长大或者晶核的长大机制的研究是控制晶化、调制非晶物质稳定性、提高非晶形成能力的关键问题。晶核稳定后，温度、过冷度、原子/分子从母相中扩散到核的速率决定了晶核生长速率。

　　非晶物质的长大动力学，即晶化体积分数 $x(t)$ 和退火时间 t 的关系，在大部分情形下，符合 Johnson-Mehl-Avrami(JMA)方程[49,50]：

$$\chi(t) = 1 - \exp[-k_T(t-t_0)^n] \tag{13.6}$$

式中，$\chi(t)$ 是 t 时间后的转变分数；t_0 是孕育时间；k_T 是温度 T 的速率常数；n 为指数(不一定是整数)，通过 n 值的大小可以预测其晶化转变方式。对非晶物质晶化的大量研究表明：指数 n 通常在 1.5～4，n 可以写为 $n=n_n+n_g$，n_n 描述形核率对时间的依赖性($0 \geqslant n_n \geqslant 1$)，$n_g$ 为长大率和时间的关系($1.5 \geqslant n_g \geqslant 4$)。$n(x)$ 值给出晶化体积分数为 x 时的形核与长大行为方面的信息，可用以下公式得到：

$$n(x) = \frac{\partial \ln\left[-\ln(1-x)\right]}{\partial \ln(t-\tau)} \tag{13.7}$$

　　对于非晶材料，通过等温实验，可得到其在不同温度下晶化的 JMA 方程。总的结晶

过程的激活能 E_x 可从速率常数对温度的依赖性，根据以下公式求得：

$$k_T = k_0 \exp(E_x / RT) \tag{13.8}$$

其中 k_0 是频率因子。E_x 反映的是形核激活能(E_n)和长大激活能(E_g)，它们有如下关系：

$$E = (n_n E_n + n_g E_g) / n \tag{13.9}$$

例如块体 $Zr_{60}Al_{15}Ni_{25}$ 非晶合金的 $n(x)$ 值的范围为 1.4~4.8，因此该非晶晶化为三维长大机制。晶核的三维长大机制，需要原子的长距离扩散，原子的长程扩散决定了晶化的时间。即提高稳定性的条件之一是抑制原子的长程扩散，抑制晶核的长大。但是，不同的空间尺度上，多个序参量同时存在和竞争或协同作用是如何形成有序晶体相的问题，至今仍没有明确的答案。

晶化过程中发生显著变化的物理性质都可以用来监测晶化过程，并能确定其动力学参数，如晶化温度、结晶速率、激活能等。扫描差热分析仪被普遍用来研究晶化长大动力学。通过等温 DSC 和变温 DSC 可分析计算晶化过程的动力学参数。

这里再强调说明一下，形核和长大对温度的敏感不一样，如图 13.36 所示出现最大形核率 $J_{ss}^{(max)}$ 和最大长大率 u_{max} 的温度区间不同[51]。这个特征对探索非晶材料，控制材料的形核和长大，结构和晶化非常关键。

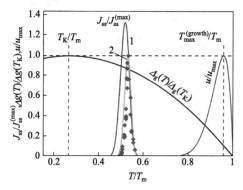

图 13.36　最大形核率 $J_{ss}^{(max)}$ 和最大长大率 u_{max} 的温度区间不同。$\Delta_g(T)/\Delta_g(T_K)$ 是热力学驱动力，T_m 是熔点温度，T_K 是 Kauzmann 温度[51]

13.4　晶化的微观机制和特征

利用现代微观结构分析的实验手段(如同步辐射、中子散射、高分辨电镜等)可以研究晶化的微观结构演化过程，包括形核的形貌、特征和微观机制，长大特征和微观机制。这些都是目前晶化研究的前沿，还很不成熟，本节主要是通过几个例子，介绍这方面前沿研究的一些进展。

双球差透射电子显微镜观察发现激光脉冲沉积方法制备的非晶 $Zr_{50}Cu_{50}$ 和 $Zr_{54}Cu_{38}Al_8$ 超薄膜的晶化过程相比正常晶化变得非常缓慢。非晶 $Zr_{50}Cu_{50}$ 和 $Zr_{54}Cu_{38}Al_8$ 合金具有相近的成分，但其非晶形成能力却有明显差异，而且这两种合金都有较高的热稳定性。衬底是高分辨透射电子显微镜观察窗：对于 5 nm 厚的非晶氮化硅(a-Si$_3$N$_4$)片，非晶衬底有利于得到非晶态的薄膜(图 13.37)。薄膜的退火过程在真空腔体中原位进行，处理后的非晶样品直接转移至电镜进行观察。

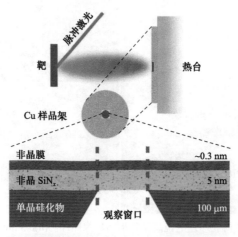

图 13.37　激光脉冲沉积过程的示意图[41]

图 13.38(a)是球差电镜下所观察到的不同厚度的 Zr 基非晶薄膜。电镜能观察到的 Zr 原子以随机散落吸附的状态沉积于衬底上，随着沉积量的增加，离散随机原子逐渐变密最后密堆成无序非晶态。其生长方式不同于晶体薄膜材料，因为没有形核，没有明显的晶格排布[52]。图 13.38(b)是 PdSi 合金薄膜球差电镜图。可以看到，低于 3 nm，薄膜以非晶纳米颗粒的形式存在，虽然呈现岛状形态，但颗粒没有出现形核结晶现象。随着膜厚增加到 6 nm 以上，岛与岛之间发生黏连，最后形成平整的非晶薄膜。

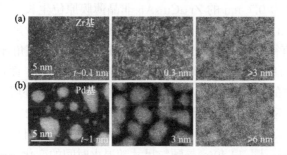

图 13.38　(a)和(b)分别为 $Zr_{54}Cu_{38}Al_8$ 和 $Pd_{40}Cu_{30}Ni_{10}P_{20}$ 不同厚度薄膜(氮化硅衬底)的球差电镜形貌[52]

$Zr_{54}Cu_{38}Al_8$ 非晶合金的玻璃转变温度是 680 K，晶化温度是 757 K，熔点是 1056 K。将 0.3 nm 厚非晶 $Zr_{54}Cu_{38}Al_8$ 薄膜原位以升温速率 20 K/min 加热到 873 K，在 10^{-5} Pa 高真空环境中退火 20 min，退火后样品原子分布形貌并没有明显差别，只是原子密度相对减小，而无任何形核结晶的现象，如图 13.39(a)所示[41-43,52]。这说明超薄的非晶具有更高的热稳定性，其形核被抑制[41]。

当把厚度为 0.3 nm 的薄膜在块体熔点温度下进行真空退火之后，薄膜呈现出特殊的晶化行为：晶化成两种特征尺寸大小的晶粒，大晶粒尺寸在十几纳米量级，而小晶粒则几乎都在 3 nm 左右的尺寸范围，如图 13.39(b)所示。如图 13.39(c)所示，0.7 nm 薄膜在

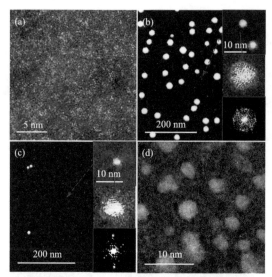

图 13.39   不同条件下的超薄薄膜球差电镜高角环形暗场像照片。(a)0.3 nm 薄膜原位加热到 873 K 保温 20 min，(b)0.3 nm 薄膜加热到 1056 K，(c)0.7 nm 厚度薄膜加热到 873 K 未保温，(d)3 nm 厚度薄膜加热到 873 K 未保温。内置图为放大的小晶粒图像以及相应的局域傅里叶变换[41]

加热后也呈现出了两种特征尺寸的晶粒，小晶粒尺寸也在 1～5 nm，但大晶粒密度较小。这种独特的晶化行为只存在于超薄非晶膜中。厚度为 3 nm 的非晶薄膜进行原位 873 K 加热实验，其晶化行为接近块体的多晶状晶化，且晶粒尺寸与形态较为随机，如图 13.39(d) 所示。可见，非晶薄膜的热稳定性随着尺寸减小而显著升高，而且其两种晶粒特征尺寸的晶化行为与薄膜厚度有着密切的联系。

图 13.40 是厚度为 0.7 nm 的 $Zr_{54}Cu_{38}Al_8$ 非晶薄膜原位生长与晶化的球差电镜观察结果[52]。在 20 K/min 升温速率下加热到 873 K 时，薄膜晶化后呈颗粒状分布，尺寸大小不同的两类颗粒直径分别约为 7.5 nm 和 2.5 nm。原子分辨高角环形暗场相(HAADF)中[图 13.40(c)、(e)]可以看出大小颗粒均处于不完全结晶的状态，而且大颗粒的形态是由三个小颗粒合并而成的组装颗粒，而小颗粒是具有晶体内核，外层包裹一层非晶的壳核形态。颗粒的尺寸与密度统计结果表明小颗粒尺寸主要集中在 2～4 nm，而大颗粒直径主要分布在 7～15 nm，小颗粒的面密度远远大于大颗粒密度，且两者都呈现正态分布的统计规律[图 13.40(f)]。图 13.40(g)是颗粒尺寸随退火时间的变化，可以看出，大颗粒平均直径随着退火时间的增加逐渐增大，而小颗粒尺寸在退火过程中并无明显差异，一直保持在 2～4 nm 的平均尺寸范围。

图 13.41 是 0.7 nm 厚度的 $Zr_{54}Cu_{38}Al_8$ 非晶薄膜晶化过程中小颗粒合并形成大颗粒的过程。大颗粒均是多晶，内部包含多个小晶核，且每个晶核大小都与小颗粒尺寸相近，大颗粒之间也呈现出合并与将要合并的形态。整个薄膜晶化过程是由薄膜晶化成小颗粒，因为周围自由原子数量有限，在长大到一定尺寸小颗粒后便无法继续生长，随后高温条件下因小颗粒表层类液体包裹而具有流动性，使得小颗粒不断扩散，相互之间发生合并与融合形成大颗粒[52]。图 13.42 图示为对比非晶薄膜晶化过程中颗粒长大的过程。

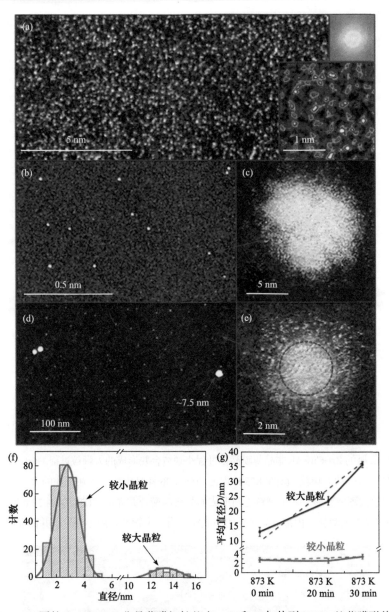

图 13.40　(a)0.7 nm 厚的 $Zr_{54}Cu_{38}Al_8$ 非晶薄膜初始状态，(b)和(d)加热到 873 K 的薄膜形貌，(c)和(e)大小颗粒的放大图像，(f)大小颗粒在(b)中的颗粒尺寸与面密度分布，(g)在 873 K 不同退火时间条件下大小颗粒的尺寸变化[52]

微观实验观察发现掺杂对形核、晶化有明显的影响。在 ZrCu 中掺杂 Al 可以大大改善其形核和长大，$Zr_{54}Cu_{38}Al_8$ 和 $Zr_{50}Cu_{50}$ 这两种具有明显非晶形成能力差异的非晶具有类似的晶化特征，两种非晶薄膜退火后样品中都出现了两种晶化产物，但两种晶化产物具有明显的尺寸差异，见图 13.43，掺杂了 Al 原子的 $Zr_{54}Cu_{38}Al_8$ 合金的形核率和晶体生长速度要比 $Zr_{50}Cu_{50}$ 合金更慢。两种非晶合金晶化后晶体颗粒的尺寸和颗粒分布数密度的统计信息如图 13.44 所示。对于 $Zr_{50}Cu_{50}$ 薄膜样品，小颗粒的平均尺寸为 3.0 nm，大晶体颗粒的平均尺寸为 33.9 nm；对于 $Zr_{54}Cu_{38}Al_8$ 薄膜样品，小颗粒的平均尺寸则为 2.7 nm，大晶体颗粒的平均尺寸为 30.8 nm。

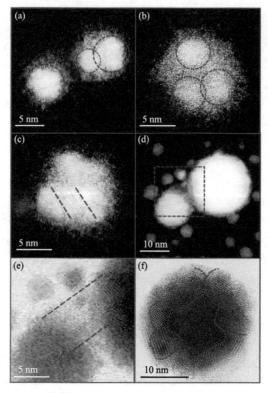

图 13.41   0.7 nm 厚的 $Zr_{54}Cu_{38}Al_8$ 非晶薄膜晶化过程小颗粒合并形成的大颗粒过程。(a)~(c)加热到 873 K 的 0.7 nm 薄膜所形成的大颗粒，(d)在 873 K 保温 20 min 的样品中两个正在合并的大颗粒，(e)为(d)中红色虚线框内的放大图像，显示两个颗粒之间形成的晶格匹配合并界面，(f)为保温 30 min 后薄膜中形成的多晶态大颗粒，内部取向各异的小晶粒说明了大颗粒是由小颗粒合并而成的[52]

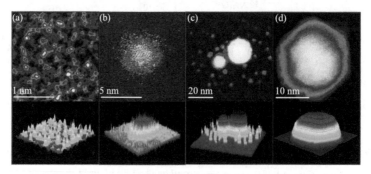

图 13.42   对比非晶薄膜晶化过程中颗粒长大的过程[52]

两种不同成分的薄膜相似的晶化行为说明 $Zr_{50}Cu_{50}$ 和 $Zr_{54}Cu_{38}Al_8$ 薄膜在晶化过程中有相同的形核和长大机制，但在晶化产物数量上具有明显差异。对于 $Zr_{50}Cu_{50}$ 体系，小颗粒的分布数密度要比 $Zr_{54}Cu_{38}Al_8$ 体系的小颗粒分布数密度高很多。这说明在加入了

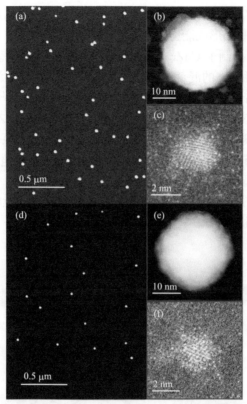

图 13.43　(a)~(c)873 K 退火后的 ZrCuAl 薄膜的电镜照片；(b)大颗粒的照片；(c) 晶态小颗粒的照片；(d)~(f)873 K 退火后的 ZrCu 薄膜的电镜照片(不同尺度)[41]

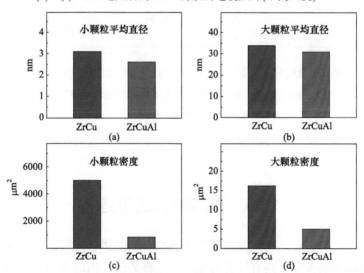

图 13.44　ZrCu 和 ZrCuAl 薄膜退火后晶体颗粒的平均尺寸和颗粒分布数密度[41]

Al 原子后，CuZr 体系的形核能力被明显抑制。两种成分的薄膜的大晶粒的数量也有明显差异，$Zr_{50}Cu_{50}$ 体系的大晶粒分布数密度是 $Zr_{54}Cu_{38}Al_8$ 体系的 3 倍。在 30 min 的退火过程后，$Zr_{50}Cu_{50}$ 薄膜的整体晶化程度为 $Zr_{54}Cu_{38}Al_8$ 薄膜的 5 倍。结果说明形核过程在退火初期就已经完成，随后的晶化过程是由晶粒生长机制所控制的过程，其晶化动力学非常缓慢，这也是该体系非晶形成能力强的原因。

Al 原子的加入明显抑制了 CuZr 体系的形核和晶粒长大过程。考虑到 Zr 和 Al 的混合焓为–44 kJ/mol，Zr 和 Cu 的混合焓为–23 kJ/mol，Cu 和 Al 的混合焓为–1 kJ/mol，Zr 原子和 Al 原子之间有着更强的结合能，掺杂的 Al 原子更倾向于与 Zr 原子形成更稳定的短程序，更有序的短程密堆可以降低 Zr 原子的扩散能力。由于 Zr 原子的扩散能力在体系的晶化过程中起到非常关键的作用，ZrCu 体系在加入了 Al 原子后非晶形成能力得到明显增强。温度-时间-转变曲线(TTT 图，见图 13.45)能更直观地理解 Al 原子掺杂对 Zr 原子扩散以及对体系非晶形成能力的影响。在掺杂了 Al 原子后，体系 Zr 原子的扩散系数明显下降，从而导致 ZrCu 体系的 TTT 曲线向右侧移动，这意味着体系的晶化动力学被减缓，非晶形成能力提高。

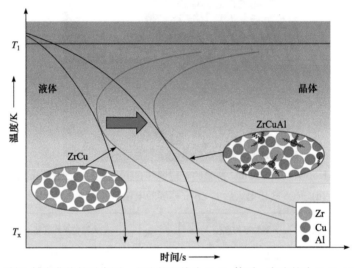

图 13.45　温度-时间-转变曲线的示意图。左边的蓝线为 ZrCu 体系，右边的为 ZrCuAl 体系，Zr 原子扩散能力的变化导致了曲线平移。插图示意了不同的原子间相互作用，在体系中加入了 Al 原子后，Zr 和 Al 形成了更为稳定的短程序[41,42]

以上结果说明晶核的微观机制、长大和现象受很多因素的影响，包括微量元素、动力学、尺寸效应、成分等。

13.5　非晶物质表面晶化

大量实验和模拟研究表明非晶物质的表面具有类液体、快表面动力学行为[53-56]，即非晶物质表面原子或者分子具有较低的重排和迁移势垒，因此非晶物质表面可以在远低于其块体状态晶化温度以下发生晶化，即表面晶化。表面类液行为和表面晶化是非晶物质普遍存在的现象[57,67]，是非晶物质的一类独特性质。图 13.46 形象示意了非晶物质表面晶化的现象。表面原子会在远低于其 T_g 的温度下发生重排、有序化，最终在非晶物质的表面形成纳米厚度的晶态层。

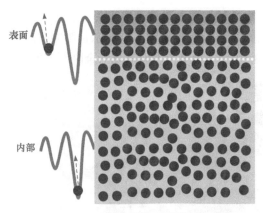

图 13.46　非晶物质表面晶化示意图

德国科学家 Köster 最早注意到非晶合金条带的表面晶化现象。1988 年他报道了非晶合金在远低于晶化温度的条件下普遍存在的表面晶化现象。图 13.47 是他观察到的 NiB 和 CoB 非晶合金条带表面的晶化。这些非晶样品在远低于晶化温度(如 300℃)退火 100 h，晶化只发生在表面层。同时，他发现非晶合金的铸造条件、合金成分、表面处理、保存环境对其表面晶化行为都有非常重要的影响，同时表面成分的局域变化导致的非均匀形核是表面晶化的重要因素[57]。因为限于当时的技术水平，Köster 并未对样品以及相应的环境参数和表面动力学过程做更细致的分析。

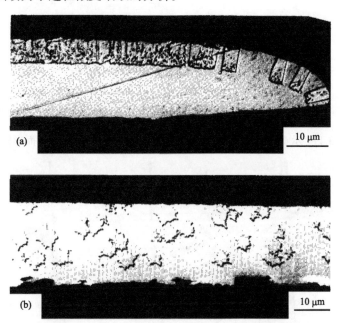

图 13.47　$Ni_{67}B_{33}$ 和 $Co_{67}B_{33}$ 非晶合金条带的晶化 SEM 截面图。(a)样品在远低于晶化温度 300℃退火 100 h，非晶表面层发生了晶化；(b)在 385℃退火 40 min 后的完全晶化的对比照片[57]

之后，Zanotto 等[58]在硅酸盐玻璃表面也观察到了表面晶化。图 13.48 是对硅酸盐玻璃在 960℃退火 30 min 导致玻璃断面上晶化出的 μ-Cordierite 晶核的透射电镜照片[58]。他们还发现表面的质量、尖端、划痕、裂纹、应力集中、环境气氛以及异质颗粒对玻璃表面晶化都有很大影响，能诱发形核，如图 13.49 所示是影响非晶表面晶化的各种因素的作用机制示意图。从图 13.50 可以看出，表面晶化沿金刚石刀的划痕可以优先发生[58]。

图 13.48   在 960℃退火 30 min 导致玻璃断面上晶化出的 μ-Cordierite 晶核的透射电镜照片[58]

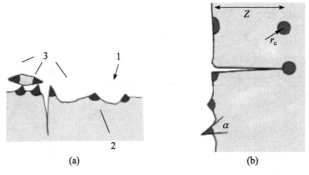

(a)   (b)

图 13.49   示意表面凸起，棱，杂质、应力集中都会促进玻璃表面形核[58]

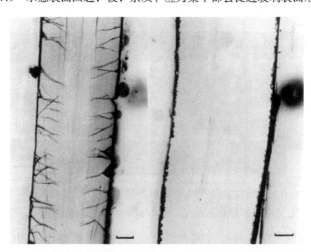

图 13.50   玻璃表面晶化沿金刚石刀的划痕可以优先发生[58]

　　甚至在过冷液体[60]、合金熔体[59]的表面都观察到了表面晶化。图 13.51 中掠入射 X 射线衍射谱表明 AuSi 合金熔体的表面在 359℃和 371℃范围内出现长程序，其表面晶化相的 X 射线衍射峰非常清晰。图 13.52 示意了 AuSi 合金熔体表层长程序的形成过程，熔体表面有有序化的倾向[59]。

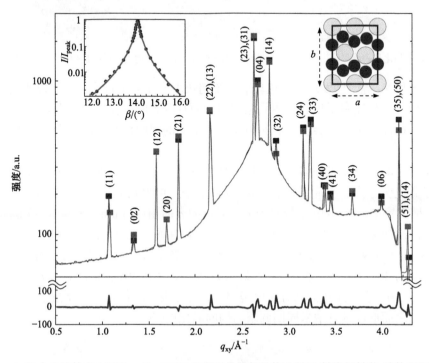

图 13.51　AuSi 合金熔体在 359℃ < T < 371℃的表面晶化相的掠入射 X 射线衍射谱，熔体表面明锐的 X 射线衍射峰证明熔体表面的晶化[59]

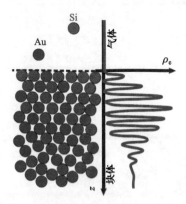

图 13.52　示意 AuSi 合金熔体表层形成长程序——表面晶化[59]

　　利用原子力显微镜等先进结构分析手段可以对表面晶化及晶体生长进行高分辨率(埃量级精度)原位实时观测[68,69]。图 13.53 是高分辨原子力显微镜对表面晶化和表面晶体螺旋生长进行原位实时观测的照片，可以清晰地显示表面晶化相的形核和生长过程。

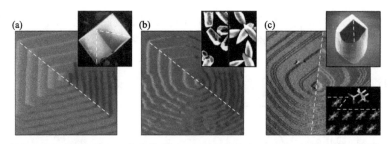

图 13.53 表面晶化和表面晶体螺旋生长高分辨原子力显微镜原位实时观测，插图是相关晶体的 SEM 照片[68,69]

Ediger 和 Yu 等[61-64]发现了有机玻璃系统超快表面动力学行为引起的快速表面晶化，其非晶表面的晶化速率要远高于体晶化速率，而且两者的晶化相也会有差异。此外，表面晶化由内向面外生长还会引起表面粗粒化，不同的薄膜样品厚度也会导致表面晶化的差异。

非晶合金的组分和成分多样，而且适合于电子显微镜分析观测，所以借助现代先进的电子显微镜实验技术来研究非晶合金的表面晶化，可得到大量有趣的新现象与新机制。图 13.54 是非晶 $Tb_{65}Fe_{25}Al_{10}$ 条带原子力显微镜的表面图像($5\ \mu m \times 5\ \mu m$)。该非晶合金条带在较低的冷却速率下，表面会晶化，析出定向排列(垂直表面)纳米尺度的 Tb 单晶柱[65]。如图 13.55 是 $Pd_{40}Ni_{10}Cu_{30}P_{20}$ 非晶合金表面晶化的 X 射线衍射图[56]。可以看到 Pd 基非晶表面晶化层为 30~100 nm。如图 13.56 显示为 $Pd_{40}Ni_{10}Cu_{30}P_{20}$ 非晶合金在 $T = T_g (= 566\ K)$ −20 K 退火 200 h 表面晶化的高分辨电镜照片，可见表层晶化相的超晶格生长，表面晶化在非晶合金表面形成具有纳米周期调制结构的晶化层[66]。

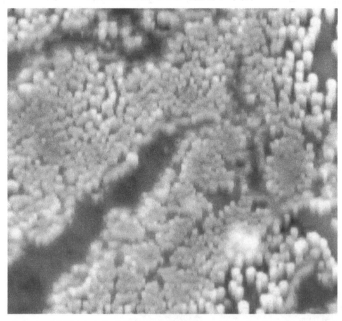

图 13.54 非晶 $Tb_{65}Fe_{25}Al_{10}$ 条带原子力显微镜的表面图像($5\ \mu m \times 5\ \mu m$)。在较低的冷却速率下，表面会晶化析出定向排列(垂直表面)纳米尺度的 Tb 单晶柱[65]

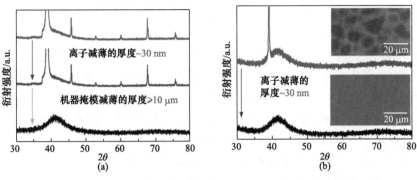

图 13.55　Pd₄₀Ni₁₀Cu₃₀P₂₀ 非晶合金在 548 K 退火 5 天后的表面晶化。(a)表面晶化层被去除后样品的 X 射线衍射显示样品仍然是非晶相，证明晶化只发生在表层[56]

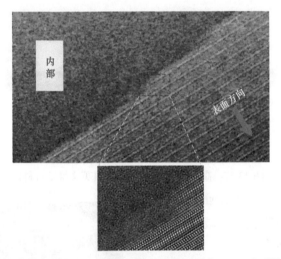

图 13.56　Pd₄₀Ni₁₀Cu₃₀P₂₀ 非晶合金在 $T = T_g(= 566\ K)-20\ K$，退火 200 h 表面晶化的高分辨电镜照片，可见表层晶化相的超晶格生长[66]

　　非晶物质表面晶化的机制是其表面超快动力学行为所致。表面实验和模拟都证明非晶物质表面(纳米尺度厚度)动力学行为要比块体动力学快 5～8 个量级，其动力学激活能比块体的要低 1/2。表面快动力学引起表面优先晶化，引起的表面晶化速率要比体晶化速率高约 100 倍。表面晶化可能导致一些奇异晶化现象，利用表面晶化可改进非晶物质的表面特性。同时，表面晶化具有重要的基础研究价值，这方面的工作有待拓展和深入。

13.6　压力对晶化的影响

　　压力，是一种神奇的力量，和温度一样是影响物质、材料性质的重要参量。在材料科学中，压力是一种高效合成材料和调控其物性的重要手段。压力能够让材料发生许多神奇的变化，比如一块可以作润滑剂的石墨，在高温高压下，就有可能变成闪闪耀眼的超硬金刚石。在高压下，材料中原子、分子之间互相接触更加紧密，化学反应速率要远远大于常压情况，导致或加速相变的发生，能极大地提高材料制备的效率。高压合成方法和设备种类很多，多面顶高温高压设备(图 13.57)是典型的高压设备，在各类材料和物理实验室广泛使用。其外层是个球壳，传压介质包裹着里面的八面球压砧，然后顶上六面顶压砧，再压上一个四面体的传压介质，最里面是样品材料。这种层层压力传递的设计，最终就能实现几十万个大气压(~20 GPa)的压力。金刚石对顶压砧是另一种广泛使用的超高压装置(图 13.58)，其另一个优点是能方便地和物性探测设备(如同步辐射，激光、中子衍射设施)结合。金刚石对顶压砧采用将两块尖端磨平的金刚石顶对顶压样品，最高静态压力可以达到数百万个大气压，据报道最高可达~400 GPa。金刚石对顶压砧利用了金刚石的最强硬度，大部分用的是高温高压合成的人造金刚石，因为其纯度高且价格不太贵。另外，利用金刚石的透光特性，可引入电磁辐射(如 X 射线、激光等)来标定材料受到的实际压力，或测量材料的光谱特性。

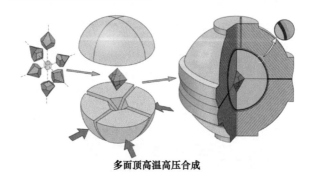

多面顶高温高压合成

图 13.57　高压合成装置举例(来自英文维基百科)

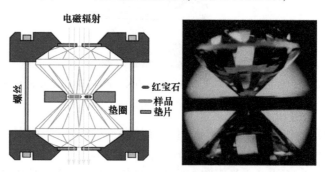

图 13.58　基于金刚石对顶压砧的高压测量(来自英文维基百科)

　　随着高压技术的进步，高压被越来越多地用于非晶物质研究，包括晶化研究。实验证实压力对形核和晶体核的长大都有很显著的影响。作为一个例子，我们来看看压力对非晶合金晶化的影响。图 13.59 是压力对晶化形核速率和生长速率的影响，4.6 GPa 的压力使得形核速率和生长速率减少一个量级，其峰值移向高温端。图 13.60 是 Vitreloy 4 非晶合金在 723 K 下，不同压力下发生晶化的初始时间和达到 50%晶化体积分数的时间的变化。随着压力的升高，晶化的初始时间和达到 50% 晶化体积分数的时间都增长得很快[70]。图 13.61 给出 Zr 基非晶合金晶粒长大和压力的关系，在固定温度下，存在某个压力范围，在此范围内压力有利于晶粒长大[71]。图 13.62 表明通过高压控制 Vitreloy 1 晶化中的形核(促进形核)和长大(一直长大)，可以得到纳米晶[72]。

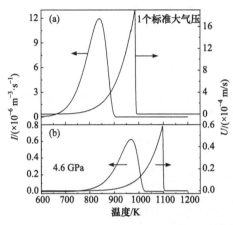

图 13.59 非晶 ZrTiCuNiBe(Vitreloy4)体系形核速率 (I)和生长速率(U)随温度变化规律在常压下(a)和在 4.6 GPa 下(b)的对比[70]

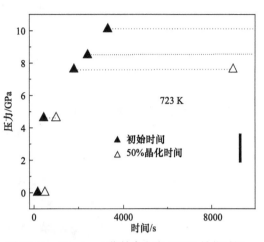

图 13.60 Vitreloy 4 非晶合金在 723 K 晶化时间 在不同压力下的变化，包括发生晶化的初始时间 (▲)和达到 50%晶化体积分数的时间(△)[70]

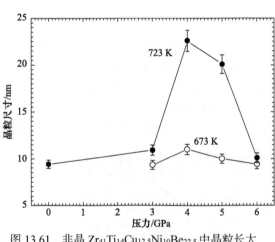

图 13.61 非晶 $Zr_{41}Ti_{14}Cu_{12.5}Ni_{10}Be_{22.5}$ 中晶粒长大 和压力的关系[71]

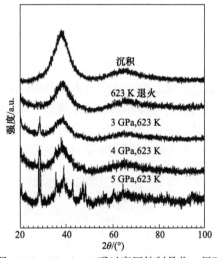

图 13.62 Vitreloy 1 通过高压控制晶化，得到 纳米晶[72]

总之，压力对非晶物质晶化的影响非常明显，可以控制非晶物质的形核、长大，晶化过程和产物。压力甚至能直接导致非晶物质的晶化。

13.7 非晶物质结晶形貌

非晶物质的晶化产物——晶态相，在非晶基底上形核和生长，形成的结晶形貌丰富多彩。我们仅举几个关于非晶合金的晶化产物的形貌的例子。图 13.63 是非晶合金的晶化过程形貌演化的 TEM 照片[73]，可以看到结晶的晶粒随晶化过程长大，组分增多。图 13.64 是 $Zr_{58.5}Ti_{14.3}Nb_{5.2}Cu_{6.1}Ni_{4.9}Be_{11.0}$ 非晶基底上晶化生长的晶态枝晶相[74]，这些晶化相形貌具有分形特征。

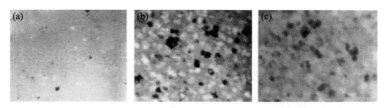

图 13.63 Fe 基非晶合金 FINEMET 晶化过程(在 763 K 退火)形貌演化的 TEM 照片:(a)3 min,(b)10 min, (c)30 min 退火[73]

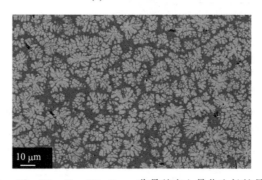

图 13.64 $Zr_{58.5}Ti_{14.3}Nb_{5.2}Cu_{6.1}Ni_{4.9}Be_{11.0}$ 非晶基底上晶化生长的晶态枝晶相[74]

晶化形貌是研究和控制晶化的途径之一。根据晶化结晶相的形貌,可以判断非晶物质晶化的种类,计算晶化的程度,对晶化相进行相鉴定等。晶化形貌的控制也具有应用价值,如通过晶化形貌可以控制非晶物质的晶化体积分数,得到合适的非晶/晶粒复合材料,调控非晶材料的塑性和其他力学性能。图 13.64 所示是在 $Zr_{58.5}Ti_{14.3}Nb_{5.2}Cu_{6.1}Ni_{4.9}Be_{11.0}$ 非晶基底上晶化生长出合适体积分数的晶态枝晶相,这些晶化相使得该非晶合金具有拉伸塑性。图 13.65 是通过控制 Fe 基合金的凝固,得到晶体和非晶复合结构的微结构形貌像:在非晶

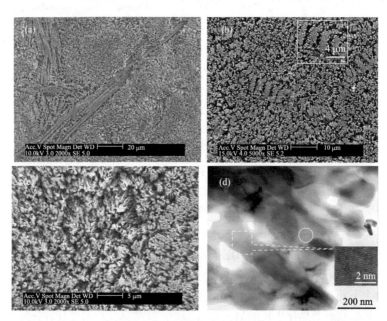

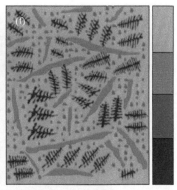

图 13.65　Fe 基复合材料的晶体+非晶微结构形貌像。(a)板条晶相；(b)枝晶相；(c)纳米颗粒相。(d)TEM 观察，插图是对晶体相的 HRTEM 观察，圆圈标记处的非晶态由(e)证实。(f)各类结晶相形貌结构示意图[75]

基底上，其结晶相形貌有板条晶相、枝晶相、纳米颗粒相等不同形貌[75]。通过合适的结晶形貌控制，使得该 Fe 基复合非晶材料的屈服应力 σ 高达 1.96 GPa，远大于现在强度最高的超强合金钢。它的强度最大值达到 3.90 GPa，断裂强度为 3.79 GPa(图 13.66)。

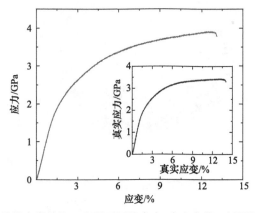

图 13.66　Fe 基复合样品的力学性能：室温下压缩应力-应变曲线，插图是真实应力-应变曲线[75]

　　图 13.67 是透射电镜对 Fe 基非晶合金断裂样品的观察结果。图中显示了样品内部微裂纹的扩展过程，可以清晰地看到一条沿晶微裂纹(如白色箭头所指)受到纳米晶颗粒相阻碍后改道(如黑色箭头所指)传播。这种机制使得样品内部的裂纹无法顺利扩展，从而增强了其耗散能量的能力，避免了样品过早地断裂，提高了合金的塑性[75]。这些都是晶化相形貌控制对性能影响的例子。

　　在瓷器烧制过程中通过控制非晶釉的晶化形貌可以达到着色的效果。如图 13.68 所示就是瓷器产品烧制过程中，控制晶化形貌烧制的彩色瓷器。非晶釉内含有足量的、接近饱和的预结晶性物质，经熔融后处于饱和状态，在缓冷过程中形成含有一定数量的可见结晶体，也叫析晶。析晶形貌不同，使得它是一种装饰性很强的艺术釉，在我国古代也叫颜色釉。结晶釉效果不是人工彩绘能达到的，一旦烧制成功，就不必再彩饰。这些利用晶化的工艺在瓷器和玻璃生产中广泛应用。

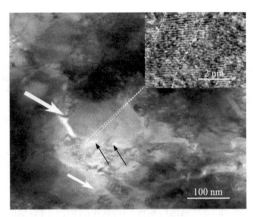

图 13.67　断裂样品的透射电镜观察的结果，显示晶相对提高强度的作用[75]

图 13.68　瓷器中通过控制非晶釉的晶化的形貌，可以达到装饰性很强的着色艺术效果

13.8 非晶物质的热稳定性

非晶物质在特定温度会晶化，晶化后其非晶的特征、特性和性能会完全丧失。衡量非晶物质热稳定性的重要参数是玻璃转变温度 T_g 和晶化温度 T_x。非晶材料应用的一个重要指标是其热稳定性参数——晶化温度 T_x。提高晶化温度就能提高非晶物质的热稳定性。

13.8.1 热稳定性

非晶物质稳定性的本质是其有保持原有状态的惯性，即存在一个能量势垒阻止其状态改变。提高温度或压力，非晶物质越过其稳定性能垒的概率会增大，在某个特定的温度，会越过其稳定的势垒，非晶会迅速晶化，对应的温度为晶化温度 T_x。T_x 可用 DSC 等热分析设备很方便地测得。但是，即使在 T_x 以下温度，非晶体系也会随时间向能量更低的亚稳态弛豫衰变，因为其稳定性能垒的高度和时间相关。这种衰减过程相比晶化很缓慢。特别是非晶合金材料，其衰变稳定性是衡量其应用及可靠性的重要参数。图 13.69 给出非晶物质热稳定性的能量景观图表示[76]。非晶物质稳定性取决于其状态所在能垒 E_x 和热扰动能量 k_BT 的比较。温度越高，E_x 和 k_BT 差别越小，当 $E_x \approx k_BT$ 时，将发生热失稳，即晶化。

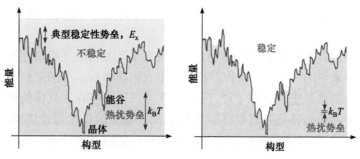

图 13.69 非晶物质热稳定性的能量景观图表示[76]

非晶材料在接近玻璃转变温度时也会衰变，甚至部分结晶，严重影响其性能。突破非晶材料只能在常规环境中应用的瓶颈，探索高温、高强、高热稳定性的超稳定非晶材料新体系是重要方向。

13.8.2 影响晶化和热稳定性的因素

一个系统越复杂，影响系统稳定性的因素越多。非晶物质稳定性主要和下列因素有关。

首先，非晶材料的稳定性和其制备工艺有关。比如采用低速率沉积，可大大提高得到的非晶膜的热稳定性。如图 13.70 所示，低速率沉积使得每次沉积的粒子较少，这样这些粒子便有足够的时间找到最稳定的位置，可以使得非晶中的组成单元更加密排，其弛豫或动力学行为变得缓慢，获得的非晶物质整体能量降低，晶化温度提高[77]。

非晶物质稳定性还和其组元有关。加入熔点高、模量高的组元可以提高非晶物质的热稳定性。晶化温度 T_x 和非晶组元熔点的加权平均有一定的关系。

图 13.70 低速率沉积，粒子具有高动力学行为，能快速找到稳定位置，从而提高非晶物质热稳定性的示意图[77]

稳定性还和价键有关，例如，共价键非晶物质远比金属键的稳定。氧化硅玻璃是最稳定的非晶物质，也是最稳定的物质之一。

苛刻环境、辐照、时间和衰变(aging)都会影响非晶物质的稳定性。

此外，非晶物质的热稳定性还和升温速率、保温时间等环境条件有关。如快速升温，其晶化温度会提高。

需要强调的是有些非晶物质非常稳定。亚稳的非晶态物质是相对处在能量最低的热力学平衡态晶体来说的。实际经验告诉我们，作为非晶物质基态的理想非晶态是一般动力学达不到的，而非晶态在远低于 T_g 温度以下可以长期存在。具体的例子是非晶琥珀以及月球土壤中的非晶硅化物玻璃[78]。月球表面土壤中的微米级玻璃球已稳定存在 30 亿年以上(图 13.71)！这类似亚稳态的晶态金刚石。金刚石很稳定，并没有因为亚稳态就会分解。

月球表面土壤中的微米级玻璃
球已稳定存在30亿年以上！

月球是玻璃的理想家园   2500年的古埃及玻璃壶！

图 13.71 很多玻璃物质非常稳定：月球土壤中的微米级非晶硅化物玻璃已稳定存在 30 亿年以上[78]

13.9　非晶材料性能的晶化调控

剑桥大学 Greer 教授说过"只有通过探索更多的微观组织结构设计调控方案，才能带来非晶合金更多的广阔应用"[79]。加州理工学院的 Johnson 教授研究组通过控制形核和长大，得到多种结构性能优异、独特的非晶合金材料。Johnson 在对非晶形核、长大机制多年不懈研究的基础上，发展了提高过冷熔体稳定性、控制非晶合金晶化的新方法和新理论。下面我们通过一些具体的例子来说明晶化对非晶材料性能调控的重要作用。

13.9.1　晶化对非晶材料性能的调控

通过可控晶化，可以改变非晶材料的微结构，部分晶化形成的晶体组织能改进和强化某些力学、物理或化学性能。我们还是通过下面的具体实例来说明。

Johnson 研究组发明了超快升温抑制形核的新方法，并实现了非晶合金的精密成型[80]。在对非晶合金超塑性成型时，必须将非晶材料加热到其过冷液相区，即在 T_x 和 T_g 之间。在其过冷液区，非晶材料软化成浓稠的过冷液体，这样才能容易地铸造成型。但在浓稠的、不稳定过冷液态，非晶合金很容易晶化，所以非晶合金的稳定性对成型很重要，避免晶化是在过冷液相区制造非晶合金零件时面临的主要挑战。对待同一问题，Johnson 教授总能找到不同视角和思路加以解决。他们另辟蹊径，采用的是大电容快速放电的加热技术(能在约 1 μs 内，向一根非晶合金棒发射一束高能的电流脉冲，传送 1000 J 的能量)，以极快的速度均匀加热非晶合金到其过冷液区，使合金快速变成流动性足够大的液体状态，然后将熔融状态下的非晶合金快速充入到一个模具中去凝固。整个成型过程加热速率是以前的 1000 多倍，耗时仅几微秒[80]。他们从理论和实验证明，当升温速率足够快，超过一个临界升温速率时，就可以避免晶化发生。图 13.72 是这种新技术装置图，以及利用这种方法制得的辅材非晶合金零件。这种快速升温方法还可以用于对熔融状态的非晶合金的研究。

Johnson 研究组还采用控制晶化的方法制备出块体非晶复合材料[81]。他们通过对非晶材料形核和长大进行控制，得到非晶合金基底均匀混合晶态相的复合材料，有效地改变了材料的力学性能。例如在 Zr 基非晶合金中，通过成分调控，控制形核，得到 β 枝晶相，如图 13.73 所示。这些枝晶相能有效组织剪切带的扩展，从而大大提高非晶合金的塑性[81]，如图 13.74 所示，有 β 枝晶相析出的非晶复合材料具有 6% 的压缩塑性。控制晶化已经成为制备塑性块体非晶复合材料的主要方法。

通过控制非晶合金中晶相形核和长大，Johnson 得到几种非晶复合合金体系[82]：$Zr_{36.6}Ti_{31.4}Nb_7Cu_{5.9}Be_{19.1}$(DH1)，$Zr_{38.3}Ti_{32.9}Nb_{7.3}Cu_{6.2}Be_{15.3}$(DH2)和 $Zr_{39.6}Ti_{33.9}Nb_{7.6}Cu_{6.4}Be_{12.5}$(DH3)。通过 Nb、Ti 成分调控，使得非晶相中析出大量 BCC 晶相(如图 13.75 电镜照片所示，非晶基底和晶态相的界面清晰可见)。从图 13.76 可以看出，这些析出的晶态相是 BCC 枝晶相，在 DH1、DH2 和 DH3 中的体积分数分别是 42%、51% 和 67%。这些晶态枝晶相相对非

晶基底模量低、硬度低，是软相，这使得这些非晶复合材料表现出 10% 左右的室温拉伸缩性[82]，因为较软的枝晶相可以有效地阻止剪切带和裂纹的扩展。其屈服强度达到 1.2～1.5 GPa，断裂韧性 K_{IC} 达到 170 MPa·m$^{1/2}$，裂纹扩展的断裂能高达 $G_{IC} < 340$ kJ/m^2。和其他结构材料(如钢)相比，其断裂韧性达到金属材料的最高端，如图 13.77 所示[82]。由此可知，晶化调控是制备具有优异力学性能、能克服脆性的非晶复合材料的重要方法。

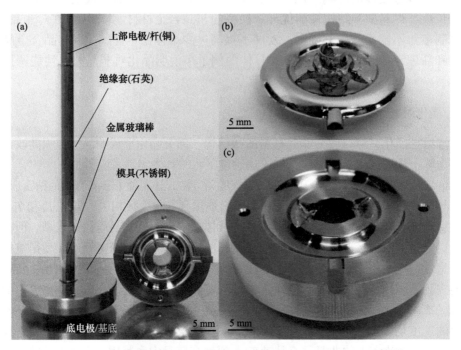

图 13.72　快速成型装置(a)、模具(c)和制得的 Pd$_{43}$Cu$_{27}$Ni$_{10}$P$_{20}$ 零件[80]

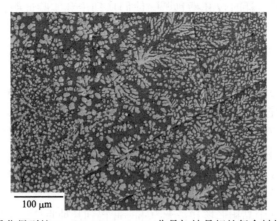

图 13.73　控制晶化得到的(Zr$_{75}$Ti$_{18.34}$Nb$_{6.66}$)$_{75}$$X_{25}$ 非晶加枝晶相的复合材料的 SEM 照片[81]

利用高压方法调制晶化，如合适的高压可以控制晶化，制备出非晶-纳米晶复合材料。这样可调制非晶的性能，如提高非晶合金的稳定性和强度[72]。例如，通过适当的压力(6 GPa，723 K)，可以促进形核，抑制长大，导致 Zr$_{41}$Ti$_{14}$Cu$_{12.5}$Ni$_9$Be$_{22.5}$C$_1$ 非晶合金体系纳米晶化，甚至得到完全的纳米晶，如图 13.78 所示。这些非晶纳米复合材料具有更高的强度。

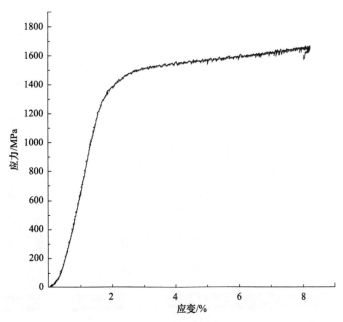

图 13.74　$(Zr_{75}Ti_{18.34}Nb_{6.66})_{75}X_{25}$ 非晶复合纳米材料的压缩曲线[81]

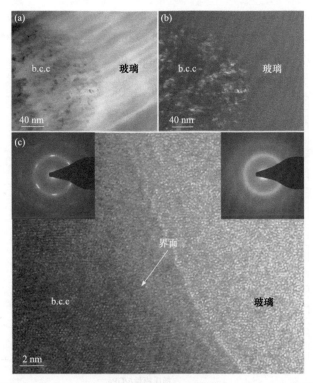

图 13.75　非晶复合材料 $Zr_{36.6}Ti_{31.4}Nb_7Cu_{5.9}Be_{19.1}$(DH1)的电镜照片，该合金由非晶和 BCC 的晶相组成，
两相的界面清晰可见[82]

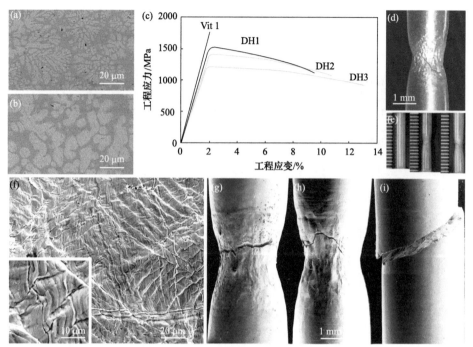

图 13.76 (a)DH1、(b)DH3 的扫描电镜照片，该合金由非晶和 BCC 的枝晶相组成；(c)室温下的拉伸应力-应变曲线，这些非晶合金表现出 10% 的拉伸塑性；(d)DH3 的颈缩，证明拉伸塑性；(e)DH1~DH3 颈缩的光学显微镜照片；(f)DH3 的断面 SEM 照片；(g)、(h)分别是 DH2 和 DH3 颈缩的 SEM 照片；(i) 一般非晶脆性断裂的 SEM 照片对比，无任何颈缩[82]

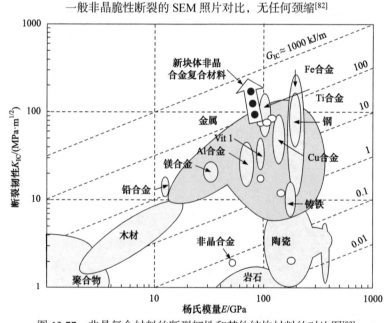

图 13.77 非晶复合材料的断裂韧性和其他结构材料的对比图[82]

采用磁控溅射镀膜技术，制备 Mg 基非晶合金薄膜，衬底温度接近其玻璃转变温度时，可控制形核晶化，获得了 Mg 基含有纳米-非晶双相非晶复合材料(SNDP-GC)[83]，该

图 13.78　Zr$_{41}$Ti$_{14}$Cu$_{12.5}$Ni$_9$Be$_{22.5}$C$_1$ 非晶在 623 K、4 GPa 下退火 4 小时得到的纳米晶结构[72]

Mg 基合金非晶复合材料的强度非常接近理论强度，如图 13.79 所示，是这类控制晶化得到的材料强度和其他材料的对比。

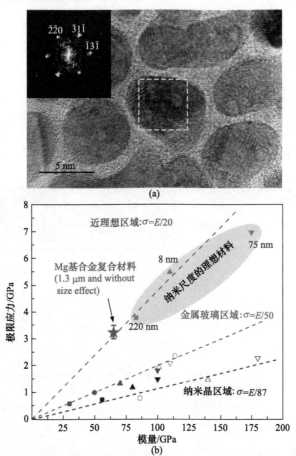

图 13.79　(a)Mg 基合金复合材料的高分辨透射电镜(HRTEM)形貌图；(b)室温下材料实际强度和理想强度的对比[83]

在非晶基体中，通过合适的热力学条件和动力学条件的调制，控制晶化，生成不同类型的晶态相，可在非晶合金体系中获得高性能大尺寸块体非晶合金复合材料。例如，在 $(Cu_{0.5}Zr_{0.5})_{100-x}Al_x$ 非晶形成体系，通过制备工艺和成分设计，使得非晶中沉积出纳米级 B2 CuZr 晶核，如图 13.80 的高分辨电镜照片所示。该非晶 $(Cu_{0.5}Zr_{0.5})_{100-x}Al_x$ 在形变过程中，预制核长大成 10～50 nm 的 B2 CuZr 孪晶，如图 13.81 电镜照片所示。非晶 $(Cu_{0.5}Zr_{0.5})_{100-x}Al_x$

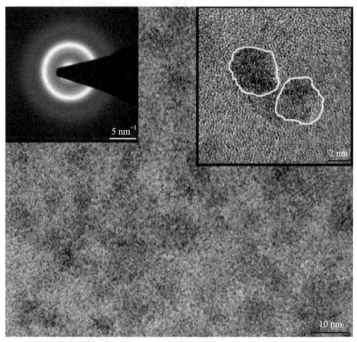

图 13.80　通过工艺和成分控制晶化得到的 $(Cu_{0.5}Zr_{0.5})_{100-x}Al_x$ 非晶合金，非晶基底中沉积有 3～5 nm 的 B2 CuZr 相[84]

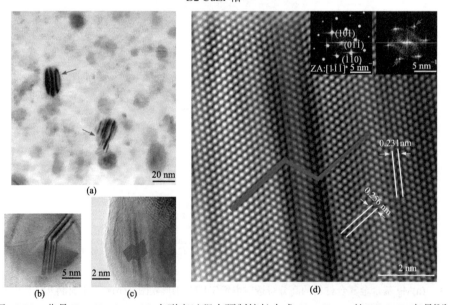

图 13.81　非晶 $(Cu_{0.5}Zr_{0.5})_{100-x}Al_x$ 在形变过程中预制核长大成 10～50 nm 的 B2 CuZr 孪晶[84]

形变过程中，B2 CuZr 孪晶的长大，以及对剪切带的扩展阻碍作用如图 13.82 所示。因此，这些控制晶化得到的纳米孪晶造成该合金体系具有一定的拉伸塑性和加工硬化特性[84]。

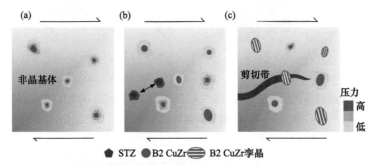

图 13.82　示意非晶$(Cu_{0.5}Zr_{0.5})_{100-x}Al_x$形变过程中，B2 CuZr 孪晶的长大，以及对剪切带的扩展阻碍作用。这些纳米孪晶是该合金体系具有一定的拉伸塑性和加工硬化特性的原因[84]

　　在非晶合金制备过程中通过合适的冷却速率，控制晶化，得到含 B2 CuZr 晶粒非晶复合材料，B2 CuZr 晶粒引入相变致塑效应(transformation induced plasticity，TRIP)[85,86]，因此，在非晶基体中生成能够发生"相变诱导形变"的亚稳晶体母相并均匀弥散析出，同时控制亚稳晶体母相的形核与生长，以使其均匀地分布在非晶基体中[87]；再通过合理的热力学和动力学匹配，生成单一亚稳母相的 TRIP 韧塑化块体非晶复合材料(图 13.83)。该增强相能够在变形过程中发生马氏体相变，并和周围的非晶态基体材料进行良好的协同变形，起到显著的强韧化作用，因此，TRIP 韧塑化的非晶复合材料具有优异的拉伸性能和加工硬化能力，如图 13.84 所示，这类非晶复合材料可望成为实际工程材料。

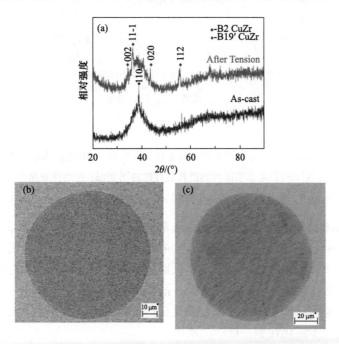

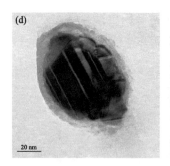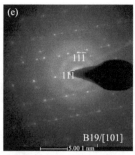

图 13.83 非晶基体中通过晶化控制引入的能发生相变的亚稳 B2 相的(a)XRD，(b)、(c)SEM，以及(d)、(e)高分辨电镜照片[86]

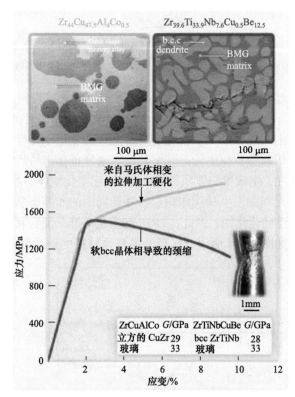

图 13.84 块体非晶中形成纳米尺寸和微米尺寸的亚稳晶态增强 TRIP 相，该增强相能够在变形过程中发生马氏体相变，并和周围的非晶态基体材料进行良好的协同变形，在块体非晶合金材料中起到显著的强韧化作用，得到具有大拉伸塑性和加工硬化能力的块体非晶复合材料[87]

　　1988 年日本日立金属公司的 Yashizawa 等在非晶合金基础上通过晶化处理开发出纳米晶软磁合金(finemet)。此类合金的突出优点在于兼备了铁基非晶合金的高磁感和钴基非晶合金的高磁导率和低损耗，并且是成本低廉的铁基材料。控制晶化得到的铁基纳米晶合金的发明是软磁材料的一个突破性进展，把非晶合金应用开发推向一个新高潮。

　　总之，可控晶化已成为制备非晶合金复合材料的有效手段，可极大地改变非晶材料的性能短板，进一步强化性能，被广泛使用。

13.9.2　晶化相变材料

晶化相变材料(phase-change material，PCM)是一种利用晶化调控性能的材料。相变材料是可以在非晶态("0")和晶态("1")之间快速转换的非晶材料(典型的成分是 Ge-Sb-Te)，具有容易实现非晶态与晶态之间的可逆相转变特性，这种超快晶体-非晶结构相变驱动的过程只需要十几纳秒。自二十世纪中期提出"相变光存储"这一概念以来，晶化相变材料的探索、性能研究及其应用一直受到广泛关注。相变存储器可以利用非晶态与晶态具有明显不同的光学或电学性质(非晶相和晶相的电阻率、折射率存在差异)来实现数字信息的写入、读出或擦除操作。相变记录材料目前已广泛应用于商业光盘中。

相变材料的非晶态("0")是通过激光快速凝固熔融的相变材料，经过玻璃转变而得到的；晶态("1")是通过激光加热使得非晶态快速晶化得到的晶态相，其存储和擦除的原理如图 13.85 所示[88]。超快速晶化是相变材料的特点，是其实现快速存储的关键。因此，一方面好的相变材料需要能在高温下实现动力学的超快扩散，从而快速晶化；但是另一方面又要求该材料在室温附近尽量慢地扩散来保持其稳定性。图 13.86 所示是相变非晶材料非晶化-晶化转变的热力学过程和时间的对比。可以看到，激光脉冲导致的晶化在过冷液态要比在室温附近的非晶态的晶化快 10^{16}~10^{17} 倍[89]！图 13.87 是典型非晶相变材料 Ge-Sb-Te 晶化速率(结晶长大速率)和不同非晶物质(成分、价键、脆度不同)的对比。其结晶长大速率很快，介于纯金属和典型非晶合金 CuZr 体系之间[90]。

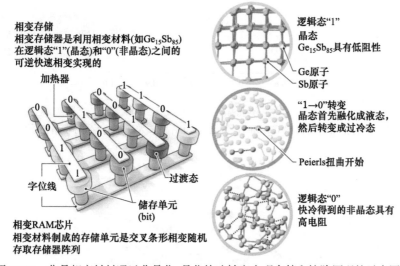

图 13.85　非晶相变材料通过非晶化-晶化快速转变实现存储和擦除原理的示意图[88]

典型非晶相变材料 $Ge_2Sb_2Te_5$ 的局域原子结构是类岩盐型晶体拓扑局域结构，和晶体对称性比较发生了极大的扭曲变形(图 13.88)。这一变形导致理想八面体原子环境的破缺，因而形成局域无序结构。非晶相变材料拓扑相的局域原子结构与晶相类似，但在变形程度上有显著不同。对称破缺可能和化学键本征变化紧密相关，因此，导致了晶相和非晶相的大光学衬比[91]和独特的快速晶化特性[92]。但是，相变材料晶化的机制和调控仍是非晶领域的未解之谜，也是目前非晶材料和科学领域的热点方向之一。

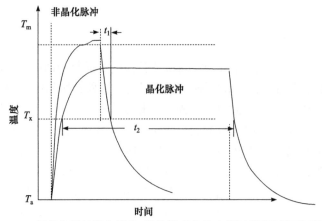

图 13.86　相变非晶材料非晶化-晶化转变的热力学过程和时间的对比[89]

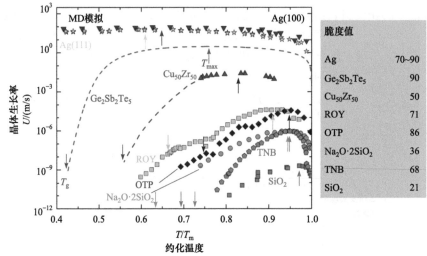

图 13.87　典型非晶相变材料 Ge-Sb-Te 晶化速率(结晶长大速率)和不同非晶物质的对比[90]

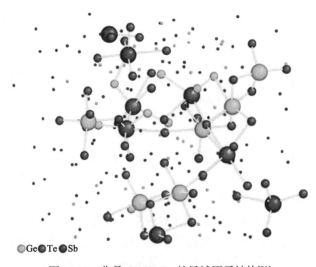

图 13.88　非晶 Ge₂Sb₂Te₅ 的局域原子结构[91]

13.10　小　　结

　　非晶物质作为一种独立的常规物质态，和其他常规物态之间可以发生转变。在一定的温度和压力下通过晶化，非晶物质的微观结构会发生无序到有序的转变，通过形核、长大，最后转变成另一种常规物态晶态固体相。非晶物质晶化后，其非晶的特性和性能会丧失，因此，晶化温度 T_x 是衡量非晶物质热稳定性的标志性参数。非晶物质稳定性的本质是任何一种物质状态变化都有势垒和"惯性"。晶化是非晶物质在一定温度下稳定性的丧失，是非晶物质中无序和有序的竞争。对晶化的认识，可以帮助我们认识非晶物质及其稳定性的本质和机制，改进一个体系的非晶形成能力，获得新的非晶物质体系，帮助我们制备具有超稳定性的非晶体系，还可以帮助我们利用晶化来调控非晶材料的结构及各种性能。

　　晶化是非晶物质在温度下的失稳。那么非晶物质在外力作用下是如何失稳、发生变形和断裂的呢？非晶物质为什么会脆断？非晶物质力学失稳和断裂的特征和机制是什么？断裂现象在我们的生活中司空见惯，但是很少有人能意识到非晶物质断裂是一个非常重要的科学难题，很少有人能意识到非晶物质断裂研究的重要性和意义。当你得知大多自然灾害的物理机制都和非晶材料断裂机制有关，地震等自然灾害难以预测是因为对非晶物质的断裂机制认识不足的时候，你可能觉得好奇和不解。那么就让我们一起翻到第 14 章，去认识非晶物质体系在应力作用下的失稳和断裂的奥秘。

参 考 文 献

[1] 郭贻诚, 王震西. 非晶态物理学. 北京: 科学出版社, 1984.

[2] 郑兆勃. 非晶固态材料引论. 北京: 科学出版社, 1987.

[3] Rogachev S A, Politano O, Baras F, et al. Explosive crystallization in amorphous CuTi thin films: A molecular dynamics study. J. Non-Crystal. Solids, 2019, 505: 202-210.

[4] Zhou L, Meng F Q, Zhou S H, et al. An abnormal meta-stable nanoscale eutectic reaction revealed by *in-situ* observations. Acta Mater., 2019, 164: 697-703.

[5] Jeon S H, Heo T, Hwang S Y, et al. Reversible disorder-order transitions in atomic crystal nucleation. Science, 2021, 371: 498-503.

[6] Zhan G L, Cai Z F, Strutyński K, et al. Observing polymerization in 2D dynamic covalent polymers. Nature, 2022, 603: 838-841.

[7] Kim B J, Tersoff J, Kodambaka S, et al. Kinetics of individual nucleation events observed in nanoscale vapor-liquid-solid growth. Science, 2008, 322: 1070-1073.

[8] Schuelli T U, Daudin R, Renaud G, et al. Substrate-enhanced supercooling in AuSi eutectic droplets. Nature, 2010, 464: 1174-1177.

[9] Sun G, Xu J, Harrowell P. The mechanism of the ultrafast crystal growth of pure metals from their melts. Nature Mater., 2018, 17: 881-886.

[10] Tan P, Xu N, Xu L. Visualizing kinetic pathways of homogeneous nucleation in colloidal crystallization. Nature Phys., 2014, 10: 73-79.

[11] Guentherodt H J, Beck H. Glassy Metals I. Berlin, Heidelberg, New York: Springer-Verlag, 1981:

228-259.

[12] Aaron H B, Fainstein D, Kotler G R. Diffusion-limited phase transformations: a comparison and critical evaluation of the mathematical approximations. J. Appl. Phys., 1970, 41: 4404-4410.

[13] Polk D E, Chen H S J. Formation and thermal properties of glassy Ni-Fe based alloys. Non-Cryst. Solids, 1974, 15: 165-173.

[14] Lee B S, Burr G W, Shelby R M, et al. Observation of the role of subcritical nuclei in crystallization of a glassy solid. Science, 2009, 326: 980-983.

[15] Desgranges C, Delhommelle J. Unusual crystallization behavior close to the glass transition. Phys. Rev. Lett., 2018, 120: 115701.

[16] Zeng Q S, Sheng H W, Ding Y, et al. Long-range topological order in metallic glass. Science, 2011, 332: 1404-1406.

[17] Li M X, Zhao S F, Lu Z, et al. High-hemperature bulk metallic glasses developed by combinatorial methods. Nature, 2019, 569: 99-103.

[18] Lai L M, Liu T H, Cai X H, et al. High-temperature Mo-based bulk metallic glasses. Script. Mater., 2021, 203: 114095.

[19] Kissinger H E. Variation of peak temperature with heating rate in differential thermal analysis. J. Res. National Bur. Stand., 1956, 57: 217-221.

[20] Zhuang Y X, Wang W H, Zhang Y, et al. Glass transition and crystallization kinetics of ZrTiCuNiBeFe bulk metallic glasses. Appl. Phys. Lett., 1999, 75: 2392-2394.

[21] The artwork of Gordon Halloran. www. icepaintingproject. com.

[22] Spanes C, Stevenson A. Oxford Dictionary of English. Oxford: Oxford University Press, 2005.

[23] Prigogine I, Stengers I. Order Out of Chaos. Bantam Books, Inc., 1984.

[24] Creber D. Crystalline Glazes. London: A & C Black Ltd, 1997: 96.

[25] Greer A L. A cloak of liquidity. Nature, 2010, 464: 1137-1138.

[26] Cahn R W. Twentieth Century Physics. IOP Publishing Ltd, 1995.

[27] Einstein A. Theory of opalescence of homogenous liquids and liquid mixtures near critical conditions. Ann. Phys., 1910, 33: 1275-1298.

[28] Volmer M, Weber A. Nuclei formation in supersaturated states (transl.). J. Phys. Chem., 1926, 119: 227-301.

[29] Becker R, Doring W. Kinetische behandlung der keimbildung in übersättigten dämpfern. Ann. Phys., 1935, 24: 719-752.

[30] Tumbull D, Cech R E. Microscopic observation of the solidification of small metal droplets formation of crystal nuclei in liquid metals. J. Appl. Phys., 1950, 21: 804-810.

[31] Tumbull D. Kinetics of solidification of supercooled liquid mercury droplets. J. Chem. Phys., 1952, 20: 411-424.

[32] Tumbull D. Formation of crystal nuclei in liquid metals. J. Appl. Phys., 1950, 21: 1022-1028.

[33] Kelton K, Greer A L. Nucleation in Condensed Matter. Elsevier Ltd., 2010.

[34] Herlach D M, Matson D M. Solidification of containerless undercooled melts. Wiley-VCH Verlag GmbH & Co. KGaA, Germany, 2012.

[35] Yau S T, Vekilov P G. Quasi-planar nucleus structure in apoferritin crystallization. Nature, 2000, 406: 494-497.

[36] Gasser U, Weeks E, Schofield R A, et al. Real-space imaging of nucleation and growth in colloidal crystallization. Science, 2003, 292: 258-262.

[37] Schroers J, Wu Y, Busch R, et al. Transition from nucleation controlled to growth controlled

crystallization in Pd$_{43}$Ni$_{10}$Cu$_{27}$P$_{20}$ melts. Acta Mater., 2001, 49: 2773-2781.

[38] Wang Z R, Wang F, Peng Y, et al. Imaging the homogeneous nucleation during the melting of superheated colloidal crystals. Science, 2012, 338: 87-90.

[39] Peng Y, Wang F, Zheng Z Y, et al. Two-step nucleation mechanism in solid-solid phase transitions. Nature Mater., 2015, 14: 101-108.

[40] Kui H W, Greer A L, Turnbull D. Formation of bulk metallic glass by fluxing. Appl. Phys. Lett., 1984, 45: 615-616.

[41] Cao C R, Huang K Q, Zhao N J, et al. Ultrahigh stability of atomically thin metallic glasses. Appl. Phys. Lett., 2014, 105: 011909.

[42] Sun Y T, Cao C R, Huang K, et al. Real-space imaging of nucleation and size induced amorphization in PdSi nanoparticles. Intermetallics, 2016, 74: 31-37.

[43] Sun Y T, Cao C R, Huang K Q, et al. Understanding glass-forming ability through sluggish crystallization of atomically thin metallic glassy films. Appl. Phys. Lett., 2014, 105: 051901.

[44] An Q, Luo S N, Goddard W A, et al. Synthesis of single-component metallic glasses by thermal spray of nanodroplets on amorphous substrates. Appl. Phys. Lett., 2012, 100: 041909.

[45] Egerton R F, Li P, Malac M. Radiation damage in the TEM and SEM. Micron, 2004, 35: 399-409.

[46] Roduner E. Size matters: Why nanomaterials are different. Chem. Soc. Rev., 2006, 35: 583-592.

[47] Sun J, He L B, Lo Y C, et al. Liquid-like pseudoelasticity of sub-10-nm crystalline silver particles. Nat. Mater., 2014, 13: 1007-1012.

[48] Perottoni C A, da Jornada J A H. Pressure-induced amorphization and negative thermal expansion in ZrW$_2$O$_8$. Science, 1998, 280: 886-889.

[49] Johnson W A, Mehl R I. Reaction kinetics in processes of nucleation and growth. Trans. Metall. Soc. AIME, 1940, 135: 416-442.

[50] Avrami M. Kinetics of phase change. I. General theory. J. Chem. Phys., 1939, 7: 1103-1112.

[51] Schmelzer J W P, Tropin T V. Glass transition, crystallization of glass-forming melts, and entropy. Entropy, 2018, 20: 103.

[52] Huang K Q, Cao C R, Sun Y T, et al. Atomic level observation of nucleation and growth processes in ultrathin and stable metallic glass films. J. Appl. Phys., 2016, 119: 014305.

[53] Zhu L, Brian C W, Swallen S F, et al. Surface self-diffusion of an organic glass. Phys. Rev. Lett., 2011, 106: 256103.

[54] Chai Y, Salez T, McGraw J D, et al. A direct quantitative measure of surface mobility in a glassy polymer. Science, 2014, 343: 994-999.

[55] Chen F, Lam C H, Tsui O K. The surface mobility of glasses. Science, 2014, 343: 975-976.

[56] Cao C R, Lu Y M, Bai H Y, et al. High surface mobility and fast surface enhanced crystallization of metallic glass. Appl. Phys. Lett., 2015, 107: 141606.

[57] Köster U. Surface crystallization of metallic glasses. Mater. Sci. Eng., 1988, 97: 233-239.

[58] Müller R, Zanotto E, Fokin V. Surface crystallization of silicate glasses: nucleation sites and kinetics. J. Non-Cryst. Solids, 2000, 274: 208-231.

[59] Shpyrko O G, Streitel R, Balagurusamy V S, et al. Surface crystallization in a liquid AuSi alloy. Science, 2006, 313: 77-80.

[60] Li T, Donadio D, Ghiringhelli L M, et al. Surface-induced crystallization in supercooled tetrahedral liquids. Nature Mater., 2009, 8: 726-730.

[61] Wu T, Yu L. Surface crystallization of indomethacin below T_g. Pharmaceut Res., 2006, 23: 2350-2355.

[62] Zhu L, Wong L, Yu L. Surface-enhanced crystallization of amorphous nifedipine. Molecular

Pharmaceutics, 2008, 5: 921-926.

[63] Sun Y, Zhu L, Kearns K L, et al. Glasses crystallize rapidly at free surfaces by growing crystals upward. Proceedings of the National Academy of Sciences, 2011, 108: 5990-5995.

[64] Hasebe M, Musumeci D, Yu L. Fast surface crystallization of molecular glasses: creation of depletion zones by surface diffusion and crystallization flux. The Journal of Physical Chemistry B, 2015, 119: 3304-3311.

[65] Wang Y T, Xi X K, Fang Y K, et al. Tb nanocrystalline array assembled directly from alloy melt. Appl. Phys. Lett., 2004, 85: 5989-5991.

[66] Chen L, Cao C R, Shi J A, et al. Fast surface dynamics of metallic glass enable superlattice-like nanostructure growth. Phys. Rev. Lett., 2017, 118: 016101.

[67] Tian H K, Xu Q Y, Zhang H Y, et al. Surface dynamics of glasses. Appl. Phys. Rev., 2022, 9: 011316.

[68] Dandekar P, Doherty M F. Imaging crystallization. Science, 2014, 344: 705-706.

[69] Lupulescu A I, Rimer J D. *In situ* imaging of silicalite-1 surface growth reveals the mechanism of crystallization. Science, 2014, 344: 729-732.

[70] Wang W H, Utsumi W, Wang X L. Pressure-temperature-time-transition diagram in a strong metallic supercooled liquid. Europhys. Lett., 2005, 71: 611-617.

[71] Pan M X, Wang J G, Yao Y S, et al. Pressure dependence of crystallization in bulk metallic glass. J. Phys.: Condens. Matter, 2001, 13: L589-L594.

[72] Wang W H, He D W, Zhao D Q, et al. Nanocrystallization of ZrTiCuNiBeC bulk metallic glass under high pressure. Appl. Phys. Lett., 1999, 75: 2770-2772.

[73] Clavaguera-Mora T M, Clavaguera M, Crespo D, et al. Crystallisation kinetics and microstructure development in metallic systems. Prog. Mater. Sci., 2002, 47: 559-619.

[74] Qiao J W, Jia H, Liaw P K. Metallic glass matrix composites. Mater. Sci. Eng. R, 2016, 100: 1-69.

[75] Wang J G, Zhao D Q, Pan M X, et al. Iron based alloy with hierarchical structure and superior mechanical performance. Adv. Eng. Mater., 2008, 10: 46-50.

[76] Royall C P, Williams S R. The role of local structure in dynamical arrest. Phys. Rep., 2015, 560: 1-75.

[77] Luo P, Cao C R, Zhu F, et al. Ultrastable metallic glasses formed on cold substrates. Nature Commun., 2018, 9: 1389.

[78] Chaussidon M. The early Moon was rich in water. Nature, 2008, 454: 170-172.

[79] Greer A L. Metallic glasses…on the threshold. Mater. Today, 2009, 12: 14-22.

[80] Johnson W L, Kaltenboeck G, Demetriou M D, et al. Beating crystallization in glass-forming metals by millisecond heating and processing. Science, 2011, 332: 828-833.

[81] Hays C C, Kim C P, Johnson W L. Microstructure controlled shear band pattern formation and enhanced plasticity of bulk metallic glasses containing *in situ* formed ductile phase dendrite dispersions. Phys. Rev. Lett., 2000, 84: 2901-2903.

[82] Hofmann D C, Suh J Y, Wiest A, et al. Designing metallic glass matrix composites with high toughness and tensile ductility. Nature, 2008, 451: 1085-1090.

[83] Wu G, Chan K C, Zhu L, et al. Dual-phase nanostructuring as a route to high-strength magnesium alloys. Nature, 2017, 545: 80-83.

[84] Pauly S, Gorantla S, Wang G, et al. Transformation-mediated ductility in CuZr-based bulk metallic glasses. Nature Mater., 2010, 9: 473-477.

[85] Sun Y F, Wei B C, Wang Y R, et al. Plasticity-improved Zr-Cu-Al bulk metallic glass matrix composites containing martensite phase. Appl. Phys. Lett., 2005, 87: 051905.

[86] Wu Y, Xiao Y H, Chen G L, et al. Bulk metallic glass composites with transformation-mediated

work-hardening and ductility. Adv. Mater., 2016, 28: 8156-8161.

[87] Hofmann D C. Shape memory bulk metallic glass composites. Science, 2010, 329: 1294-1295.

[88] Rao F, Zhang W, Ma E. Catching structural transitions in liquids. Science, 2019, 364: 1032-1033.

[89] Ielmini D, Sharma D, Lacaita A L. Physical interpretation, modeling and impact on phase change memory (PCM) reliability of resistance drift due to chalcogenide structural relaxation. 2007 IEEE International Electron Devices Meeting, 2007: 939-942.

[90] Orava J, Greer A L. Fast and slow crystal growth kinetics in glass-forming melts. J. Chem. Phys., 2014, 140: 214504.

[91] Hirata A, Ichitsubo T, Guan P F, et al. Distortion of local atomic structures in amorphous Ge-Sb-Te phase change materials. Phys. Rev. Lett., 2018, 120: 205502.

[92] Orava J, Greer A L, Gholipour B, et al. Characterization of supercooled liquid $Ge_2Sb_2Te_5$ and its crystallization by ultrafast-heating calorimetry. Nature Mater., 2012, 11: 279-283.

第 14 章

非晶物质的断裂：残缺之美

格言

♣ The vase where this verbena is dying

was cracked by a blow from a fan.

It must have barely brushed it,

for it made no sound.

But the slight wound,

biting into the crystal day by day,

surely, invisibly crept

slowly all around it.

——诺贝尔文学奖获得者普吕多姆(Sully Prudhomme)的代表诗作《带裂痕的花瓶》

♣ Glass is like a butterfly.

hold it tight, it will crash.

let it fly.

it will show you beautiful colors.

♣ There is a crack in everything, that's how the light gets in. (万物皆有裂缝，那是阳光照进来的地方)——Leonard Cohen Anthem

♣ 故坚强者死之徒，柔弱者生之徒(What is supple and yielding goes with life; what is stiff and hard goes with death)——《道德经》老子

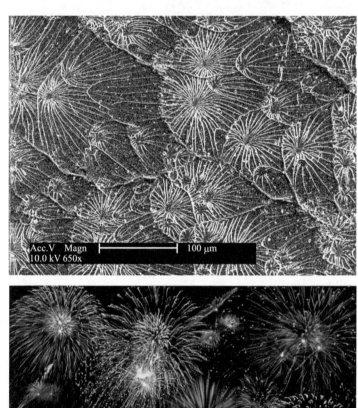

非晶合金断面图案和烟花的对比

14.1　引　言

Leonard Cohen 在其诗歌《赞歌》(Anthem)中说：万物皆有裂缝，那是阳光照进来的地方(There is a crack in everything, that's how the light gets in)。非晶物质的裂纹和断裂也能泄露非晶物质的很多奥秘，是我们认识非晶物质的窗口，是让阳光照进非晶物质这个问题重重的黑箱的狭缝。

断裂也是日常生活中经常遇见的现象[1,2]。材料的断裂现象也是一个非常古老的课题。人类在石器时代就已经开始关注和利用材料的断裂行为了[1]，利用断裂过程来制造最原始的石器工具(如石斧)是人类文明开始发展的一个重要标志。

工程结构材料在外力作用下会出现裂纹，裂纹扩展从而导致灾难性断裂。在地质的演变过程中地壳板块也常常出现脆性断裂，如大陆飘移、矿物开裂、山体滑坡、火山爆发、地震等都和断裂有关。断裂也是各类大小事故和灾害的基本原因。随着社会的发展，在工程领域人们很早就开始关注、研究物质和材料的断裂行为，对材料的变形及断裂行为研究有了大量经验积累。其中材料的强度与断裂理论是研究材料在各种应力下的破坏规律的，它的研究最早可以追溯到 400 多年以前。当年伽利略(Galileo, 1564~1642)在研究砖、铸铁和石头的拉伸断裂时，发现当施加应力达到一临界值时材料发生断裂，并建立了断裂最大正应力准则或第一强度理论。弗仑克尔(Frenkel)根据晶格动力学，在理论上预测了材料强度一般是其弹性模量的 1/10 左右(又一个定义和研究理想状态的经典工作)。但是材料的实际强度远远达不到理论强度(又称理想强度)，后来发现产生这种现象的原因是材料中缺陷和微裂纹的存在，裂纹周边区域的应力和应变不能用理想结构材料的理论描述，这促使人们对材料裂纹和缺陷研究产生兴趣。

随着近代各种新兴材料的诞生，如高强度金属、陶瓷、玻璃、半导体、生物医用材料、高分子材料及复合材料等，工程应用对材料断裂行为的研究产生了迫切的需要，对其研究也逐步深入。然而，早期的断裂研究仅仅局限于对现象的观察及信息的积累，以及对实际问题的解决，因此对科学理论的研究相对欠缺。直到 20 世纪 20 年代，格里菲斯(Griffith)提出了断裂过程中的能量平衡概念，断裂才引起研究者的关注。以此为基础，断裂行为研究逐渐发展成为一个前沿的材料和物理科学问题和学科。

断裂是结构材料的一种最危险的失效形式，也是非晶材料最危险的失效形式。古诗中说：彩云易散琉璃脆。非晶物质和材料常常是脆性材料，非晶物质的断裂很容易发生，我们几乎都有被断裂的非晶玻璃碴子割破手的经历。在远古时代，古人就会利用锋利的非晶物质(如燧石的断口)来切割食物、宰杀野兽等(图 14.1，燧石破碎后产生锋利的断口，为石器时代的原始人所青睐，绝大部分石器都是用燧石打击制造的)。因此，自古以来，具有高断裂韧性的玻璃材料就是人类追求的材料目标。传说有人给古罗马皇帝提比略(Tiberius, 公元前 42 年~37 年)看一只摔不碎的高脚玻璃酒杯。杯子的制作者骄傲地宣称，他独自拥有制作这种玻璃的秘密。皇帝想："这种玻璃技艺要是传开来，金子和银子将要变得同粪土一样毫无价值"。于是，他就下令把这位工匠处死，让这秘密随他的主人长眠地下。

图 14.1　燧石断裂破碎后产生的锋利断口，石器时代的原始人用燧石断口去切割

　　美有完整之美，也有残缺之美。断臂的维纳斯，曾有人试图为她补齐千古之缺憾，但续雕上去的各种姿势的双臂，都不尽人意，最终不得不感叹：唯有残缺之美的维纳斯，才是最美的。非晶物质断裂是深刻的科学问题，也有重要的工程应用，并且富有神秘的美感，非晶的断裂是一种残缺之美。古代手工业者在制造陶釉制品的过程中，用在其表面镶嵌入大量的裂纹来装饰其成品，这也是裂纹最初的应用之一(图 14.2)。第一位诺贝尔文学奖得主普吕多姆的代表诗作《带裂痕的花瓶》，把非晶玻璃花瓶上的裂纹写得非常具有美学感召力[3]：

······

但那细微的裂纹，

无声地弥漫着；

那日复一日的啮咬，

慢慢地让伤痕布满瓶身。

······

　　从广义上来说，非晶材料的断裂研究不仅仅是材料问题。地质系统和大型工程是由大量砂石、土壤和液体的混合、堆积形成的一个典型的宏观非晶体系。这类非晶体系的失稳和断裂，例如大坝裂缝、地震、山体滑坡、雪崩等地质灾害造成严重损失甚至带来灾难性的后果的主要原因和断裂有关，是断裂发生在空间和时间上的不确定性和突然性。

　　非晶物质在一定外场作用下会发生形变甚至断裂，即力学失稳现象，包括局域的、宏观上不易察觉的原子尺度的非弹性形变。实际上，非晶体系的失稳是一种类似临界现象的复杂物理过程，和非晶体系的内部结构、动力学和热力学密切相关。非晶材料的宏观失稳和断裂行为都是从微观的局域失稳聚集和发展而成的，从局域失稳发展成为宏观失稳甚至断裂的过程的认识，是提高非晶材料力学性能和灾害防治需要解决的关键问题。断裂研究因此具有重要的科学和工程意义，有利于地质灾害的预测和防治，有利于制备出高韧性的工程非晶材料[4-6]。

图 14.2　表面镶嵌大量的裂纹来装饰的陶釉制品

　　预测地质灾害发生的位置和时间，需要深入了解非晶体系的失稳、断裂与非晶体系结构及力学特征的关联；预警灾害发生的时机则需要搞清楚非晶体系失稳、断裂过程中的动力学演化和接近失稳时的临界性质。例如，中国已有和正在规划建设的水利水电工程中，堆石坝是优选坝型。堆石坝是由块石和颗粒无序堆积而成的非晶体系。实质上，如何保证工程的长期稳定性和安全性，提高设计和建设质量这类工程问题的物理本质可归结为非晶体系的形变和断裂机理与控制，静态和动态力学响应，短期和长期的弛豫行为等。因此，深入理解非晶体系在外界扰动下的演化动力学、失稳和断裂破坏机制，可为大型工程的高质量和安全施工运行提供指导和支撑。

　　非晶体系失稳、断裂这种司空见惯的现象包含很深的学问，也是著名的科学难题。非晶物质由于其长程无序的结构特点和脆性特性，其断裂现象和行为不同于晶体材料，其断裂机理更加复杂。目前微观尺度上非晶体系局域化的形变在实验上还无法直接观察，由局域至宏观的失稳过程更不清楚，这主要是由于缺乏原子尺度和高时间分辨的微观结构观测手段。因此，非晶物质断裂机制问题虽然已经进行了大量研究，但依然未有成熟的结构机理解释[1,2,4-11]。例如，硅化物玻璃是非常典型的脆性材料，这种玻璃材料因此和金属材料分别是用来研究脆性和塑性断裂的典型材料。一般认为，氧化硅玻璃的断裂一般是完全脆性断裂模式，即断裂时裂纹尖端的原子或原子团之间是一种键与键之间的撕裂或顺序断开而分离，并且 Rice 等对这种完全脆性断裂模式进行了理论描述，而 Guin 等通过实验证实了这种理论描述。然而，对于脆性非晶硅化物玻璃材料，其裂纹尖端开裂瞬间是否出现塑性变形依然存在争议。非晶胶体和颗粒系统等也是研究非晶体系失稳的理想模型体系。非晶合金的诞生进一步拓宽了断裂行为的研究领域。如通过对脆性 Mg

基大块非晶合金(其断裂韧度值仅为 2 $MPa \cdot m^{1/2}$，与硅化物玻璃的脆性相似)的断口形貌的观察，发现韧窝结构出现于大块非晶合金的断口表面，这说明非晶合金在裂纹尖端呈现出塑性开裂模式[12]。

　　断裂的基本研究内容包括裂纹的起裂条件，裂纹如何扩展的，裂纹前端的状态，裂纹在外部载荷和其他因素作用下的扩展过程，裂纹扩展到什么程度物体会发生断裂，裂纹路径和特征及控制等。非晶物质由于其独特的形变和断裂行为，其断面的形貌丰富多彩。断面的形貌是断裂的指纹，非晶物质断面的形貌在认识断裂机制及非晶力学性能和特征的研究中发挥着重要作用，是非晶物质断裂研究的重要方向。断裂强度、断裂韧性是表征断裂和材料力学性能的重要参数，非晶材料断裂韧性相差很大。例如，非晶硅化物玻璃材料虽然断裂强度很高，但是断裂韧性很低，而非晶合金材料表现出超高的断裂韧性。非晶物质断裂研究为认识物质断裂机制提供了重要窗口[13-16]。

　　下面让我们一起来欣赏非晶物质的断裂知识进展和断裂之美。

14.2　断裂基本原理

　　在讨论非晶物质断裂之前，先简要介绍断裂的基本知识和背景。

　　断裂的系统研究起源于 19 世纪末。1914 年 Ingless 和 1921 年 Griffith 提出科学的断裂理论模型，其中 Griffith 以脆性非晶玻璃为模型体系提出的断裂理论最为著名，成为材料研究史上的著名理论。该模型提出裂纹失稳扩展准则——Griffith 准则，解释了为什么材料的实际强度会比理论值小很多，并由此得到裂纹扩展能量释放率的概念[17]。Griffith 被认为是材料断裂科学的鼻祖。

　　断裂研究在 Griffith 之后一段时间一直停留在线弹性断裂力学的层次。现代断裂理论大约是在 1948~1957 年间才逐渐形成，它是在大量生产和工程、防灾等实践需求的引导推动下发展起来的。如 1954 年这一年中，发生了 3 架英国"彗星号"大型客机在空中先后解体坠毁的惨剧事件。此惨剧令当时英国为之骄傲的"彗星号"大型客机寿终正寝，也促发了科学家重视和深入研究材料断裂问题。通过对飞机事故的调查研究发现，"彗星号"客机采用的是方形舷窗。经多次起降后，在方形舷窗拐角(直角)处会出现金属疲劳导致的裂纹。正是这些不起眼的裂纹引起了灾难事故。研究证明，裂纹的存在引起飞机结构发生低应力破坏，传统的断裂设计准则遇到极大挑战。后来所有客机舷窗均采用圆形或设计有很大的圆角，这样的圆形舷窗能够减小应力集中，提高金属疲劳强度，延缓疲劳裂纹的发生。类似的断裂例子还很多，这些研究孕育了断裂科学的诞生，并促进了其快速发展。

　　断裂科学是在经典 Griffith 理论的基础上发展起来的。20 世纪 60 年代是断裂科学大发展时期。根据 Griffith 的理论，Orowan 推导出了材料断裂的临界应力。另外，实验发现材料断裂的可能性与裂纹长度关系极大：裂纹越长，材料越易断裂。美国科学家欧文(G. R. Irwin)因此提出应力强度因子的概念[18]，对不同长度裂纹对材料断裂驱动效应进行表征，从此线弹性断裂力学(LEFM)基本建立起来。断裂研究理论成功用于结构设计后，源于裂纹引发的灾难事故大大减少，成为科学解决工程难题的范例，断裂科学也成为破解结构应力破坏的金钥匙。

深入研究还发现，塑性断裂裂纹尖端存在一个软化区，并发现裂纹尖端进入软化区后用线性断裂力学无法解决应力奇点(stress singularity)的问题。1960 年，Barenblatt 和 Dugdale 因此提出了非线性或可塑性断裂力学(nonlinear/plastic fracture mechnics)的概念，在裂纹前端引入了塑性区(plastic zone)概念。1966 年 Rice 发现 J 积分(J-integral)，随后又发现断裂力学中 J 积分等于能量释放速率(energy release rate)等这些重要的关系和规律。较完整的断裂理论从此建立。断裂理论的创立在固体力学发展史上具有里程碑意义，它颠覆了传统工程和材料设计思想，避免了很多破坏事件的频繁发生。此外，断裂损伤安全设计理念大大提高了材料利用效率，也减轻了材料的结构重量。断裂力学帮助设计强韧性材料的另一个典型例子是粉笔和贝壳。它们的主要成分都是碳酸钙，但是其力学性质完全不同，活体贝壳有很高的强韧性，而粉笔很脆。原因是贝壳中的碳酸钙多尺度延伸链接的复合套生结构，这种结构能阻延裂纹的扩展，增大韧性。

下面将简要介绍断裂理论的基本概念和思想。根据裂纹受载情况，断裂可以划分为三类基本模式：张开型裂纹(Mode Ⅰ)、剪切型裂纹(Mode Ⅱ)和撕开型裂纹(Mode Ⅲ)，如图 14.3 所示。裂纹扩展类似物质的形核长大，也经历成核、稳态扩展和失稳扩展三个阶段，裂纹扩展一旦进入失稳扩展将对材料使用性能造成不可逆损伤和破坏。

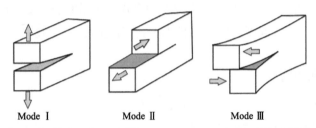

图 14.3　三种独立的断裂裂纹模式：张开型裂纹(opening，Mode Ⅰ)、剪切型裂纹(in-plane shear，Mode Ⅱ)和撕开型裂纹(out-of-plane shear，Mode Ⅲ)

断裂理论主要是基于弹塑性力学理论，关注裂纹行为。裂纹概念首先是由 Griffith(图 14.4)在试图解释脆性固体断裂应力和理论强度的不同时提出的[17]。1920 年，26 岁的 Griffith 在皇家学会的 *Philosophical Transactions* 杂志上发表了著名的论文：*The phenomenon of rupture and flow in solids*。该文提出，材料内部有很多显微裂纹，并从能量平衡出发得出了裂纹扩展的判据，一举奠定了断裂力学的基石。有意义的是，Griffith 是以非晶玻璃脆性固体为模型体系，最早研究了裂纹在断裂中的演化，并给出脆性断裂应力和裂纹长度的关系，说明宏观均匀的脆性非晶物质从一开始就是研究断裂的模型体系(此外，人类很早就用脆性非晶物质燧石的断口来切割。说明非晶物质的"弱点"——脆性其实有很多的应用和科学意义)。如图 14.4 所示是他提出的裂纹模型，Griffith 把脆性断裂模型化为无限大平面中有一个长为 $2a$ 的裂纹，拉应力 σ_A 作用在其四周[17]，那么热力学上，在一个无限大平面上产生长度为 $2a$ 的裂纹造成自由能的增加为[17]

$$\Delta U(a) = -\pi a^2 \sigma_A^2 / E + 4\gamma a \tag{14.1}$$

这里 E 是杨氏模量，γ 是单位面积的界面能。上面公式的第一项是弹性能的释放，第二项是裂纹产生后界面能的增加。

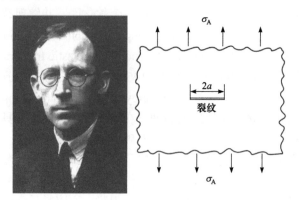

图 14.4   A. A. Griffith，以及 Griffith 裂纹模型：无限大平面中有一个长为 $2a$ 的裂纹，拉应力 σ_A 作用在其四周[17]

如果 $\Delta U = 0$ ，得到的是裂纹稳定扩展的临界应力 σ_f ：

$$\sigma_f = \sqrt{\frac{2E\gamma}{\pi a}} \tag{14.2}$$

公式(14.2)就是著名的 Griffith 断裂强度关系式，σ_f 是断裂强度。该公式能够解释为什么观察到的脆性固体的断裂强度 σ_f 总是小于其理论强度 $\sigma_c = \sqrt{E\gamma/r_0}$ ，这里 r_0 是平衡态原子的间距，$r_0 \ll a$。

公式(14.2)也可以写成

$$\sigma_f \sqrt{a} = C \tag{14.3}$$

这里 C 是一个反映材料本征特性的常数。

Griffith 模型和脆性材料如非晶玻璃材料的力学实验数据符合得很好。但是，对于塑性材料，理论和实验符合得不理想。Irwin 等[18]改进了 Griffith 模型，认为塑性形变在塑性材料断裂过程中起了很大的作用，他定义了应变能释放率 G 和裂纹扩展的关系[18]：

$$G = -\frac{dU_e}{da} \tag{14.4}$$

其中 U_e 是储藏在材料中的弹性能。

对于理想脆性材料，在产生裂纹界面时的弹性能完全被耗散，即 $G = 2\gamma$ 。对于塑性材料，在裂纹前端(或者裂尖)会形成一个软化的区域，叫塑性区。塑性区和产生裂纹的界面都会耗散弹性能。即 G 应该是：$G = 2\gamma + G_p$ ，式中 G_p 是塑性区耗散的能量。因此，对塑性和脆性材料都适合的断裂应力可以表示为 $\sigma_f = \sqrt{EG/\pi a}$ 。

对于一些塑性材料，比如钢，其 $G_p \approx 1000$ J/m² ，远大于 2γ (≈ 2 J/m²)，裂纹前端的塑性区在断裂过程中起主导作用[19]。

对于一个材料，当 G 大于或者等于临界断裂能的 G_C 时，其裂纹将扩展

$$G \geqslant G_C \tag{14.5}$$

G_C 是材料的本征特性，和加载条件及样品尺寸无关。裂纹阻抗曲线或者叫 R-曲线被定义成总的能量耗散率相对于裂纹尺寸扩展的曲线。围绕裂纹前端的应力场为[18,19]

$$\sigma_{ij}(r,\theta) \approx \frac{K}{\sqrt{2\pi r}} f_{ij}(\theta) \tag{14.6}$$

式中，$\sigma_{ij}(r,\theta)$ 是裂纹前端柯西应力在极坐标系 (r,θ) 的表述；$f_{ij}(\theta)$ 是无量纲量，决定于载荷裂纹的几何形状；K 是应力强度因子，单位是 $Pa \cdot m^{1/2}$。这个公式在塑性区远小于裂纹的尺寸时和实验符合得很好。

三种不同的断裂模式的应力强度因子可分别表示为 K_I、K_{II} 和 K_{III}。对于特殊情形，一个无限大平面，$K_I = \sigma\sqrt{\pi a}$，断裂发生的判据：

$$K \geqslant K_C \tag{14.7}$$

其中 K_C 是一个表征材料断裂韧性的常数。

断裂模型 I 的断裂韧性，K_{IC}，是最常用的描述材料断裂韧性的参数。在一般情形和条件下，韧性 K 和应变能释放率 G 的关系为[20-22]

$$G = K_I^2 \left(\frac{1}{E'}\right) + K_{II}^2 \left(\frac{1}{E'}\right) + K_{III}^2 \left(\frac{1}{2\mu}\right) \tag{14.8}$$

当 $E = E'$ 时，对应平面应力条件，$E' = E/(1-\nu^2)$ 对应平面应变条件，其中 ν 是泊松比，μ 是切变模量。

上述断裂模型是线性断裂模型，基于线性弹性断裂力学。因此，这些模型只适用于裂纹前端小范围的屈服情形。对于具有大范围塑性的工程材料，如钢材，线性断裂模型不能精确表征其断裂行为，需要非线性弹塑性断裂力学理论来表征。

J-积分是非线性描述裂纹扩展时应变能释放率的方法之一，是 1967 年由 Rice 提出的，其定义为[22]

$$J = \int_\Gamma \left(W dx_2 - t_i \frac{\partial u_i}{\partial x_1} ds \right) \tag{14.9}$$

式中，Γ 是环绕裂纹尖端的任意曲线；$W(x_1, x_2)$ 是应变能密度，x_1 和 x_2 是坐标方向；t_i 是牵引矢量的分量；u_i 是矢量分量的位移；ds 是沿轮廓线的长度增量。J-积分是和路径无关的、围绕裂纹尖端的积分[23]，其物理意义是：J-积分等于能量释放率或者一个非线性弹性体中裂纹断面形成每单位面积所需要做的功。在位移控制条件下，J-积分可表示为

$$J = -\left(\frac{dU}{B da}\right)_\Delta \tag{14.10}$$

式中，U 是储存在固体中的应变能；a 是裂纹长度；B 是厚度。对于线性弹性体，$J_{el} = G$。J 和 K 因子的关系为

$$J_{el} = K_I^2 \left(\frac{1-\nu^2}{E}\right) \tag{14.11}$$

类似的，断裂准则可以定义为：$J = J_{IC}$，这里 J_{IC} 被认为是一个衡量阻止裂纹的材

料参数。

　　除了 G_C 和 K_C，其他描述塑性断裂的参数还有如裂纹尖端张开位移(crack-tip opening displacement)[24]、裂纹前端张开角(crack-tip opening angle, CTOA)等[22]。相比于 Griffith 和 Irwin 的理想线性脆性断裂，弹塑性断裂力学更复杂。其详细讨论可参考 *The Standards of American Society for Testing and Materials* (ASTM) E399, E561, E813, E1290, E1820 和 E2472[25,26]。

14.3　断裂前的塑性变形

　　非晶材料的断裂行为和其裂纹前端塑性行为密切关联。所以在介绍非晶断裂之前，先简要介绍非晶物质的塑性变形(流变)行为(第 8~9 章节有详细的介绍)。非晶材料的变形行为和其对应的晶体材料不同，非晶物质的流变或形变对温度和应变速率非常敏感。非晶物质形变的另一个特点是局域性，其形变局域在纳米尺度的流变单元和剪切带中。因此多数非晶材料缺乏宏观室温塑性变形能力，其脆性断裂的物理图像是这样的：非晶物质作为冷冻液体弛豫时间太慢，在常规应变速率的作用下，只有局域的原子发生剧烈形变，并且这种局域形变不易滑移，因此形成局域的软化区，即剪切带，剪切带会进一步扩展、转变形成裂纹，最终导致脆性断裂。脆性是结构材料必须避免的，因为脆性意味着在外力作用下(如拉伸、冲击等)，材料抗形变能力很差，很小的变形即可引起破坏性的断裂，而且断裂的时间和方式具有随机性。所以脆性材料用作结构材料意味着没有安全性，脆性缺陷是制约非晶合金、玻璃等材料成为结构材料的瓶颈，也严重制约着非晶材料其他优异性能的发挥。实际上，非晶材料领域为解决非晶脆性问题做了大量的努力，对非晶物质的断裂行为和规律做了大量的研究。

　　非晶断裂的前驱是形变，形变首先在纳米级的区域中发生应力集中，然后形变，这完全不同于晶体中的位错或者界面等缺陷控制机制。这些纳米级的区域被称作剪切形变区(shear transformation zone，STZ)或者流变单元，流变单元会通过逾渗形成剪切带。图 14.5 是非晶物质中塑性形变的演化过程：从自由体积开始、再到流变单元或者 STZ，流变单元通过自组织逾渗，形成纳米级剪切带 [27-28]。对于非晶合金，形变模型可以简化为：弹性非晶基底+流变单元[29]，在外力的作用下首先激活流变单元，流变单元通过自组织形成剪切带，剪切带会演化成裂纹。

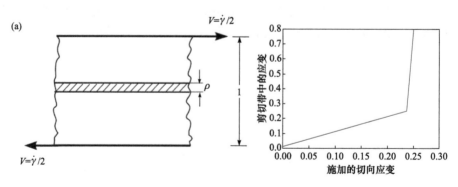

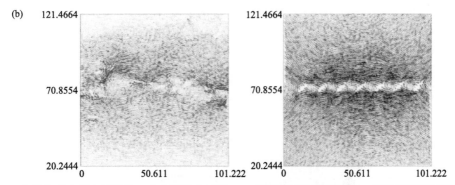

图 14.5　非晶物质中形变局域化、自组织演化过程。(a)剪切带演化过程[27]；(b)纳米尺度剪切带由自由体积、或者流变单元演化而成的过程[28]

非晶的形变区和剪切带被激发后的主要特点是软化，非晶物质的形变软化特征和脆性及断裂特征与之密切相关。

14.4　剪切带：断裂的前驱

Kravz-Tamavskii 于 1928 年在材料中发现了绝热剪切带。不同于晶态材料中存在位错、晶界等承载变形的晶体缺陷，非晶材料的室温变形高度集中在纳米尺度的剪切带内。这是由于材料的变形能转化为热，引起局部温升造成材料局部黏度的下降，材料软化，塑性变形阻力急剧下降形成的所谓的绝热剪切带。局域剪切带的软化和扩展最终导致裂纹的产生，直至非晶材料的失稳断裂。剪切带是非晶材料中非常容易观察到的形变和流变的载体，对剪切带的认知和调控，是认识非晶物质形变、断裂和失稳机制、突破非晶体系脆性瓶颈的关键。由于没有直观可见的类似晶体位错的形变单元，非晶物质中剪切带的形成及演化机制的物理图像、剪切带之间是否又相互作用，以及与裂纹的关系尚不清晰。

非晶物质在应力作用下屈服后，如果用显微镜或者 SEM 观察，会在非晶样品的表面观察到很多带。下面诸图展示了不同非晶体系中在外力作用下形成的不同尺度的剪切带。图 14.6 是早期用光学显微镜观察到的 $Pd_{80}Si_{20}$ 非晶合金中的剪切带[30]。图 14.7 是非晶材料压缩形成的剪切带[31]和非晶合金 $Zr_{57}Nb_5Al_{10}Cu_{15.4}Ni_{12.6}$ 弯曲后表面的剪切带的 SEM 观察[32]。可以看出，非晶形变发生后，会在表面形成大量剪切带，很容易被观察到。而且非晶物质中剪切带在不同加载模式下有不同的形貌(图 14.8)[33,34]。一些地质运动也会形成剪切带，如图 14.9 是不同非晶体系中产生的不同尺度的剪切带：(a)图是非晶合金中的剪切带，(b)图是山体运动遗留下的剪切带。虽然尺度相差很大，但是非常相似，本质上也相同。

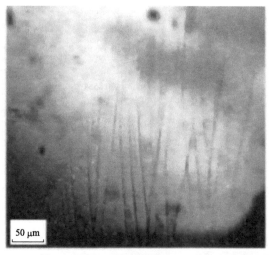

图 14.6 早期用光学显微镜观察到的 $Pd_{80}Si_{20}$ 中的剪切带[30]

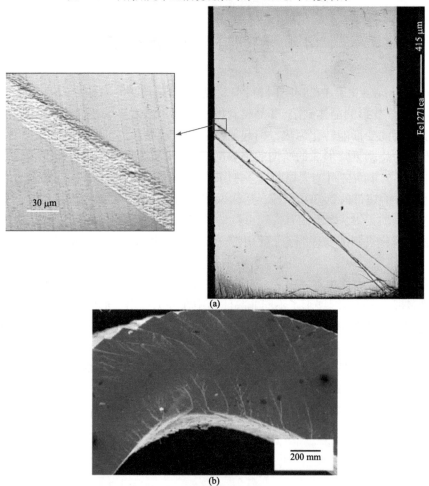

(a)

(b)

图 14.7 (a)压缩非晶材料形成的剪切带[31]; (b)SEM 观察到的非晶合金 $Zr_{57}Nb_5Al_{10}Cu_{15.4}Ni_{12.6}$ 弯曲后表面的剪切带[32]

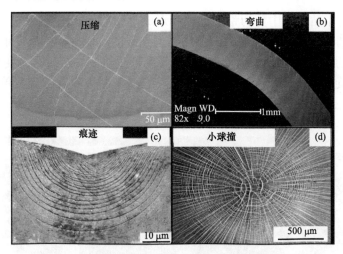

图 14.8　不同加载模式下非晶合金的剪切带形貌[33,34]

图 14.9　不同尺度的剪切带：(a)是非晶合金中的剪切带，(b)是山体运动遗留下的剪切带

　　图 14.10 是非晶物质中剪切带的形核和形成过程的计算机模拟[35]。从模拟剪切带形成过程可以清楚地看出，在外力的作用下，先激活流变单元，流变单元通过自组织和逾渗形成剪切带。图 14.11 是模拟的剪切带的产生机制。在激活流变单元或 STZ 过程中会产生涡旋力场，激发附近的流变单元，这些不断被激发的流变单元通过逾渗形成剪切带[35]。

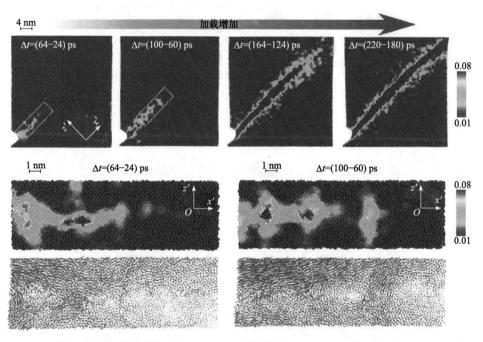

图 14.10　模拟非晶剪切带的形核和形成过程：被激活流变单元，流变单元自组织形成剪切带[35]

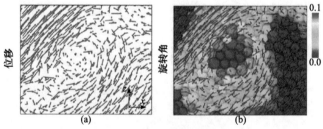

图 14.11　在激活流变单元或 STZ 过程中会产生涡旋力场，并激发附近的流变单元，这些不断被激发的
大量流变单元通过逾渗形成剪切带[35]

　　从剪切带的照片和模拟过程可以看出：剪切带实际上是个面，面和样品表面交叉，在样品的表面只能观察到一条线。剪切带形成时间在 1～2 μs，其长度有几十微米到毫米量级。剪切带宽度一般用 SEM、原子力显微镜观测得到其直观厚度是几十纳米的原子结构重排区域[36]。由于分辨率和灵敏度等差异，不同实验方法得出的剪切带的影响区宽度差别较大，尺度跨度从纳米到亚微米。纳米压痕、放射性示踪、纳米束 X 射线衍射、X 射线光子关联谱等一系列实验方法发现，围绕着剪切带存在着更广泛分布的影响区。

　　在铁基非晶合金中，利用其磁矩分布对磁弹性耦合作用十分敏感的特性，通过对起源于磁弹性耦合的磁畴测量，可直观地揭示出非晶合金的剪切带影响区[37]。磁畴可作为反映磁性非晶合金塑性形变后局域变形的媒介，是观察剪切带的"显微镜"，通过对磁畴结构的分析，可对剪切带的结构、扩展和相互作用等进行系统研究。图 14.12 是纳米尺度高分辨率的原子力显微镜(AFM)和磁力显微镜(MFM)对 Fe 基非晶合金剪切带进行的几何特征的分析图。MFM 可以得到剪切带周围磁畴分布，如图所示，剪切带两侧普遍存在微

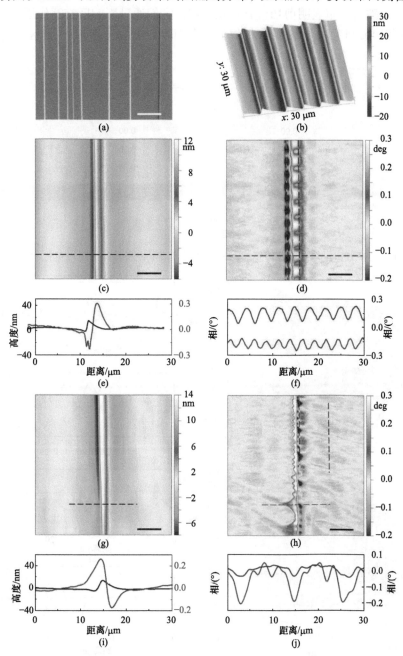

图 14.12　用原子力显微镜和磁力显微镜观察剪切带形貌。(a)、(b)SEM 剪切带和 AFM 得到的 3D 剪切带的图；(c)～(j)单一剪切带的 AFM 图和 MFM 得到剪切带周围磁畴分布，以及剪切带造成的台阶[37]

米尺度的磁畴分布变化，这个变化可以反映剪切带的影响范围。可以清晰地看到剪切带的影响区宽度远大于 SEM 的测试结果[37]。这说明塑性变形形成剪切带时总伴随着微米尺度的剪切带影响区，围绕着剪切带形成应变梯度场。如图 14.13 所示，沿剪切带长程延伸的磁畴演化表明剪切带影响区可延伸到 400～500 μm，围绕着剪切带长程扩展的渐变磁畴分布表明剪切带周围也可以存在延伸几百微米的应力渐变长程弹性区[37]。MFM 还表明多重剪切带间磁畴分布表明剪切带有相互作用，它们通过影响区交互作用，如图 14.14 所示。多重剪切带间关联分布的磁畴结构表明多重剪切带通过有效变形区的交叠而相互

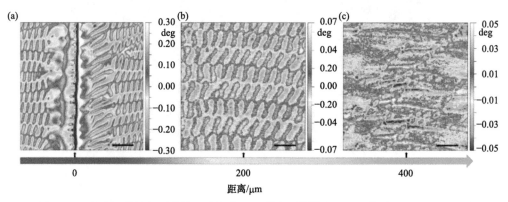

图 14.13　沿剪切带长程延伸的磁畴演化，证明剪切带影响区可延伸到 400～500 μm[37]

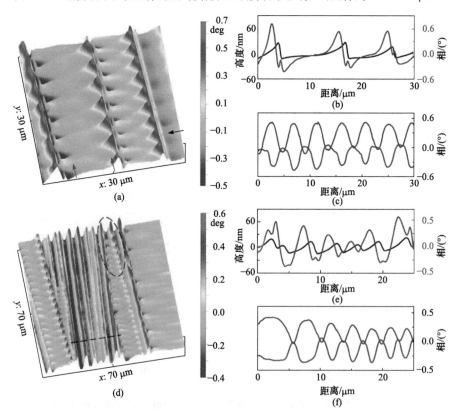

图 14.14　多重剪切带间磁畴分布表明剪切带有相互作用，它们通过影响区交互作用[37]

作用。根据这些结果，可以给出剪切带结构的完整物理图像，如图 14.15 所示。基于此图像能更好地理解和解释非晶材料中相关物理、力学现象，比如形变后非晶合金能量状态的额外增加，结构弛豫增强等。为全面理解非晶体系剪切带及塑性变形机制提供重要依据。

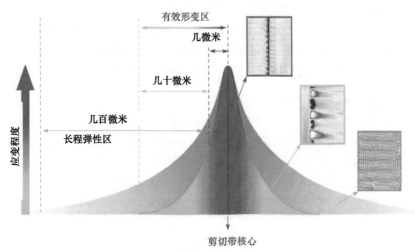

图 14.15　剪切带几何结构示意图[37]

图 14.16 是非晶物质中剪切带形成的示意图。剪切带可以从非晶表面或者内部某个流变单元形核，然后扩展成一个面。非晶塑性变形形成的剪切带的过程被看作是一系列剪切转变区(STZ)的激活和协同重排。剪切带内部结构相对周围母体会发生巨大变化，剪切带的形成和扩展也往往伴随着黏滑运动、绝热升温、纳米晶化，应力集中等极端物理现象，涉及局域温度升至数千度，应变率很高等极端情况，剪切带可谓是一个极端条件实验室。

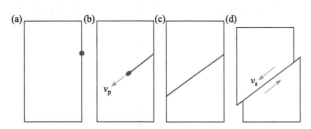

图 14.16　压缩情况下剪切带的形成过程示意图[36]

剪切带的一个重要特征是软化：相对于其他基底部分，其能量升高，模量、硬度和强度大大降低，组成粒子的动力学时间加快。因为外加的主要应力和应变都集中在剪切带中，使得这部分粒子能量升高[38,39]。剪切带因为软化，在应力作用下会演化成裂纹。关于剪切带软化的机制有两种：一是剪切造成的体积膨胀导致软化，即在剪切应力作用下剪切带的体积会发生膨胀，从而使其自由体积增加，强度降低[39,40]；另一种是温度导致的软化，即应力集中会导致剪切带中温度升高，这可以从非晶合金断口形貌上的脉状花纹和颗粒状的液滴(这是熔化的痕迹)得到佐证[41]。剪切膨胀效应为大量实验所观察到，但是实验报道中剪切带温度的变化结果差异很大，从 0.1 K 到几千 K。Lewandowski 和 Greer 设计了一个巧妙的实验，在非晶合金表面镀上锡膜，非晶合金在压缩过程中产生的剪切带将其周围的锡膜熔化，然后根据熔化后锡珠的大小来估算剪切带的温度。如图 14.17 是剪切带边缘熔化的锡的熔滴[41]。根据锡熔滴的大小估算剪切带的温度可以升到几千 K，图 14.18 所示是剪切带中温度的分布，可见其温度峰值可达几千 K。但对这个温度测量结果有很多争议，因为如果应变速率过大，会造成应力更大的集中，使得剪切带温度升高。剪切带的形成也可以不需要温度。即温度升高是结果，不是原因。实际过程中，剪切造成的体积膨胀和温度导致的软化都会在剪切带形成过程中起作用，只是根据形成条件二者的主导作用不同。

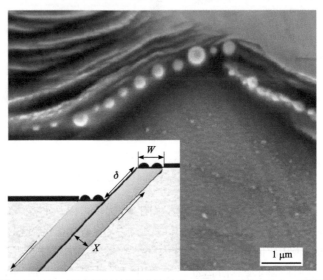

图 14.17　剪切带边缘的锡熔滴，插图是锡熔滴形成的示意，根据锡熔滴的尺寸，可以估算剪切带的温度[41]

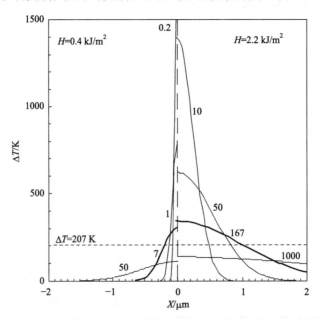

图 14.18　根据剪切带边缘的锡熔滴形成的时间和大小估算的剪切带中温度的分布[41]

　　实际上，剪切带的形成过程等效于非晶物质中局域的玻璃转变，即在外力作用下，剪切带形成过程是局域范围内的非晶态向过冷液态的转化过程，应力导致的膨胀和温度都是剪切流变的结果[42]。因此，剪切带中的流变及温度决定于加载速率和外力的大小。加载速率大、应力大，剪切带的温度就高，甚至可以熔化非晶物质表面的锡膜；加载速率小，剪切带就是一种局域流变，可以是"冷"的，这被实验所证实，如图 14.19 所示[43]。

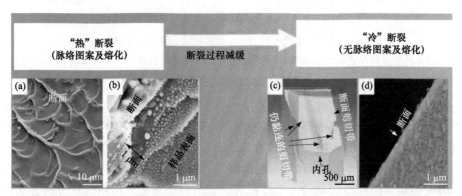

图 14.19　剪切带的温度决定于加载速率。加载速率大温度高，可以熔化非晶表面的锡膜，加载速率小剪切带是"冷"的[43]

　　剪切带的形成过程会展现锯齿行为[44-48]。这种锯齿流变行为通常出现在受限的加载条件下(如压缩、纳米压痕等)，表现为在塑性变形阶段，应力突然小幅下降，而后又弹性上升，达到一定幅度后应力又突然下降，并循环出现。一般认为，一个锯齿对应于不断形成的新剪切带。如图 14.20 所示是非晶合金剪切带的典型的锯齿行为[44]。模型定量分析发现剪切行为的动力学形态遵循自组织临界形态[46]。如图 14.21 所示是剪切带在不同塑性变形阶段的形貌。在空间上，随着塑性的增加，样品表面形成了多重的网络状剪切带，随着塑性应变的增大，剪切带数量逐渐增多，剪切带的间距逐渐减小。大量剪切带呈现出分形结构特征，分形维数在 1.5～1.6。分形维数和瞬时力的大小密切相关。说明剪切带之间的相互作用在分形结构特征的形成过程中起了重要的作用[44-48]。

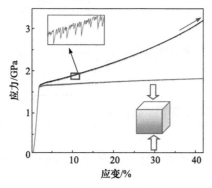

图 14.20　非晶 $Zr_{64.13}Cu_{15.75}Ni_{10.12}Al_{10}$ 合金的压缩应力-应变曲线，表现为典型的锯齿行为[44]

　　非晶物质中剪切带的扩展在应力-应变行为上也表现出间歇性锯齿塑性流变形态，如图 14.22 所示。剪切带开启的位置、起始点都难以预测，剪切带的演化持续时间也极短暂。

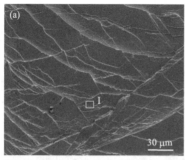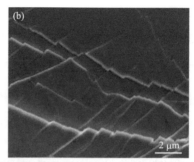

图 14.21   (a)非晶合金样品表面的剪切带在不同塑性变形阶段的形貌特征；(b)是(a)中方框的放大。剪切带在不同尺度有共同的自相似特征[44]

因此，通过直接观察剪切带的产生、演化、运动来研究非晶塑性变形机制极其困难。非晶物质塑性变形过程中伴随的锯齿流变事件是与剪切带萌生、演化密切相关的。每个锯齿都包含有应变能的集聚和耗散，表现在应力-应变曲线上为应力的缓慢增加之后伴随着急剧的应力降低，应力则可以反映主剪切带的扩展或多重剪切带的形成及断裂的发生。因此，研究剪切带的黏滑运动动力学过程对认识断裂很重要。运用统计分析方法研究不同塑性的非晶合金在压缩过程中的锯齿流变行为发现对于塑性变形能力较小的非晶合金，其锯齿流呈现出峰值分布特点的混沌状态。可用混沌理论来描述非晶锯齿流的这种对初始值的敏感性。这种敏感性暗示变形过程中极微小的扰动，有可能导致非晶物质沿主剪切带发生塑性失稳。而塑性变形能力较强的非晶合金其锯齿流变呈类自组织临界状态，这一状态的重要特征是系统的动力学行为演化在时间和空间上无特征性的尺度分布，内部大量的动力学剪切带之间的复杂相互作用，呈现动力学特征性的幂律分布，会发生从无序到有序的转变。幂律分布的出现说明非晶合金中塑性流变是多重剪切带交互作用，在加载状态下虽不能完全抑制非晶合金的断裂，但可延缓剪切带不稳定性的快速传播，可以提高其塑性变形能力。这些都证明剪切带和断裂的密切关系：剪切带是裂纹的前驱。剪切带一旦产生，容易很快失稳，发展成裂纹。

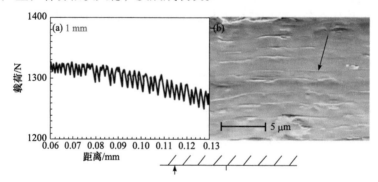

图 14.22   (a)非晶物质中剪切带黏滑运动过程曲线；(b)形变断裂后断面上条状纹路[45]

14.5   非晶物质的断裂

非晶体系在承受巨大应力的情况下会失稳或断裂，相关的失稳、断裂研究直接关系到材料的研制和服役、重大工程安全及地质灾害机理的认识和防治。一个著名的例子是美国航天飞机燃料舱非晶橡胶圈在高温和高压下老化、脆化，导致裂纹产生，最终产生脆裂，造成了美国挑战者号航天飞机失事(图 14.23)。

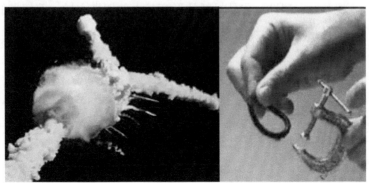

图 14.23 橡胶圈在高温和高压下老化、脆裂造成了美国挑战者号失事

本节将对非晶物质断裂的现象、行为和本质，包括强度、断裂韧性、断面形貌、断裂机制等进行详细介绍和讨论。

14.5.1 断裂特征

非晶物质在外力作用下，当外力达到某个阈值时，材料会遭到破坏，即断裂。工程材料的断裂大致可分成两种：脆性断裂和韧性(塑性)断裂。脆性断裂只发生在材料弹性区，大多非晶材料如玻璃、一些聚合物、金属玻璃的断裂都是典型的脆性断裂。而塑性断裂可以在屈服以后很大的形变范围内继续耗散断裂能，阻止裂纹的扩展，这类断裂常发生在晶态金属合金中。

总体来说，非晶材料的断裂行为介于脆性材料(如陶瓷)和韧性材料(晶态金属材料)之间。图 14.24 是非晶材料的两种断裂模式[49]：一是脆性断裂，可以看到非晶玻璃的裂纹前端很尖锐，导致应力集中(红色部分)；二是塑性断裂，其裂纹前端钝化，应力分散，消耗一定的能量，导致塑性。

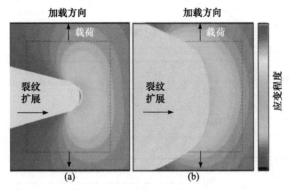

图 14.24 (a)脆性非晶玻璃的裂纹前端，应力高度集中(红色部分)；(b)塑性非晶玻璃裂纹前端会钝化，应力分散[49]

实际上，很多非晶材料表现出一定的塑性，因为应力导致的剪切带能消耗一定的应变

能,但是缺乏晶态金属材料中的加工硬化和本征阻止裂纹扩展的能垒(如晶态金属材料中的晶界);非晶材料如非晶合金还表现为拉压断裂的不对称性[50-55],如图 14.25 所示。在压缩条件下,典型 Zr 基非晶合金表现为一定的压缩塑性,甚至超大的塑性(图 14.26)[54,55],但是在拉伸条件下,基本没有塑性。非晶材料的形变是由剪切带主导,剪切带的软化行为导

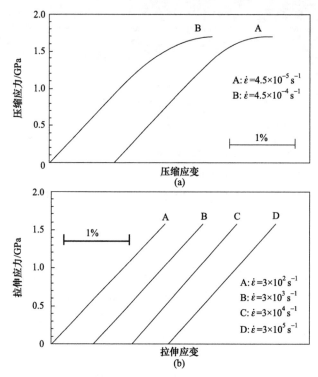

图 14.25　典型 Zr 基非晶合金体系在压缩条件(a)和拉伸(b)条件下的应力-应变曲线[50]

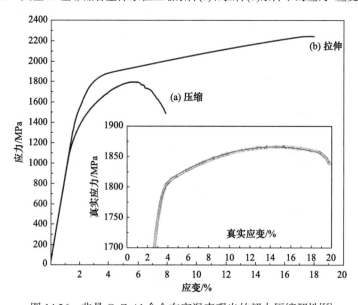

图 14.26　非晶 CuZrAl 合金在室温表现出的超大压缩塑性[55]

致了非晶材料的拉伸脆性。在压缩条件下，由于压力对剪切带扩展的限制，剪切带扩展得缓慢、受阻以及增值，使得其有一定的压缩塑性。采取一些特殊的方法，如减小尺寸，回复方法，增强非晶材料的局域弛豫也可以使一些非晶合金有一定的拉伸塑性[56-58]。

宏观上很多非晶材料表现为脆性，但在微观上，非晶材料表现出微米或纳米尺度的塑性形变和断裂[59,60]。如图 14.27 所示，宏观脆性的 Mg 基非晶合金断面上纳米级的韧窝，表明该脆性非晶的裂纹前端有纳米尺度的塑性区，在微观纳米尺度是韧性断裂[59]。在微观尺度，很大的加载速率条件下，非晶合金、玻璃也表现出拉伸塑性[59-63]。图 14.28 是用离子刻蚀制备的非晶合金纳米柱的拉伸结果，在纳米尺度，非晶合金具有拉伸特性，照

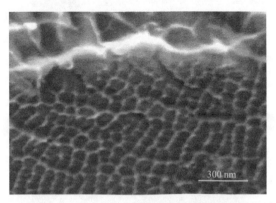

图 14.27　宏观脆性的 Mg 基非晶合金断面上纳米级的韧窝表明脆性非晶在纳米尺度上是韧性断裂[59]

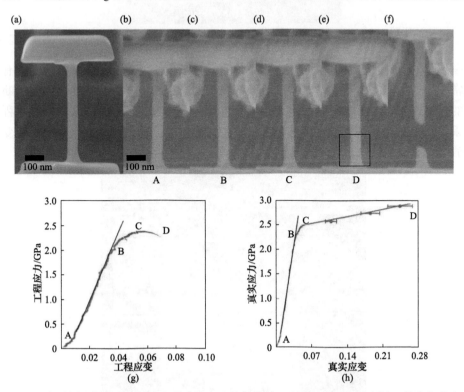

图 14.28　用离子刻蚀制备的非晶合金纳米柱具有拉伸特性，照片上有明显的颈缩，较均匀的变形[63]

片上有明显的拉伸颈缩、较均匀的变形[62,63]。另外，非晶拉伸和压缩的断裂角有很大的区别。如图 14.29 所示，非晶合金拉伸条件的断裂面的角要远大于压缩[64]。

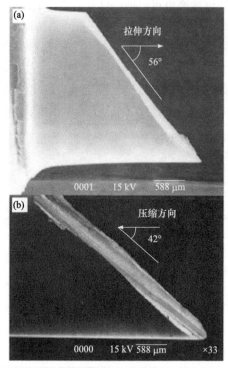

图 14.29　非晶合金 $Pd_{40}Ni_{40}P_{20}$ 断面的 SEM 侧面照片。拉伸条件的断裂面的角是 56°，而压缩是 42°[64]

　　断裂伴随着声和光及波。同样，非晶物质的断裂也伴随着声和光及波。断裂有声，这是常识。在做非晶材料力学实验的时候都会听到断裂的声音。有些非晶物质的断裂有明显的发光现象。图 14.30 是 Zr 基非晶合金断裂过程中发光的照片以及其断裂过程中光子的采集[64]。这是因为裂纹前端能量大量集中，难以完全通过弹性波来释放，转变成光来释放应变能。

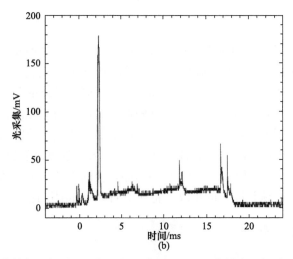

(b)

图 14.30　(a)Zr 基非晶合金断裂过程中发光的照片；(b)Zr 基非晶合金断裂过程中光子的采集[64]

14.5.2　断裂模式

不同的非晶材料，同一非晶材料在不同的加载条件和模式下的断裂模式都不尽相同。非晶材料的断裂模式大致可以分为 4 类，分别是切向断裂模式(shear fracture mode)、开裂模式(cleavage mode)、破碎断裂模式(fragmentation mode)和韧性断裂模式(ductile fracture mode)。下面以非晶合金为例来介绍这 4 种断裂模式。

1. 切向断裂模式

非晶合金和其他很多非晶材料在拉伸和压缩时的断裂模式往往是切向断裂模式。其断裂是沿着剪切平面，和应力施加方向成一个夹角 θ，如图 14.29 和图 14.31 所示。与晶体材料断裂不同的是剪切断面不是在受力最大的 45°面，对于拉伸情况，其断面倾角 $45° < \theta^{\mathrm{T}} < 90°$，对于压缩 $0° < \theta^{\mathrm{C}} < 45°$ [65-67]。这说明描述晶体材料断裂的著名屈特加(Tresca)准则和冯·米塞斯(von Mises)准则不适用于非晶材料。非晶材料切向断裂模式起源于主剪切带的切向失稳。

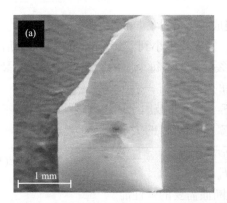
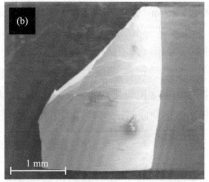

图 14.31　断裂后的非晶样品 SEM 照片。(a)塑性小的非晶 $Cu_{50}Zr_{50}$；(b)塑性大(20%形变)的 $Cu_{47.5}Zr_{47.5}Al_5$ 非晶的断裂，其断裂模式都为切向断裂[55]

2. 开裂模式

开裂模式是指非晶材料沿垂直于拉力方向的断裂模式，这种模式发生在脆性非晶材料，如脆性 Mg、Fe 基非晶合金和硅化物玻璃断裂中[68,69]。I 型裂纹在该断裂模式中起到主要作用。同样是开裂模式，晶体和非晶物质也不相同。晶体的开裂模式往往是沿某一结合力较弱的晶面，所以又叫解理断裂，其断面具有原子级的光滑；而对于非晶材料，包括非晶合金，由于没有明确的晶面，其断面的扩展往往是波浪状的，导致很粗糙的断面。图 14.32 是脆性非晶合金开裂断裂的断面及示意图。其断面沿裂纹扩展方向可以大致分成：镜面区、雾状区和羽毛区[70-74]。很多非晶合金的脆性断裂的断面都有这样的断面花样特征，这些特征是认识断裂的指纹，将在下面章节详细讨论。

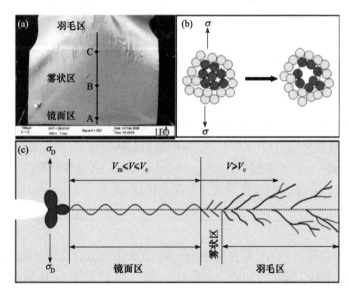

图 14.32　(a)Fe 基非晶合金典型的开裂断裂的断面形貌：沿裂纹的扩展方向，断面分为镜面区、雾状区和羽毛区[70]；(b)示意拉伸形变区[69]；(c)示意裂纹波纹状扩展[70]

3. 破碎断裂模式

很多脆性非晶材料在压缩条件下会断裂成很多碎片，同时伴随着类似爆炸的响声。图 14.33 是 Co 基非晶粉碎性断裂的照片[75]。其碎片可小到～50 μm。从其碎片断面可以推测，其断裂有很多起始点，不是沿一个主裂纹断裂，每个小的裂纹都是开裂断裂模式。所以破碎断裂模式可以看成是系列开裂断裂的集合。

碎片面积的总和与样品原来面积之比，$F_n = A_n/A_0$ 被用于描述破碎断裂模式。参数 F_n 增加意味着非晶物质被碎裂成更多的碎块。F_n 和表面能 γ 的关系是[75]

$$\gamma = \frac{\eta \sigma_F^2 V_0}{2 F_n E A_0} \tag{14.12}$$

式中，σ_F 是断裂强度；η 是断裂过程中形成断面需要的弹性能。

脆性非晶材料的断裂具有复杂的断口形貌，并且裂纹的扩展会引起振荡、声波的发射和裂纹的分叉，这些现象用传统的线弹性断裂力学很难解释。动态裂纹扩展过程中所

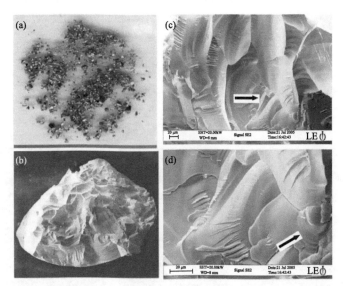

图 14.33　Co 基非晶合金的破碎断裂。(a)非晶断裂成很多碎块；(b)～(d)碎块断面有辐射状的裂纹[75]

发射的声波与裂纹前端相互作用是断裂表面起伏不平的可能原因。但非晶物质在断口表面形成粗糙不平的形貌的物理起源以及相关的能量耗散机制依然不清楚。

4. 韧性断裂模式

韧性断裂模式指材料在外力作用下具有稳定的均匀延伸，随后在断裂前发生颈缩失稳。韧性断裂通常只发生在韧性晶体材料中，如金属合金，或者高温条件下的过冷液体中。通过颈缩，材料似乎被拉成两半而不是断裂，其能量主要是耗散在塑性形变过程中。对于非晶材料，在室温下，很难有韧性断裂，因为其形变是由软化的剪切带主导的。

只有在一些特殊的条件下，某些非晶合金表现出均匀塑性形变和韧性断裂行为[63]，如在纳米尺度的非晶材料断裂，在限制条件下的断裂等。图 14.34 是纳米尺度的非晶体系(样品尺寸在 100 nm 左右)拉伸时的颈缩行为和韧性断裂的电镜原位观察[56]。这个实验也证明脆性非晶合金在微小尺度也是韧性的。非晶复合材料也能表现出韧性断裂[76-78]。

非晶材料的断裂模式和其断裂韧性和强度、断面形貌、外加条件密切关联。下面将详细讨论这些因素。

14.5.3　断裂强度

断裂强度被定义为材料断裂时的强度或者裂纹开始失稳扩展时的强度。虽然强度不能反映一种材料的本征力学特性，但它是衡量材料力学性能的一项重要参数。由于非晶材料没有加工硬化，其断裂强度几乎等于屈服强度，但是非晶物质的屈服(启动剪切带)和断裂(启动裂纹)是完全不同的两个过程[79]。

总体说来，非晶相对晶体材料具有很高的断裂强度，例如 Co 基非晶合金的断裂强度大于 6 GPa，目前位于结构材料强度的最高端。高强度也是非晶物质的特点之一。另外，由于非晶的拉压不对称性，非晶的拉和压断裂强度也不同，非晶合金的拉伸断裂强度大约比压缩断裂强度低 10%～20%。

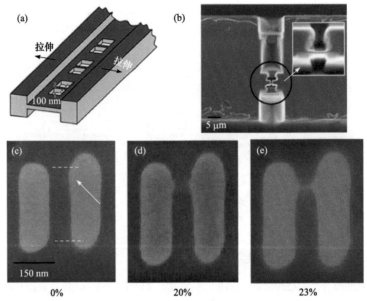

图 14.34 (a)示意纳米尺度拉伸实验。(b)FIB 刻蚀的纳米尺度样品 SEM 照片。(c)、(d)TEM 原位观察的
纳米尺度非晶合金样品在拉伸时的颈缩过程[56]

　　断裂强度也是非晶物质一个重要的参数，是非晶研究的有效起点和抓手之一。非晶物质的断裂强度与其结构特征、非均匀性、价键有关，因此和很多其他物理量关联。例如非晶物质的断裂强度和玻璃转变温度 T_g、弹性模量、硬度等有密切的关联关系。图 14.35 是各种非晶合金体系室温下断裂强度 σ_f 和杨氏模量 E 的线性关系，以及和晶态合金材料，陶瓷材料的 σ_f 和 E 关系的比较。可以看到，非晶合金 σ_f 和 E 的关系相比典型韧性的晶态金属合金材料和典型的脆性陶瓷材料有很好的线性关系：$\sigma_f \sim E/50$。另外，σ_f、T_g 和硬度也有很好的线性关系(详细可以参照本书第 7 章)。强度和其他物理量的关联是研究非晶物质的切入口，有助于认识非晶的本质、形变等问题。

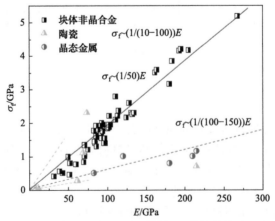

图 14.35 各种非晶合金体系室温下断裂强度 σ_f 和杨氏模量 E 的线性关系，以及和晶态合金材料，陶瓷材料的 σ_f 和 E 关系的比较[80]

　　此外，非晶物质的断裂强度值和温度、压力及加载速率有密切的关系。断裂强度是

一个复杂的材料性质,和材料的本征参数如成分、原子间相互作用强弱(反映为弹性模量)、结构及结构缺陷有关联, 同时断裂强度也和各种各样外加非本征条件如制备条件、力学加载条件和模式, 样品尺寸, 缺陷等有关。对于非晶合金, 其屈服强度 σ 随温度的变化关系为 $\sigma \propto (T/T_g)^{1/2[81]}$, 或者在极低温区 $\sigma \propto (T/T_g)^{2/3[82]}$。

强度 σ 也受加载速率或者应变速率的影响。如图 14.36(a)所示, 非晶合金强度 σ 和应变速率 $\dot{\gamma}$ 的关系是 $\sigma = -\ln(\dot{\gamma})^{1/2}$ [38]。压力对断裂强度有影响, 比如拉伸断裂强度就比压缩断裂强度小 10%～20%。图 14.36(b)总结了非晶合金中应力三轴因子对非晶合金屈服/断裂强度的影响[38]。压力会明显改变断裂强度。

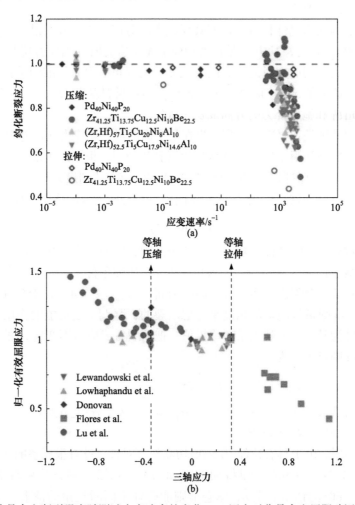

图 14.36　(a)非晶合金断裂强度随测试应变速率的变化；(b)压力对非晶合金屈服/断裂强度的影响[38]

14.5.4　断裂准则

断裂准则就是判断材料在什么情况下断裂, 什么情况下不断裂。早在 400 多年以前, 伽利略就发现当施加拉伸应力达到一临界值时, 砖、铸铁和石头断裂, 这即是最大正应力准则或第一强度理论。库仑(1736～1806)通过研究土和砂岩的压缩强度, 于 1773 年提出：当材料的破坏沿着一定的剪切平面进行时，所需的破坏力不但与剪切力有关，也与剪切面上的法向力有关。1900 年德国科学家莫尔(1835～1918)将最大主应力莫尔圆引入到库仑强度理论中，得到断裂的莫尔-库仑准则。1864 年，屈特加提出了最大剪切应力准则或称屈特加准则。1913 年，冯·米塞斯考虑了变形能的作用，提出材料的屈服条件为其变形能达到某一临界值，即冯·米塞斯准则或第四强度理论[83,84]。除了以上四个最著名的强度理论或断裂准则外，到目前为止，人们关于不同材料的破坏断裂规律提出过上百个模型或准则，但由于材料性质的复杂性，大多数模型或准则都不具有普适性。

断裂准则也是认识非晶材料断裂的基础之一。非晶断裂有其独特的准则。下面介绍非晶物质的断裂准则[83,84]。

非晶材料准则认为脆性材料的拉伸破坏或者以剪切方式，或者以正断方式，因而存在两个临界应力 τ_0 和 σ_0，其中 τ_0 是在剪切面上无正应力时的临界剪切断裂强度，σ_0 是在拉伸正断面上无剪切应力时的临界断裂强度。最大正应力断裂准则是：施加的最大正应力 σ_{max} 达到一临界值 σ_0 时，断裂发生，即 $\sigma_{max} \geqslant \sigma_0$ 断裂发生，σ_{max} 总是发生在样品 90° 面，所以断裂角 θ_T 和施加外力的方向成 $\theta_T = 90°$。

屈特加断裂准则是：材料的断裂发生在某个面的最大切应力 τ_{max} 达到临界值 τ_0，即 $\tau_{max} \geqslant \tau_0$。这个准则常用来描述晶体材料的屈服和断裂。根据这个准则，拉伸切向断裂发生在 $\theta_T = 45°$，因为在和外力方向成 45° 的面切向应力达到最大。

莫尔-库仑准则提出综合考虑切向和正向应力对切向失效的作用，该准则可表示为

$$\tau + \mu\sigma \geqslant \tau_0 \tag{14.13}$$

式中，μ 是切向平面上的摩擦系数。根据这个准则，断裂应力在压缩模式条件下增加，在拉伸模式下减小的原因是正应力的效应。即 μ 在压缩条件下是负值，在拉伸条件下是正值，同时导致切向断裂面偏离最大切向应力面，即 $0 < \theta_C < 45°$，$45° < \theta_T \leqslant 90°$。

冯·米塞斯准则是从能量的角度来考虑断裂的，强调了变形能的作用，提出材料的屈服、断裂条件为其变形能达到某一临界值。把断裂看成应力不变量 J_2 的二阶微分，在拉伸条件下，准则可表达为

$$\sigma^2 + 3\tau^2 \geqslant 3Y^2 \tag{14.14}$$

式中，Y 是材料常数。$\sigma = \sigma_T \sin^2\theta$，$\tau = \sigma_T \sin\theta\cos\theta$，$\sigma_T$ 是拉伸应力。根据此准则，拉伸切向平面总是发生在 $\theta = 60°$。

对于非晶材料，由于具有拉伸-压缩剪切断裂不对称，没有很规整的切向断裂面，其拉伸断裂角，$45° < \theta_T \leqslant 90°$。屈特加准则和冯·米塞斯准则只能解释非晶材料断裂 $\theta_T = 45°$ 或 $\theta_T = 60°$ 的情形，莫尔-库仑准则能解释不同断裂角的情形，但是不能解释 $\theta_T = 90°$ 的情形。因此，经典的断裂准则均不能很好地解释非晶材料的断裂特性。

张哲峰、Eckert 等提出了非晶合金断裂的椭圆断裂准则[67]。椭圆断裂准则认为在冯·米塞斯准则中($\tau_0 / \sigma_0 = \sqrt{3}/3$)，$\tau_0 / \sigma_0$ 不必要是常数。他们定义了一个参数 $\alpha = \tau_0 / \sigma_0$ 为材料的断裂方式因子，并认为该因子是非晶材料的特有属性，并能控制材料剪切断裂角的大小，从而得到椭圆断裂准则为[67]

$$\frac{\sigma^2}{\sigma_0^2} + \frac{\tau^2}{\tau_0^2} \geqslant 1 \tag{14.15}$$

式中，$\alpha = \tau_0/\sigma_0$ 可以取任意值。如图 14.37 中莫尔圆所示，椭圆的形状决定于 α。断裂角 θ_T 和拉伸断裂强度 σ_T 也决定于 α（图 14.37(d)）。当 $0 < \alpha = \tau_0/\sigma_0 < 2/\sqrt{2}$ 时，θ_T 的范围是 $45°\sim90°$，与莫尔-库仑准则一致。

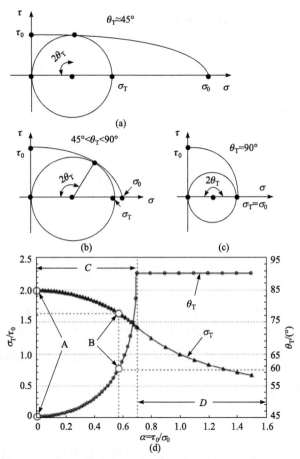

图 14.37　图示椭圆准则：(a) $\alpha = \tau_0/\sigma_0 \to 0$ 或者 $\sigma_0 \to \infty$ 和 $\theta_T = 45°$；(b) $0 < \alpha = \tau_0/\sigma_0 < \sqrt{2}/2$；(c) $\alpha = \tau_0/\sigma_0 \geqslant \sqrt{2}/2$，$\theta_T = 90°$。(d)椭圆准则中，拉伸断裂强度 σ_T、拉伸断裂角 θ_T 和 $\alpha = \tau_0/\sigma_0$ 的关系[67]

　　当 $\theta_T = 60°$，$\alpha = \tau_0/\sigma_0 = 3/\sqrt{3}$，对应于冯·米塞斯准则。当 $\alpha = \tau_0/\sigma_0 \geqslant 2/\sqrt{2}$ 时，拉伸断裂将发生在外力方向的垂直面，即 $\theta_T = 90°$，即最大应力准则也是椭圆准则的特别情形。当 $\alpha = \tau_0/\sigma_0 \to 0$ 或 $\sigma_0 \to \infty$，θ_T 是 45°，和屈特加准则一致。即四个经典断裂准则都是椭圆准则的特例，决定于因子 $\alpha = \tau_0/\sigma_0$。从某种意义上讲，上述四个经典的断裂准则可以分别看作是该椭圆断裂准则在某一种极端条件下的特殊形式[67]。

　　实验结果证明，对于非晶合金，椭圆准则能很好地描述其断裂行为。图 14.38 表明椭圆准则很好地描述、预测了非晶 $Zr_{52.5}Cu_{17.9}Ni_{14.6}Al_{10}Ti_5$ 合金的拉伸断裂行为[85]。大多数非晶合金材料的断裂方式因子范围为：$1/3 < \alpha = \tau_0/\sigma_0 < 2/3$，致使其拉伸剪切断裂通常发

生在 $50°\sim65°$ 范围，并且具有高强度和比较小的拉伸-压缩断裂强度的不对称性。当 $\alpha=\tau_0/\sigma_0\geqslant\sqrt{2}/2$ 时，该椭圆准则预测材料的破坏形式为拉伸正断，同时也能合理地解释非晶脆性材料严重的拉伸-压缩断裂强度的不对称性。

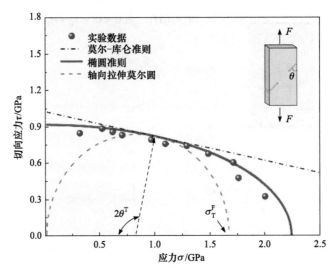

图 14.38   实验表明椭圆准则能很好地描述、预测非晶 $Zr_{52.5}Cu_{17.9}Ni_{14.6}Al_{10}Ti_5$ 合金的拉伸断裂行为[85]

14.6 断 裂 韧 性

断裂韧性是衡量一种材料抵抗裂纹、损伤容限能力的重要参数，也是认知断裂机制，设计工程材料的关键物理量。本节聚焦非晶断裂韧性这个参量，主要以块体非晶合金为模型体系，介绍非晶断裂韧性的定义、测量方法、影响材料断裂韧性的因素等。

14.6.1 断裂韧性及测量

1. 断裂韧性

由于非晶材料大多是脆性材料，非晶断裂韧性值分布很大，从氧化物非晶玻璃的断裂韧性 K_C 值 0.1 MPa·$m^{1/2}$ 到高韧性 Pd 基非晶合金 200 MPa·$m^{1/2}$(超过几乎所有结构材料的断裂韧性)[86,87]。作为一个例子，图 14.39 给出不同非晶合金的断裂韧性 K_C 值，可以看出即使对于同一类非晶材料，其 K_C 值也相差巨大。

即使对于同一种非晶材料，对于不同研究组和不同测量方式，其断裂韧性值也相差很大。例如最典型的 $Zr_{41.2}Ti_{13.8}Cu_{12.5}Ni_{10}Be_{22.5}$ 非晶合金(Vitreloy 1)，其 K_I 值为 $54\sim59$ MPa·$m^{1/2}$，但是不同研究组得到的 K_I 数据从 18.0 MPa·$m^{1/2}$ 到 68 MPa·$m^{1/2}$[88-91]。对于 $Zr_{55}Al_{10}Ni_5Cu_{30}$ 非晶合金，其 K_{IC} 值的范围是 $35.9\sim50.3$ MPa·$m^{1/2}$。这是因为非晶材料断裂韧性测量受制于很多因素，这造成 K_C 值测量误差很大。Demetriou 等[51]报道 $Pd_{79}Ag_{3.5}P_6Si_{9.5}Ge_2$ 非晶合金体系的 K_Q 高达 200 MPa·$m^{1/2}$，如果用 J-积分表示其断裂韧性，则 J_C 为 460 kJ/m^2。这是目前结构材料中断裂韧性的最大值。另一方面，Mg 基、稀土基非晶合金的韧性值又很低，接近

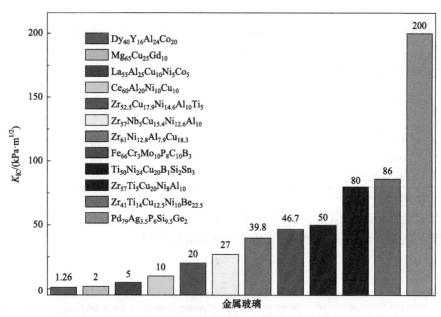

图 14.39　具有巨大断裂韧性 K_C 值跨度范围的不同非晶合金体系[87]

氧化物玻璃，如 $Mg_{65}Cu_{25}Gd_{10}$ 和 $Dy_{40}Y_{16}Al_{24}Co_{20}$ 非晶的 K_Q 值是 $1\sim2$ MPa $\cdot$ m$^{1/2}$[61,86,92]。表 14.1 列出了典型非晶合金的断裂韧性值(K_{IC}，K_Q)，屈服强度 σ_y 以及裂纹前端塑性区的尺寸 r_p[44]。从表中数据可以得到常规非晶材料的断裂韧性值的量级。需要指出的是这些断裂韧性值都是在室温下测量的。从表中可以看出，非晶合金具有令人吃惊的断裂韧性，其断裂韧性值的分布比任何其他结构材料都广：其断裂韧性值覆盖了从最脆的材料到最韧的结构材料。可以说非晶合金是研究断裂的最佳模型材料之一。

表 14.1　典型非晶合金的断裂韧性值(K_{IC} ，K_Q)、屈服强度 σ_y 及裂纹前端塑性区的尺寸 r_p[44]

非晶合金	K_{IC} /(MPa $\cdot$ m$^{1/2}$)	K_Q /(MPa $\cdot$ m$^{1/2}$)	σ_y /MPa	r_p /mm
Vitreloy 1	—	$55\sim59$	1.9	0.102
	$30\sim68$	—		
	18.4	$101\sim131$	—	—
Vitreloy 105	$28\sim69$	—	1.65	0.15
$Zr_{55}Al_{10}Ni_5Cu_{30}$	$35.9\sim50.3$	$39.1\sim48.1$	1.7	—
$Zr_{33.5}Ti_{24}Cu_{15}Be_{27.5}$	$69.2\sim96.8$	—	1.75	—
$Zr_{44}Ti_{11}Cu_{20}Be_{25}$	$83.9\sim85.5$	—	1.8	—
$Zr_{44}Ti_{11}Cu_{9.3}Ni_{10.2}Be_{25}Fe_{0.5}$	$21.7\sim27.5$	—	1.86	—
$Zr_{61}Ti_2Cu_{25}Al_{12}$	112	—	1.6	1.7
$Zr_{56}Co_{28}Al_{16}$	—	77	—	—
$Zr_{60}Cu_{28}Al_{12}$	—	93	—	—
$Pt_{57.5}Cu_{14.7}Ni_{5.3}P_{22.5}$	—	80	1.4	1.4
$Pd_{79}Ag_{3.5}P_6Si_{9.5}Ge_2$	—	200	1.49	6

续表

非晶合金	K_{IC} /(MPa·m$^{1/2}$)	K_Q /(MPa·m$^{1/2}$)	σ_y /MPa	r_p /mm
Cu$_{49}$Hf$_{42}$Al$_9$	—	65±10	2.33	—
Ti$_{40}$Zr$_{25}$Cu$_{12}$Ni$_3$Be$_{20}$	110	102	1.65	—
Dy$_{40}$Y$_{16}$Al$_{24}$Co$_{20}$	—	1.26	—	—
La$_{55}$Al$_{25}$Ni$_5$Cu$_{10}$Co$_5$	—	5	0.7	10^{-3}
Mg$_{65}$Cu$_{25}$Tb$_{10}$	—	2	0.66	10^{-4}
Fe$_{46}$Ni$_{32}$V$_2$Si$_{14}$B$_6$	—	4	3.8	2×10^{-5}

　　非晶合金断裂韧性值(K_{IC} 和 K_Q)和裂纹前端塑性区的尺寸 r_p 有关联关系。如图 14.40 所示，其关联关系在大量实验数据的基础上可总结如下[59]：

$$r_p = \frac{K_C}{\pi \sigma_y^2} \tag{14.16}$$

式中，K_C 可以是 K_{IC} 或者 K_Q。这个关联关系说明裂纹扩展过程中塑性能的耗散对裂纹扩展和钝化很重要。非晶的断裂韧性的大小取决于裂纹前端塑性区能量的耗散[59,93,94]。

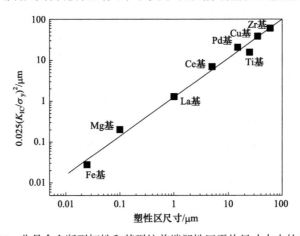

图 14.40　非晶合金断裂韧性和其裂纹前端塑性区平均尺寸大小的关系[59]

　　裂纹前端塑性区的尺寸 r_p 可以从非晶断面上的形貌图案进行估算，因此 K_C 和 r_p 的关系可以帮助判读非晶材料的塑性，估算其断裂韧性，设计高韧性非晶材料。图 14.41 是非晶 Pd$_{79}$Ag$_{3.5}$P$_6$Si$_{9.5}$Ge$_2$ 裂纹前端塑性区的 SEM 照片。可以看到，裂纹前端的塑性区是由软化区、大量剪切带组成的。裂纹的扩展被塑性区阻止，塑性区通过软化、形成大量剪切带使得裂纹尖端钝化，耗散大量的弹性能[46,93]。

　　对于其他非晶体系，断面上花纹的尺度和断裂韧性也有关联。图 14.42 是不同非晶物质的断裂能 G_C (= K_C^2 /E，和断裂韧性呈平方关系)和其断面上花纹尺度的关联关系。可以看到，断面花纹尺度越大，断裂韧性越大。因为断面花纹尺度越大意味着断裂过程中需要耗散的能量也越大，因此材料的韧性也大。

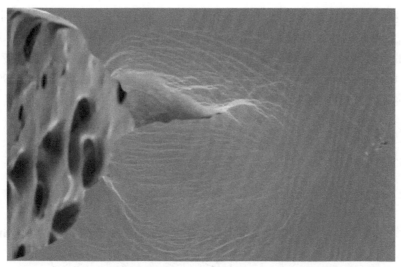

图 14.41 非晶 $Pd_{79}Ag_{3.5}P_6Si_{9.5}Ge_2$ 裂纹前端塑性区的 SEM 照片：裂纹的扩展被塑性区阻止，塑性区通过软化、形成大量剪切带使得裂纹尖端钝化，耗散大量的弹性能[51,95]

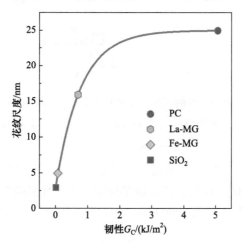

图 14.42 不同非晶物质的断裂能 $G_C(=K_C^2/E$，和断裂韧性呈平方关系)和其断面上花纹尺度有关联关系。花纹尺度越大，断裂韧性越大

2. 断裂韧性的测量

很多参数都可以用来表征断裂韧性，如断裂能 G_C、临界应力强度 K_C、J-积分以及裂纹尖端张开位移量(crack terminal opening displacement，CTOD)。其他几个参数都介绍过。裂纹尖端张开位移量解释如下：对于一个无限大板中的 I 型穿透裂纹，在平均应力作用下，裂纹两端出现塑性区，裂纹尖端因塑性钝化，应变量增加，在不增加裂纹长度的情况下，裂纹将沿应力方向产生张开位移 δ，这个 δ 就称为 CTOD，这个量可以间接表示应变量的大小。当 δ 达到临界值 δ_c 时，裂纹就开始扩展，所以，δ_c 是裂纹开始扩展的判据。裂纹扩展阻力和裂纹扩展量之间的关系曲线可以描述裂纹体从开裂到亚稳扩展以至失稳断裂的全过程。

以上这些描述断裂的参数针对不同材料提出，它们之间是相互关联的。非晶材料常用 K_{IC} 来表征断裂韧性，对极少极脆的非晶材料也用 G_{IC}，极韧的非晶材料用 J_{IC}。

标准的断裂韧性 K_{IC} 测试一般用大尺寸预制缺口(notch，通过缺口预制疲劳裂纹)的样品。缺口的预制和样品的尺寸要严格遵守国际断裂韧性测试准则 ASTM E399[96]。常用样品的几何形状及尺寸见图 14.43。

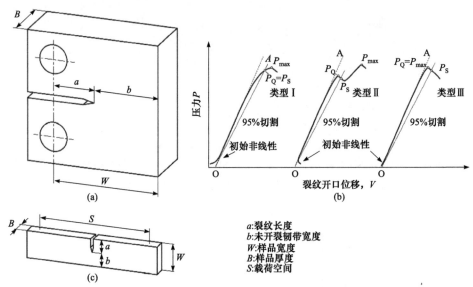

a:裂纹长度
b:未开裂韧带宽度
W:样品宽度
B:样品厚度
S:载荷空间

图 14.43   ASTM E399 要求的断裂韧性测试样品几何形状及专业名称。(a)紧凑拉伸(compact-tension，CT)样品；(b)在临界加载 P_Q 下三种类型的加载位移曲线[97]；(c)三点弯单边预制缺口(three-point bend single-edge notched，SENB)

样品需要有预制的尖锐缺口来预制疲劳裂纹。初始的裂纹尺寸是 $0.45W < a < 0.55W$，这里 W 是样品宽度。测试的时候，样品被单调加载直至样品断裂，加载的力和裂纹张开位移是要记录的参数。对于三点弯曲样品，断裂韧性 K_Q 的表达式为[96]

$$K_Q = \frac{P_Q S}{BW^{3/2}} f\left(\frac{a}{W}\right)$$

$$f\left(\frac{a}{W}\right) = 3\sqrt{\frac{a}{W}} \times \frac{1.99 - \left(\frac{a}{W}\right)\left(1-\frac{a}{W}\right)\left[2.15 - 3.93\frac{a}{W} + 2.7\left(\frac{a}{W}\right)^2\right]}{2\left(1+2\frac{a}{W}\right)\left(1-\frac{a}{W}\right)^{2/3}} \tag{14.17}$$

对于标准紧凑拉伸样品，其断裂韧性表达式为[96]

$$K_Q = \frac{P_Q}{BW^{1/2}} f\left(\frac{a}{W}\right)$$

$$f\left(\frac{a}{W}\right) = \frac{\left(2+\frac{a}{W}\right)}{\left(1-\frac{a}{W}\right)^{3/2}}\left[0.886 + 4.64\left(\frac{a}{W}\right) - 13.32\left(\frac{a}{W}\right)^2 + 14.72\left(\frac{a}{W}\right)^3 - 5.60\left(\frac{a}{W}\right)^4\right] \tag{14.18}$$

式中，B 是样品厚度；a 是裂纹长度的一半，P_Q 是裂纹载荷，S 是跨距。

样品宽度的要求 $0.45W < a < 0.55W$，是为了保证 K_{IC} 的测量精度，此外还需满足[92]

$$B, a \geqslant 2.5 \left(\frac{K_Q}{\sigma_y} \right)^2 \tag{14.19}$$

$$P_{max} \leqslant 1.1 P_Q \tag{14.20}$$

总之，非晶材料断裂韧性测量比较复杂，要求很多，需要有专业的测量技术才能可靠测出非晶材料的断裂韧性值。另一个选择是用 J-积分评估 K。对于有条件的应变能释放率 J_Q 有

$$J_Q = \frac{K^2 (1 - \nu^2)}{E} + J_{pl} \tag{14.21}$$

$$J_{pl} = \frac{1.9 A_{pl}}{B b_0} \tag{14.22}$$

式中，A_{pl} 是在最大载荷 P_{max} 下的位移曲线面积；b_0 是韧带长度；E 是杨氏模量，ν 是泊松比。在断裂模式 I 情形，K_{JIC} 为

$$K_{JIC} = \sqrt{\frac{E \cdot J_{IC}}{1 - \nu^2}} \tag{14.23}$$

3. 测试条件及样品尺寸对断裂韧性测量的影响

由于非晶样品有尺寸的限制，特别是非晶合金，受形成能力的影响，尺寸较小，导致断裂韧性 K 值测量误差很大。比如，非晶断裂韧性和预制裂纹前端曲率半径有很大的关系。如图 14.44 所示，当预制缺口裂纹前端曲率半径从 65 μm 变到 250 μm 时，其 K 值从 (18.4 ± 1.4) MPa·m$^{1/2}$ 变化到 $101 \sim 131$ MPa·m$^{1/2}$。可见断裂韧性和缺口的尺寸关系很大：预制缺口前端曲率半径小，照片显示裂纹前端很平坦；预制缺口前端曲率半径大，裂纹前端会产生大量剪切带，形成更大的塑性区，裂纹会分叉，耗散更大的能量，从而提高了 K 值[90]。

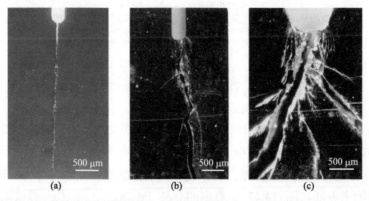

图 14.44　预制的缺口的前端半径对裂纹扩展、断裂韧性的影响。(a)预制疲劳裂纹；(b)65 μm；(c)250 μm[90]

非晶体系的塑性和强度对样品尺寸的依赖性很大，同样，非晶物质的断裂韧性对样品几何形状、尺寸依赖性也很大。所以不同非晶材料断裂韧性的比较，需要在保证材料的尺寸、形状、测量条件和预制缺口都一致的情况下才有意义。另外，测量的加载速率、

测试模式和温度、非晶制备条件也影响断裂韧性的值。例如对非晶 Vitreloy 1 体系，在加载率 31.5～5700 lb[①]/min，位移率 0.01～10 mm/min，温度 298～693 K 下，断裂韧性值有很大的变化[98]。图 14.45 是标度的断裂韧性(用室温断裂韧性标度)和温度(用 T_g 标度)的关系图。可以看出 K 随温度变化很大。

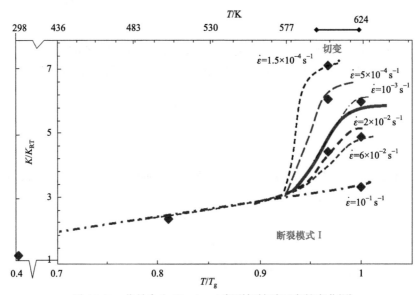

图 14.45   非晶合金 Vitreloy 1 断裂韧性随温度的变化[98]

在断裂韧性测试过程中，裂纹的萌生和长大是理解断裂韧性物理起源的关键。对于非晶材料，裂纹萌生于缺口根部塑性区的剪切带，并沿着剪切带扩展和分叉，由于剪切带的软化、温升和切变膨胀现象，同时会伴随孔洞形成[99]，图 14.46 是测量断裂韧性过程中原位观测到的裂纹分叉，裂纹钝化会造成裂纹分叉，分叉越多，对应的断裂韧性值越大[100]。但是由于裂纹扩展的非线性特征和实验观察的困难，裂纹扩展的详细的微观过程仍然不清楚。

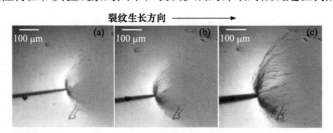

图 14.46   在 Vitreloy 1 样品断裂韧性测试过程中原位观测到的裂纹分叉，分叉越多对应的断裂韧性值越大，K 值对应于 (a) 58 MPa·m$^{1/2}$、(b) 81 MPa·m$^{1/2}$ 和(c) 116 MPa·m$^{1/2}$ [100]

对于一些 K 值很大的非晶体系，可以观察到明显的非弹性断裂行为，可以用裂纹阻力曲线(R-曲线)来表征。图 14.47 是典型的非晶 Pd$_{79}$Ag$_{3.5}$P$_6$Si$_{9.5}$Ge$_2$ 裂纹阻力曲线(R-曲线)(其断裂韧性 K 达 200 MPa·m$^{1/2}$)，塑性区大小和孔洞形成前流变能力的关系，裂纹钝化过程，以及裂纹前端塑性区的 SEM 图像[51]。结构损毁过程中裂纹前端的演化过程分成

---

① 1 lb = 0.453592 kg。

三步：①剪切带在塑性区形成；②当应变足够大，扩展的剪切带演化成裂纹，同时大量剪切带在裂纹尖端形成，钝化裂纹前端，耗散能量；③裂纹扩展直至断裂。

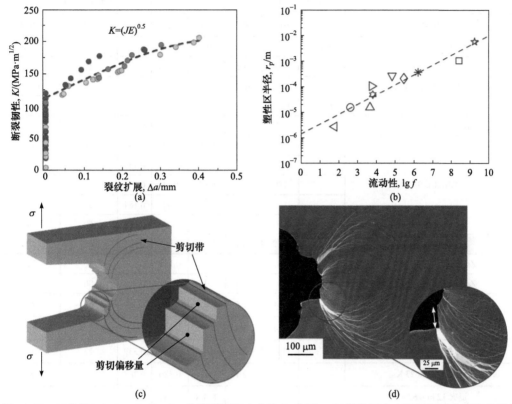

图 14.47　(a)非晶 $Pd_{79}Ag_{3.5}P_6Si_{9.5}Ge_2$ 典型裂纹阻力曲线(R-曲线)；(b)塑性区大小和孔洞形成前流变能力的关系；(c)示意张应力作用下裂纹钝化过程；(d)$Pd_{79}Ag_{3.5}P_6Si_{9.5}Ge_2$ 裂纹前端塑性区的 SEM 图像[51]

14.6.2　断裂韧性和其他物理量的关联及调制

从上面的讨论看出，断裂韧性的本性是复杂的，既和材料成分、结构和状态有关，也受制备工艺条件、测试条件、结构弛豫等外部因素影响，其复杂性决定了断裂韧性精确测量的困难。因此，找到一些易测量的和断裂韧性密切关联的物理参量对表征非晶材料的断裂、估算断裂韧性值很重要，并且很实用。

表 14.2 是一些典型非晶体系的切变模量和体弹模量比值 μ/B 或者泊松比 ν，断裂韧性 K 或者断裂能 G_C 的数据。在非晶体系，B/μ 或者 ν 与断裂韧性 K 或者断裂能 G_C[$G_C = K/(1-\nu)$，产生两个新断面所需要的能量，$G_C = 2\gamma$，γ 是表面能]有关联关系[86,101-104]：B/μ 或者 ν 值大，断裂韧性 K 或者断裂能 G_C 就大，如图 14.48 所示。

表 14.2　典型氧化物非晶玻璃、非晶合金(包括退火处理的非晶合金)的断裂韧性[86]

材料	ρ / (g/cm³)	B/ GPa	μ/ GPa	E/ GPa	ν	μ/B	K_C/ (MPa·m^{1/2})	G_C/ (MPa·m^{1/2})
熔融玻璃	2.203	36.4	31.3	72.9	0.166	0.858	0.5	0.003
窗玻璃	2.421	38.8	27.7	67.2	0.211	0.716	0.2	0.004

续表

材料	$\rho /$ (g/cm³)	$B/$ GPa	$\mu/$ GPa	$E/$ GPa	ν	μ/B	$K_C/$ (MPa·m$^{1/2}$)	$G_C/$ (MPa·m$^{1/2}$)
钢化玻璃	2.556	61.9	34.4	87.0	0.266	0.555	0.5	0.003
Mg$_{65}$Cu$_{25}$Tb$_{10}$	3.979	44.71	19.6	51.3	0.309	0.439	2	0.07
Ce$_{70}$Al$_{10}$Ni$_{10}$Cu$_{10}$	6.67	27	11.5	30.3	0.313	0.427	10	3
Fe$_{50}$Mn$_{10}$Mo$_{14}$Cr$_4$C$_{16}$B$_6$		180	76.1	200.0	0.314	0.423	2	0.02
Cu$_{60}$Zr$_{20}$Hf$_{10}$Ti$_{10}$	8.315	128.2	36.9	101.1	0.369	0.288	67	38
Zr$_{57}$Nb$_5$Cu$_{15.4}$Ni$_{12.6}$Al$_{10}$	6.69	107.7	32.0	87.3	0.365	0.297	27	7
Pd$_{77.5}$Cu$_6$Si$_{16.5}$		167	31.5	88.8	0.41	0.189	51	35
		175	32.9	92.9	0.41	0.188	29	61
		180	24.4	93.6	0.41	0.191	67	33
		164	30.1	85.0	0.41	0.184	50	23
		170	31.9	89.9	0.41	0.188	50	24
Zr$_{57}$Ti$_5$Cu$_{20}$Ni$_8$Al$_{10}$	6.52	99.2	30.1	82.0	0.362	0.303	80	68
Zr$_{41}$Ti$_{14}$Cu$_{12.5}$Ni$_{10}$Be$_{22.5}$	6.12	114.7	37.4	101.3	0.353	0.324	86	72
Zr$_{41}$Ti$_{14}$Cu$_{12.5}$Ni$_{10}$Be$_{22.5}$	6.12	114.7	37.4	101.3	0.341	0.324	86	74
退火 0.75 hr@623 K		114	37.5	101.6	0.351	0.329	68	40
退火 1.5 hr@623 K		114	37.5	101.6	0.351	0.329	42.5	16
退火 3 hr@623 K		114.4	38.8	107.5	0.347	0.339	27	6
退火 6 hr@623 K		114.4	42.1	111.4	0.336	0.368	32	8
退火 12 hr@623 K		115	43.2	113.3	0.333	0.376	9	0.6
退火 24 hr@623 K	6.192	118.6	48.8	128.7	0.319	0.411	8	0.4
Fe$_{80}$P$_{13}$C$_7$		228.5	49.0	137.3	0.4	0.214	77	60
		207	44.3	124.0	0.4	0.214		110
Pt$_{57.5}$Cu$_{14.7}$Ni$_{5.3}$P$_{22.5}$				94.8	0.42	0.167	79	80
Pt$_{57.5}$Cu$_{14.7}$Ni$_{5.3}$P$_{22.5}$				94.8	0.42	0.167	84	90

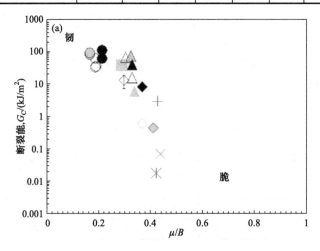

×Mg$_{65}$Cu$_{25}$Tb$_{10}$	+Ce$_{70}$Al$_{10}$Ni$_{10}$Cu$_{10}$	×Fe$_{50}$Mn$_{10}$Mo$_{14}$Cr$_4$C$_{16}$B$_6$
△Zr$_{57}$Ti$_5$Cu$_{20}$Ni$_8$Al$_{10}$	▲Zr$_{41}$Ti$_{14}$Cu$_{12.5}$Ni$_{10}$Be$_{22.5}$	◇Zr$_{57}$Nb$_5$Cu$_{15.4}$Ni$_{12.6}$Al$_{10}$
▢Cu$_{60}$Zr$_{20}$Hf$_{10}$Ti$_{10}$	◆Fe$_{80}$P$_{13}$C$_7$	◉Pd$_{77.5}$Cu$_6$Si$_{16.5}$	◉Pt$_{57.5}$Cu$_{14.7}$Ni$_{5.3}$P$_{22.5}$

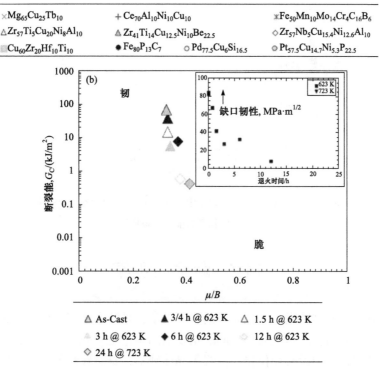

△ As-Cast　　▲ 3/4 h @ 623 K　　△ 1.5 h @ 623 K

△ 3 h @ 623 K　　◆ 6 h @ 623 K　　◇ 12 h @ 623 K

◇ 24 h @ 723 K

图 14.48　(a)断裂能 G_C 和模量 μ/B 的关联(μ，B 分别是切变和体弹模量)。(b)非晶合金 Vitreloy 断裂能 G_C 和 μ/B 随退火的变化[86]

利用非常容易测量的模量和 K_C 的关联关系，可以根据弹性模量对非晶断裂韧性进行预判、优化和调制。图 14.49 是非晶 Zr$_{61}$Cu$_{18.3-x}$Ni$_{12.8}$Al$_{7.9}$Sn$_x$ 合金的 NMR 谱随 Sn 含量的变化及 Sn 掺杂引起的 NMR 的变化和断裂能的关联[105]，因此可以通过微量元素掺杂调制非晶的断裂韧性。实际上，用这个关联关系得到了超大断裂韧性的 Pt 基($K_{IQ} \approx 125$ MPa $\cdot$ m$^{1/2[106]}$)、Zr 基[107]和 Pd 基($K_{IQ} \approx 200$ MPa $\cdot$ m$^{1/2[51]}$)等非晶材料。

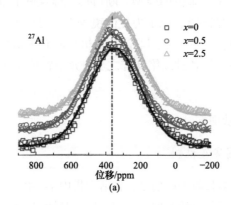

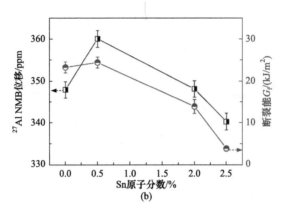

图 14.49　(a)非晶 $Zr_{61}Cu_{18.3-x}Ni_{12.8}Al_{7.9}Sn_x$ ^{27}Al NMR 谱随 Sn 含量的变化。(b)Sn 掺杂引起的 ^{27}Al NMR 的变化和断裂能的关联[105]

14.7　断面图案

　　非晶物质断面上的图案是非晶研究的华丽篇章，是断裂之美的体现，也是断裂研究中最美、最有趣的内容。这些被称作断裂指纹的图案也是研究认识非线性复杂断裂行为的钥匙。非晶态物质中没有如位错、晶界等晶体缺陷，具有较高的抗压强度、硬度及弹性，在一般的外力加载条件下，非晶材料一般表现为只要有很小或几乎难以观察到的塑性变形就直接断裂。在剪应力的作用下，非晶材料如非晶合金内部自由体积将产生增殖并聚集，诱发剪切滑移而形成剪切带。局域剪切带的产生并扩展将进一步形成裂纹，并导致非晶断裂。由于这些塑性变形局限在很小的纳米级的剪切带区域内，因此对其宏观塑性几乎没有贡献。断裂后，决定于不同的断裂模式和条件，裂纹前端的极端条件和能量的释放，在断面上留下各种各样、丰富多彩的断面相貌和图案，如脉状纹络花样、液滴、周期性条纹等。非晶材料断裂韧性数值的大范围分布、复杂的断裂行为和丰富的断面形貌为研究断裂过程提供了难得的模型。断口形貌能反映非晶物质变形行为、断裂的重要特征。利用扫描电子显微镜、原子力显微镜等手段可以方便地观察、表征非晶材料断面上的典型花样及其演化，从而得到非晶断裂机理的有关信息。

　　本节将详细展示断面上的各种纹络花样之美，介绍各种断面图案的特征、产生机理，以及和断裂的关系。

14.7.1　脉纹状或者韧窝状图案

　　1. 断面上的韧窝状图案及机制

　　由于非晶物质的裂纹多起源于剪切带，在剪切带内部，由于应力集中导致的应变软化及温度的升高，形成了一层薄薄的类似于液态一样的黏性层。因此非晶的断裂曾被模型化为中间夹着黏性液态层(如油脂)的两层刚性玻璃板的分离过程，即油脂模型[108]。断面上的典型形貌为脉状花纹，被认为是由非均匀流变行为导致两层固体间夹着薄薄的类液态黏性层分离时形成的。图 14.50 所示的是非晶合金断裂的断面花样和油脂模型对比[109]，可以看出非晶合金断裂的断面花样和油脂模型的图案的相似性。Lewandowski 等证实用油脂模拟实验得到的图案和非晶合金断面上的图案非常类似[110]。在这个模型中，两块平板分离的前端，即裂纹尖端，出现了月牙形的黏流液体层。非晶合金拉伸断面普遍存在黏性层[111]，图 14.51 是 Zr 基非晶拉伸断面黏性层的电镜照片，清晰显示了断面的黏性层，以及黏性层拉断过程中形成的颈缩和熔滴。非晶拉伸断面上还分布着一些典型的脉纹状或者韧窝状花样(vein-like or dimple pattern)，图 14.52 是 Zr 基非晶合金断面上典型的脉纹状花样的 SEM 照片。其中箭头和插图是指示花样上分布的凝固的液滴，证明断面层的液态特征。图中还示意裂纹尖端的液态半月板和脉纹状花样的形成过程[112]。对于拉伸断裂情形，非晶合金断面上会出现有核心的菊花状花样，如图 14.53 所示[113]。脉状纹络起源于菊花花样的中心而向外扩展。当这些脉状纹络与相邻的菊花花样的脉状纹络相遇时，形成脊线形貌。

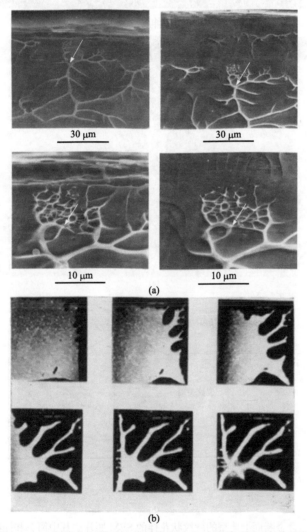

图 14.50　非晶合金断裂的断面花样(a)和油脂模型(b)的对比[109]

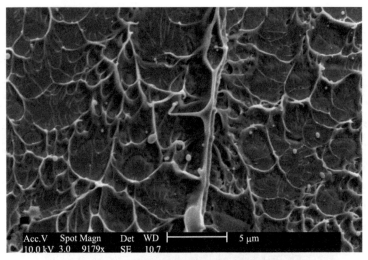

图 14.51 Zr 基非晶拉伸断面黏性层的电镜照片

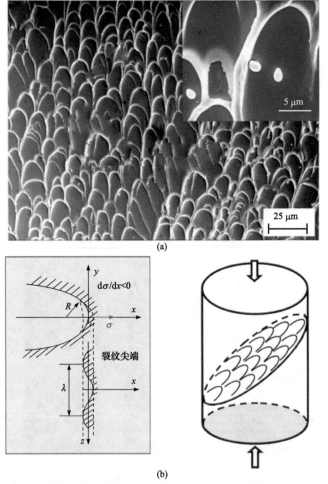

图 14.52 (a)Zr 基非晶合金断面上典型的脉纹状花样的 SEM 照片。其中箭头和插图是指示花样上分布
的液态特征。(b)示意裂纹尖端的液态半月板和脉纹状花样的形成过程[112]

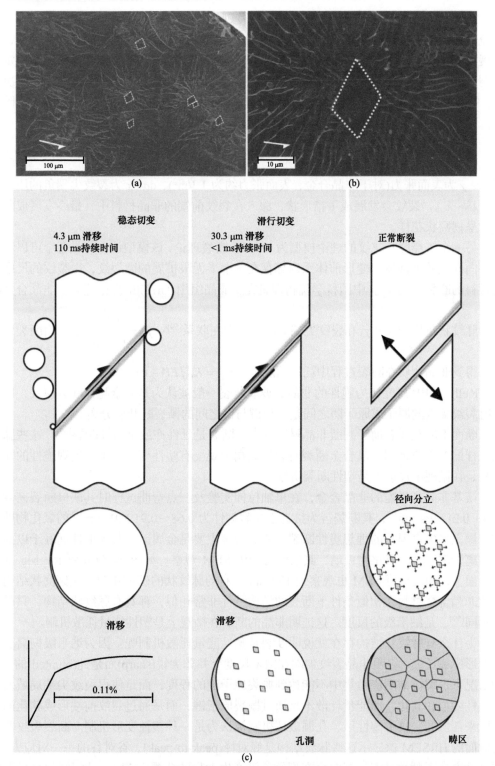

图 14.53　(a)、(b)非晶合金拉伸断面上的菊花状图案，每个图案有个核心；(c)剪切断裂形成韧窝、脉络状花样，拉伸断裂形成菊花状图案过程示意图[113]

Taylor 失稳理论能解释断面上的"指状"或脉状花纹。Taylor 失稳模型认为当某一黏性流体被迫穿过一个空穴或者一个更低黏度的流体时，两种液体的界面将发生失稳，并发展成为"指状"的形貌。如图 14.52(b)所示，裂纹前端的月牙或者叫半月板的不稳定性控制着非晶物质的裂纹扩展。月牙的曲率半径 R 是由表面张力 χ 和负压梯度 $\mathrm{d}\sigma/\mathrm{d}x$ 决定的。断裂裂纹尖端的月牙受一个无限小的扰动，一旦这一初始扰动的波长 λ 大于一极限值 λ_{crit}，扰动将长大，在 x-z 平面形成最终的周期性起伏，即

$$\lambda_{\mathrm{crit}} = 2\pi\sqrt{\frac{\chi}{\mathrm{d}\sigma/\mathrm{d}x}} \tag{14.24}$$

式中，χ 为表面张力(对于非晶合金，表面张力约为 1 J/m^2)、$\mathrm{d}\sigma/\mathrm{d}x$ 为裂纹尖端负的压力梯度。$\lambda > \lambda_{\mathrm{crit}}$，裂纹会发展成手指形状，深入在裂纹前端的非晶材料中，最终发展成断面上的呈韧窝状花样。

另一个解释脉状花纹的理论模型为 Griffith 断裂理论，该模型认为非晶合金可以看成是各向同性的弹性体，变形前体系内部存在一个半无限扩展的微裂纹，微裂纹的尺度决定材料的断裂强度 σ_y。中国科学院物理研究所非晶组用 Griffith 理论建立了非晶合金断面的脉纹状花样的尺寸 γ_p 和裂纹尖端塑性区的内在联系[59]：$\gamma_p = \dfrac{1}{6\pi}\left(\dfrac{K_C}{\sigma_y}\right)^2$。由断裂韧性值可得到非晶物质在断裂过程中耗散的能量为 $G_C = K_C^2 / E(1-\nu)^2$。

Kelly 等[114]研究认为脆性的非晶硅玻璃断裂一般被认为是完全脆性断裂模式，即断裂时裂纹尖端的原子或原子团之间是一种键与键之间的撕裂断开而分离。

断面上的花样有助于判断非晶材料的本征断裂是延性亦或是脆性断裂[59]。这些脉纹状花样的产生也证明非晶合金断裂时裂纹尖端微观上有塑性变形产生，宏观脆性的非晶材料，在微观上尺度上是塑性断裂机制。

镁基非晶是最脆的非晶合金，在单轴拉伸实验及三点弯曲试样时其缺口断裂韧性为 (2.0 ± 0.2) MPa $\cdot$ m$^{1/2}$，其断裂行为接近于断裂韧性为 $0.68 \sim 0.91$ MPa $\cdot$ m$^{1/2}$ 的氧化物玻璃在干燥氮气中室温下的理想脆性断裂。非晶合金主要是金属键，其导电性远好于以共价键和离子键结合的氧化物玻璃，其断面易于用 SEM 观察。如图 14.54(a)所示，Mg 基非晶断面上，用高分辨 SEM 也观察到 100 nm 左右的脉纹状的破坏孔洞。该韧窝状结构与其他非晶合金材料在相似条件下断裂的结构特性非常相似，都具有脉纹状结构，只是尺寸不同[59]，是纳米级的尺度。这证明非晶的断裂在微观上是塑性能量耗散机制。

为什么有脉纹状结构存在就说明断裂是塑性能量耗散机制呢？因为纳米级韧窝、孔洞的形成和长大，表明非晶裂纹尖端在纳米尺度上并非尖锐(sharp)而是钝(blunted)的。这种情况下，裂纹前端应力集中不能达到撕裂原子键的程度，而是使得裂纹尖端局域发生了塑性变形和软化，即能量耗散不是通过撕裂原子键，而是通过裂纹前端形成软化的塑性区来耗散的。这种塑性区、孔洞破坏机制被认为是一种塑性变形机制。断裂裂纹两侧配对面的 HRSEM 像显示这些脉纹结构是峰对峰(peak-to-peak)、谷对谷的一一对应方式，在这种方式下裂纹动态扩展时会在裂纹前沿产生大量的孔洞(voids)，孔洞间的材料发生颈缩，最后正断或剪断，亦或一种混合模式断开。断面上的这些纳米级韧窝状结构显示

塑性流变过程被激活，被认为是局域软化作用造成的。图中 AFM 图像也证实 Mg 基非晶的这些胞状结构的塑性变形区是在 100 nm 左右。

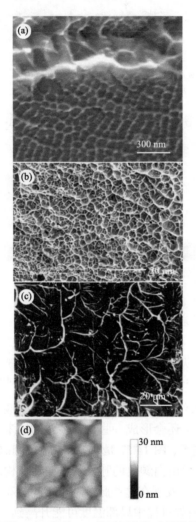

图 14.54　不同塑性非晶合金断面的 SEM 照片。(a)接近氧化物玻璃脆性的 Mg 基非晶，断面有纳米级韧窝；(b)Ce 基非晶合金；(c)韧性 Ti 基非晶；(d)Mg 基非晶断面韧窝结构的 AFM 照片。不同尺寸的韧窝结构证明非晶合金的塑性断裂机制[59]

　　关于室温下非晶硅氧化物玻璃断裂机制问题，最近原位 AFM 研究发现硅玻璃断裂时裂纹前端也形成纳米级的破坏孔洞，并有可能存在该尺度上的局域塑性变形，如图 14.55 所示[115]，需要说明的是非晶完全脆性断裂是否有纳米级孔洞还存在着争议[116]。

　　不同退火时间的 Zr 基非晶合金样品断面形貌如图 14.56 所示。很明显，这 5 个不同退火状态的非晶合金样品都展现出了韧窝状断面微结构特点，但是，不同退火状态的样品的韧窝结构的尺度不同。随着退火程度的增加，韧窝结构的空间尺度逐渐变小，非晶合金也变脆。对于长时间极度退火样品，韧窝结构的分布相比于铸态样品均匀，更类似于高斯分布的特点，非晶合金变得很脆。这进一步证明韧窝尺寸和塑性的关系。

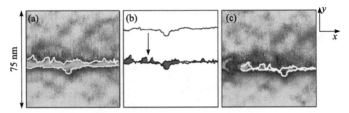

图 14.55 硅玻璃断裂时裂纹前端形成纳米级的破坏孔洞的 AFM 谱,证明该脆性非晶可能存在纳米尺度的局域塑性变形[115]

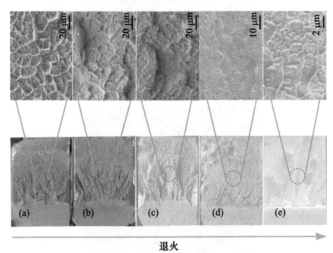

图 14.56 在 543 K 不同退火时间的 Zr 基非晶合金样品的断面形貌的演化:韧窝越来越小
(a)0 min;(b)20 min;(c)120 min;(d)720 min;(e)14400 min

非晶合金断面因为其裂纹都是起源于有一薄层类似于液态的黏性层的剪切带,其断面上不仅有韧窝结构和花样,还会形成一些丰富多彩的纳米结构,可谓是一个纳米结构合成实验室[117]。作为一个例子,图 14.57 是非晶 $Ce_{70}Al_{10}Ni_{10}Cu_{10}$ 合金低倍 SEM 断面图。从图中可以看出,该断面主要由白颜色的脉纹状花样特征构成。但对该脉纹状结构进行放大观察,如图 14.57(b)所示,发现在这些脉纹花样中间分布着一些类似液滴的微纳米小球。这些微纳米球是非晶在断裂过程中局部温度可能升高到了玻璃转变温度附近(或更高)形成的熔滴凝固得到的。

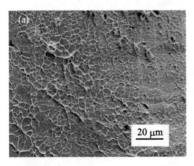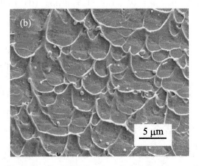

图 14.57 (a)Ce 基非晶合金断面上典型的脉纹状花样;(b)高倍放大照片显示许多微纳米球散落在这些脉纹花样中[117]

2. 断面上微纳米结构及形成机制

如果进一步放大仔细地观察，在非晶材料断面上还能发现一系列不同形貌的微纳米结构，包括纳米带(nanoridge)、纳米锥(nanocone)、纳米线(nanowire)等。图 14.58(a)显示的是一条纳米带的片段，其截面形状为三角形，底边宽为~250 nm，高~350 nm；图 14.58(b)是纳米锥的形貌特征，该纳米锥垂直站立在断裂面上。还能发现一些细长的纳米线，如图 14.58(c)是一条非常均匀的纳米线，直径大概为~340 nm，长度大概为~19.6 μm。图 14.58(c)中的小插图给出了该纳米线的放大图，该纳米线的表面非常光滑均匀，说明在其形成过程中发生了明显的黏性流动过程。在纳米线的附近可以看到很多散落着的纳米球。图 14.58(d)为纳米球的放大照片，纳米球表面非常光滑。这些结构的出现进一步证明非晶合金的断裂在微观上具备明显的塑性特征，这种峰对峰、谷对谷的配对方式类似于普通多晶材料的塑性断裂过程[117]。

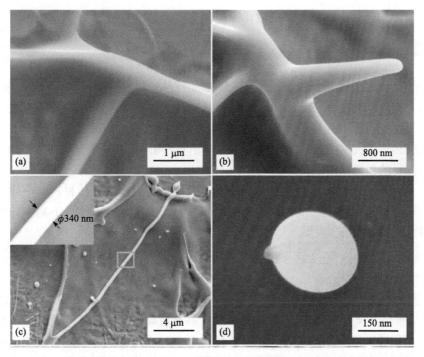

图 14.58　Ce 基非晶合金断面上的(a)纳米带；(b)纳米锥；(c)纳米线；(d)纳米球[117]

断面上这些韧窝花样、纳米结构可以用非晶裂纹前端塑性区概念来解释。图 14.59(a)给出了裂纹尖端塑性区的示意图。对于非晶合金，在平面应变条件下该塑性区的尺寸 l_p 为[59,118]

$$l_p = 0.025\left(\frac{K_C}{\sigma_y}\right)^2 \tag{14.25}$$

其中 K_C 和 σ_y 是非晶的断裂韧性和屈服强度。通过对多种非晶材料的断面统计分析发现至少在非晶合金中，断面上典型的脉纹状花样的尺寸 w 和塑性区尺寸 l_p 相当，即 $w \approx l_p$[59]。根据上面公式估算出的 Ce 基非晶合金的塑性区尺寸大概为 6.0 μm，接近于脉纹花样大小。

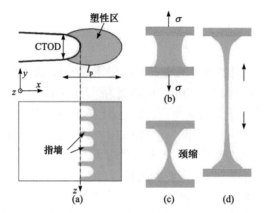

图 14.59 (a)裂纹尖端塑性区示意图。由于 Taylor 界面失稳，裂纹尖端呈手指状；(b)黏性液桥模型；(c)
黏性液桥在载荷作用下发生颈缩，形成纳米锥；(d)黏性液桥发生均匀形变成纳米线[117]

裂纹尖端塑性区内最高温升可以用下面的公式估算[119]：

$$\Delta T = \sqrt{2}\frac{(1-\nu^2)K_C\sigma_y\sqrt{V}}{E\sqrt{\rho\kappa c}} \tag{14.26}$$

式中，ν是泊松比；E是杨氏模量；ρ是密度；c是比热；κ是热导率。对于 Ce 基非晶合金，这些参数分别为 0.313，30.3 GPa，6.67 g/cm³，1 J/(g · K)和 5 W/(m · K)[120]。脆性材料的最大裂纹扩展速度 V 是~0.5V_R，其中瑞利波速 V_R~0.9V_s，对于 Ce 基非晶合金，剪切波速 V_s 为 1315 m/s。因此，由公式(14.26)估算出的塑性区内的最大温度升高高达~1000 K，接近于实验测得的剪切带内温升[41]。

由于裂纹尖端塑性区是包裹在材料中，其高温可通过周围基体材料的热导而得到快速冷却。所以，可以将裂纹前缘看成是一个简单的线热源。经历时间 t 后在该线热源周围的二维温度变化分布为[121]

$$\Delta T = \frac{q}{4\pi\kappa t}\exp\left(\frac{-r^2}{4\alpha t}\right) \tag{14.27}$$

式中，线热源热含量 q 大约为 0.15 J/m；r 为离开线热源的距离；热扩散系数 α 为~10^{-6} m²/s。对于 Ce 基非晶合金，将 $r = 0.5l_p$ 和该处温度升高至玻璃转变温度(T_g = 360 K)等值代入上式可以得到塑性区的冷却速率为~2×10^6 K/s。虽然这个冷却速率会随着裂纹面的分离而改变，但是这个估测的冷却速率已大大超过了该很多块体非晶合金形成的临界冷却速率(~100 K/s)。塑性区内这么高的冷却速率使得断裂面上熔化形成的微纳米结构被快速凝固成非晶态[117]。

在裂纹扩展过程中，裂纹尖端附近伴随着强烈的剪切变形，其剪切应变率可以表示为：$\dot{\gamma} = V/\text{CTOD}$，而裂纹尖端张开位移 CTOD 为[108]

$$\text{CTOD} = 24\sqrt{3}\pi^2 B(n)\chi / \sigma_y \tag{14.28}$$

式中，表面张力χ和$B(n)$分别为 1 N/m 和 1.2。计算出的 Ce 基非晶的 CTOD 为~800 nm，而对应的剪切应变率高达~10^8 s⁻¹。因此，可以说在裂纹扩展过程中裂纹尖端塑性区内存在着高温、高冷却速率和极高的剪切应变率的极端环境。这种极端物理条件使得裂纹尖端塑性区成为一个天然而理想的非晶态纳米结构合成实验室。如图 14.59 所示，塑性区内物质处于类似于硅油一样的黏流态，当裂纹向塑性区内扩展时，裂纹前端由于 Tayloy 界面失稳，形成形如手指一样的裂纹，裂纹的这种独特的扩展过程也称为指进扩展。在不同"手指"之间留下了一系列黏流层连接着即将分离的两个断裂面。在断裂面分离过程中，这些黏流层经过单向拉应力的作用发生颈缩，最终形成了纳米带。由于颈缩，这些保留在断裂面上的纳米带都呈现出底部宽、顶部窄的特点。在这些纳米带相遇处附近经常会出现一个圆柱状的黏流的液桥连着两个断裂面，如图 14.59(c)所示。

利用透射电镜已观测、确认了纳米尺度的非晶圆柱试样在拉伸加载条件下发生明显的颈缩现象[56]。裂纹面间这种圆柱状黏流的液桥也能在拉应力的作用下发生变形、颈缩和断裂，最终将会形成两个对应的圆锥，如图 14.59(d)所示。有的圆柱状液桥在颈缩之前会发生大量的均匀变形从而被拉长为细细的纳米线。由于液态金属合金的表面张力一般较大，这样形成的纳米线表面非常光滑。通过这种简单的黏流液桥模型，可以估测纳米线形成过程中液桥的拉伸应变。圆柱状液桥的原始长度可以认为是裂纹尖端张口位移 CTOD($\sim$800 nm)，这个数值也刚好差不多是纳米带的高度($\sim$350 nm)的两倍，这和实验结果相符合。在图 14.58(c)中观察到的纳米线的长度为$\sim$19.6 μm，圆柱状液桥拉伸应变因此可以简单地估算为$\sim$2500%。这些黏流态材料在拉伸断裂时会发生破碎，这些小的碎片会在表面张力作用下形成一些圆球散落在断面上。

通过对系列不同非晶断面上这些微纳米结构的尺寸进行统计分析，能找出这些微纳结构和非晶合金特征参数之间存在的内在的关联。图 14.60 给出了不同非晶合金断面上的

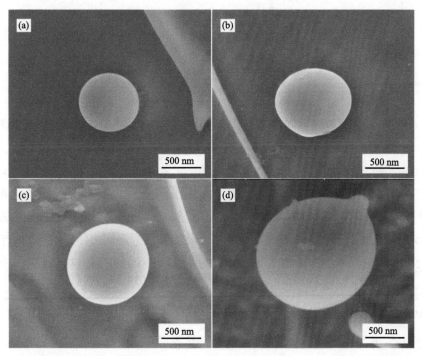

图 14.60　不同非晶合金断面上典型的微纳米球。(a)Ce 基；(b)Zr$_{57}$Cu$_{15.4}$Ni$_{12.6}$Al$_{10}$Nb$_5$；(c)Cu 基；

(d)Zr$_{41.2}$Ti$_{13.8}$Cu$_{12.5}$Ni$_{10}$Be$_{22.5}$[117]

特征微纳米圆球。从图中可以很清晰地看出，不同非晶合金断面上特征圆球的平均大小不一样(为了简化分析过程，只统计了非晶断面上最大一组圆球的尺寸)，韧性比较好的非晶合金断面上圆球尺寸比较大，而脆性非晶合金断面上纳米球尺寸小。

图 14.61(a)和(b)分别给出了不同非晶合金断面上微纳米球的平均直径 D、纳米带的平均厚度 W、断裂能 G_C、泊松比 ν 和脉纹状花样尺寸 w 之间的关系。图 14.61(c)、(d)显示了非晶合金断裂能 G_C 以及泊松比 ν 和脉纹花样尺寸 w 之间的关系。可以看出，非晶合金断面上微纳米结构的特征尺寸(微纳米球的直径 D 和纳米带的厚度 W)，断裂能 G_C 以及泊松比 ν 都随着脉纹花样尺寸 w 的增加而增加，且两者变化趋势接近。即断面结构的特征尺寸和断裂能 G_C 以及泊松比 ν 关联。

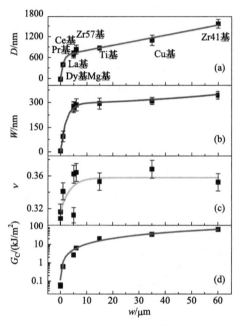

图 14.61   (a)非晶合金断面微纳米球的平均直径 D；(b)纳米带的厚度 W；(c)泊松比 ν 和(d)断裂能 G_C 和非晶合金断面上典型脉纹花样尺寸 w 的关系[117]

利用这种关联，可以通过调节脉纹花样的大小来获得对应尺寸的微纳米结构，而脉纹花样尺寸可以用非晶合金的断裂韧性 K_C 和强度 σ_y 来表征。研究发现非晶合金断面上脉纹状花样的尺寸 w 和裂纹尖端塑性区的大小相一致，w 和强度、断裂韧性的关系是[59]：$w = 0.025(K_{IC}/\sigma_y)^2$。这样，根据这个关系式，就能够选择不同力学性能的非晶合金来制备不同大小的微纳米非晶态结构。非晶合金的塑性区尺寸能够通过掺杂或退火等不同方法调节，从而可用来调整最终获得的微纳米结构的大小[117]。

3. 韧窝结构的相似性

有趣的是，非晶物质断面和烟花、河流等自然界很多图案都有非常相似之处。图 14.62 是非晶合金断面图案对比烟花。图 14.63 是非晶合金断面图案大地上纵横的河流对比。可以看出这些图案的类似之处。非晶断面图案自身之间也有相似之处。图 14.64 和图 14.65

分别展示了断裂韧性在 30 MPa·m$^{1/2}$ 以下和 30 MPa·m$^{1/2}$ 以上的不同断裂韧性的非晶合金断面上的韧窝结构。从照片中可以很直观清楚地看到这些断裂韧性巨大不同的非晶合金的韧窝结构都很相似，类似于网格结构，只是形状有所畸变而已。如果不关注下方标注的尺度，几乎分辨不出到底哪个图片对应的非晶合金的断裂韧性会比较大。断裂形貌也使人想到大自然中存在着一些很相似的分形现象，如烟花、大地上河流系统(图 14.62 和图 14.63)、池塘中大大小小的水泡、泥土干燥以后在表面形成的裂纹(图 14.66)，它们都有相似性。如果不考虑韧窝结构中各个韧窝的大小、尺寸等的差异，仅从平均尺寸来考虑，这些韧窝结构的平均尺寸与断裂韧性的大小存在着正相关的关系。

图 14.62　非晶合金断面图案与烟花对比，二者有相似性

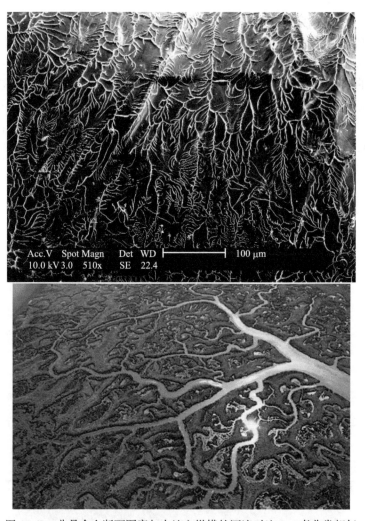

图 14.63　非晶合金断面图案与大地上纵横的河流对比，二者非常相似

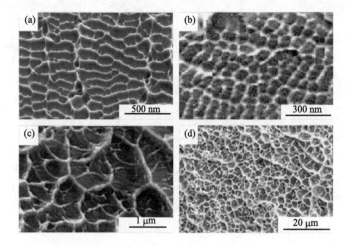

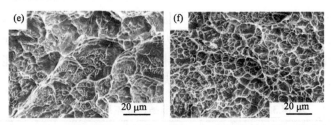

图 14.64　断裂韧性在 30 MPa·m$^{1/2}$ 以下的非晶合金断面上韧窝结构的扫描电镜图片：(a)Dy$_{40}$Y$_{16}$Al$_{24}$Co$_{20}$；(b)Mg$_{65}$Cu$_{25}$Gd$_{10}$；(c)La$_{55}$Al$_{25}$Cu$_{10}$Ni$_5$Co$_5$；(d)Ce$_{60}$Al$_{20}$Ni$_{10}$Cu$_{10}$；(e)Zr$_{52.5}$Cu$_{17.9}$Ni$_{14.6}$Al$_{10}$Ti$_5$；(f)Zr$_{57}$Nb$_5$Cu$_{15.4}$Ni$_{12.6}$Al$_{10}$[87]

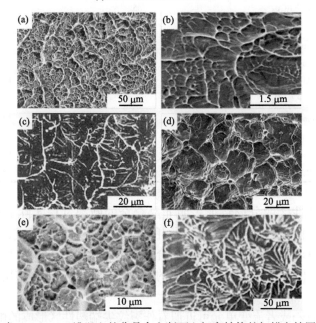

图 14.65　断裂韧性在 30 MPa·m$^{1/2}$ 以上的非晶合金断面上韧窝结构的扫描电镜图片：(a)Zr$_{61}$Ni$_{12.8}$Al$_{7.9}$Cu$_{18.3}$；(b)Fe$_{66}$Cr$_3$Mo$_{10}$P$_8$C$_{10}$B$_3$；(c)Ti$_{50}$Ni$_{24}$Cu$_{20}$B$_1$Si$_2$Sn$_3$；(d)Zr$_{57}$Ti$_5$Cu$_{20}$Ni$_8$Al$_{10}$；(e)Zr$_{41}$Ti$_{14}$Cu$_{12.5}$Ni$_{10}$Be$_{22.5}$；(f) Pd$_{79}$Ag$_{3.5}$P$_6$Si$_{9.5}$Ge$_2$[87]

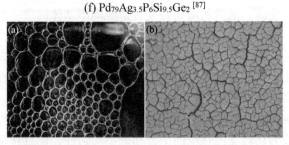

图 14.66　自然中类似于韧窝结构的分形现象：(a)池塘中的分形水泡；(b)泥土干裂以后形成的分形裂纹

　　分析发现非晶合金断面上大小不均分布的韧窝结构的尺寸是呈分形分布的，也即韧窝的尺寸与对应尺寸的韧窝的数目是呈幂律规律分布的，表 14.3 列出不同断裂韧性 K_C 非晶合金体系的分形维数 D_B。分形维数 D_B 即是对应的幂律指数。图 14.67(a)是 Dy$_{40}$Y$_{16}$Al$_{24}$Co$_{20}$ 非晶韧窝分形分析，以及不同断裂韧性 K_C 非晶合金体系韧窝的分形维数 D_B 和 K_C 的关系。

从图 14.67(b)中可以看出 12 种非晶合金,从极脆到极韧,它们的韧窝结构的分形维数增量都介于 0.6~0.8,这说明这些非晶体系虽然力学性能相差很大,但是其断裂所形成的韧窝断面形貌具有自相似性,而且几乎为同一幂律规律。这说明不同力学性能的非晶体系具有相同的断裂机理,只是韧性大小和韧窝尺度大小有所不同。

表 14.3　不同断裂韧性 K_C 非晶合金体系的分形维数 D_B

非晶合金	K_C /(MPa · m$^{1/2}$)	D_B
$Dy_{40}Y_{16}Al_{24}Co_{20}$	1.26	1.632 ± 0.065
$Mg_{65}Cu_{25}Gd_{10}$	2	1.647 ± 0.052
$La_{55}Al_{25}Cu_{10}Ni_5Co_5$	5	1.680 ± 0.039
$Ce_{60}Al_{20}Ni_{10}Cu_{10}$	10	1.739 ± 0.041
$Zr_{52.5}Cu_{17.9}Ni_{14.6}Al_{10}Ti_5$	20	1.748 ± 0.035
$Zr_{57}Nb_5Cu_{15.4}Ni_{12.6}Al_{10}$	27	1.731 ± 0.039
$Zr_{61}Ni_{12.8}Al_{7.9}Cu_{18.3}$	39.8	1.757 ± 0.050
$Fe_{66}Cr_3Mo_{10}P_8C_{10}B_3$	46.7	1.663 ± 0.048
$Ti_{50}Ni_{24}Cu_{20}B_1Si_2Sn_3$	50	1.668 ± 0.060
$Zr_{57}Ti_5Cu_{20}Ni_8Al_{10}$	80	1.694 ± 0.070
$Zr_{41}Ti_{14}Cu_{12.5}Ni_{10}Be_{22.5}$	86	1.653 ± 0.044
$Pd_{79}Ag_{3.5}P_6Si_{9.5}Ge_2$	200	1.678 ± 0.047

　　裂纹尖端的塑性区的分形特征表明非晶合金的断裂过程实际上是一个远离平衡态的过程,在这个非线性动力学过程中的耗散结构如分形结构形成,反映了裂纹尖端塑性区的非平衡的动力学本质。这与非晶合金在塑性变形过程中剪切带形成的非平衡过程相似,即都是非晶合金中一些类液体的软区结构在外界应力作用下通过自组织过程形成的[87]。

　　剪切转变区(STZ)或者流变单元可近似看作裂纹尖端塑性区形成的微观变形单元,这样可定性给出非晶合金在断裂过程中裂纹尖端塑性区形成的物理图像:非晶合金在断裂过程中,由于其本身结构的不均匀性,存在大量流变单元,裂纹尖端相对集中的应力会很快激活这些剪切转变区,激活的剪切转变区造成周围基体的进一步软化,引起更多的剪切转变区被激活。大量的剪切转变区(即流变单元)会自动聚合成一个软化的类似于液体的区域,即为塑性区,如图 14.67(c)所示。若忽略剪切转变区尺寸上的差异,可以认为塑性区的尺寸应该正比于形成它的剪切转变区的个数。即韧窝状结构在空间的分形分布就应该等价于形成韧窝状结构的剪切转变区的个数的分形分布。此外,由于裂纹尖端的应力高度集中,所形成的剪切转变区之间会存在一定的相互作用,这种剪切转变区之间的相互作用可能会导致剪切转变区在空间中分布的不均匀性,而且在动态断裂过程中这种相互作用的影响也会有不同程度的体现,从而使断面上呈现出复杂的断面形貌。在裂纹尖端,剪切转变区分布比较稠密的地方会形成比较大的塑性区,对应着断裂后比较大的韧窝结构;相反,剪切转变区比较稀疏的地方会形成尺寸较小的韧窝。实际上,分子动力学模拟发现由单个剪切转变区所产生的局域的弹性扰动会导致空间上相关关联的剪切转变区分布的"雪崩"(avalanche)现象[122]。

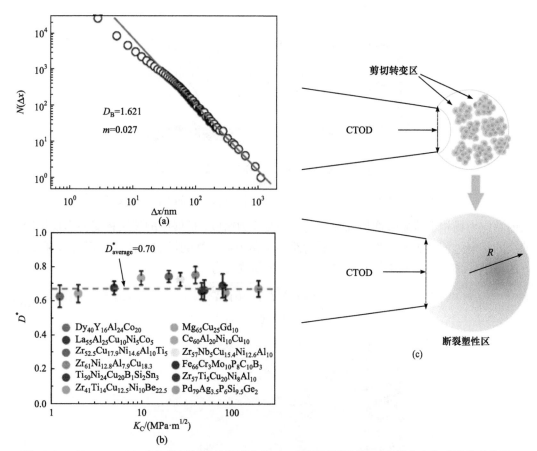

图 14.67 (a)$Dy_{40}Y_{16}Al_{24}Co_{20}$ 非晶韧窝的分形分析；(b)不同断裂韧性 K_C 非晶合金体系的分形维数 D_B ($D^*=D-1$)和 K_C 的关系，虚线代表 D^* 平均值为 0.70；(c)非晶塑性区形成机制[87]

14.7.2 断面周期条纹图案

大部分材料的断裂是动态非线性的，动态裂纹扩展是一种不可避免的现象[123-126]。动态裂纹扩展能够造成裂纹前端的不稳定，从而引起裂纹的二次分裂、动态裂纹尖端应力场的扭曲、振荡、分叉和声波的发射等[123-126]。如图 14.68 所示，在非晶高分子 PMMA 中，当裂纹扩展达到一定速度后，裂纹开始失稳和分叉[125]。这些现象的出现通常在宏观尺度上造成了特殊的断口形貌，包含有镜面区、雾状区和羽毛区等。在动态裂纹扩展过程中，所释放出来的断裂能将转变为断口表面能和以声波的方式向外发射的弹性波，如脆性材料断裂时我们听到的响声就是弹性波引起的。裂纹尖端发射的弹性波不仅能使我们听到响声，而且部分弹性波向块体中传播形成剪切波，部分弹性波还能在新形成的断口表面传播形成瑞利波。

弹性波还可以在材料内部传输并且会在材料的表面处发生反射。反射回的弹性波将会对动态扩展中的裂纹尖端附近的应力状态进行周期性扰动，最终在断面上留下明显的周期性条纹斑图(periodical corrugation)，这些弹性波引起的周期性条纹称作华纳线(Wallner line)[16]。在脆性材料中，起源于裂纹尖端的波以及从试样边界反射回来的波与裂

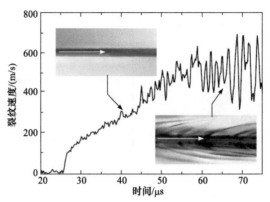

图 14.68　PMMA 和玻璃中裂纹扩展达到一定速度后的失稳和分叉[125]

纹前端应力场相干涉能够增加或降低裂纹尖端应力密度,扩展中的裂纹将交替出现扩展-捕获的扩展过程,进而在裂纹扩展后的路径上留下周期性的形貌,往往呈现为微观尺度上的华纳线(如图 14.69 中箭头所指[127]),其振荡波长为

$$\lambda = \left(\frac{2hV}{c_1}\right) \bigg/ \sqrt{1-\left(\frac{V}{c_1}\right)^2} \tag{14.29}$$

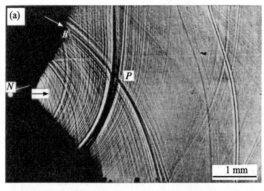

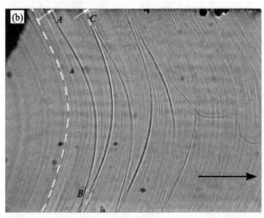

图 14.69　(a)有机非晶玻璃拉伸断面,N 点是裂纹起始点,黑色箭头是裂纹扩展方向,白色箭头指示华纳线;(b)玻璃断面,白色虚线指示华纳线及传播[127]

式中，h 为裂纹尖端到样品边界的距离；V 为裂纹扩展速度；c_l 为纵波速度。对于通常的脆性材料，这些条纹斑图的周期一般为毫米量级。华纳线条纹斑图已经被用来准确测量脆性材料中裂纹的扩展速度。

一些周期性的断口起伏形貌见图 14.70，是在断面上形成的、沿断面传播的高度局域的前端波(front wave)，以及前端波在玻璃等断面上留下的痕迹的照片[15,128]。然而，脆性材料表面出现的周期性起伏的物理原因依然不清楚。需要更多的实验来观察动态扩展裂纹表面的特征形貌，以研究其基本的形貌形成原因。但是实验原位观察裂纹的扩展及断面形貌的形成极其困难。

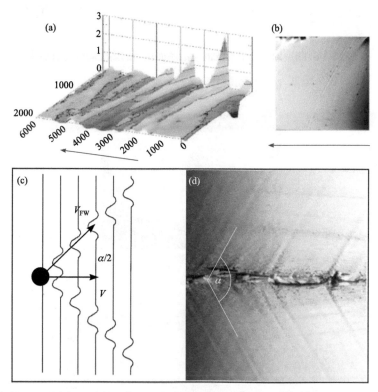

图 14.70　(a)在断面上形成的、沿断面传播的高度局域的前端波(front wave)；(b)前端波在断面上留下的痕迹的照片[15]；(c)前端波；(d)前端波在脆性玻璃断面上形成的图案花样[128]

图 14.71 是 Si 断裂的断面上形成的、沿断面传播的高度局域的前端波，以及前端波在玻璃等断面上留下的痕迹的照片[129]。前端波的波纹和水面上的波纹很相似。

这类周期性的断裂波在很多非线性断裂过程中(小行星撞击、地震等都会在断面留下类似的周期性痕迹)被发现，其周期尺度从微米到宏观尺度。图 14.72 是外星撞击地球在岩石断面上形成的震裂锥(shatter cone)的形貌[128]。在这些震裂锥上，其断裂图案类似马尾的条纹。其形貌和图 14.70 很类似。有大量的工作研究这类断裂周期痕迹的产生机制，目的是理解这种非线性断裂过程。

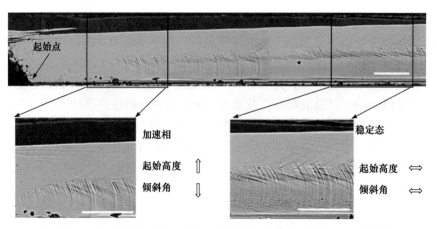

图 14.71　Si 断裂的断面上形成的、沿断面传播的高度局域的前端波[129]

图 14.72　外星撞击地球在岩石断面上形成的震裂锥的形貌,其断裂图案类似马尾[128]

14.7.3　非晶合金断面纳米周期条纹图案

　　非晶材料通常在宏观尺度表现出了脆性断裂,而其裂纹前端有微纳观尺度的断裂过程区,其塑性变形发生在过程区[59],这使得非晶材料断口表面形成一层黏性介质层。因此,在这种断口表面上,任何裂纹尖端应力场的改变都容易在黏性断口表面介质层留下痕迹。与非金属非晶材料相比,非晶合金具有好的导电性能,因此能够应用高分辨的扫描电镜对其断口表面进行细致观察,这对研究断面纳米尺度的结构信息,深入理解动态裂纹扩展的机制极为重要。本节将以非晶合金为模型,研究其动态裂纹扩展行为,对其断面上新奇的纳米尺度的断口形貌和断口表面形貌的演化进行阐述和分析。

1. 断面形貌随裂纹扩展速度的演化

在动态断裂的情形下，脆性非晶材料(如玻璃)、脆性非晶合金材料，随着裂纹扩展速度的变化，裂纹的断口表面形貌发生演化，其演化顺序为：河流花样区(river pattern zone)、雾状区(mist zone)、光滑镜面区(mirror zone)和很粗糙的羽毛区(hackle zone)。其中镜面区区域最大、最常见[130]。图 14.73 是非晶合金 Vitreloy 1 在 500 K 退火 24 小时后，四点弯曲断裂的断面的低倍像，可以清晰地看到断面上有不同特征的图案区域，包括河流花样的雾状区(A 区)、镜面区(B)和羽毛区[131]。

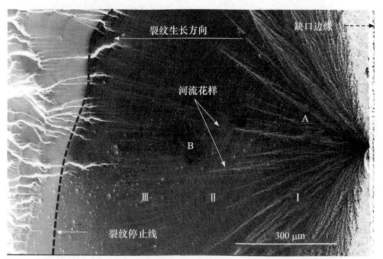

图 14.73　典型的非晶合金 Vitreloy 1 在 500 K 退火 24 小时后四点弯曲断裂的断面的低倍像：有河流花样的雾状区(A 区)、镜面区(B)和羽毛区[131]

　　图 14.74 是断面各特征区的放大图像。河流花样区出现在靠近裂纹起始的地方，即预制裂纹的区域，并且沿裂纹的扩展方向排列(图 14.74(a))。河流花样的出现是裂纹前端的不稳定性所致的分叉行为。分叉行为同时还导致在河流花样的脉状纹络的谷底出现大量的损伤孔洞，尺寸从 100 nm 到 160 nm 不等(见图中的插图)。随着裂纹的扩展，河流花样将被雾状区所代替(图 14.74(b))。雾状区也含有大量的孔洞状结构(见图中插图)。这些孔洞的尺寸为 160～205 nm，比河流花样区内的孔洞尺寸大。当裂纹进一步扩展到一个临界阶段，裂纹前端的不稳定性出现，这时图案呈现出旋转流动的形态并导致严重的表面起伏，即羽毛区出现(图 14.74(c))。在羽毛区的表面，孔洞的尺寸减小并且呈旋转形排列。当孔洞的尺寸降低至极限尺寸约 70 nm 时，这些孔洞开始自组装，并形成周期性的起伏条纹(见插图)。图 14.75 给示出了非晶合金断口沿裂纹扩展方向的形貌区的演化示意图。可以看到非线性断裂断面的主要特征是造成大量损伤孔洞及其集聚。

　　损伤孔洞结构的形成是非晶合金断口表面的重要特征[59]。孔洞的尺寸 w 与非晶合金的断裂韧度值 K_C 有以下关系：$w = \dfrac{1}{6\pi}\left(\dfrac{K_C}{\sigma_y}\right)^2$ [59]。测量断口形貌沿裂纹的扩展方向孔洞的尺寸变化，可以得到相应的断裂韧度值与裂纹扩展距离的关系。图 14.76 所示是孔洞尺寸

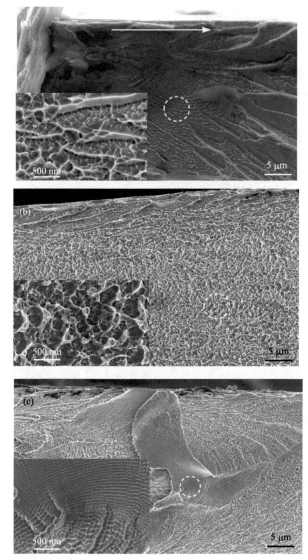

图 14.74 Fe₇₃.₅Cu₁Nb₃Si₁₃.₅B₉非晶合金条带断口表面形貌(插图为局部区域的放大图像)。(a)河流花样区
(插图对应于图(a)中圆圈内区域的图像);(b)雾状区(插图对应于图(b)中圆圈内区域的图像);(c)羽毛区(插
图对应于图(c)中圆圈内区域的图像)[132]

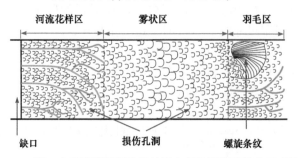

图 14.75 断口表面形貌沿裂纹的扩展出现的周期性演化示意图[132]

在河流花样区内的变化(Ⅰ区内,孔洞大小从 100 nm 至 160 nm)和在雾状区内的变化(Ⅱ区内,孔洞大小从 160 nm 至 210 nm)。在雾状区出现的最大的孔洞尺寸对应于最大的断裂韧度值。由于羽毛区(Ⅲ区)包含有河流花样和旋转的周期性起伏条纹,孔洞尺寸由 160 nm 降至 30 nm。

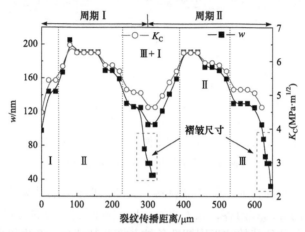

图 14.76　断口表面损伤孔洞尺寸 w 和断裂韧度值 K_C 与裂纹扩展长度的关系曲线。Ⅰ区、Ⅱ区和Ⅲ区分别对应于河流花样区、雾状区和羽毛区[132]

　　脆性非晶材料中的纳米尺度的损伤孔洞的形成与演化不能用线弹性断裂力学来解释,因为在这个尺度上,弹性应力波成为一个重要的因素控制着断口的表面形貌[133]。弹性波会影响裂纹的扩展,改变断面的形貌。裂纹的快速扩展而产生的弹性波会被材料边界所反射,从而诱发扰动而干扰裂纹的断面。弹性波的扰动导致了具有方向性的孔洞排列[图 14.74(c)]。在扭曲的羽毛区出现的旋转的应力场是由于受到了从条带边界反射回的应力波的严重影响。这一影响将形成复杂的、方向性的应力场,并降低局部应力密度因子 K,从而减小损伤孔洞的尺寸和增加孔洞的密度。

　　根据线弹性断裂力学可知 $K_C \propto \sqrt{G}$,式中 G 为断裂能量流,即每单位长度上的断裂能。对于动态裂纹扩展,断裂能量流与裂纹的扩展速度有关。随着裂纹由预制裂纹处向雾状区扩展,裂纹的扩展速度也随之增加,同时导致断裂能量流、局部应力密度因子 K 从河流花样区至雾状区不断增加。当裂纹扩展速度进一步增加时,裂纹扩展的不稳定性导致的裂纹分叉行为沿裂纹前端发生以耗散裂纹快速扩展的动态能量,从而引起了断裂表面在羽毛区出现扭曲并且产生更多的断裂表面,有效降低了局部应力密度因子。

　　很多非晶合金材料可归类于脆性材料,这类材料在突然破碎时裂纹尖端处发射出各种弹性波,发射的弹性波在材料的表面处发生反射。反射回的弹性波扩展中的裂纹尖端进行周期性扰动,并在断面上留下周期性华纳线[16,134]。华纳线也在非晶合金中观察到,如图 14.77 是非晶合金断面上的华纳线,以及根据华纳线估算的裂纹扩展速度分布图[131]。

2. 非晶合金断面独特的纳米周期条纹花样

　　不同的非晶合金体系具有多样性的力学行为,其断裂韧性 K_C 分布从接近理想脆性(<1 MPa · m$^{1/2}$),到现有材料中最高值 200 MPa · m$^{1/2}$。另外,其断裂模式也完全不

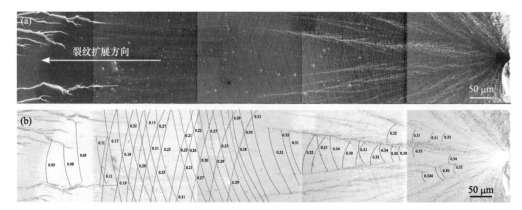

图 14.77 (a)退火非晶合金 Vitreloy 1 断面高分辨图像，可清楚观察到华纳线。(b)根据华纳线估算的裂纹速度 V_c 沿裂纹扩展方向的分布图[131]

同于一般的晶体材料和脆性非金属非晶材料，其断面形貌花样丰富多彩。这为研究脆性断裂行为开辟了新的方向和内容，大大丰富了断裂和断裂形貌的研究。下面聚焦介绍和讨论非晶合金断面一种独特的纳米周期性条纹花样及其特征、产生机理[59,91,131,132,135-142]。

中国科学院物理研究所非晶团队首先发现并报道在脆性 Mg 基非晶合金断面上发现周期性的纳米条纹[92,135]。图 14.78 和图 14.79 是高分辨扫描电镜和原子力显微镜发现的非晶合金断面上整齐、漂亮的周期性的纳米条纹[92,135]。这些条纹不太容易引起注意，用低倍 SEM 只能观察没有特征的光滑断面。这是这种断面条纹直到 2005 年才被观察到的原因[136]。很快类似的周期性的纳米条纹在其他脆性非晶合金(包括稀土基、Ni 基、Fe 基、Zr 基等)，在高应变速率下的韧性非晶合金体系中都被发现。从图 14.78 和图 14.79 可以看到，整齐、直线形的周期性的纳米条纹，条纹宽度小于 100 nm。整齐的断面纳米周期条纹，类似人造超结构是第一次在非晶物质断面上被观察到。

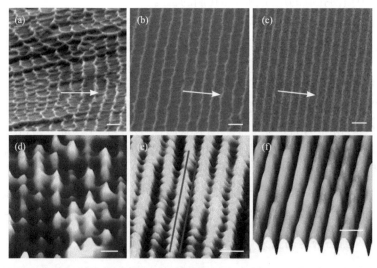

图 14.78 高分辨扫描电镜和原子力显微镜在脆性非晶断面上普遍观察到的、独特的纳米条纹结构(图中的标尺是 100 nm)[135]

图 14.79　Mg 基非晶合金断面上整齐、规则的、类似人工超晶格的周期纳米条纹[135]

　　具体的周期纳米条纹观察过程及在断面上出现区域介绍如下：如图 14.80 所示，在 Mg 基和 Dy 基非晶合金三点弯的断面(加载速率 0.1 mm/min、1 mm/min 和 10 mm/min) 上，扫描电镜观察结果表明，在微米尺度上，两种非晶合金的断口形貌都包含有镜面区 和河流花样区(图 14.80(a)和(d))；但是在纳米尺度上，韧窝结构出现于靠近预制裂纹的区 域(图 14.80(b)和(e))。Dy 基和 Mg 基非晶合金断口表面的韧窝结构的大小分别约为 77 nm 和 103 nm。随着裂纹的扩展，韧窝结构逐渐转变为周期性的条纹形貌(图 14.80(c)和(f))。 在 Dy 基非晶合金的镜面断口表面呈现出不规则的、平均间距为 31 nm 尺度的波浪状条纹 (图 14.80(c))。Mg 基非晶合金断口镜面区出现了周期性的、平均间距为 60 nm 的直条纹 形貌，条纹垂直于裂纹的扩展方向(图 14.80(f))。

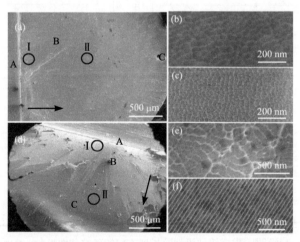

图 14.80　Mg 基、Dy 基非晶合金的三点弯断口扫描电镜观察(A、B 和 C 分别代表预制裂纹位置、镜面 区和河流花样区。箭头所指为裂纹的扩展方向)。(a)Dy 基非晶合金的断口形貌；(b)图(a)中Ⅰ区，即靠 近预制裂纹附近区域的放大形貌；(c)图(a)中Ⅱ区，即镜面区的放大形貌；(d)Mg 基非晶合金的断口形貌； 　　(e)图(d)中Ⅰ区，即靠近预制裂纹附近区域的放大形貌；(f)图(a)中Ⅱ区，即镜面区的放大形貌[137]

图 14.81 是原子力显微镜对 Mg 基、Dy 基非晶合金断口镜面区条纹形貌观察图像，可以清楚看出漂亮的纳米条纹形貌的三维结构[137]。图中断口表面为 x-z 平面。三维图像显示，条纹形貌的周期性起伏不仅仅沿 x-y 平面，即沿裂纹扩展的方向，而且在 y-z 平面，即垂直于裂纹的扩展方向也出现起伏。在 x-y 平面上的周期性条纹的剖面曲线示于图 14.81(b) 和 (e)，呈现出一种近乎正弦曲线的形状。与 Dy 基非晶合金的条纹形貌(图 14.81(b))相比，Mg 基非晶合金的更加规则(图 14.81(e))。Dy 基和 Mg 基非晶合金的平均条纹高度(沿 y 轴)分别为 3.6 nm 和 6.5 nm，其在 x-y 平面的条纹平均波长分别为 32 nm 和 64 nm，与扫描电镜观察的结果相符。在 y-z 平面上的周期性起伏也呈现出类似正弦曲线的波纹状，其周期性起伏的平均波长分别为 65 nm 和 92 nm(图 14.81(c) 和(f))。原子力显微镜下的三维形貌图说明，x-z 平面上出现的波形与 y-z 平面的波形一致，对于 Dy 基和 Mg 基非晶合金，x-z 平面上的周期性起伏结构的平均波长分别为 65 nm 和 92 nm。

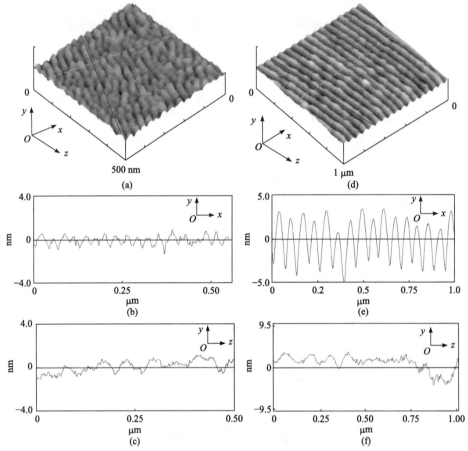

图 14.81　Mg 基、Dy 基非晶合金断口镜面区的原子力显微镜观察(裂纹扩展方向沿 x 轴)。(a)Dy 基非晶合金的三维断口形貌；(b)沿图(a)中虚线即沿裂纹扩展方向的条纹截面形貌；(c)沿图(a)中实线，即沿垂直于裂纹扩展方向的条纹截面形貌；(d)Mg 基非晶合金的三维断口形貌；(e)沿图(d)中虚线即沿裂纹扩展方向条纹截面形貌；(f)沿图(d)中实线即沿垂直于裂纹扩展方向的条纹截面形貌[137]

在其他体系，如韧性 Vitreloy 1 体系，经过退火后，如图 14.82 所示，其断面上也能观察到连续、垂直于裂纹扩展方向的直线纳米周期条纹[131]。因为退火会导致非晶合金变脆，其断裂韧性 K_C 接近 Mg 基非晶合金。

图 14.82　退火后 Zr 基非晶的断面的低倍 SEM 照片(上)红色箭头对应的区域放大的照片，显示周期纳米条纹[131]

图 14.83 是脆性 Tb 基非晶合金断口的 SEM 和 AFM 图。低倍下非晶合金断口比较平整，裂纹一旦形成就迅速向前扩展，并在扩展路径上留下典型的放射状花样。在该断面上选择一个光滑区域放大就可以发现密集的纳米周期条纹，如图 14.83(b)所示。Tb 基非晶合金断面上周期条纹的平均周期为～90 nm。AFM 结果清晰地给出了纳米条纹的三维结构。即使在纳米尺度上条纹的分布依然非常均匀。周期条纹在平面上的投影也可以得到条纹的平均周期为～90 nm，和 SEM 结果一致。AFM 数据截面分析得到该周期条纹的起伏深度，仅有 4～5 nm[139]。

实际上，在很多不同非晶合金体系，只要断裂条件合适，都能观察到这种纳米周期性条纹，纳米周期性条纹已经成为非晶合金断面上的特征形貌和图案。

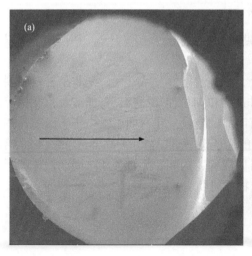
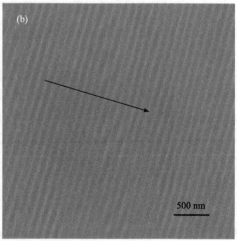

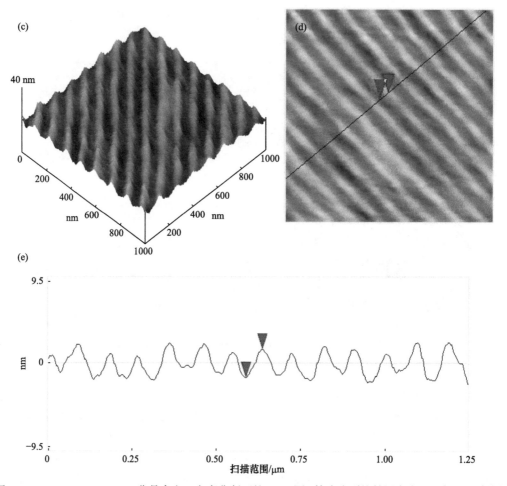

图 14.83   (a)Tb$_{36}$Y$_{20}$Al$_{24}$Co$_{20}$非晶合金三点弯曲断面的 SEM 图，箭头为裂纹扩展方向；(b)断面上纳米周期条纹，周期为～90 nm；(c)原子力显微镜 AFM 扫描的周期条纹的三维特征形貌；(d)AFM 结果在二维平面上的投影；(e)AFM 数据的截面分析给出了～90 nm 周期条纹的起伏深度 4～5 nm[139]

3. 非晶合金断面周期性的纳米条纹的主要特征

表 14.4 列出了不同非晶合金中纳米周期条纹的数据[59,71,92,131-132,135-144]。从中可以归纳出纳米周期条纹有如下特征。

第一，条纹周期长度只依赖于具体成分，与实验条件关系不大，是非晶材料断裂过程中的一个特征尺度。例如 Mg$_{65}$Cu$_{25}$Gd$_{10}$非晶在单向拉伸、压缩、弯曲或者直接摔碎的断面上都能观察到纳米条纹，且其周期没有明显的变化。在弯曲试验中压头压缩速率从 0.01 mm/min 到 10 mm/min 过程中纳米条纹的周期也一直保持在～83 nm。图 14.84 给出了不同非晶合金的纳米条纹的特征周期。可以看到，这些非晶合金条纹周期仅依赖于具体成分，是非晶合金材料断裂过程中的一个特征尺度。

表 14.4　不同非晶合金中纳米周期条纹数据列表[143]

非晶合金成分/at%[①]	试验方法	断裂模式	条纹周期 λ/nm	条纹宽度 w/nm	双倍高度 $2h$/nm	w/d	μ/B	K_C/(MPa·m$^{1/2}$)	σ_y/MPa
$Fe_{73.5}Cu_1Nb_3Si_{13.5}B_9$	有裂纹的条带等轴拉伸	I	~60	~16	...	0.27	~0.21	~5	>3000
$Mg_{65}Cu_{25}Gd_{10}$	有缺口棒的三点弯曲	I	~67	~15	~15	0.22	~0.43	~2	~672
$Mg_{65}Cu_{25}Tb_{10}$	有缺口棒的三点弯曲	I	~68	~17	~15	0.25	~0.44	~2	660
$Ca_{65}Mg_{8.5}Li_{10}Zn_{16.5}$	有缺口棒的三点弯曲	I	~65	~15	···	0.23	~0.44		530
$Tb_{36}Y_{20}Al_{24}Co_{20}$	有缺口棒的三点弯曲	I	~80	~21	···	0.26	~0.4		~1450
$Dy_{40}Y_{16}Al_{24}Co_{20}$	有缺口棒的三点弯曲	I	~63		~12		~0.42		~1110
$Zr_{41.2}Ti_{13.8}Cu_{10}Ni_{12.5}Be_{22.5}$	薄片样品平面波振动	I	~70	~21	~20	0.26	~0.32	~86	1800
$Fe_{40}Ni_{40}P_{14}B_6$	棒样品压缩	I	~80	···	···	···	···		~2330
$Ni_{42}Cu_5Ti_{20}Zr_{21.5}Al_8Si_{3.5}$	棒样品压缩	I	~60	~16	···	0.27	~0.31		~2800
$Fe_{65.5}Cr_4Mo_4Ga_4P_{12}C_5B_{5.5}$	棒样品压缩	I 或 II	~52	~12	···	0.23	~0.52	<5	~3000
$Mg_{65}Cu_{20}Ni_5Gd_{10}$	有缺口棒的三点弯曲	I	~50	~11	···	0.22	···	1-2	~400
退火 $Fe_{73.5}Cu_1Nb_3Si_{13.5}B_9$	条带的三点弯曲	I	~80	···	···	···	···		

注：① at%表示原子百分。

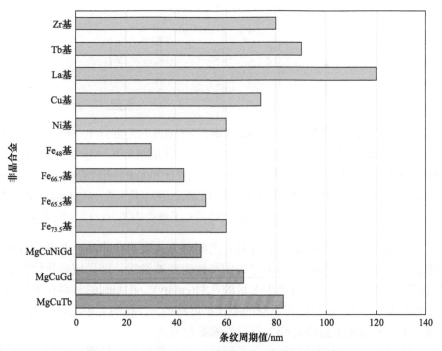

图 14.84　各种非晶合金断面上纳米条纹的特征值[139]

第二，条纹尖端是峰对峰、谷对谷的。利用原子力显微镜和扫描电镜对非晶合金断裂后的两断面的相同区域表面进行分析，发现两个断面上的条纹形貌表现出了条纹尖端峰对峰、谷对谷。如图 14.85 所示，为了方便观察和分析，在断口表面找到有缺陷的地方作为位置的参考点(图 14.85(c)、(d))，以此为基准进行两个面的定位对比研究，得出了对应断面上纳米条纹的配对方式。从图中可以清晰地看出，在相对的两个断面上纳米条纹呈现峰对峰、谷对谷的配对方式。非晶断面上纳米条纹的这种独特的配对方式和氧化物玻璃断面上弹性波引起的周期条纹截然不同。在普通的氧化物玻璃中，从样品表面反射回的弹性波对扩展中裂纹尖端附近应力场进行周期性调节引起的周期华纳线在相配对的两个断裂面上呈现峰对谷的配对形态。两个断面不同的峰和谷的配对形态揭示了其不同的形成机理[92]。

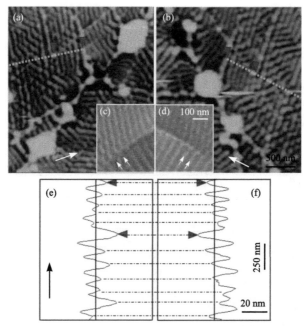

图 14.85　(a)和(b)原子力显微镜下，$Mg_{65}Cu_{25}Gd_{10}$ 非晶合金左右两个断面的对比图像(箭头所指为裂纹扩展方向。三角形图标标明了峰对峰相比较的参考点)；(c)和(d)扫描电镜下，Mg 基非晶合金的左右两个断面的对比图像(箭头所指为峰对峰参考指示)；(e)和(f)是沿图(a)和(b)中的点线所画的两个断面的截面形貌(箭头所指为裂纹的扩展方向)，点划线所连为左右两个断面的峰对峰形貌。AFM 给出了两个断面上纳米条纹的配对结果。在相对的两个断面上纳米条纹呈现峰对峰、谷对谷的配对方式[92]

第三，断面上纳米条纹峰对峰、谷对谷的配对方式表明在非晶合金断裂过程中存在局域软化和塑性变形。非晶合金断裂过程中塑性流变被激活，即局域软化情况下，裂纹动态向前扩展时将会在裂纹前沿产生大量的孔洞(cavity)，孔洞间的材料在裂纹面的分离过程中发生断裂。图 14.86 是模拟示意的裂纹扩展路径，以孔洞为中心产生条纹，这样的条纹在两个相对的断面上是峰对峰、谷对谷的配对方式。

第四，均匀分布的周期条纹形成于裂纹稳定的扩展过程，且裂纹扩展速度保持几乎

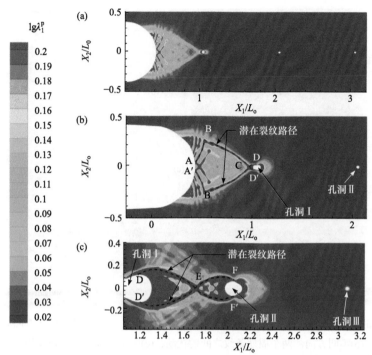

图 14.86 　模拟非晶合金裂纹扩展路径。局域软化使得裂纹动态向前扩展时将在裂纹前沿产生大量的孔洞，以孔洞为中心在断面形成条纹[140]

不变。规则纳米条纹在不同局域扰动情况下的形貌变化研究表明，一旦这些周期纳米条纹在裂纹尖端处形成，裂纹将非常稳定地向前动态扩展。图 14.87(a)显示整齐排布的周期纳米条纹是否受一个孤立纳米孔洞的影响，其中箭头为裂纹扩展方向。可以看出，仅仅在纳米孔洞一个非常小的范围内(~500 nm)周期条纹发生微扰，超出这一范围，周期条纹继续按照原来的周期整齐地排列在纳米孔洞的两侧。当两支微裂纹相遇时，如图 14.87(b)，两个方向的周期条纹几乎不受对方的影响，能够严格保持原来的排列方向和周期，仅仅在相遇处附近发生一点扰动。图 14.87(c)是一个直裂纹和一个弯曲裂纹相交的情况。这样两只形态不同的裂纹在相交处之外能够很好地保持原来的形态，仅在相交处有些扰动。图 14.87(d)给出了很多微裂纹之间的扰动情况，这些纳米条纹仍然能够分段反映各个微裂纹的扩展方向。从这些结果可以看出，一旦纳米条纹在裂纹尖端形成，裂纹将进入一个非常稳定的动态扩展过程中。在此状态下的裂纹在各种扰动情况下仍然能够保持原来的方向、周期、状态和扩展速度[136-138]。

第五，断面上纳米条纹非常稳定。在各种干扰(如纳米晶、纳米孔洞等缺陷以及裂纹、条纹间的相互作用等)情况下仍然能够保持原来的排列方向和排列周期，纳米条纹对各种缺陷的扰动不敏感。这证明在动态扩展的裂纹前端，是一个非常局域的机制控制着这些纳米条纹的形成。图 14.88 是对周期条纹相交处进行 SEM 和原子力显微镜 AFM 扫描。SEM 照片显示颗粒和裂纹交叉不影响条纹的扩展。AFM 照片显示两支方向不同(箭头所示)的纳米条纹能够保持原来的排列方向和排列周期大小。即使在相交边界处，条纹相互之间的干扰也很小。在边界附近，两侧的条纹也几乎能够完美地进行适配。

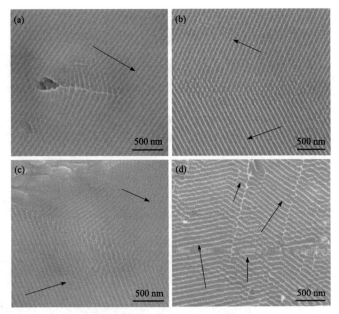

图 14.87　规则的纳米周期条纹受到各种微扰情况下的形貌变化，箭头为裂纹扩展方向。(a)一个孤立纳米孔洞的扰动；(b)不同方向的两个周期条纹之间的扰动；(c)一个直线形周期条纹和一个弯曲周期条纹之间的扰动；(d)多方向不同周期条纹丛生的扰动[136]

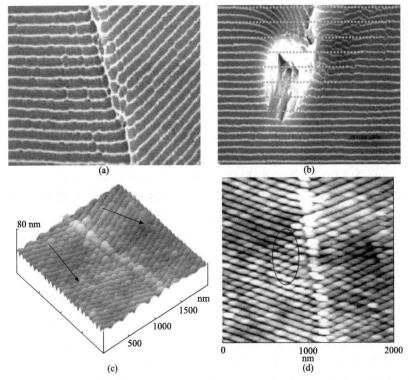

图 14.88　(a)、(b)裂纹交叉，颗粒对条纹影响的 SEM 照片；(c)、(d)两个方向不同的纳米条纹相交边界的 AFM 图。图中的箭头为裂纹扩展方向

第六，断面上周期条纹是一种复式结构。通过仔细地实验和观察发现，在两断面相交边界上出现了一个个独立的小圆锥状结构。同时，在相交边界附近处，纳米条纹也显示出由一排排的圆锥结构构成(图 14.88)。图中的圆圈清晰地标出了这些独立的圆锥状结构形貌。图 14.89 是对条纹的 Fourier 转变的分析和观察，可以看到条纹也是由一排排圆锥形的颗粒结构构成的，每个颗粒都有一个小韧窝，如图 14.89 所示[138]。

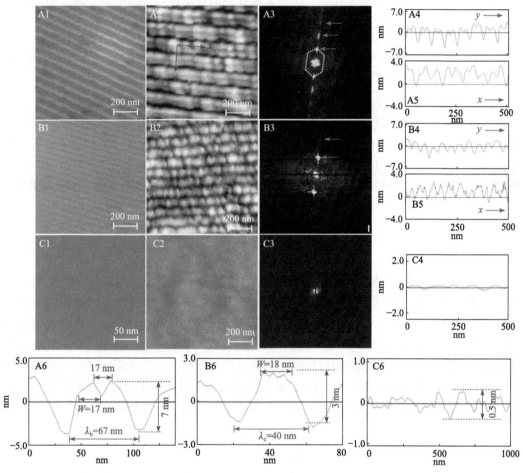

图 14.89　非晶合金断面上纳米周期条纹结构的 SEM、AFM 的精细分析。可以看出条纹是由一排排圆锥形的颗粒结构构成的，每个颗粒都有一个小韧窝[138]

4. 断面上纳米周期条纹的形成机制

在其他材料和物质中，周期性图案形成的机制是：裂纹前端与材料本身夹杂的非均匀介质的相互作用所引起的裂纹前端波造成脆性材料断口表面周期性的起伏不平。然而，非晶合金的条纹图样并不是裂纹前端波，因为在非晶合金中不存在周期性的非均匀夹杂，不会产生周期性的扰动。此外，非晶合金裂纹的扩展速度也远远大于产生华纳线所需的速度。因此，可以确定在脆性非晶合金的断口表面观察到的纳米周期条纹图像不是华纳线。根据断面间的纳米周期性条纹的特征，如独特的"峰对峰、谷对谷"配对方式，人们提出几种解释这一形貌的产生机制，我们介绍两种主要机制如下。

Taylor 失稳机制：用 Taylor 失稳模型可以解释非晶断面上纳米周期条纹形貌的产生机制。研究发现这些纳米条纹的特征，如峰高依赖于裂纹尖端的张开位移(CTOD)，周期则取决于 Taylor 失稳的临界波长λ_c，纳米条纹的形成非常稳定，在各种干扰情况下仍然能够保持原来的排列方向和排列周期，这些都说明纳米条纹的形成和 Taylor 失稳有关。

试验结果和理论计算证实在裂纹尖端的塑性变形将出现局部温度的升高。当裂纹开始快速扩展时，最大裂纹尖端温升ΔT能够通过下式进行估算[18]：

$$\Delta T = \frac{1.414\left(1-v^2\right)K\sigma_y\sqrt{V}}{E\sqrt{\rho c k}} \tag{14.30}$$

式中，K为局部应力密度因子；ρ为材料的质量密度；c为热容；k为热导率。对于非晶合金，热容可以粗略地估计为 1 J/(g·K)[138]，而热导率对非晶合金的成分并不敏感，约为 5 W/(m·K)。这样，可估算出在裂纹尖端的最大局部升温。如对 Dy 基和 Mg 基大块非晶合金，ΔT为三百多 K。这一温度使得裂纹前端的断裂过程区处于该非晶合金的过冷液相区内，导致裂纹尖端出现了一个月牙形黏性介质的不稳定性裂纹尖端。在此过程中，极限应力密度因子K_{IC}和裂纹尖端张开位移量 CTOD 的相互关系可表示为

$$K_{IC} = \sqrt{\frac{(\text{CTOD})\pi\sigma_y E}{2.7}} \tag{14.31}$$

图 14.90(a)是裂纹尖端分离过程的示意图，非晶合金的裂纹尖端张开位移量 CTOD 可以粗略地估计为条纹高度的两倍，对于 Dy 基和 Mg 基非晶，分别为 7.2 nm 和 13.0 nm，其断裂韧度值K_{IC}通过上式估算出约为 0.72 MPa·m$^{1/2}$，与试验所测出的实际断裂韧度值（K_{IC} = 1～2 MPa·m$^{1/2}$）基本相符。因此，可推断裂纹尖端的月牙不稳定性控制着非晶合金的裂纹扩展。当裂纹尖端向裂纹前端的塑性区内扩展时，一个无限小的扰动出现于月牙形尖端，如图 14.90(b)所示。当这初始扰动的波长大于某一极限值时，扰动将长大，在x-z平面形成最终的周期性起伏，如图 14.91 所示意[137-139]，其阈值扰动波长为

$$\frac{\mathrm{d}\sigma}{\mathrm{d}x} \geqslant \chi\left(\frac{2\pi}{\lambda}\right)^2 \tag{14.32}$$

式中，χ为表面张力(对于非晶合金，表面张力约为 1 J/m^2)，$\mathrm{d}\sigma/\mathrm{d}x$为裂纹尖端负的压力梯度。压力梯度可通过下式求出：

$$\frac{\mathrm{d}\sigma}{\mathrm{d}x} = \frac{2\pi\sigma_{th}}{\delta} \tag{14.33}$$

式中，σ_{th}为材料的理论强度($\sigma_{th} \cong E/10$)；δ为一范围参数(对于典型的脆性固体，$\delta \approx 0.1$～0.4 nm。)。对于 Dy 基和 Mg 基非晶合金，在x-z平面上的断裂形成的周期性条纹的波长分别为$\lambda_{Dy} = 65$ nm 和$\lambda_{Mg} = 92$ nm，即可粗略地视为月牙形初始扰动的波长。Dy 基和 Mg 基非晶合金的塑性区半径分别为 22.3 nm 和 60.9 nm。

当断裂过程区半径R明显小于相应非晶合金的月牙形初始扰动的波长λ时，初始扰动不能够进一步发展，如图 14.91(b)所示。如果塑性区半径大于月牙形扰动的波长，即 $R \geqslant$

λ，这一不稳定的扰动将进一步长大，月牙形不稳定性扰动将会发展为韧窝结构，并且韧窝的形成将被限制于裂纹前端的断裂塑性区内。当在裂纹前端的最大应力达到材料的屈服应力时，微孔洞将形成。当微孔洞的尺寸长大到塑性区大小时，相邻的微孔洞将组合在一起从而形成周期性的条纹图样，如图 14.91(c)所示。因此，条纹图样的间距(波长)或者韧窝的大小与裂纹前端的断裂过程区大小相同。

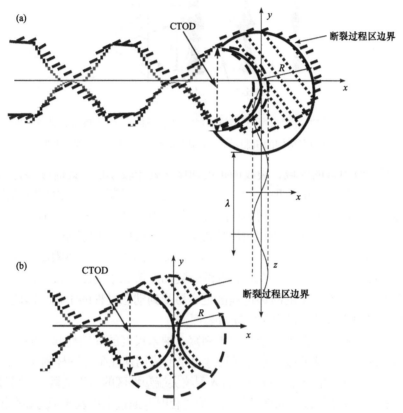

图 14.90　裂纹尖端分离机制示意图(裂纹扩展方向沿 x 轴方向)。(a)裂纹扩展通过在 x-y 平面上条纹的峰对峰塑性分离以及在 x-z 平面的裂纹前端的无限小扰动(λ 为初始扰动的波长)；(b)在塑性区内，微孔洞的形成机制[137-139]

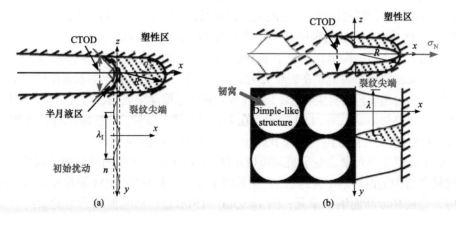

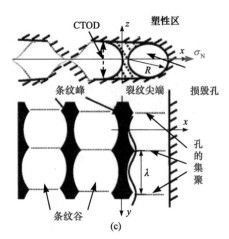

图14.91 (a)非晶合金裂纹扩展过程示意图。裂纹扩展方向是 x 轴，x-y 面是断面(a)裂纹扩展的起始过程；(b)形成韧窝结构的机制示意；(c)周期纳米条纹形成机制[137-139]

靠近预制裂纹附近的区域，裂纹的扩展速度还处于较小值。此时断裂行为可视为准静态行为。随着裂纹扩展的发展，动态裂纹的扩展导致了断口形貌由韧窝结构向周期性条纹图样转变。裂纹扩展速度的增加伴随着局部应力密度因子和裂纹前端断裂过程区尺寸的减小，因此，周期性条纹的间距(波长)也随之从约 80 nm 降低至 35 nm。当断裂过程区尺寸减小至小于裂纹尖端初始扰动波长时($R < \lambda$)，断裂过程区将限制裂纹尖端月牙形不稳定性的发展。这一限制行为在具有低的断裂韧度值和小的断裂过程区的脆性非晶合金中变得尤为明显，因为小的断裂过程区更容易受到动态过程的干扰。因此，周期性的条纹图样仅仅出现于脆性非晶合金的断口表面。

总之，裂纹尖端的局部塑性变形对于韧窝、纳米尺度的周期性起伏的形成起了极其重要的作用。同时，裂纹前端的塑性区尺寸也是形成周期性条纹图样的重要影响因素。

Taylor 失稳和空穴聚合竞争机制：引入裂纹尖端塑性区的自组装概念，可以解释断面上特殊的周期性条纹特征以及周期条纹的形成过程[138]。通过电镜及原子力显微镜精细分辨条纹的结构会发现，断面上纳米周期条纹是由一排排的纳米六边形结构构成的，这种条纹的复式结构来源于 Taylor 失稳和空穴聚合两种断裂机制在裂纹尖端的相互竞争[138]。构成这些条纹的一排排的纳米六边形结构类似自然界的蜂窝等结构，如图 14.92 所示。从图 14.93 断面上周期条纹和沙漠上的波纹路的对比可以看出，这两者非常相似，只是尺度不同，断面上的条纹是纳米尺度，沙漠上的沙纹是米的尺度。

这些纳米六边形结构单元来源于 Taylor 失稳。断面上纳米复式条纹结构来源于 Taylor 失稳和空穴聚合两种断裂机制在裂纹尖端的相互竞争[138]。即断面上纳米条纹与纳米尺度的塑性变形区的自组装行为有关,类似于胶体或颗粒体系振动形成的自组装结构，见图 14.92。这种类似的现象很多，如图 14.94 所示，在金属板上洒上沙粒，当板振动时(用小提琴弓在板上来回拉)，沙粒会自己排列到反节点处，形成规则的克拉尼图形。

Taylor 失稳和空穴聚合竞争机制可以用图 14.95 示意：从断面的截面可以看出，纳米条纹的复合结构是由杯形单元组成的。纳米级非晶合金拉伸的 TEM 照片显示拉伸时的颈缩效应，造成杯形断面纳米单元；图 14.95(a)、(b)示意杯形断面纳米单元如何形成，以

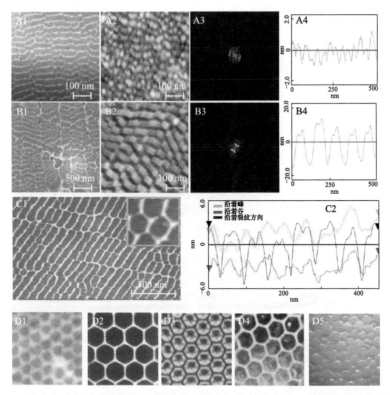

图 14.92　断面上纳米条纹与纳米尺度的塑性变形区的自组装行为有关，类似于胶体或颗粒体系振动形成的自组装结构。仔细分辨条纹的结构发现：这些条纹是一排排的纳米六边形结构，类似自然界的蜂窝等结构。研究表明这种复式结构来源于 Taylor 失稳和空穴聚合两种断裂机制在裂纹尖端的相互竞争[138]

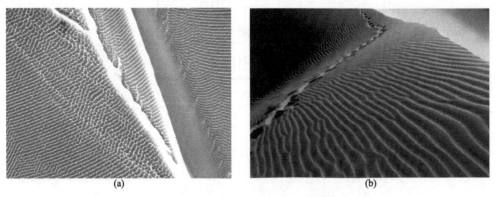

图 14.93　非晶合金断面上的纳米周期条纹和沙漠上沙丘上的波纹和类似

及示意韧窝如何自组装成纳米条纹。因为具备非晶态结构和金属键的双重特点，非晶合金在常温下的变形及断裂机制和通常的多晶金属合金和氧化物玻璃截然不同。应变软化效应将在裂纹尖端附近形成一个类似于液态一样的塑性区。在裂纹扩展过程中，裂纹尖端处空气-油脂界面发生 Taylor 失稳形成手指形的裂纹前端形貌，最终在断裂面上留下典型的脉纹状花样。整个断面沿着裂纹扩展方向可以分成三个区域：雾状区、过渡区和镜面区(图 14.95(c))。在镜面区可以看到规则排列的纳米条纹斑图，条纹垂直于裂纹的扩展方向。

图 14.94   在振动板上的沙粒显示出独特图案，被称为"克拉尼图形"
(转载自台湾大学科学教育发展中心"CASE 报科学")

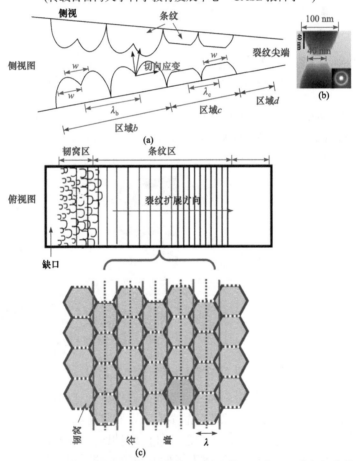

图 14.95   (a)断面的截面：示意纳米条纹的复合结构，由杯形单元组成；(b)纳米级非晶合金拉伸的 TEM
照片，显示拉伸时的颈缩效应，造成杯形断面纳米单元；(c)示意断面由韧窝、条纹等特征，以及示意韧
窝如何自组装成纳米条纹[138]

图 14.95(c)示意断面韧窝如何自组装成纳米条纹的[138]。在脆性非晶合金的断面上密集地分布着一些纳米尺度的韧窝和规则条纹。一般的，这些纳米韧窝出现在规则条纹形成初期并且其尺寸比规则条纹的周期稍大。因此这些纳米韧窝可以认为是纳米条纹的基本结构单元，在应力场作用下通过自组织方式来形成规则条纹。大小适合的断面韧窝才能自组织成周期条纹。图 14.96 是 Mg 基非晶合金断面上韧窝自组织的照片，可以清晰地看到韧窝合并成条纹的过程。

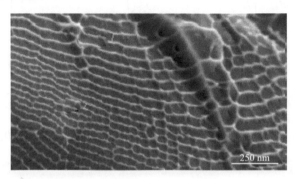

图 14.96　Mg 基非晶合金断面上韧窝自组织的过程[136]

在扫描电镜中稍微倾斜样品就可以看到，纳米韧窝具有波浪形边缘。原子力显微镜分析结果清晰地表明每一个韧窝其实都是复式结构：由一个位于中心的小孔洞和排列在其周围的四个纳米锥构成。实际的裂纹前端是由许多的纳米锥排列组成的，这种独特的微观形貌是在裂纹尖端处液面的 Taylor 失稳造成的。类似的光滑孔洞也经常出现在韧性非晶合金拉伸样品断面上，一般认为这些孔洞是由局部拉应力所造成的。这种独特的复式结构说明在脆性非晶合金断面上的韧窝是裂纹尖端处的 Taylor 界面失稳和裂纹尖端附近的局部拉应力共同作用的结果。随着裂纹的进一步扩展，细小的纳米圆锥在裂纹前端排列组合成条纹结构的峰顶。同时纳米孔洞也在裂纹前端紧凑排列，在条纹结构的峰谷底部还遗留下这些纳米孔洞的痕迹。当裂纹继续向前扩展到镜面区内，纳米锥和纳米孔洞在裂纹线方向上的定向排列分别完成。这样纳米锥形成峰顶而纳米孔洞形成峰谷，并最终在镜面区内形成了完整的周期条纹[138]。

图 14.97 给出了断面上纳米韧窝到纳米条纹的整个转变过程中,纳米锥和纳米孔洞在裂纹线方向和裂纹扩展方向上的平均距离变化趋势。尽管在微观形貌上具有非常大的差别，但起始的韧窝直径(~100 nm)和最终的条纹周期(~87 nm)变化很小。而在裂纹线方向上，纳米锥之间的平均距离迅速从雾状区的~100 nm 在过渡区减小到~43 nm，在镜面区仅为~1 nm。裂纹尖端处扰动周期的减小表示在条纹形成过程中 Taylor 失稳效应的不断衰退。当周期条纹最终形成时，这种失稳扰动几乎可以忽略不计，而主要由孔洞机制控制。有趣的是，在纳米条纹形成过程中，在裂纹线方向上相邻纳米孔洞和纳米锥之间的距离变化几乎一致。这种非常独特的"记忆"效应暗示了纳米孔洞和纳米锥的分布与排列存在着非常密切的内在联系。

裂纹扩展过程中，发生在裂纹尖端处的界面不稳定性机制和裂纹尖端塑性区内的空穴机制的竞争决定了裂纹的扩展方式，也产生了不同的断裂形貌。这个模型提出存在一

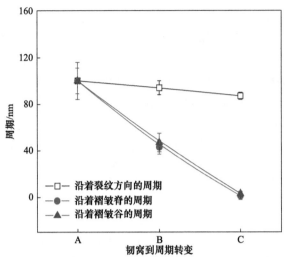

图 14.97　Mg 基非晶合金断面上纳米结构在沿着裂纹方向和裂纹扩展方向上变化。纳米锥在峰上的周期和纳米孔洞在谷底的周期变化始终保持一致[136]

个临界裂纹尖端半径ρ^*($\rho^* \approx 1020\dfrac{\chi}{G}$，$\chi$ 为表面张力，G 为剪切模量)，这个物理量 ρ^* 可用于分析周期性纳米条纹出现的临界条件[139]。如图 14.98 所示，考虑一条直的 I 型裂纹，图 14.98(a)给出了该裂纹尖端附近塑性区内的应力和应变分布。随着外加载荷的增加，裂纹尖端逐渐钝化，这个钝化过程使裂纹尖端附近的最大应力远离实际裂纹尖端一定距离。因此在真实裂纹前端塑性区内存在着一个拉应力集中区，裂纹尖端处的半月形的液面发生 Taylor 失稳而形成手指形的裂纹线，并在断面上形成经典的脉纹状花样。另一方面，如图 14.98(b)所示，当高应力区中的应力到达一个阈值时会产生孔洞。孔洞是黏流液体在拉应力下一种典型的失效机制，和发生在裂纹尖端处的 Taylor 失稳截然不同，在这种孔洞机制控制下，裂纹是一种不连续的、逐步扩展的过程。在一个钝化裂纹前端，高应力区内产生一个平行于裂纹的管状孔洞。在外加载荷作用下，孔洞长大同时裂纹向前扩展。当裂纹与孔洞连接时，原来的孔洞形成一个新的裂纹前端。这样，孔洞不断产生并且和裂纹连接，这个过程不断地重复从而在非晶合金断面上留下周期条纹[139]。

　　由断裂力学知，裂纹尖端附近的应力大小和分布与裂纹尖端处的曲率半径ρ密切相关。对于尖锐裂纹(ρ很小)，应力集中非常大，能够引起裂纹尖端附近孔洞的产生；而对于钝化裂纹(ρ比较大)，集中的应力太小不能引起孔洞的产生。因此，存在一个临界曲率半径 ρ^*，对应于纳米孔洞的初始形成[139]。

　　ρ^*值可以估测如下：先简化空穴形成过程，如图 14.98(d)所示，在裂纹向前扩展过程中由于 Taylor 失稳，裂纹呈现波浪形裂纹线。这种波浪形裂纹周期调节塑性区内应力的起伏：在 M 点等凹面将引起塑性区内应力升高，而在 N 点等凸面将引起内应力降低。塑性区内这种应力调节会形成沿着裂纹前沿周期分布的一些纳米孔洞。因此，这些纳米孔洞的分布周期和波形裂纹的周期一致(图 14.99)。波形裂纹的主波长 w 为

$$w \approx 2\pi\sqrt{\frac{3\chi}{\mathrm{d}\sigma/\mathrm{d}x}} \tag{14.34}$$

式中，χ 和 $d\sigma/dx$ 分别为黏性介质的表面张力和裂纹尖端处沿扩展方向的负的应力梯度。对于非晶合金(刚塑性材料)$d\sigma/dx$ 的粗略估计为[145]

$$\frac{d\sigma}{dx} \approx \frac{\tau_y(1+\pi)}{\rho[\exp(\pi/2)-1]} \qquad (14.35)$$

式中，τ_y 是剪切屈服强度($\tau_y \approx G\varepsilon_c$，$G$ 为剪切模量，$\varepsilon_c = 0.0267$[82])。因此，裂纹尖端处的主波长可以简化为

$$w \approx C\sqrt{\rho} \qquad (14.36)$$

其中 $C^2 = 12\pi^2 \dfrac{[\exp(\pi/2)-1]\chi}{(1+\pi)G\gamma_c}$。实验上发现纳米孔洞开始形成时，满足简单的几何关系：$w \approx d$。这里的 $d \approx 2\rho$ 为应力最集中区的位置[146,147]。这样可以得到在非晶合金断裂过程中控制孔洞形成的临界曲率半径 ρ^*：

$$\rho^* \approx \frac{1}{4}C^2 \qquad (14.37)$$

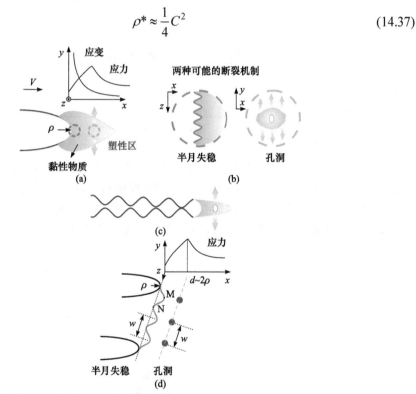

图 14.98　非晶合金断裂过程示意图。(a)裂纹尖端塑性区及区内应力应变分布。最大应力区位于裂纹前端塑性区内。(b)裂纹尖端附近两种潜在的断裂机制：Taylor 界面失稳而形成手指形裂纹；塑性区内的高应力可在区内产生纳米孔洞。(c)裂纹尖端塑性区内由于高应力产生孔洞。在外加载荷作用下，孔洞长大同时裂纹向前扩展。当裂纹和孔洞接触时，原来的孔洞将变成新的裂纹。这个过程的不断重复在断面上留下周期条纹。(d)两种微观机制同时作用时的几何关系。波形裂纹起伏将对塑性区内的应力进行周期调节，并在高应力区内形成周期排布的纳米孔洞[139]

图 14.99 给出了裂纹尖端临界曲率半径 ρ^* 参数在裂纹扩展过程中的作用。当裂纹尖端实际曲率半径 $\rho > \rho^*$ 时，非晶合金的断裂主要由波形裂纹连续扩展，并最终在断面上留下典型

的脉纹状花样。当 $\rho < \rho^*$ 时，孔洞将在塑性区内的应力最集中处形成(距离裂纹尖端 $d \sim 2\rho$)。在这种情况下，孔洞不断形成并且和原裂纹连接。裂纹的这种按部就班(step-by-step)的扩展方式导致周期纳米条纹。在 $\rho \approx \rho^*$ 时，这两种微观机制同时参与非晶合金的断裂过程而形成类似于韧窝一样的结构。由于在整个韧窝-条纹形成过程中，韧窝的大小(~ 100 nm)和纳米条纹的周期(~ 83 nm)变化很小，可以通过孔洞的间距来估测纳米条纹的周期：

$$d \approx 2\rho^* \approx 6\pi^2 \frac{\exp(\pi/2)-1}{(1+\pi)\gamma_c} \frac{\chi}{G} \approx 2040 \frac{\chi}{G} \tag{14.38}$$

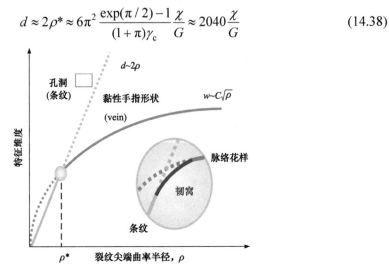

图 14.99　非晶合金断裂断面形貌形成和裂纹尖端曲率半径的关系图[139]

从这个公式可以看出，非晶合金断裂过程中形成的纳米条纹的周期主要由两个因素决定：黏性介质的表面张力 χ 和非晶合金的剪切模量 G。对于不同的非晶合金，χ 和 G 分别为 ~ 1 N/m、$10 \sim 90$ GPa[139]。这样可以估算出不同非晶合金的纳米条纹周期变化为 $20 \sim 200$ nm。图 14.100 是不同非晶合金纳米条纹的实验值和估测值之间的对应关系，具体数

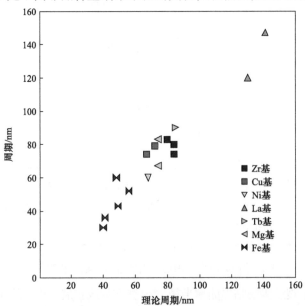

图 14.100　各种非晶合金断面上纳米条纹周期的实验值和估测值之间的关系[139]

据在表 14.5 中。根据模型得到的条纹周期值和实验结果(30～150 nm)相符合。该模型可以很好地预测非晶合金断面上纳米条纹的周期大小。

表 14.5　各种非晶合金体系的纳米条纹特征值[139]

非晶合金 /at%	表面张力/ (N/m)	剪切模量 G /GPa	$d^{Calc.}$ /nm	$d^{Expt.}$ /nm	样品	加载模式
$Zr_{41.2}Ti_{13.8}Cu_{10}Ni_{12.5}Be_{22.5}$	1.47	35.9	84	80	板	高速撞击
$Zr_{55}Al_{22.5}Co_{22.5}$	1.47	37.6	80	83	条带	拉伸
$(Zr_{50.7}Cu_{28}Ni_9Al_{12.3})_{99}Gd_1$	～1.4	34.0	84	74	棒	压缩
$Cu_{46}Zr_{42}Al_7Y_5$	1.09	31.0	72	79	棒	弯曲
$Cu_{49}Hf_{42}Al_9$	～1.4	42.7	67	74	棒	压缩
$Ni_{42}Cu_5Ti_{20}Zr_{21.5}Al_8Si_{3.5}$	～1.6	47.5	68	60	棒	压缩
$La_{55}Al_{25}Ni_{10}Cu_5Co_5$	～1.0	15.6	130	120	棒	压缩
$La_{62}Al_{14}Cu_{11.7}Ag_{2.3}Ni_5Co_5$	～0.9	13.0	141	147	棒	弯曲
$Tb_{36}Y_{20}Al_{24}Co_{20}$	～1.0	24.0	85	90	棒	弯曲
$Mg_{65}Cu_{25}Tb_{10}$	～0.7	19.3	74	83	棒	弯曲
$Mg_{65}Cu_{25}Gd_{10}$	～0.7	19.3	74	67	棒	弯曲
$Mg_{65}Cu_{20}Ni_5Gd_{10}$	～0.7	--	--	50	棒	弯曲
$Fe_{73.5}Cu_1Nb_3Si_{13.5}B_9$	～1.6	68#	48	60	条带	拉伸
$Fe_{65.5}Cr_4Mo_4Ga_4P_{12}C_5B_{5.5}$	～1.6	58.5	56	52	棒	压缩
$Fe_{66.7}Cr_{2.3}Mo_{4.5}P_{8.7}C_7B_{5.5}Si_{3.3}Al_2$	～1.6	66.8	49	43	棒	压缩
$Fe_{48}Cr_{15}Mo_{14}Er_2C_{15}B_6$	～1.6	81.0	40	30	棒	压缩
$Fe_{56}Mn_5Cr_7Mo_{12}Er_2C_{12}B_6$	～1.6	80	41	36	棒	弯曲

关于非晶合金断面独特形貌特征小结如下：

(1) 非晶合金具有独特的断面形貌，断面花样的尺寸从几百微米到几十纳米，尺寸跨度很大，这和非晶独特的断裂行为和机理有关；

(2) 非晶物质断面上的形貌是理解断裂机制的指纹，是研究断裂和非晶特性的重要途径；

(3) 断面形貌和非晶材料的断裂韧性、塑性、强度有密切的关联，断面花样的尺寸和断裂韧性关联，可以指导非晶材料的设计，获得具有所需要的性能特性的非晶材料；

(4) 脆性非晶合金断面上有独特的纳米级周期条纹，裂纹前端的塑性区尺寸是形成周期性条纹图样的重要因素；

(5) 断面形貌有隐藏的序，符合分形规律。

图 14.101 总结了各类非晶合金断面形貌和断裂韧性、塑性的关系，以及产生机制，并且和晶态金属材料、脆性氧化物玻璃材料作对比[12]。几乎所有非晶合金材料在原子尺度的形变都是塑性形变，这不同于晶态的位错都是由缺陷主导的形变，也不同于脆性氧化物玻璃断开原子键的机制。裂纹前端的塑性区及其软化行为导致非晶合金裂纹尖端不同的行为，从而导致丰富多彩的断面花样。对于韧性非晶，如 Pt 基、Pd 基、Zr 基、Ti

基和 Cu 基非晶合金,在裂纹尖端会出现大量剪切带,这些弯曲、扩展的剪切带组成裂纹前端的塑性区,裂纹也可能沿某一剪切带扩展,会留下脉络状花样。这种由剪切带组成的塑性区最大的特点是非均匀的,实际参与形变的原子很少。这些非晶的高韧性主要来自其高强度的贡献。

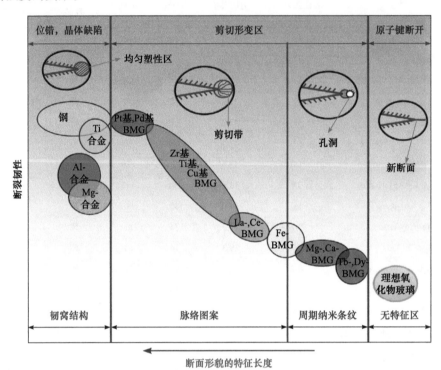

图 14.101   各类非晶合金断面形貌和断裂韧性、塑性的关系,以及产生机制的总结[12]

对于脆性非晶合金,如 Mg 基、Fe 基、Dy 基和 Tb 基非晶,其裂纹前端塑性区尺寸在纳米级,塑性区是类液的黏滞软化区。半月区失稳或者孔洞失稳主导裂纹扩展行为,两者的竞争可以造成纳米级的韧窝或者纳米级的周期条纹,不同于脆性的氧化物玻璃,氧化物玻璃只产生平整的、无特征断面。

图 14.101 也总结了断面形貌和断裂韧性的关系。断面花样尺度的减小,裂纹前端塑性区尺度减小,断裂韧性也减小,趋势一致。

14.7.4   非晶合金断面的物理特性

非晶物质断面有丰富多彩的、不同尺度的图案,这使得其断面有一些物理、化学特性[148]。例如,如图 14.102 所示,Zr 基非晶合金断面上跨尺度的多级断裂微结构类似于自然界中具有超疏水性的表面微结构,并具有超疏水性。通过等温退火、微合金化等处理手段,可以调制、控制断面上的微结构,进而来控制断面的物性。如对 Zr 基非晶合金进行等温退火处理,如图 14.103 所示,扫描电镜和原子力显微镜的表面微结构照片显示,断面网状韧窝结构随着退火时间的增加,尺度逐渐缩小,断面形貌被调控:从韧窝到周期条纹的转变。

荷叶　　　　　　　　　　　　　　　形结构的断面

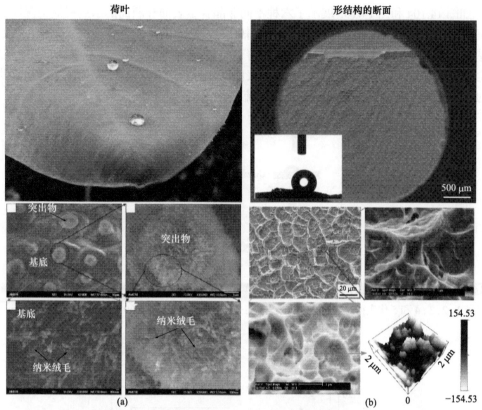

(a)

图 14.102　超疏水荷叶与非晶合金断面的微结构对比。(a)荷叶的超疏水性及其表面微结构；(b)非晶合金断面的浸润性分析和多尺度微结构[148]

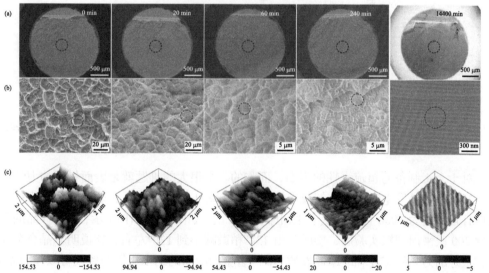

图 14.103　(a)典型 Zr 基非晶合金 Vit 105 在 554 K 退火不同时间后经过三点弯曲后不同断面总览(从左向右依次为)：铸态(0 min)、20 min、60 min、240 min、14400 min。(b)对应于(a)中用黑色虚线圈标出的区域的高分辨电镜图。(c)对应于(b)中用红色虚线圈标出区域的微米尺度结构的原子力扫描形貌图。图中数据图示的单位为 nm[148]

如图 14.104 和图 14.105 展示了六种不同非晶合金表面和断面的水滴浸润情况以及接触角随着退火时间增加的演化情况。由图中可见，抛光的非晶合金表面展示了正常的金属表面浸润情况，接触角大约为 87.5°。而铸态的非晶合金断面呈现出了明显的疏水性质，接触角达到 134.4°，这非常接近于超疏水表面的接触角边界(150°)。断面图案随退火演化会使断面逐渐从近超疏水性转变为正常的疏水性。

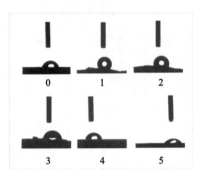

图 14.104   不同非晶合金面的浸润性对比，包括抛光非晶表面(0)和对应不同退火时间的非晶合金断面，用编号 1、2、3、4 和 5 代表样品的退火时间分别为：铸态(0 min)、20 min、60 min、240 min、14400 min[148]

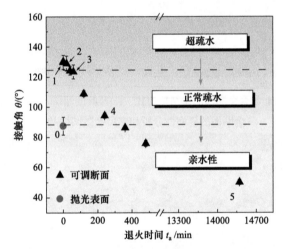

图 14.105   不同非晶合金面的接触角、浸润性随退火时间的演化图。橙色和绿色箭头给出了表面浸润性质的转变。图中红色圆点是抛光的非晶合金表面。黑色三角点是断面的接触角[148]

对于人工制备的超疏水性的表面，面临的一个很大的难题就是表面材料的力学稳定性不好，很容易发生摩擦致使超疏水性失效。如图 14.106(a)所示，非晶合金断面被放置在具有颗粒度为 1000 目的砂纸上来回摩擦 200 次。如图 14.106(b)所示，铸态样品的断面经过 200 次来回刮擦实验后，接触角由 134° 稍微减小到 130° 左右，这说明非晶合金断面具有很好的力学稳定性和耐摩擦性质。非晶合金的断面的纳米级周期条纹可以作为光栅、模板压印等。

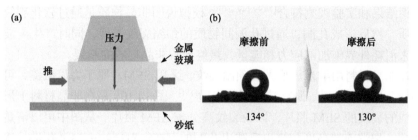

图 14.106　(a)铸态非晶合金断面刮擦实验示意图；(b)铸态非晶合金断面刮擦前后浸润情况对比[148]

14.8　非晶物质断裂本质

　　断裂是各类大小灾难事故发生的根本原因。非晶物质的断裂是其失稳和失去服役性能的根本原因。非晶物质断裂的物理本质是什么呢？或者说非晶物质断裂的物理机制是什么？断裂是非晶物质的能量耗散的一种极端方式，断裂伴随着声和光及波。到底非晶物质断裂是如何耗散能量的呢？是塑性还是脆性的？这些一直是涉及非晶断裂的本质的争议问题。

　　宏观上看，非晶物质如硅化物玻璃、非晶合金等的断裂大多是脆性的。一种观点是非晶断裂主要是通过断开原子之间的键合来耗散能量，特别是对于脆性非晶物质，因为其断面很平整。断裂是通过裂纹来实现的，断裂的本质和机制就是裂纹萌生、形成、扩展和失稳的机制。近年来，大量的实验和模拟研究表明，非晶物质断裂在微观上是在裂纹前端软化、产生孔洞，即塑性机制。图 14.107 是计算机模拟非晶物质裂纹形成的孔洞

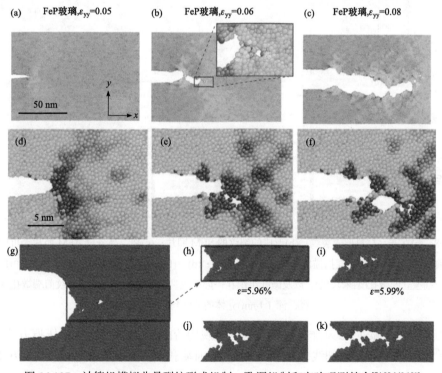

图 14.107　计算机模拟非晶裂纹形成机制：孔洞机制和实验观测符合[74,99,149,150]

机制，模拟结果和实验观测符合[74,99,149,150]。模拟说明非晶物质是通过软化裂纹前端微观区域的物质，然后形成孔洞，通过孔洞间物质的颈缩裂纹扩展，同时产生声波甚至光。裂纹这样来消耗外界施加的应力和能量，最终导致非晶物质的断裂。

通过在非晶材料用纳米压痕方法预制裂纹，采用 SEM、原子力显微镜，可系统观测不同非晶合金的裂纹前端，研究其断裂的本质[151]。图 14.108 是在非晶材料上形成裂纹的方法及形成的裂纹的 SEM 照片，以及裂纹高分辨 AFM 照片。从图中可以清楚看到裂纹前端的微孔，裂纹前端高度扫描也反映出孔洞的存在；对裂纹前端微孔进行逐级放大，可以更清楚地看到裂纹前端独立的微孔存在(纳米尺度)，以及微孔组织在一起形成裂纹的过程。从裂纹前端微孔(32 nm 直径，深 1.1 nm)立体的 AFM 照片能更明显地看出裂纹前的微孔，裂纹和微孔的关系。

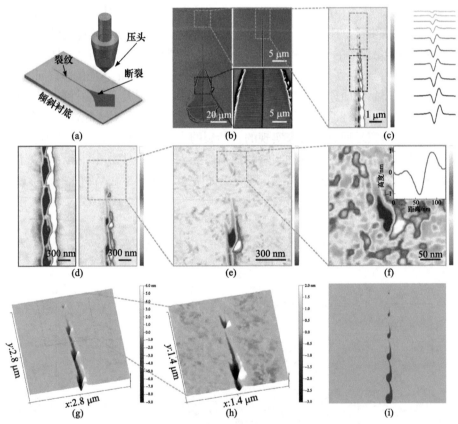

图 14.108　(a)在非晶材料形成裂纹；(b)形成的裂纹的 SEM 照片；(c)裂纹高分辨 AFM 照片，可以清楚看到裂纹前端的微孔，前端高度扫描也反映出孔洞的存在；(d)~(f)是裂纹前端微孔的逐级放大，可以清楚看到裂纹前端独立的微孔(纳米尺度)，以及微孔组织在一起形成裂纹的过程；(g)~(i)裂纹前端微孔(32 nm 直径，深 1.1 nm)立体的 AFM 照片[151]

图 14.109 是脆性 Fe 基非晶合金裂纹的微观构造的 SEM 照片。纳米压痕方法预制的裂纹的 SEM 照片是一条细线，用 AFM 对裂纹前端和中部靠前的放大像可以看出裂纹有

孔洞组成的痕迹，裂纹的两侧面的应力分布不对称；裂纹侧面也形成孔洞。虽然 Fe 基非晶是最脆的非晶合金之一，孔洞化仍是其裂纹扩展的主要特征，这进一步证明非晶合金断裂的微观塑性机制。

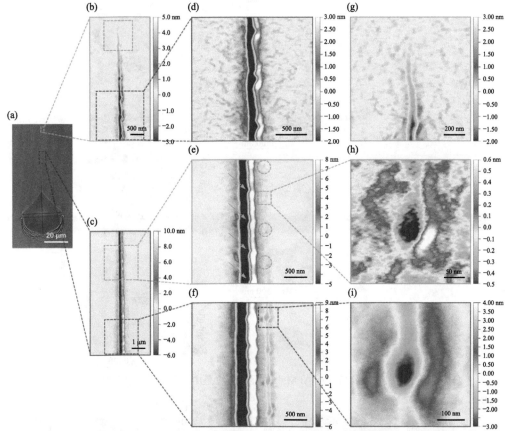

图 14.109　脆性 Fe 基非晶合金裂纹的微观构造。(a)纳米压痕方法预制的裂纹。SEM 照片看到裂纹是一条细线；(b)、(c)是用 AFM 对图(a)中裂纹前端和中部靠前的放大像；(d)裂纹侧面的应力分布不对称；(g)裂纹前端的扩展；(e)、(f)对图(c)的 AFM 放大。箭头指示形成看到的痕迹。此外，裂纹侧面形成孔洞；(h)、(i)侧面裂纹孔洞的放大[151]

　　图 14.110 是裂纹高分辨 AFM 观察的结果，可以清楚看到裂纹是由一系列的微孔组成的[151]。图 14.111 是不同塑性的非晶合金体系(Mg 基、La 基、Zr 基非晶)裂纹的前端照片。这些非晶合金裂纹前端都能看到微孔，其特征都是：裂纹是由孔洞组装成的[149]。图 14.112 是 Mg 基非晶合金裂纹，可以清楚看到裂纹由孔洞组成，而且孔洞机制很稳定，裂纹受到干扰，孔洞机制不发生改变[151]。

　　为了澄清孔洞和非晶形貌特征的关系，图 14.113 在不同非晶上预制 V 形裂纹。可以看到裂纹两半峰对峰和谷对谷的关系。同时能解释断面上的周期性纳米条纹和裂纹孔洞机制的关系。图 14.114 是高分子非晶物质 PC、SiO_2 非晶裂纹前端微孔机制和非晶断面上纳米级周期条纹的关系。可以清楚看到这些理想脆性的非晶裂纹产生的孔洞机制，也显示了非晶断面上纳米级周期条纹和裂纹孔洞机制的关系[151]。

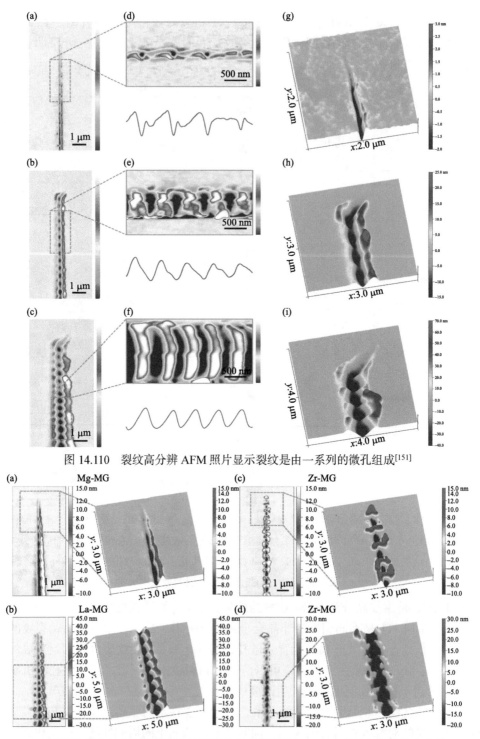

图 14.110　裂纹高分辨 AFM 照片显示裂纹是由一系列的微孔组成[151]

图 14.111　不同塑性的非晶合金体系裂纹前端都能看到微孔[149]。(a)Mg 基非晶的裂纹高分辨 AFM 像；(b)La 基非晶的裂纹高分辨 AFM 像；(c)、(d)Zr 基非晶在不同应变条件下的裂纹像。特征都是：裂纹是由孔洞组装成的[151]

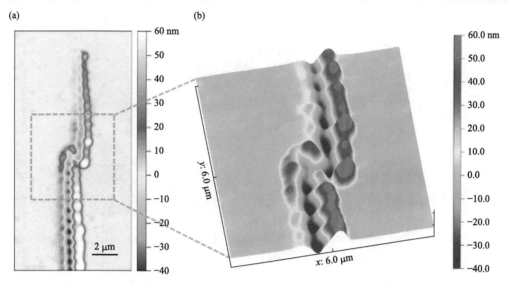

图 14.112　Mg 基非晶合金裂纹。(a)裂纹由孔洞组成，并形成断面周期条纹的原子力显微镜图；(b)孔洞机制很稳定。裂纹受到干扰，孔洞机制不发生改变[151]

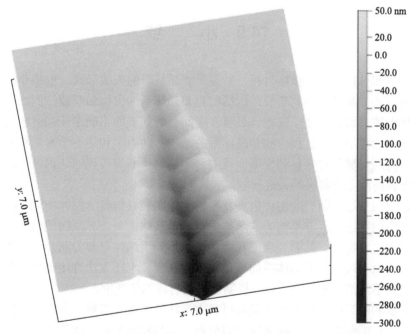

图 14.113　La 基非晶合金的 V 形裂纹的 3D 图。可以看到裂纹两半峰对峰和谷对谷的关系[151]

　　虽然对非晶物质的断裂机制还有很多的争议，越来越多的实验事实证明孔洞机制可能是非晶物质断裂的共同起源。非晶物质断裂通过裂纹产生，在裂纹尖端会应力集中，根据集中的时间快慢或者剧烈程度，应力的集中会导致在裂纹前端形成纳米级尺寸的孔洞，发出声、光以及局域软化(能量升高导致粒子之间键合软化、变弱)。裂纹撕开、穿过前端的类似奶酪的软化区和孔洞，留下特征断面图案，耗散能量，导致材料的断裂。

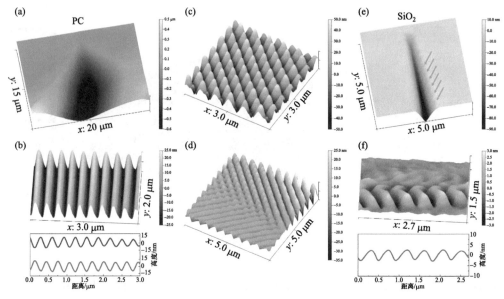

图 14.114　非晶高分子 PC、非晶 SiO_2 裂纹前端微孔机制和其断面上纳米级周期条纹的关系[151]

14.9　小　　结

　　非晶物质和材料常常是脆性材料，断裂是非晶材料的失效形式，也是非晶物质耗散外加能量的方式。非晶材料的断裂，包括宏观非晶体系的失稳和断裂，例如大坝裂缝、地震、山体滑坡、雪崩等地质灾害，具有在空间和时间上的不确定性和突然性，是一种类似临界现象的复杂物理过程，和非晶体系的结构、动力学和热力学密切相关。宏观断裂都是从微观的局域失稳聚集和发展而成的。非晶物质断裂过程的认识是提高非晶材料稳定性和灾害防治需要解决的关键问题。

　　非晶物质的失稳、断裂的物理机理及断裂的控制是材料科学固体物理和固体力学领域的核心科学问题之一。非晶物质的断裂也有一种残缺之美。非晶物质由于其长程无序的结构特点和脆性特性，其断裂现象和微观行为不同于晶体材料的断裂，其断裂机理更加复杂。目前微观尺度上非晶体系局域化的形变在实验上还无法直接观察，由局域至宏观的失稳过程不清楚，非晶物质断裂机制依然没有成熟的理论。

　　断裂强度和断裂韧性是表征断裂和材料力学性能的重要参数。由于其独特的形变和断裂行为，宽广的断裂强度和断裂韧性值分布，非晶物质是研究断裂的模型体系。非晶材料断面的形貌是断裂的指纹，其断面形貌丰富多彩，非晶合金断面上有独特的纳米级周期条纹，裂纹前端的塑性区尺寸是形成周期性条纹图样的重要因素。断裂形貌是非晶断裂研究的重要方向，为认识断裂机制及非晶力学性能和特征提供了途径。

　　越来越多的实验事实证明孔洞机制可能是非晶物质断裂的共同微观起源。非晶物质断裂是通过裂纹的产生，在裂纹尖端应力会集中，集中时间的快慢或者剧烈程度，会导致在裂纹前端发出声、光以及局域软化，形成系列微纳米尺度的孔洞。裂纹撕开前端的软化区和孔洞，加之声波和裂纹前端的交互作用，导致新界面和最终的断裂，并在断面上形成丰富的图案，这使得非晶物质的断面有一些物理、化学特性和用途。

在了解非晶物质在三维现实世界的形成规律、流变规律、玻璃转变、动力学和热力学、特征和性能、和时间关系断裂等行为之后，让我们一起去低维非晶物质世界，在偏平世界、线和点的世界去看看非晶物质的合成、特征、性能、玻璃转变有什么特点。你会惊奇地发现维度在非晶物质中发挥着重要作用，维度可以改变非晶物质的合成、转变、动力学和热力学、性能、稳定性、断裂和失稳行为等各种特征。降维、对低维非晶物质的研究可以帮助我们更好地了解非晶物质世界。

参 考 文 献

[1] Lawn B. Fracture of Brittle Solids. Cambridge : Cambridge University Press, 1993.

[2] Field J E. Brittle fracture: its study and application. Contemp. Phys., 1971, 12: 1-31.

[3] 曹则贤. 带裂痕的花瓶. 物理, 2008, 37: 130.

[4] Johnson P A, Savage H, Knuth M, et al. Effects of acoustic waves on stick–slip in granular media and implications for earthquakes. Nature, 2007, 451: 57-61.

[5] Johnson P A, Jia X. Nonlinear dynamics, granular media and dynamic earthquake triggering. Nature, 2005, 473: 871-874.

[6] Xia K W, Rosakis A J, Kanamori H. Laboratory earthquakes: the sub-rayleigh-to-supershear rupture transition. Science, 2004, 303: 1859-1861.

[7] Freoud L B. Dynamic Facture Mechanics. 2nd ed. Cambridge, UK: Cambridge Univ. Press, 1998.

[8] Broberg B. Cracks and Fracture. San Diego: Academic Press, 1999.

[9] Slepyan L I. Models and Phenomena in Fracture Mechanics. Berlin: Springer, 2002.

[10] Sharon E, Fineberg J. Confirming the continuum theory of dynamic brittle fracture for fast cracks. Nature, 1999, 397: 333-335.

[11] Healy D, Jones R R, Holdsworth R E. Three-dimensional brittle shear fracturing by tensile crack interaction. Nature, 2006, 439: 64-67.

[12] Sun B A, Wang W H. The fracture of bulk metallic glasses. Prog. Mater. Sci., 2015, 74, : 211-307.

[13] Finberg J, Marder M. Instability in dynamic fracture. Phys. Reports, 1999, 313: 1-108.

[14] Trexler M M, Thadhani N N. Mechanical properties of bulk metallic glasses. Prog. Mater. Sci., 2010, 55: 759-839.

[15] Sharon E, Cohen G, Fineberg J. Propagating solitary waves along a rapidly moving crack front. Nature, 2001, 410: 68-70.

[16] Bonamy D, Ravi-Chandar K. Interaction of shear waves and propagating cracks. Phys. Rev. Lett., 2003, 91: 235502.

[17] Griffith A A. The phenomena of rupture and flow in solids. Philos. Trans. R. Soc. London Ser. A., 1921, 221: 163-198.

[18] Irwin G. Analysis of stresses and strains near the end of a crack traversing a plate. J. App. Mech., 1957, 24: 361-364.

[19] Erdogan F. Fracture mechanics. Int. J. Solids Struct., 2000, 37: 171-83.

[20] Rooke D P, Cartwright D J. Compendium of stress intensity factors: HMSO ministry of defence. Procurement Executive, 1976.

[21] Sih G C, Macdonald B. Fracture mechanics applied to engineering problems-strain energy density

fracture criterion. Engi. Frac. Mech., 1974, 6: 361-386.

[22] Rice J R. A Path Independent Integral and the approximate analysis of strain concentration by notches and cracks. J. App. Mech., 1968, 35: 379-386.

[23] Kobayashi A S, Chiu S T, Beeuwkes R. A numerical and experimental investigation on the use of J-integral. Engi. Frac. Mech., 1973, 5: 293-305.

[24] Wells A A. Application of fracture mechanics at and beyond general yielding. Br. Weld. J., 1963, 10: 563-70.

[25] E08 Committee. E1820-11e2 standard test method for measurment of fracture toughness West Conshohocken, PA: ASTM International, 2011.

[26] E08 Committee. E399-12e1 standard test method for measurment of fracture toughness KIc of metallic materials. West Conshohocken, PA: ASTM International, 2011.

[27] Steif P S, Spaepen F, Hutchinson J W. Strain localization in amorphous metals. Acta. Metall., 1982, 30: 447-455.

[28] Dasgupta R, Hentschel H G E, Procaccia I. Microscopic mechanism of shear bands in amorphous solids. Phys. Rev. Lett., 2012, 109: 255502.

[29] 王峥, 汪卫华. 非晶合金中的流变单元. 物理学报, 2017, 66: 176103.

[30] Masumoto T, Maddin R. The mechanical properties of palladium 20% silicon alloy quenched from the liquid state. Acta. Metallurgica., 1971, 19: 725-741.

[31] Wei Q, Jia D, Ramesh K T, et al. Evolution and microstructure of shear bands in nanostructured Fe. Applied Physics Letters, 2002, 81: 1240-1242.

[32] Jiang W H, Liu F X, Qiao D C, et al. Plastic flow in dynamic compression of a Zr-based bulk metallic glass. J. Mater. Res., 2006, 21: 1570-1575.

[33] Xie S, George E P. Hardness and shear band evolution in bulk metallic glasses after plastic deformation and annealing. Acta. Mater., 2008, 56: 5202-5213.

[34] Zhang Z F, Wu F F, He G, et al. Mechanical properties, damage and fracture mechanisms of bulk metallic glass materials. J. Mater. Sci. Technol., 2007, 23: 747-767.

[35] Sopu S, Stukowski A, Stoica M, et al. Atomic level processes of shear band nucleation in metallic glasses. Phys. Rev. Lett., 2017, 119: 195503.

[36] Greer A L, Cheng Y Q, Ma E. Shear bands in metallic glasses. Mater. Sci. Engi. R., 2013, 74: 71-132.

[37] Shen L Q, Hu Y C, Bai H Y, et al. Shear-band affected zone revealed by magnetic domains in a ferromagnetic metallic glass. Nature Commun., 2018, 9: 4414.

[38] Schuh C, Hufnagel T, Ramamurty U. Mechanical behavior of amorphous alloys. Acta Mater., 2007, 55: 4067-4109.

[39] Spaepen F. A microscopic mechanism for steady state inhomogeneous flow in metallic glasses. Acta Metall., 1977, 25: 407-415.

[40] Argon A S. Plastic deformation in metallic glasses. Acta Metall., 1979, 27: 47-58.

[41] Lewandowski J J, Greer A L. Temperature rise at shear bands in metallic glasses. Nat. Mater., 2006, 5: 15-18.

[42] Wang W H. Correlation between relaxations and plastic deformation, and elastic model of flow in metallic glasses and glass-forming liquids. J. Appl. Phys., 2011, 110: 053521.

[43] Qu R T, Wang S G, Li J, et al. Shear band fracture in metallic glass: hot or cold? Scripta. Mater., 2019, 162: 136-140.

[44] Sun B A, Wang W H. Fractal nature of multiple shear bands in severely deformed metallic glass. App. Phys. Lett., 2011, 98: 201902.

[45] Cheng Y Q, Han Z, Li Y, et al. Cold versus hot shear banding in bulk metallic glass. Phys. Rev B., 2009, 80: 134115.

[46] Sun B A, Yu H B, Jiao W, et al. Plasticity of ductile metallic glasses: a self-organized critical state. Phys. Rev. Lett., 2010, 105: 035501.

[47] Sarmah R, Ananthakrishna G, Sun B A, et al. Hidden order in serrated flow of metallic glasses. Acta Mater., 2011, 59: 4482-4493.

[48] Sun B A, Pauly S, Hu J, et al. Origin of intermittent plastic flow and instability of shear band sliding in bulk metallic glasses. Phys. Rev . Lett., 2013, 110: 225501.

[49] Wondraczek L. Overcoming glass brittleness. Science, 2019, 366: 804-805.

[50] Zhang Z F, Eckert J, Schultz L. Difference in compressive and tensile fracture mechanisms of ZrCuAlNiTi bulk metallic glass. Acta Mater., 2003, 51: 1167-1179.

[51] Demetriou M D, Launey M E, Garrett G, et al. A damage-tolerant glass. Nat. Mater., 2011, 10: 123-128.

[52] Conner R D, Johnson W L, Paton N E, et al. Shear bands and cracking of metallic glass plates in bending. J. Appl. Phys., 2003, 94: 904-911.

[53] Zhang H, Maiti S, Subhash G. Evolution of shear bands in bulk metallic glasses under dynamic loading. J. Mech. Phys. Solids., 2008, 56: 2171-2187.

[54] Liu Y H, Wang G, Wang R J, et al. Super plastic bulk metallic glasses at room temperature. Science, 2007, 315: 1385-1388.

[55] Das J, Tang M B, Kim K B, et al. "Work-Hardenable" ductile bulk metallic glass. Phys. Rev. Lett., 2005, 94: 205501.

[56] Guo H, Yan P F, Wang Y B, et al. Tensile ductility and necking of metallic glass. Nat. Mater., 2007, 6: 735-739.

[57] Yu H B, Shen X, Wang Z, et al. Tensile plasticity in metallic glasses with pronounced beta relaxations. Phys. Rev. Lett., 2012, 108: 015504.

[58] Pan J, Ivanov Y P, Zhou W H, et al. Strain-hardening and suppression of shearbanding in rejuvenated bulk metallic glass. Nature., 2020, 578: 559-562.

[59] Xi X K, Zhao D, Pan M, et al. Fracture of brittle metallic glasses: brittleness or plasticity. Phys. Rev. Lett., 2005, 94: 125510.

[60] Yuan C C, Xiang J F, Xi X K, et al. NMR signature of evolution of ductile-to-brittle transition in bulk metallic glasses. Phys. Rev. Lett., 2011, 107: 236403.

[61] Yokoyama Y, Yavari A R, Inoue A. Malleable ZrNiCuAl bulk glassy alloys with tensile plastic elongation at room temperature. Philos. Mag. Lett., 2009, 89: 322-328.

[62] Greer J R, De Hosson J T M. Plasticity in small-sized metallic systems: intrinsic versus extrinsic size effect. Prog. Mater. Sci., 2011, 56: 654-724.

[63] Jang D, Greer J R. Transition from a strong-yet-brittle to a stronger-and-ductile state by size reduction of metallic glasses. Nature Mater., 2010, 9: 215-219.

[64] Gilbert C J, Ager III J W, Schroeder V, et al. Light emission during fracture of a Zr-Ti-Ni-Cu-Be bulk metallic glass. Appl. Phys. Lett., 1999, 74: 3809-3811.

[65] Mukai T, Nieh T G, Inoue A, et al. Effect of strain rate on compressive behavior of a $Pd_{40}Ni_{40}P_{20}$ bulk metallic glass. Intermetallics., 2002, 10: 1071-1077.

[66] Chen Y, Jiang M Q, Wei Y J, et al. Failure criterion for metallic glasses. Philos. Mag., 2011, 91: 4536-4554.

[67] Zhang Z, Eckert J. Unified tensile fracture criterion. Phys. Rev. Lett., 2005, 94: 094301.

[68] Schultz R, Jensen M, Bradt R. Single crystal cleavage of brittle materials. Int. J. Fract., 1994, 65: 291-312.

[69] Jiang M Q, Ling Z, Meng J X, et al. Energy dissipation in fracture of bulk metallic glasses via inherent competition between local softening and quasi-cleavage. Philos. Mag., 2008, 88: 407-426.

[70] Zhang Z F, Wu F F, Gao W, et al. Wavy cleavage fracture of bulk metallic glass. Appl. Phys. Lett., 2006, 89: 251917.

[71] Wang G, Chan K C, Xu X H, et al. Instability of crack propagation in brittle bulk metallic glass. Acta Mater., 2008, 56: 5845-5860.

[72] Gilbert C J, Ritchie R O, Johnson W L. Fracture toughness and fatigue-crack propagation in ZrTiNiCuBe bulk metallic glass. Appl. Phys. Lett., 1997, 71: 476-478.

[73] Falk M L. Molecular-dynamics study of ductile and brittle fracture in model noncrystalline solids. Phys. Rev. B., 1999, 60: 7062-7070.

[74] Murali P, Guo T F, Zhang Y W, et al. Atomic scale fluctuations govern brittle fracture and cavitation behavior in metallic glasses. Phys. Rev. Lett., 2011, 107: 215501.

[75] Zhang Z F, Zhang H, Shen B L, et al. Shear fracture and fragmentation mechanisms of bulk metallic glasses. Philos. Mag. Lett., 2006, 86: 643-650.

[76] Hofmann D C, Suh J Y, Wiest A, et al. Designing metallic glass matrix composites with high toughness and tensile ductility. Nat., 2008, 451: 1085-1089.

[77] Wu Y, Xiao Y, Chen G, et al. Bulk metallic glass composites with transformation-mediated work-hardening and ductility. Adv. Mater., 2010, 22: 2770.

[78] Hofmann D C, Suh J Y, Wiest A, et al. Development of tough, low-density titanium-based bulk metallic glass matrix composites with tensile ductility. Proc. Natl. Acad. Sci. USA., 2008, 105: 20136-42010.

[79] Han Z, Yang H, Wu W F, et al. Invariant critical stress for shear banding in a bulk metallic glass. Appl. Phys . Lett., 2008, 93: 231912.

[80] Yuan C C, Xi X K. On the correlation of Young's modulus and the fracture strength of metallic glasses. J. Appl. Phys., 2011, 109: 033515.

[81] Argon A S. Plastic deformation in metallic glasses. Acta Metall., 1979, 27: 47-58.

[82] Johnson W L, Samwer K. A universal criterion for plastic yielding of metallic glasses with $(T/T_g)^{2/3}$ temperature dependence. Phys. Rev. Lett., 2005, 95: 195501.

[83] Mayer M A, Chawla K K. Mechanical Behavior of Materials. Upper Saddle River, NJ: Prentice Hall, 1999.

[84] Courtney T H. Mechanical Behavior of Materials. New York: McGraw-Hill, 2000.

[85] Qu R T, Eckert J, Zhang Z F. Tensile fracture criterion of metallic glass. J. Appl. Phys., 2011, 109: 083544.

[86] Lewandowski J J, Wang W H, Greer A L. Intrinsic plasticity or brittleness of metallic glasses. Philos. Mag. Lett., 2005, 85: 77-87.

[87] Gao M, Sun B A, Yuan C C, et al. Hidden order in the fracture surface morphology of metallic glasses. Acta Mater., 2012, 60: 6952-6960.

[88] Cornner R D, Rosakis A J, Johnson W L. Fracture toughness determination for a beryllium-bearing bulk metallic glass. Scrip. Mater., 1997, 37: 1373-1378.

[89] Gilbert C J, Schroeder V, Ritchie R O. Mechanisms for fracture and fatigue-crack propagation in a bulk metallic glass. Metall. and Mater. Trans. A., 1999, 30: 1739-1753.

[90] Lowhaphandu P, Lewandowski J J. Fracture toughness and notched toughness of bulk amorphous alloy: Zr-Ti-Ni-Cu-Be. Scrip. Mater., 1998, 38: 1811-1817.

[91] Lowhaphandu P, Lewandowski J J. Deformation and fracture toughness of a bulk amorphous ZrTiNiCuBe alloy. Intermetallics, 2000, 8: 487-492.

[92] Wang G, Zhao D, Bai H, et al. Nanoscale periodic morphologies on the fracture surface of brittle metallic glasses. Phys. Rev. Lett., 2007, 98: 235501.

[93] Zhu X K, Joyce J A. Review of fracture toughness (G, K, J, CTOD, CTOA) testing and standardization. Engi. Frac. Mech., 2012, 85: 1-46.

[94] Ashby M, Greer A. Metallic glasses as structural materials. Scrip. Mater., 2006, 54: 321-325.

[95] Greer A L. Damage tolerance at a price. Nature Mater., 2011, 10: 88-89.

[96] E08 Committee. E399-12e1 standard test method for measurment of fracture toughness KIc of metallic materials. West Conshohocken, PA: ASTM International, 2011.

[97] Gludovatz B, Naleway S E, Ritchie R O, et al. Size-dependent fracture toughness of bulk metallic glasses. Acta Mater., 2014, 70: 198-207.

[98] Henann D L, Anand L. Fracture of metallic glasses at notches: effects of notch-root radius and the ratio of the elastic shear modulus to the bulk modulus on toughness. Acta Mater., 2009, 57: 6057-7604.

[99] Guan P, Lu S, Spector M J B, et al. Cavitation in amorphous solids. Phys. Rev. Lett., 2013, 110: 185502.

[100] Flores K M, Dauskardt R H. Enhanced toughness due to stable crack tip damage zones in bulk metallic glass. Scrip Mater., 1999, 41: 937-943.

[101] Chen H S, Coleman E. Elastic constants, hardness and their implications to flow properties of metallic glasses. J. Non-Cryst. Solids., 1975, 18: 157-171.

[102] Gu X J, McDermott A G, Poon S J, et al. Critical Poisson's ratio for plasticity in FeMoCBLn bulk amorphous steel. Appl. Phys. Lett., 2006, 88: 211905.

[103] Wang W H. The correlation between the elastic constants and properties in bulk metallic glasses. J. Appl. Phys., 2006, 99: 093506.

[104] Wang W H. The elastic properties, elastic models and elastic perspectives of metallic glasses. Prog. Mater. Sci., 2012, 57: 487-656.

[105] Yuan C C, Xiang J F, Xi X K, et al. NMR signature of evolution of ductile-to-brittle transition in bulk metallic glasses. Phys. Rev. Lett., 2011, 107: 236403.

[106] Schroers J, Johnson W L. Ductile bulk metallic glass. Phys. Rev. Lett., 2004, 93: 255506.

[107] He Q, Shang J K, Ma E, et al. Crack-resistance curve of a ZrTiCuAl bulk metallic glass with extraordinary fracture toughness. Acta Mater., 2012, 60: 4940-4948.

[108] Argon A S, Salama M. The mechanism of fracture in glassy materials capable of some inelastic deformation. Mater. Sci. Eng., 1976, 23: 219-230.

[109] Leamy H J, Wang T T, Chen H S. Plastic flow and fracture of metallic glass. Metallurgical and Materials Transactions B, 1972, 3: 699-708.

[110] Deibler L A, Lewandowski J J. Model experiments to mimic fracture surface features in metallic glasses. Mater. Sci. Eng. A, 2010, 527: 2207-2213.

[111] Masumoto T, Maddin R. The mechanical properties of palladium 20% silicon alloy quenched from the liquid state. Acta Metallurgica, 1971, 19: 725-741.

[112] Sun B A, Tan J, Pauly S, et al. Stable fracture of a malleable Zr-based bulk metallic glass. J. Appl. Phys., 2012, 112: 103533.

[113] Brennhaugen D D E, Georgarakis K, Yokoyama Y, et al. Probing heat generation during tensile plastic deformation of a bulk metallic glass at cryogenic temperature. Sci. Reports, 2018, 8: 16317.

[114] Kelly A, Tyson W R, Cottrell A H. Ductile and brittle crystals. Philos. Mag., 1967, 15: 567-586.

[115] Celarie F, Prades S, Bonamy D, et al. Glass breaks like metal, but at the nanometer scale. Phys. Rev. Lett., 2003, 90: 075504.

[116] Guin J P, Wiederhorn S M. Fracture of silicate glasses: ductile or brittle? Phys. Rev. Lett., 2004, 92:

215502.

[117] Xia X X, Wang W H, Greer A L. Plastic zone at crack tip: a nanolab for formation and study of metallic glassy nanostructures. J. Mater. Res., 2009, 24: 2986-2990.

[118] Ewalds H L, Wanhill R J H. Fracture Mechanics. London: Edward Arnold, 1984: 56-63.

[119] Argon A S. The Physics of Strength and Plasticity. Cambridge, MA: MIT Press, 1969: 286.

[120] Zhang B, Zhao D Q, Pan M X, et al. Amorphous metallic plastic. Phys. Rev. Lett., 2005, 94: 205502.

[121] Carslaw H S, Jaeger J C. Conduction of Heat in Solids. Oxford, UK: Clarendon Press, 1959: 256-258.

[122] Maloney C, Lemaıtre A. Subextensive scaling in the athermal, quasistatic limit of amorphous matter in plastic shear flow. Phys. Rev. Lett., 2004, 93: 016001.

[123] Freund L B. Dynamic Fracture Mechanics. Cambridge: Cambridge Univ. Press, 1990.

[124] Fineberg J, Marder M. Instability in dynamic fracture. Phys. Reports, 1990, 313: 1-108.

[125] Sharon E, Fineberg J. Confirming the continuum theory of dynamic brittle fracture for fast cracks. Nature, 1999, 397: 333-335.

[126] Yuse A M. Sano M. Transition between crack patterns in quenched glass plates. Nature, 1993, 362: 329-331.

[127] Rabinovitch A, Frid V, Bahat D. Wallner lines revisited. J. Appl. Phys., 2006, 99: 076102.

[128] Sagy A, Reches Z, Fineberg J. Dynamic fracture by large extraterrestrial impacts as the origin of shatter cones. Nature, 2002, 418: 310-313.

[129] Zhao L, Bardel D, Maynadier A, et al. Velocity correlated crack front and surface marks in single crystalline silicon. Nature Commun., 2018, 9: 1298

[130] Hull D. Fractography: Observing, Measuring and Interpreting Fracture Surface Topography. Cambridge: Cambridge University Press, 1999.

[131] Narayan R L, Tandaiya P, Narasimhan R, et al. Wallner lines, crack velocity and mechanisms of crack nucleation and growth in a brittle bulk metallic glass. Acta Mater., 2014, 80: 407-420.

[132] Wang G, Han Y N, Xu X H, et al. Ductile to brittle transition in dynamic fracture of brittle bulk metallic glass. J. Appl. Phys., 2008, 103: 093520.

[133] Kanuss W G, Ravi-Chandar K. Some basic problems in stress wave dominated fracture. Int. J. Fracture, 1985: 27: 127-143.

[134] Michalske T A, Frechette V D. Modified sonic technique for crack velocity measurement. Int. J. Fract., 1981, 17: 251-256.

[135] Xi X K, Zhao D Q, Pan M X, et al. Periodic corrugation on dynamic fracture surface in brittle bulk metallic glass. Appl. Phys. Lett., 2006, 89: 181911.

[136] 郗学奎. 镁基大块非晶的合成、形成能力、塑性流变及断裂行为研究. 北京: 中国科学院物理研究所, 2005.

[137] Wang G, Wang Y T, Liu Y H, et al. The evolution of nanoscale morphology on fracture surface of brittle metallic glass. Appl. Phys. Lett., 2006, 89: 121909.

[138] Wang Y T, Xi X K, Wang G, et al. Understanding of nanoscale periodic stripes on fracture surface of metallic glasses. J. Appl. Phys., 2009, 106: 113528.

[139] Xia X X, Wang W H. Characterization and modeling of breaking-induced spontaneous nanoscale periodic stripes in metallic glasses. Small, 2012, 8: 1197-1203.

[140] Pan D G, Zhang H F, Wang A M, et al. Fracture instability in brittle Mg-based bulk metallic glasses. J. Alloys Compd., 2007, 438: 145-149.

[141] Braiman Y, Egami T. Nanoscale oscillatory fracture propagation in metallic glasses. Physica A, 2009, 388: 1978-1984.

[142] Zhang Z F, Wu F F, Gao W, et al. Wavy cleavage fracture of bulk metallic glass. Appl. Phys. Lett., 2006, 89: 251917.

[143] Sun B A, Wang W H. The fracture of bulk metallic glasses. Prog. Mater. Sci., 2015, 74: 211-307.

[144] Singh I, Narasimhan R, Ramamurty R. Cavitation-induced fracture causes nanocorrugations in brittle metallic glasses. Phys. Rev. Lett., 2016, 117: 044302.

[145] McClintock F A. Physics of Strength and Plasticity. Cambridge: MIT Press, 1969.

[146] Nalla R K, Kinney J H, Ritchie R O. Mechanistic fracture criteria for the failure of human cortical bone. Nature Mater., 2003, 2: 164-168.

[147] Knott J F. Fundamentals of Fracture Mechanics . London: Butterworth, 1973.

[148] 高萌. 金属玻璃的宏观力学行为与流变单元的关联性研究. 北京: 中国科学院物理研究所, 2016.

[149] Gu X W, Jafary-Zadeh M, Chen D Z, et al. Mechanisms of failure in nanoscale metallic glass. Nano Lett., 2014, 14: 5858-5864.

[150] He Y Z, Yi P, Falk M. Critical analysis of an FeP empirical potential employed to study the fracture of metallic glasses. Phys. Rev. Lett., 2019, 122: 035501.

[151] Shen L Q, Yu J H, Tang X C, et al. Observation of cavitation governing fracture in glasses. Sci. Adv., 2021, 7: eabf7293.

第 15 章　低维非晶物质：维度的奇迹

维度：科学家相信宇宙中存在四个以上的维度(第四个维度是时间)

15.1　引　言

我们生存的空间是三维空间，前面章节涉及的都是三维非晶物质。零维空间、一维空间和二维空间的非晶物质如果存在的话，它们会是什么样子的呢？本章我们将关注低维：零、一、二维非晶物质的合成、结构、特性、动力学、应用，以及低维非晶物质和三维非晶物质的关系等。

维度(dimension)，D，也称维数。在物理领域内，指独立的时空坐标的数目。零维是一个无限小的点，没有面积和长度。一维是一条无限长的线，没有面积，只有长度。二维是一个平面，是由长度和宽度(或部分曲线)组成的面积。三维是二维加上高度组成的体积。四维分为时间上和空间上的四维，是指三维空间加一维时间。

对于凝聚态物理，"能量"与"对称性"是两大物理要素。诺特定理告诉我们，作用量的每一种对称性对应一个守恒量，存在相应的守恒定律。只要发现了一种对称性，就意味着在时空环境下存在某种不变量。空间对称性的研究极大地提高了我们对物质与材料的理解。世界上的很多变化与纹理织构往往由对称性破缺引起，对称性破缺是初始对称性降低为对称性更低的子群。在对称性破缺研究方面，已经出现了多位诺贝尔物理学奖获得者。维度效应与对称性相联系，也是一个凝聚态体系的本征性质。降低维度使得对称性自由度显著减少，一切物理过程都可能受之影响，物质的特征和性能也会变化。

14～16 世纪，乔托(Giotto)、保罗·乌切洛(Paolo Uccello)和皮耶罗·德拉·弗朗切斯卡(Piero della Francesca)等艺术家在非晶玻璃镜子帮助下开创出透视法。通过对几何原理、维度的探索，画家们逐渐学会在三维空间内描图绘物。透视法以维度的视角透视着这个三维世界，刷新了人类的思维模式，让大家用维度方式来看空间。通过感性认识，在艺术领域中实现了飞跃。

维度在材料研究和开发中有重要意义和作用。图 15.1 示意出维度在材料探索、研究和性能优化方面的重要作用。维度，等效于成分和结构缺陷调制，提供了探索新材料、优化材料性能的新途径。自古以来，材料探索大多沿着调制成分，或者调制结构(缺陷)的主线进行。事实证明维度的变化和调控也同样可以得到新材料，优化材料性能。以石墨为例可以说明：石墨是三维的碳材料，是由碳原子组成的层状结构；如果变成二维的，就是石墨烯材料。石墨烯具有完全不同于石墨的性能和特征，是不同于石墨的新材料；如果变成一维就是碳纳米管，碳纳米管具有和三维石墨以及二维的石墨烯完全不同的物理化学性质；如果变成零维，就是 C60，C60 也是性质不同的新材料。仅仅变化碳的维度，成分和结构没有变化，就能得到完全不同的新材料。这个例子充分说明维度的变化可以改变材料的性质，优化性能，得到新材料。

低维材料是近三十年来凝聚态物理和材料科学的前沿领域，这一领域的发展催生了许多里程碑式的工作，如二维电子气中的量子霍尔效应分别获得 1985 年和 1998 年的诺贝尔物理学奖，零维富勒烯的发现获得 1996 年诺贝尔化学奖，二维石墨烯的发现获得 2010 年诺贝尔物理学奖等。低维材料体系的卓越性能来源于其维度和结构的特殊性。零维量子点、一维纳米线/纳米管、二维原子/分子晶体等材料，当其物理尺寸达到物理极

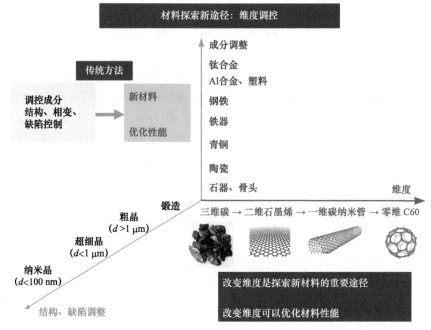

图 15.1　维度在材料探索、研究和性能优化方面的重要作用

限后，量子效应变得显著，其物理性质和尺寸、构型、边界、界面、表面息息相关。例如二维材料，具有非同寻常的物理化学性质，如高比表面积、独特的化学和物理表面功能等。此外，低维体系材料结构相对简单，可以通过在原子尺度和精度上控制、操纵低维体系的结构来实现其物理化学性质的人工设计和调控，实现材料的原子/分子制造。

在非晶物质中，维度同样起到重要作用。低维非晶物质，如纳米非晶颗粒、超薄非晶膜、非晶表面、非晶纳米线等都表现出独特的结构、物理、力学和化学性能，表现出独特的动力学和热力学特性。低维类似成分、结构、熵/序，也提供了一条探索具有独特性能的非晶材料的新方向，如图 15.1 所示。同时，低维非晶材料，其结构、动力学和热力学行为复杂性降低，也是认识非晶本质和本质特性的模型体系。本章将系统介绍低维非晶材料的制备、特性、动力学行为、进展和应用前景。

15.2　维　　度

"维"是一种度量。弦理论预言空间总共有十一个维度(简写 *D*)。人类生存的空间是三维空间。如果将爱因斯坦在相对论中提出的"时间维度"也算作一个维度的话，即为四维时空。目前我们人类仅探索到五个维度，而其他的六个以上的维度则被称为超空间。

对于材料和物质，有零维到三维的材料。图 15.2 是从零维到三维的几何示意图。零维是没有长、宽、高，单纯的一个点，即奇点，黑洞就是奇点[1]。C60，量子点也被视为零维材料。一维只有长度，即线。现代材料制备技术已经可以制备出各种纳米线、原子链，这些可以被视为一维材料。二维是平面世界，只有长、宽，即面。石墨烯等是二维材料。我们能感觉到看到的世界(即三维空间)是点的位置由三个坐标决定的空间。客观存在的现实空间就是三维空间，具有长、宽、高三种度量。四维是时空的概念，我们日常生活的三维空间加上时间构成所谓的"四维空间"，多是指爱因斯坦在他的相对论中提及的"四维时空"概念。时空的关系，是在空间的架构上在普通三维空间的长、宽、高三条轴外又加了一条时间轴，而这条时间的轴是一条虚数值的轴。

零维	一维	二维	三维
点	线	面	体
静止	零维的运动	一维的运动	二维的运动
1顶点	2顶点	4顶点	8顶点
	1线	4线	12线
		1面	6面
			1体

图 15.2　从零维到三维的几何示意图

19 世纪数学家们还发现了分形，创立了一种新的维度，即"分数维"。这表明维度不只是整数，还有可能是分数，甚至可能是无理数。根据芒德布罗的计算，英国海岸线的维数为 1.26。分数维度是基于分形理论产生的。由于图形拥有自相似性，产生了分数维度[2,3]。图 15.3 是维度介于 1～2 之间图形，其维度是分数。

图 15.3　图案的维度介于 1～2 之间，维度是分数(图形来自芒德布罗集)

不同维度之间是有关系的。例如零维是点；一维是由无数的点(零维)组成的一条线，只有长度，没有宽和高；二维是由无数的线(一维)组成的面，有长、宽没有高。三维是由无数的面(二维)组成的体，有长、宽、高。维可以理解成方向。即若干的点成线，若干个线成面，若干个面成体……；点动成线，线动成面，面动成体……。维度递增和维度之间关系的本质也可以理解为积分。零维的点，在一个方向上积分，就得到了一维的线；一根直线在与其自身垂直的方向上做积分，就得到了二维的平面；二维的平面在与平面都垂直的方向上积分，就得到了三维的体；三维的体在与三个坐标轴都垂直的方向上积分，就得到了四维的"超体"；以此类推。

维数小于三维的材料叫低维材料，具体来说是二维、一维和零维材料。二维材料包括两种材料的界面，基片上的薄膜、材料的表面等。界面或膜层的厚度在纳米量级。半导体量子阱也属于二维材料。一维材料，或称量子线，线的直径为纳米量级。零维材料，即纳米级颗粒或原子团簇，或称量子点，它由少数原子或分子堆积而成，微粒的大小为纳米量级。半导体和金属的原子簇(cluster)就是典型的零维材料。

15.3　低维非晶物质制备

当材料逐渐地变薄、变细、变小，在长、宽、高等某些维度或全部维度上的尺寸足够小时，就会成为"低维材料"。对于非晶物质，当其在某一维度的尺寸足够小时，比如达到一个分子乃至一至几个原子的尺度范围时，就会展现出不同于三维材料的力学、光学、磁学等独特性能，就成为低维非晶物质或材料。低维非晶材料包括纳米非晶颗粒(接近零维)、非晶纳米线、非晶纤维(近似一维)，超薄非晶膜、非晶表面(近似二维)等。

不同的低维非晶材料有不同的制备方法。其实在非晶合金领域，由于金属合金体系较差的非晶形成能力，其合成最先是从接近零维的纳米颗粒、接近二维的纳米薄膜开始的[4,5]。非晶合金最早是通过蒸发合金熔体到冷凝的衬底上，得到近似零维的非晶颗粒，或者近似二维的薄膜。如图 15.4 所示为利用沉积方法获得的 PdSi 近似零维的纳米非晶颗粒电镜照片。这些非晶颗粒直径在 5 nm 以下，非常稳定。

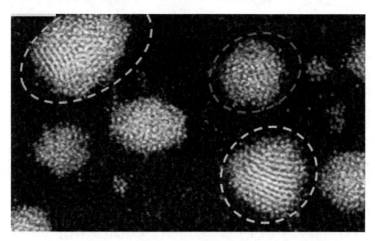

图 15.4　利用沉积方法获得的 Pd 基非晶纳米颗粒照片

快速凝固的方法得到的也是近似二维的非晶合金条带和一维的非晶丝。如图 15.5 所示是采用快速凝固技术生产出的二维的非晶条带。这样的条带宽度可以有几十厘米，几千米长，被广泛用于变压器、电机、催化、焊接等领域。得到三维块体非晶合金是非晶合金领域最要的里程碑，得到大尺寸三维非晶合金材料是非晶领域的重要目标之一。但是，近年来，为了拓展非晶合金材料的应用，发现性能更丰富、更独特的非晶合金，研究非晶物质的本质特性和科学难题，科学家又开始探索各类低维非晶合金材料。

图 15.5　近二维的非晶合金带(厚度几十微米)

通过离子束溅射方法可以制备近二维的超薄非晶合金薄膜，这些薄膜可直接生长在柔性塑料(PC)等不同衬底上[6]，被称作非晶合金皮肤。如图 15.6 所示，非晶合金皮肤柔

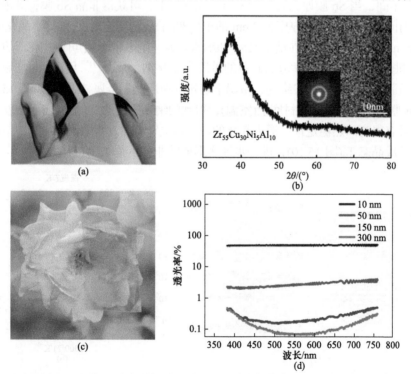

图 15.6　(a)近二维非晶合金皮肤的照片。(b)XRD 和 TEM 表明其无序原子结构。(c)"透明"的非晶合金皮肤。(d)非晶合金皮肤的透光率随金属薄膜厚度的变化[6]

性好、很容易弯曲超过 180°。通过选择不同大小的衬底，非晶合金皮肤的面积可以实现从几平方毫米到 150 cm² 的连续变化。通过对非晶合金薄膜的厚度进行调控，非晶合金皮肤视觉上可以变"透明"。电子皮肤的核心功能是将应变转化为电信号，即通过压阻效应——电阻随应变的改变来实现，因为其具有响应快、信号转换方便等特点，所以非晶合金皮肤是一种新型高性能柔性应变传感器。

借助各种现代化的制备技术手段，可以制备不同种类的准二维非晶物质体系，二维非晶薄膜系统不仅制备工艺与三维块体玻璃有明显的差异，而且薄膜属于一个界面体系，衬底与薄膜之间的界面起重要作用。利用这些二维薄膜系统可以获得许多前所未有的科学认知。Ediger 等[7]利用气相沉积技术和衬底的温度(提高沉积分子的动力学行为)，使得沉积的分子/原子有足够的时间选择到最佳的稳定构型，制备出了超稳定有机非晶薄膜。气相沉积技术能制备出二维的非晶氧化硅。球差电镜发现氧化硅网络状结构在一定应力条件下可通过键角转换完成无序网络向有序蜂窝状六边形二维结构的晶态演化；在一定温度条件下甚至可发生玻璃态向过冷液体的转变，这也验证了近百年前关于氧化物玻璃无规网络状结构的猜想，证实了非晶物质非均匀的本征特性[8,9]。研究发现非晶物质的表面行为和性能完全不同于其内部，有很多特有的动力学行为和性能[10]，其表面也是一个近二维非晶材料系统。

维度的降低能有效提高非晶形成能力。很多形成能力很差的体系，难以形成三维非晶态，但可以制成低维非晶态。例如，在低维、衬底受限条件下，能得到接近零维的、非晶形成能力极低的单质非晶颗粒[11,12]。如图 15.7 所示，通过两层 40～100 nm 的 SiO₂ 膜把单质 Sb 夹在中间，当 Sb 膜厚为几个纳米时，在室温下，可获得非晶 Sb 膜，并能保持稳定非晶态的时间为 $10^2 \sim 10^5$ s，厚度为 3 nm 的单质非晶 Sb 的稳定时间(维持不晶化时间)在室温可达 58 h。一些稀有金属在纳米尺度(如纳米颗粒、纳米带形式)可以用化学方法制备成非晶态。如图 15.8 所示是化学方法制备的单质非晶 Ir 纳米片[13,14]。用沉积的方法，在大面积衬底上镀膜，能制备出近二维的、室温下稳定的单质非晶金属 Ta[15]。如图 15.9 所示，离子把 Ta 原子溅射到大面积衬底上(室温)，得到的纳米厚度的 Ta 膜被各种方法证实是非晶态，且具有很高的热稳定性。退火晶化的高分辨电镜观测发现非晶 Ta 可在晶态 Ta 上原位外延生长成晶态 Ta(图 15.10)，进一步证实形成的非晶不是 Ta 的氧化物。

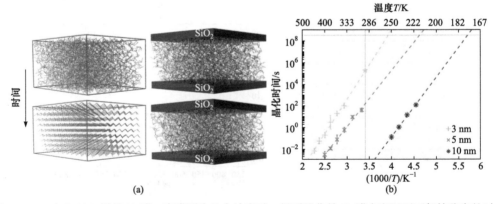

图 15.7   (a)夹在 SiO₂ 层的 Sb 膜，当膜厚为几个纳米时，得到的非晶 Sb 膜在室温下可保持稳定的时间为 $10^2 \sim 10^5$ s；(b)厚度为 3 nm 的非晶 Sb 的稳定时间(维持不晶化时间)在室温下可达 58 h[11,12]

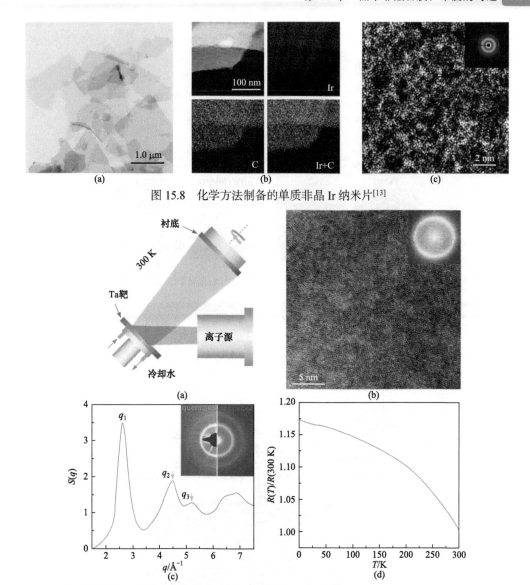

图 15.8　化学方法制备的单质非晶 Ir 纳米片[13]

图 15.9　用离子溅射的方法能制备出单质非晶 Ta 膜，电镜(a)、XRD(b)，电阻测量(c)都证明其为非晶态[15]

为什么低维能改善非晶形成能力呢？图 15.11 是二维非晶 Ta 的形成机理：大面积溅射，能量地形图上各种 Ta 原子团的组合构型都有可能沉积到衬底上，因为得到的膜是纳米级厚度的准二维，这样可以用高分辨电镜筛选得到某些形成能力强的原子团构型，制得稳定的非晶 Ta[15]。

高锟和 G. A. Hockham 提出光在近一维的非晶玻璃光导纤维的传导损耗比电在电线传导的损耗低得多，光纤可以用于长距离的信息传递(通信传输)的理论。1970 年美国康宁公司三名科研人员马瑞尔、卡普隆、凯克用改进型化学汽相沉积法(MCVD 法)成功研制成传输损耗只有 20 dB/km 的低损耗石英光纤。近一维的石英光纤(silica fiber)是以廉价的二氧化硅(SiO_2)为主要原料(图 15.12 是光纤的照片)。石英(非晶玻璃)系列光纤，具有低耗、宽带的特点，当光波长为 1.0~1.7 μm(约 1.4 μm)时，损耗只有 1 dB/km，在 1.55 μm 处最低，只有 0.2 dB/km。已广泛应用于有线电视和通信系统，为信息时代做出革命性贡献。

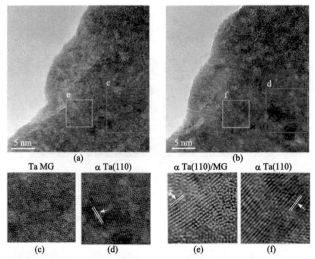

图 15.10 非晶 Ta 在晶态 Ta 颗粒上的外延晶化，形成晶态 Ta，证实非晶 Ta 的形成[15]

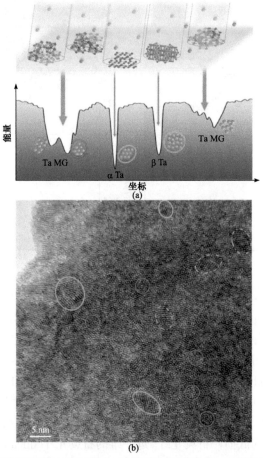

图 15.11 (a)沉积方法获得稳定非晶 Ta 的示意图；(b)非晶 Ta 的高分辨 TEM 图像，蓝色圆圈为其中的类晶体团簇，粉色圆圈为其中的类二十面体团簇。此图示意了二维非晶 Ta 的形成机理：大面积溅射，各种 Ta 原子团的组合都有可能沉积到衬底上，可以筛选得到某些非晶形成能力强的原子团构型，得到非晶态 Ta[15]

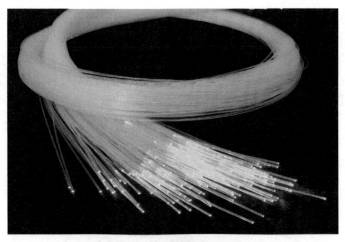

图 15.12　准一维玻璃光纤照片

利用非晶物质在其过冷液相区可进行超塑性变形的特性，可以高质量制备微纳米级非晶合金纤维，直径在 74～2000 nm 尺寸范围内。图 15.13 是拉拔非晶纳米纤维的制备

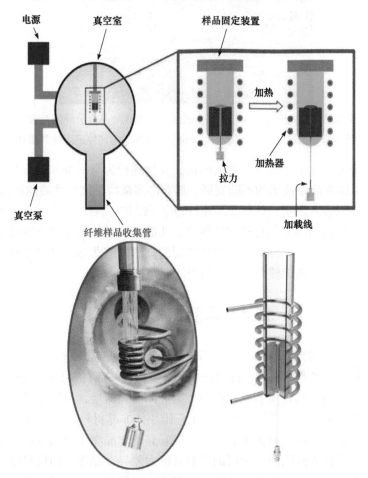

图 15.13　中国科学院物理研究所非晶团队发明的近一维非晶合金纳米纤维拉拔方法和设备[15-17]

方法和设备示意图。该拉拔方法,类似我们熟悉的一道中国菜——苹果拔丝一样,通过多次拉拔,可以得到不同直径的非晶合金丝,最细可以到几十纳米[16-19]。图 15.14 是得到的非晶合金纤维的放大形貌,与传统金属纤维相比,非晶合金纤维表面光滑且均匀。非晶合金纤维的柔韧性足以使其能被编织成绳子[16]。非晶合金纤维不仅具非晶合金的优异力学和功能特性,而且还克服了脆性这一限制非晶合金应用的致命缺点,本章后面将详细介绍。

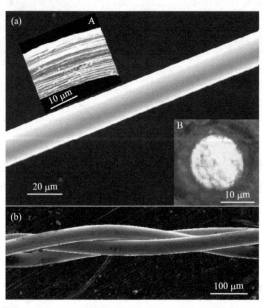

图 15.14 非晶合金纤维的放大形貌:(a)与传统金属纤维 A 相比非晶合金纤维表面光滑且均匀。插图 B 为非晶合金纤维的横截面的光学显微镜照片。(b)非晶纤维的柔韧性足以使其能被编织成绳子[16]

当非晶合金的尺寸小于特征尺寸的时候,其物理行为与三维非晶合金的物理行为大相径庭。随着微纳米成型技术的不断发展,具有许多奇特且优异性质的低维非晶材料(几乎不受非晶形成能力的限制,具有非晶独特的原子结构)和器件被不断开发出来。低维非晶态物质、纳米尺度功能非晶材料和器件将是非晶玻璃领域未来的全新研究方向。这些表面光滑、尺寸可控、均匀和高圆整度横截面的微纳一维非晶纤维也是研究非晶材料力学性能、形变机制以及玻璃转变等基本问题的模型材料。

15.4 非晶物质的表面

非晶物质的表面因为具有和其内部不同的性能和特征越来越受关注,非晶物质表面等效于二维材料。大多非晶材料,特别是非晶合金材料,都有很高的强度和硬度。但是,实验和理论分析表明非晶物质表面存在一个类液体的黏流层,厚度在纳米量级,其动力学、扩散、物理、力学及化学特性都不同于三维块体非晶材料。图 15.15 是晶体、非晶、聚合物表面原子层粒子状态对比示意图。可以看到,非晶物质表面存在一个纳米尺度厚的黏流层,这与晶体表面吸附原子层的机制有巨大差异。晶体表面层只涉及单原子层,而非晶物质如非晶合金表面层有几纳米的尺度[20]。对于长链的分子非晶态聚合物,其表面也存在类似的类液层。图 15.16 示意低于玻璃转变温度的非晶聚合物的表面层行为。从最表面往里，聚合物分子段的流动性从高逐渐降低直到等于三维块体的流动性，这个表面层的尺度，约几十纳米。表面的原子/分子密度也小[21,22]。通过估算，非晶聚合物表面的玻璃转变温度要比三维块体低 30 K 左右[22]。

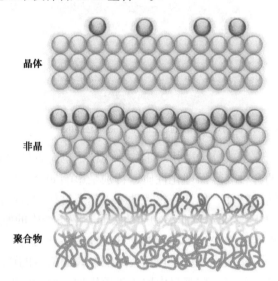

图 15.15　晶体、非晶、聚合物表面原子层粒子状态对比示意图，非晶表面存在一个黏流层，这与晶体表面扩散依赖于吸附原子层的机制有巨大差异[20]

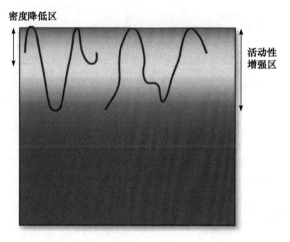

图 15.16　示意低于玻璃转变温度的非晶聚合物的表面层行为。从最表面往里，存在一个尺度约几十纳米的类液层，聚合物分子段的流动性从高逐渐降低直到等于三维块体的流动性，表面的密度也小[21,22]

　　模拟、理论和时间分辨表面纳米蠕变实验也揭示分子和玻璃聚合物表面出现瞬态橡胶态、缠结状表面行为(类液行为)。具体来说，在冷却过程中，在玻璃状聚合物的表面发生了一种自然效应，表面形成了一个只有几十个原子厚的柔顺橡胶层，其性质与本体聚合物材料完全不同，见图 15.17。这种行为具有广泛的技术意义，揭示了玻璃状聚合物如何相互黏附，并可能在分子水平上提供对耐刮擦性的深入了解[23]。

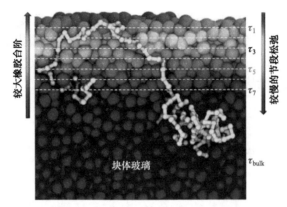

图 15.17　聚合物玻璃如橡胶表面聚合物链运动的不同黏滞性质[23]

　　大多数材料的表面原子或分子层相对于块体内粒子也有着较快的扩散速率，而表面扩散几乎影响着材料的各种表界面理化性质，特别是影响如今大规模生产应用的微纳米功能材料器件的电子输运特性、化学催化特性等。晶态材料的表面扩散机制已经有了大量的科学探索与认识，图 15.18 示意非晶物质的表面类液层产生的原因。这是因为表面原子受笼子的影响小，更容易挣脱笼子的束缚。其机理主要分为自由吸附原子扩散和团簇扩散两方面。吸附原子的扩散机理主要包括：原子在表面格点的跳跃、原子之间的位置交换、空位缺陷的扩散、隧道扩散等自由原子扩散机理；原子团的扩散主要包括岛边扩散、蒸发凝聚扩散、台阶扩散以及团簇沿晶格表面协调运动扩散机制[24]。

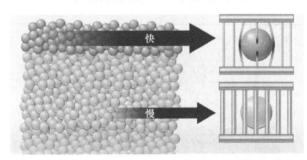

图 15.18　非晶物质的表面原子受笼子的影响小，更容易挣脱笼子的束缚
(Yu L, Perepezko J, Voyles P, Ediger M. University of Wisconsin-Madison 提供)

　　非晶物质表面还表现出完全不同的动力学现象和机制。Forrest 巧妙地利用金纳米颗粒嵌入有机玻璃表面[25]，用水银溶剂将金粒子去除后得到纳米孔结构，通过原子力显微镜测量纳米孔在 T_g 附近的演化，发现非晶玻璃表面具有独特的弛豫过程，如图 15.19 所示。不同于 α 和 β 弛豫，在玻璃转变温度附近表层分子就能表现出液体的流动性。为了测量有机小分子玻璃的表面扩散系数，Yu 和 Ediger 等[26]利用纳米压印制作了表面二维微纳米正弦光栅，通过在 T_g 附近退火，根据表面毛细过程的定量关系发现在 T_g 以下几十 K 范围内，表面运动主要以表面扩散为主，而当温度升到 T_g 以上时，微结构弛豫行为的主要贡献来自于表层黏流。通过比较发现同一温度下非晶表面的扩散系数是体扩散系数的 10^6 倍，即非晶块体内部 100 年的弛豫过程在表面仅仅需要 1 min 就能达到。Forrest 等[10]

通过观测纳米薄膜退火过程中几何形貌变化的方法，测得在 T_g 以下 20 K 时表层黏度仅是块体 T_g 时的不到 1/1000。这些表明非晶自由表面处的粒子动力学表现出不同于内部的行为。

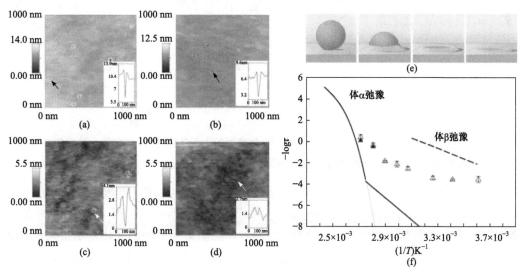

图 15.19 　(a)~(d)金纳米颗粒在有机玻璃表面制造的小坑深度在退火条件下随时间的变化行为；(e)非晶物质表面实验示意图；(f)表面纳米结构衰减弛豫与体的 α 和 β 弛豫之间的关系[25]

令人感兴趣的问题是，非晶表面是超稳的过冷液态，还是不稳定的非晶态？针对这个问题，人们发展了不同的方法，比如通过测量在表面引入的纳米压痕、纳米台阶、光栅或者薄膜自身表面形貌随时间的变化，来对表面分子的运动进行研究[25-27]。结论是非晶物质表面动力学比三维块体非晶要快好几个数量级，如图 15.20(a) 所示，表面动力学随温度变化很小，类似快 β 弛豫。也就是说，尽管玻璃整体偏离了平衡态，但是表层的分子实际上可能仍然处于平衡态。例如，美国宾夕法尼亚大学 Fakhraai 研究组利用烟草花叶病毒作为探针粒子来研究分子玻璃的表面扩散[28]，发现尽管玻璃内部弛豫动力学随温度变化达十几个量级，但是表面扩散却只有很小的变化。另外，还发现表面扩散系数不随薄膜厚度变化，如图 15.20(b) 所示，随着薄膜厚度减小，整个薄膜平均结构弛豫时间 τ_α 变短，激活能降低，甚至会低于表面扩散系数 D_s 的激活能，意味着表面扩散动力学与玻璃内部以及表面弛豫动力学的分裂[29]。非晶表面与内部如此大的动力学差别表明需要重新思考到底表面的快动力学是否与薄膜的 T_g 降低有关，表面的快动力学对薄膜 T_g 的影响比想象的要复杂得多。

表面快动力学的存在还导致了具有更高强度和致密度、更高动力学和热力学稳定性的超稳定玻璃的形成，这将对生物医药、有机发光二极管，以及结构玻璃材料等领域产生重要影响。

非晶材料表面的快动力学或类液表层也影响其摩擦特性。因为摩擦对表面动力学行为，如黏度、硬度、模量很敏感[30,31]。通过对比发现，非晶合金的摩擦系数出现振荡起伏，和固体在沙子上的滑动有类似的现象，这完全不同于同成分晶体的摩擦行为[32]。

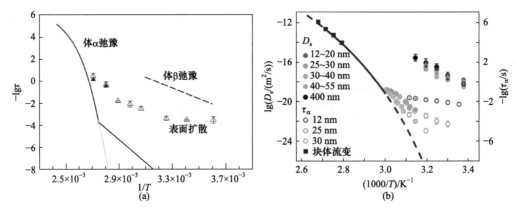

图 15.20　玻璃表面和内部动力学对比。(a)一种聚合物玻璃的表面弛豫时间 τ 与内部 α 弛豫和 β 弛豫时
间的对比[25]；(b)不同厚度的分子玻璃薄膜表面扩散系数 D_s 与平均α弛豫时间 τ_α[27]

图 15.21 是比较钢珠在非晶合金和多晶钢表面的摩擦系数的变化。摩擦系数的测量方法
是往复滑动模式(reciprocating sliding mode)，如图 15.21(a)所示[32]。图 15.21(b)是非晶合
金和钢摩擦系数随时间的变化。可以看出，两者摩擦系数随时间的变化差别很大：钢摩
擦系数随时间曲线很稳定、平滑，而非晶合金的摩擦系数会随时间起伏振荡，另外，非
晶合金的摩擦系数远小于晶态钢。这是非晶合金摩擦独特的特征，起因归结于非晶合金
非均匀结构和表面特征。

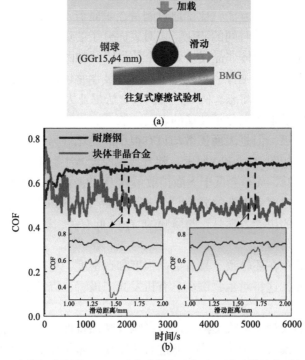

图 15.21　非晶合金和多晶钢摩擦对比。(a)示意膜材实验方法。测试样品是平板，用钢球摩擦样品。
(b)Zr 基非晶合金和钢摩擦系数(COF)随时间的对比[32]

图 15.22 是退火、晶化对非晶合金滑动摩擦(sliding friction)特征的影响。可以看到退火(使得非晶体系结构更加均匀)、晶化对其摩擦系数特征影响很大。退火使得摩擦系数随时间振荡现象逐渐变弱。退火温度越高、时间越长，摩擦系数增大，但是随时间振荡现象变得越弱。当非晶合金完全晶化，振荡现象消失，但是摩擦系数增大[32]。这说明滑动摩擦和非晶的表面非均匀性有密切关系，另一方面，也证明非晶物质表面存在结构和动力学非均匀性[33]。此外，非晶合金摩擦时具有黏合作用，即摩擦的损耗主要是黏合损耗，这种黏合作用也随着退火减弱。对于完全晶化的样品，则只表现为磨粒磨损[32]。

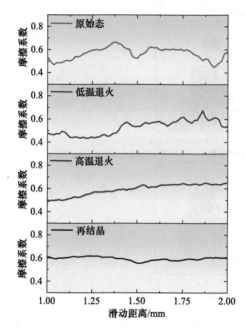

图 15.22　退火和晶化对非晶合金摩擦系数的影响[32]

图 15.23 给出非晶合金在不同状态滑动摩擦系数的空间分布以及和样品表面均匀性的对应关系。非晶及其退火态摩擦系数的空间分布度表现为高斯分布，表明摩擦系数的空间分布的不均匀性。随着退火过程的延长，分布变得越来越窄，到完全晶化，摩擦系数的空间分布几乎均一。这是退火或晶化使得非晶表面更加均匀、表面流变单元大量减少造成的[32]。

图 15.24 是在不同含水量沙子上滑动摩擦的实验模拟非晶的表面和表面摩擦现象[32]。沙子上的滑动摩擦实验装置见图 15.23(a)中的插图。从沙子在不同含水量情形下摩擦系数的变化[水/沙子质量(m_{water}/m_{sand})：0%(干)，1%，5% 和 7%，和非晶合金中流变单元含量类似[34]]可以看出，对于干沙子，摩擦系数没有振荡现象；随着水含量的增加，摩擦系数减小，令人惊奇的是，当水含量达到 5%时，滑动摩擦系数开始出现振荡，类似非晶合金，7%水含量可以大大降低滑动摩擦系数，振荡加剧。类似现象在不同沙子的实验中也发现了[35]。可见类液行为和非均匀性是摩擦系数振荡的原因。可以看到，随着水含量的增加，更多的沙子黏附在滑动摩擦球上。可以看出与不同含水量[0%(干)，1%，5% 和 7%]沙子摩擦后球的表面形貌。图 15.25 示意、解释非晶表面流变单元和摩擦的关系[32]。非均匀、

含有类液的流变单元的非晶表面造成非晶低摩擦系数和振荡现象。

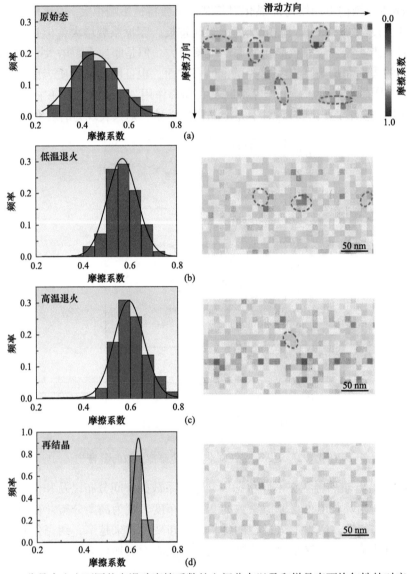

图 15.23 非晶合金在不同状态滑动摩擦系数的空间分布以及和样品表面均匀性的对应关系[32]

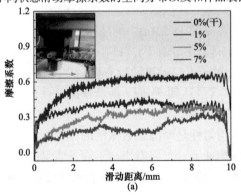

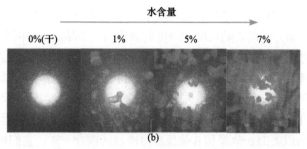

图 15.24　在沙子上的滑动摩擦实验。(a)沙子在不同含水量情形下摩擦系数的变化，水/沙子质量 (m_{water}/m_{sand})：0%（干）、1%、5% 和 7%；(b)与不同含水量[0%（干）、1%、5% 和 7%]沙子摩擦后，球的表面形貌[32]

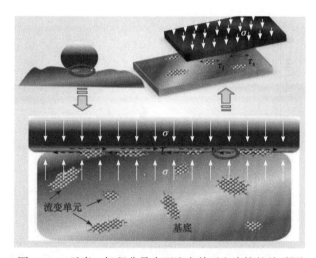

图 15.25　示意、解释非晶表面流变单元和摩擦的关系[32]

大量实验和模拟表明，非晶物质表面具有纳米量级的类液层，具有二维的特征。非晶物质表面类液层也是非均匀的，表现出独特、不同于块体的性质、性能和特征。

15.5　低维非晶物质动力学

随着维度的降低，物质会产生奇特的物理性质和现象。低维和三维的相变也非常不同[34]。对于非晶物质，零维、一维、二维和三维的玻璃转变也具有不同的特征。其中一个主要原因是随着维度的降低，其组成粒子的动力学行为发生变化。随着维度的降低，非晶物质的动力学加快[36-39]。二维的非晶物质表面具有类液的性质和超快的流动性或快动力学行为，表面原子或分子与非晶材料的很多性能如摩擦、黏附性、生物相容性、催化等密切相关。低维非晶物质相比三维块体具有更高的能量、更低的 T_g[21,22]。低维的动力学行为具有重要的基础研究意义和技术应用价值。

15.5.1　维度导致的 α 弛豫和 β 弛豫简并

随着非晶物质尺度的减小，当三维块体逼近二维、一维或者零维即纳米级颗粒时，其动力学模式会发生变化。其 α 弛豫和 β 弛豫随着尺度或者维度的减小会发生简并或耦合。图 15.26 是非晶物质动力学模式随尺度和维度的演化图。非晶物质中两个最主要的动力学模式 α 弛豫和β弛豫的差别越来越小，最后在某个临界尺度 S_g，对应于温度导致的玻璃转变温度点 T_g，耦合到一起[36-38]。如在 Pd 基非晶合金薄膜中，其 β 弛豫的峰随着膜厚度的减小逐渐减弱，当厚度低于 20 nm 时，β 弛豫消失[36]。非晶合金薄膜的厚度，颗粒尺度也明显影响 β 弛豫峰的强度[40]。图 15.27 显示了非晶物质在表面动力学模式 α 弛豫和 β 弛豫耦合的过程，表面原子是类液态，所以类似 α 弛豫和 β 弛豫在过冷液区耦合一样，它们也在表面耦合[41]。

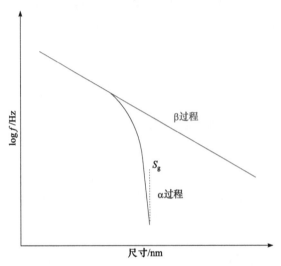

图 15.26 非晶物质动力学模式随尺度、维度演化图

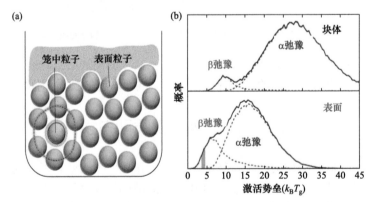

图 15.27 (a)非晶物质表面原子与体内原子的比较；(b)动力学模式 α 弛豫和 β 弛豫在表面的耦合[41]

非晶物质中的剪切带是个纳米尺度厚度的带，其结构不同于基底非晶物质，类似于二维的非晶膜。在有大量剪切带的非晶 $Pd_{40}Ni_{40}P_{20}$ 合金中，发现剪切带中扩散系数比体扩散高 8 个量级[42,43]，同时，剪切带在 T_g 以下温度的 α 弛豫的平均时间 τ_α 大大减小，这是因为在纳米尺度的剪切带中，α 弛豫和 β 弛豫耦合，$\tau_\alpha \approx \tau_\beta$。这也是一个证据说明在低维或者小尺寸，非晶物质的两大弛豫模式简并耦合在一起。限于测量技术，对于低维体系的玻色峰(Boson peak)等其他高频动力学模式的特征，目前研究得很少。

15.5.2　非晶物质表面动力学

非晶物质表面提供了一个研究非晶物质二维动力学的模型体系。在非晶物质的自由表面，原子或分子在表面一侧没有其他原子或分子，粒子间的多体相互作用大大减小，因此其表面粒子的扩散系数和黏滞系数都发生很大的变化[26,44-46]。但是测量非晶表面纳米级厚度层的动力学参数，如扩散系数、黏滞系数，在技术上比较困难。近年来发展了一些方法可以定量估算非晶表面在不同温区的扩散系数和黏滞系数，为精细研究非晶物质表面动力学提供了可能性。

图 15.28 是测量的非晶聚合物表面的扩散和动力学随温度的变化。可以看到在 T_g 温度附近，甚至 T_g 以下，表面扩散系数 D_s 没有像块体扩散系数那样急剧减小，而是继续保持阿伦尼乌斯(Arrhenius)关系。即在 T_g 温度以下，表面扩散系数比块体的高 6 个量级，这意味着表面的 α 弛豫平均时间 τ_α 比块体快很多，其激活能也只有块体扩散激活能的一半[26,39]。

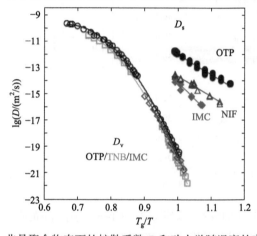

图 15.28　非晶聚合物表面的扩散系数 D 和动力学随温度的变化[26,44-46]

表面纳米栅格衰减观测方法(本书动力学章节有较详细的介绍)是定量测量非晶物质表面的有效方法之一。另外，通过观察非晶表面的修复过程也可以估算其表面的动力学参量。这些方法在不同体系都发现非晶物质表面和其体内巨大的动力学差异[47-49]。图 15.29 是另一种独特的显示和测量非晶物质表面的动力学的方法[29]。该方法用烟草花叶病毒为探针来测量非晶物质的表面扩散。随着退火时间(退火温度是 T_g-12 K)，半月形病毒沉入非晶物质的表面，AFM 图片显示病毒颗粒随退火时间的变化，测量病毒陷入的深度，由此可以估算表面扩散系数[29]。

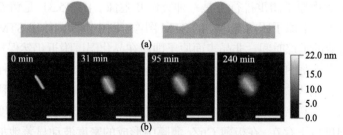

图 15.29　(a)示意烟草花叶病毒作为探针来测量非晶物质表面扩散的示意图，半月形病毒沉入非晶物质表面；(b)AFM 图片显示病毒颗粒随退火时间的变化，退火温度 T_g-12 K[29]

中国科学院物理研究所发展了一种在非晶合金表面刻蚀周期性纳米栅格结构，根据栅格周期随温度衰减来估算非晶合金的表面动力学参数的方法[39]。结果发现非晶合金表面，扩散系数在 T_g 温度以下比体扩散系数高大约 10^5 倍。表面的晶化也比三维块体非晶晶化快至少 100 倍。

利用动力学原子力显微镜可以研究非晶合金 Au-Si 表面的动力学行为。图 15.30 是非晶 $Au_{70}Si_{30}$ 表面不同纳米尺度的区域在 3.49 nN 力作用下发生的塑性变形，但是其能量耗散行为不同。发现三类(标注为类型Ⅰ、Ⅱ、Ⅲ)不同纳米区域能量耗散行为。有的区域耗散行为并不随扫描次数变化，而是随机结构重排(类型Ⅰ)，有的增加(类型Ⅱ)，这类区域发生回复行为，有的减小(类型Ⅲ)，这些区域发生了结构弛豫[50]。这说明非晶合金表面的动力学行为也是非均匀、非线性的。

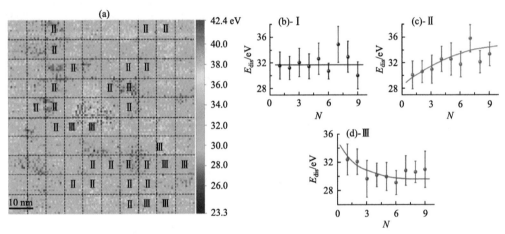

图 15.30　非晶 $Au_{70}Si_{30}$ 表面不同纳米尺度的区域在 3.49 nN 力作用下的能量耗散行为。(a)三类(标注为类型Ⅰ、Ⅱ、Ⅲ)不同纳米区域不同的能量(E)耗散行为。(b)~(d)随着扫描次数增加，三种不同能量耗散行为：不变、增加、减小[50]

扫描隧道显微镜(STM)能够用于研究非晶物质表面原子在远低于 T_g 温度下的动力学行为。STM 可以观察跟踪非晶合金表面原子 1~1000 min 的移动行为[51-53]。对于 Fe 基非晶合金(T_g = 507 ℃)，在室温，80~150 ℃温区，STM 观察到其表面原子团可以在两态之间以来回跳跃的方式重排，这种重排动力学方式在空间和时间上都是非均匀的，其热激活能约为 $14k_BT_g$，相当于慢 β 弛豫的热激活能 $26k_BT_g$ 的一半，差别是因为表面原子堆砌更松散。这表明表面原子团重排行为是一种类慢 β 弛豫。图 15.31 是铸态和重熔态非晶 $La_{60}Ni_{15}Al_{15}Cu_{10}$ 表面上原子团两态运动的 STM 图像。图中圆圈内给出 STM 两种状态的团簇照片，以及对应的示踪时间。非晶表面原子即使在晶化温度附近仍然保持类液态行为。

通常，在一些金属和合金的自由表面附近会形成表面密度波动，这种密度波动最终随着结晶的发生而消失。模拟证实由于非晶合金表面具有较高的原子迁移率和动力学行为，表面看上去类似极黏稠的液体，这导致在很薄的非晶薄膜中表面密度波动仍然可以在非晶态转变温度以下存在。在极薄 CuZr 薄膜中形成的密度波动显著地加强了动力学不均匀性，形成了迁移率和内应力的波状分布[54]。

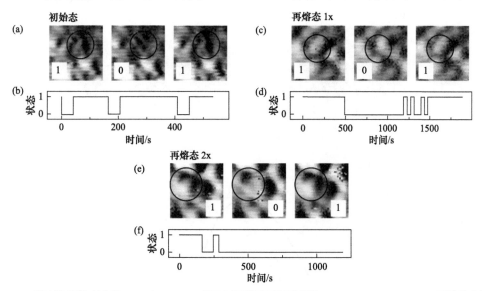

图 15.31 铸态和重熔态非晶 $La_{60}Ni_{15}Al_{15}Cu_{10}$ 表面上原子团两态运动的 STM。(a)、(c)、(e)STM 两种状态的团簇照片(圆圈内)，以及对应的示踪时间(b)、(d)、(f)。扫描条件：10 pA，1 V。STM 照片尺寸：6 nm × 6 nm [52]

通过对不同脆度(fragility)的非晶物质(涉及聚合物、金属、硅化物等非晶物质)表面动力学研究对比发现，非晶物质表面动力学的快慢和其脆度关联。如图 15.32 所示是具有不同脆度的典型非晶物质的体扩散系数 D_v 和表面扩散系数 D_s 的比较。最强的 SiO_2 玻璃的表面扩散系数只比体扩散系数大一个量级；而脆度系数较大的非晶物质的体扩散系数 D_v 和表面扩散系数 D_s 相差 7~8 个量级。这表明强非晶物质表面原子激活有更大的阻力[55]。

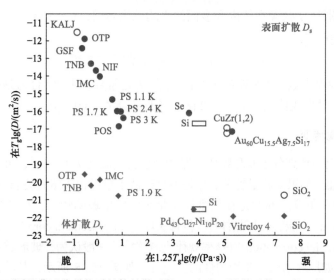

图 15.32 脆度不同的典型非晶物质的体扩散系数 D_v 和表面扩散系数 D_s 的比较(η 是黏滞系数)[55]

总之，如图 15.33 所示，非晶物质表面粒子弛豫的势垒只是体内粒子的一半左右，因此其动力学、扩散系数、黏滞系数都远快于体内粒子。

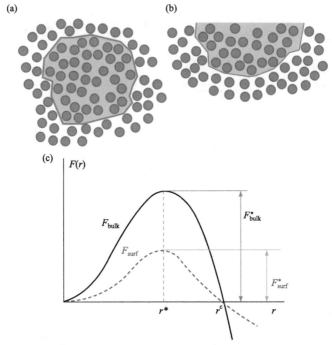

图 15.33 表面和体内粒子示意图，以及表面和体内粒子激活能 $F(r)$ 的比较[41]

目前，有几种解释非晶物质表面的快动力学机制模型。无规一级相变模型(RFOT)[56,57]、耦合模型[58]都试图对表面动力学进行解释。RFOT 预测[57]：

$$\tau_\alpha/\tau_s = \left(\tau_\alpha/\tau_0\right)^{0.5} \tag{15.1}$$

式中，τ_α 和 τ_s 分别是 α 弛豫在体内和表面的平均弛豫时间，$\tau_0 = 1$ ps。

耦合模型预测[58]：

$$\tau_\alpha/\tau_s = \left(\tau_\alpha/t_c\right)^n \tag{15.2}$$

式中，n 是耦合模型参数，即 KWW 方程的系数。t_c 是常数，对于结合力是范德瓦耳斯(van der Waals)力的非晶形成体系，$t_c \approx 1\sim2$ ps，对非晶合金 $t_c \approx 0.2$ ps。

15.5.3 二维玻璃转变

图 15.34 给出一种高分子非晶物质膜厚和玻璃转变温度 T_g 的关系，可以看到随着膜厚降低，T_g 大大降低。如果薄膜足够薄，T_g 是不是远低于室温和块体的玻璃转变温度？那么，一个非常有意思和争议的问题是在低维体系是否能发生玻璃转变？在二维晶体固体体系中，热扰动(fluctuation)能够破坏晶体序，位移关联性(displacement correlation)呈指数规律增长，密度关联(density correlation)以幂率规律衰减[60-62]。一般认为，玻璃转变在二维和三维有类似的特征，如局域结构和非均匀性的变化等，如图 15.35 所示，其动力学非均匀性类似地图[63]。计算机模拟研究表明，玻璃转变的一些模型在不同的维度适用性不同[64,65]。例如模拟发现 Adam-Gibbs 关系，即弛豫时间和构型熵之间的关系在三维和四维都有效，但是在二维不适用[64]。模拟还发现二维和三维非晶物质动力学及玻璃转变完全不同[65]。在三维体系，粒子在趋近玻璃转变时的非常明显的瞬间局域化现象在二维非晶中没有出现。

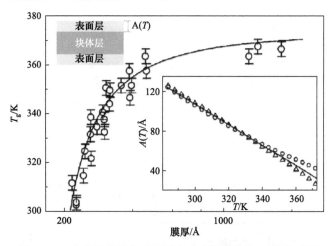

图 15.34　高分子非晶物质膜厚和玻璃转变温度 T_g 的关系[59]

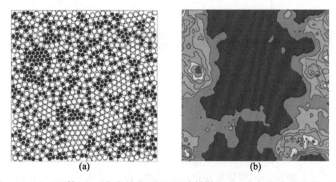

图 15.35　二元体系二维非晶物质的局域结构(a)和动力学非均匀性(b)[63]

图 15.36 给出三维和二维体系在趋近玻璃转变点时的不同。在三维非晶体系中，深过冷液态最主要的动力学特征是粒子瞬态定域化，导致其自散射函数(the self-intermediate scattering function)出现一个特征平台(图 15.36(a))。而在同样的非晶形成体系，在二维情形，其自散射函数没有出现一个特征平台(图 15.36(b))[65]。在二维体系中，取向关联(orientational correlation)弛豫时间和平移(translational)弛豫时间随温度的变化会分离，而在三维中并不出现。此外，在二维和三维中，动力学非均匀的特征尺度以及和弛豫时间的关系差别也很大。但是关于二维体系的玻璃转变的系统实验工作还不多。

15.5.4　非晶表面快动力学导致的效应和现象

非晶物质表面(准二维非晶)快动力学行为对非晶物质整体的动力学、性能有重要影响，导致诸多有趣和重要的效应和现象[10,25]。

利用低维快动力学行为制备超稳非晶物质。通过控制沉积速率，使得沉积到衬底上的粒子层足够薄，这层准二维的沉积膜动力学行为足够快，能够使这层中原子在被后面沉积的粒子覆盖、限制前，有足够的动力学时间找到比较稳定的能量状态和结构构型，从而得到超稳定的非晶材料[66-68]。这些在超稳定非晶制备相关章节中有详细介绍，这里不赘述。

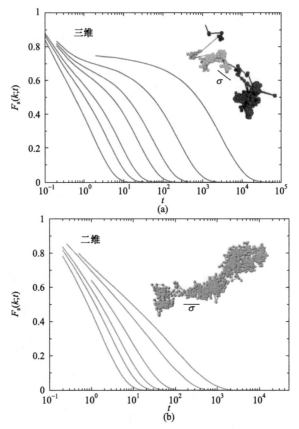

图 15.36 二维和三维非晶物质的结构弛豫演化过程对比。(a)三维体系的自关联函数 $F_s(k,t)$ 随温度的演化，其中插图是示意粒子轨迹，某些小粒子有较长距离的跃迁；(b)二维体系的自关联函数 $F_s(k, t)$ 随温度的演化，插图中粒子没有突然跃迁行为[65]

在有机非晶物质中，表面增强的分子或原子流动性对其表面晶化有重要影响。在非晶合金中，表面超快动力学行为也导致奇异的表面晶化行为[39,69]。快速的表面扩散行为导致在低于 T_g 温度退火时表面会出现晶化，如图 15.37 所示，非晶 $Pd_{40}Ni_{10}Cu_{30}P_{20}$ 表面在 546 K(比 T_g 低 20 K)条件下退火，50 h 后 XRD 测量到尖锐的衍射峰，随着退火时间的增加，XRD 衍射峰逐渐增强，并变得更尖锐。对退火 200 h 的样品做表面 100 nm 厚度的离子减薄，发现减薄后晶化峰完全消失，剩下的仍是非晶基体，这证明了晶化行为只发生在非晶合金最表层(图 15.38) [69]。

从图 15.38 中 SEM 照片可以看出在 546 K 退火 50 h 样品上分布有初始的晶化区域，其半径大概在几个到十几个微米尺度。利用离子减薄去除表层 30 nm 厚度时样品表面晶化层基本已被刻蚀干净，即晶化深度应小于 30 nm。可以看出晶化面生长速率比体内生长速率高出了至少两个量级。根据 SEM 所示的晶化区域面密度可以大概估算出这种形核密度，相当于块体在 630 K 条件下的形核密度[70]，在该温区块体中最快和最慢元素 P 和 Pd 的扩散速率大约在 10^{-17} m²/s 和 10^{-18} m²/s，非常接近于在该温区的测量值 10^{-16} m²/s 量级，所以这进一步说明了表面原子的能态相当于体原子在高温下的状态[71]。

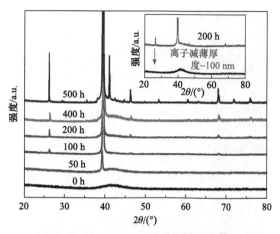

图 15.37　非晶 $Pd_{40}Ni_{10}Cu_{30}P_{20}$ 在 546 K$(=T_g-20\ K)$退火不同时间的表面 X 射线衍射图。插图是退火 200 h 形成的表面晶化层(厚度～100 nm)，可以用粒子溅射去除[69]

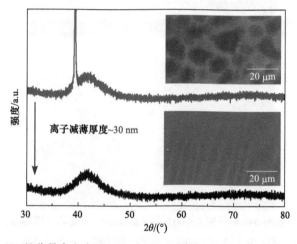

图 15.38　546 K 退火 50 h 的非晶合金表面 SEM 与 XRD 测量，以及离子减薄 30 nm 后的图样，黑色区域为晶化区[39,69]

　　图 15.39 是球差电镜对 546 K 下退火 200 h 的非晶合金进行的剖面观测，可以清晰地看出表面晶化层与母体非晶物质的差异。晶化层厚度非常均匀，有清晰的晶体/非晶界面。原子尺度高分辨的电镜观察到晶化层中完美的超晶格结构：分别由一个 1.1 nm 以及 1.5 nm 周期晶格调制组合而成[69]。超晶格层的厚度有 200 nm 左右。这种表面晶化生成超晶格的现象在很多非晶合金体系都观察到了。如图 15.40 是不同非晶合金表面晶化的高分辨电镜照片。可以看到非晶 $Pd_{40}Ni_{40}P_{20}$ 在 569 K $(=T_g-5\ K)$退火 40 h，可得到周期为 0.49 nm 的超晶格结构；非晶 $Zr_{65}Cu_{15}Ni_{10}Al_{10}$ 在 618 K $(=T_g-25\ K)$退火 120 h，可得到周期为 0.75 nm 超晶格结构[69]。对图 15.39(b)照片中 E 区域进行球差电镜下的 EDX 模式以及 XPS 表面深度剖析测试(图 15.41)，可以看到存在一个 100～500 nm 成分过渡层，由于表面效应，各元素在过渡层中都有着明显的梯度变化，但在晶化层中只有 Ni 成分与非晶相比有明显偏聚现象，而其余元素并无明显差异。

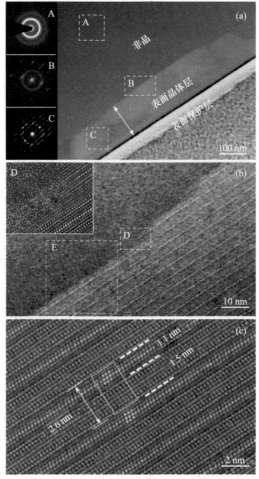

图 15.39 (a)球差电镜下观测 546 K 下退火 200 h 的 Pd40Ni40P20 表面晶化层剖面，内置 A、B、C 图分别为非晶、非晶/晶体界面、晶化层三个区域的选区电子衍射图样，(b)非晶晶体界面的放大图样，对应(a)图中的 B 区域，(c)为晶体结构的原子分辨图[69]

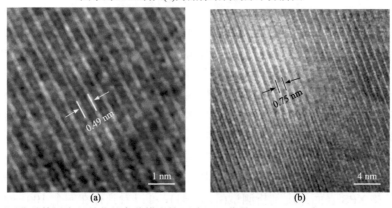

图 15.40 不同非晶体系表面晶化的高分辨电镜照片。(a)非晶 Pd40Ni40P20 在 569 K(= T_g - 5 K)退火 40 h 得到的超晶格结构，其周期为 0.49 nm；(b)非晶 Zr65Cu15Ni10Al10 在 618 K(= T_g - 25 K)退火 120 h，得到的超晶格周期为 0.75 nm[69]

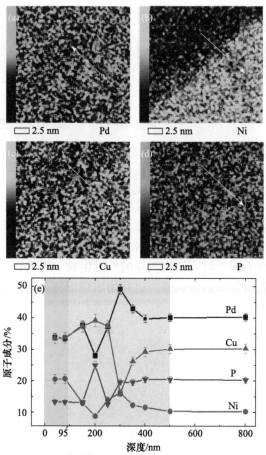

图 15.41 (a)~(d)为 Pd、Ni、Cu、P 的 EDX 界面成分面分布分析；(e)为 XPS 各元素比例的深度剖析[69]

表面晶化行为对温度较为敏感，对于 $Pd_{40}Cu_{30}Ni_{10}P_{20}$ 非晶合金，只有在 553 K 以下温度范围内长时间退火，其表层才会发生均匀形核，并不断地向体内外延生长，获得类似于单晶的超晶格结构[69]。如果将退火温度升高到 556 K 及以上，表面晶化层将不再仅限于最表层，晶体生长方向也开始变得多样化。在电镜下明显看到表层晶体层开始出现了多晶及晶界，不同区域之间出现了晶格错配夹角，即表层晶化主要是多晶结构，XRD也表明更多的宽化晶化峰出现，如图 15.42 所示。

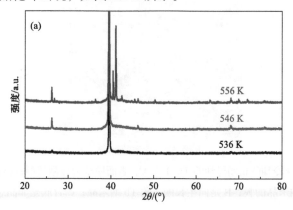

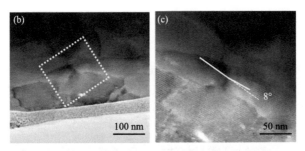

图 15.42　(a)为不同温度退火后非晶 $Pd_{40}Ni_{40}P_{20}$ 表面晶化相的 XRD 测量结果，(b)和(c)为 556 K 退火非晶合金的透射电镜形貌[69]

　　非晶表面晶化导致单晶生长的动力学过程示意图如图 15.43 所示，退火温度较低时，由于表面快动力学行为和类液的表面层，形核过程优先发生于最表面，形成准二维的晶化层。随着退火时间增加，晶核不断向体内外延生长，最终形成超晶格的类单晶结构。这种外延生长机制完全不同于衬底结构诱导的外延生长。退火温度较高时表面活跃层厚度增加，体内原子也获得足够的激活能，也开始出现形核，体内与表面晶核同时生长导致最后的多晶晶化行为[69]。

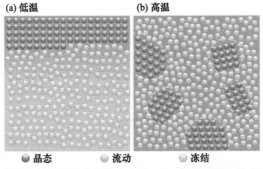

图 15.43　(a)温度退火导致的超晶格表面晶化行为；(b)高温下导致的多晶晶化行为示意图[69]

　　在熔体凝固过程中，通过控制合适的冷却速率，也可以实现表面晶化。例如合金 $Tb_{65}Fe_{25}Al_{10}$ 熔体在快冷过程中，在合适的冷却速率下，可以得到表面定向生长的 Tb 纳米晶柱，这些纳米晶柱高度是 15～30 nm，直径约 10～20 nm，都垂直于合金表面，如图 15.44

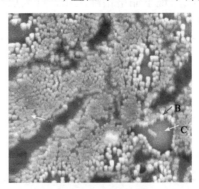

图 15.44　合金熔体快速冷却(5 m/s)得到的 $Tb_{65}Fe_{25}Al_{10}$ 表面原子力显微镜照片(5 μm×5 μm)A 含有大量 Tb 纳米晶的膜；B 定向生长的六角 Tb 纳米晶；C 背底是非晶态[72]

所示[72]。这些在非晶表面形成的 Tb 纳米柱成片、定向、垂直表面排列(见图中 B)。而且这些独立的 Tb 纳米柱都是六角形的，从非晶基底中生长出来。这些纳米柱的形成和表面快动力学行为也密切相关[72]。

　　非晶表面快动力学行为可以导致奇异的力学行为。实验发现表面快动力学能促进非晶表面类似液态的均匀流变，起到润滑层的作用[73]。从图 15.45 可以看到，当摩擦痕迹尺度降到纳米级时，摩擦系数下降两个量级，而且摩擦时锯齿状黏滑耗能现象也消失了。扫描探针照片显示常规摩擦划痕的堆积现象在纳米尺度的划痕中消失了。这种自润滑现象和材料的玻璃转变温度有关。这说明非晶物质表面几十个纳米尺度是类液层，快动力学可以促进润滑。

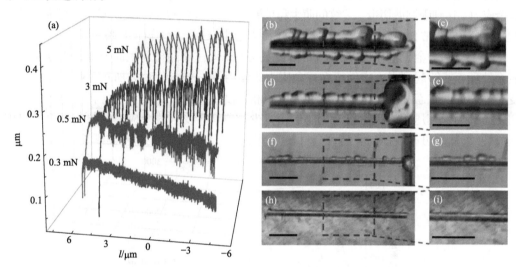

图 15.45　(a)不同正向作用力下的非晶 $Pd_{46}Cu_{32}Ni_7P_{15}$ 合金的摩擦系数。(b)~(h)是不同作用力下摩擦痕迹的扫描探针照片(b)、(c) 5 mN，(d)、(e) 3 mN，(f)、(g) 0.5 mN，(h)、(i) 0.3 mN。标尺是 2 μm[73]

　　室温下，摩擦划痕可在磁性非晶 FeSiB 条带表面造成垂直取向的磁畴[74]。图 15.46 是非晶 $Fe_{77}B_{14}Si_9$ 条带用不同尺寸 Al_2O_3 颗粒摩擦后的 10 $\mu m \times$ 10 μm 原子力 AFM(左)和磁力显微镜 MFM(右)像。其中黑和亮的区域代表正向或方向垂直表面的磁畴[74]。没有实施表面

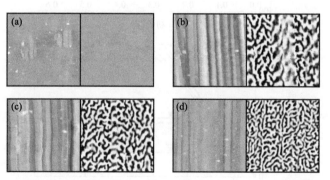

图 15.46　非晶 $Fe_{77}B_{14}Si_9$ 条带用不同尺寸 Al_2O_3 颗粒摩擦后的 10 $\mu m \times$ 10 μm 原子力 AFM(左)和磁力显微镜 MFM(右)像：(a)原始态；(b)10 μm；(c)7 μm；(d)5 μm[74]

摩擦的非晶样品,磁力显微镜看不到磁畴[图 15.46(a)];表面经过摩擦后,原子力显微镜显示非晶合金表面有很多划痕,而磁力显微镜显示划痕造成取向磁畴的产生[图 15.46(b)~(d)]。该现象也和表面快动力学相关[74]。因为非晶表面的类液层、摩擦划痕改变了非晶表面结构,导致磁畴的取向定向。

由于表面对非晶物质性能有重要影响,因此可以通过对表面处理和调控来改变、增强或者调制非晶材料的性能。下面是一个通过表面改性增强非晶材料塑性的例子。脆性一直是非晶材料领域严重制约其工程应用及其他优异性能发挥的难题。非晶材料的形变主要局域在纳米尺度的剪切带内,承载非晶形变的剪切带很可能起源于类液的非晶表面。为了提高氧化物玻璃材料的力学性能,在工业界普遍采用一种叫"回火"(tempering)的技术来引入表面压缩残余应力,达到限制剪切带、裂纹的萌生和扩展的目的,这种方法可把玻璃的强度提高最多4 倍[75]。这样非常脆的玻璃可作为结构材料大量应用在建筑、汽车(窗户玻璃)等领域。

对于非晶合金,采用喷丸(shot peening)的方法,即往非晶材料表面喷金属小颗粒进行表面处理,能够起到引入表面压缩残余应力的作用[76],如图 15.47 所示,喷丸能有效改变非晶表面的状态和结构,如残余应力分布和硬度,导致在非晶合金材料中引入大量剪切带,这使得其压缩过程更接近均匀形变,少数剪切带受到残余应力的限制难以很快扩展成裂纹,从而可有效提高非晶合金材料的塑性。图 15.48 是喷丸对弯曲断裂的影响比较:

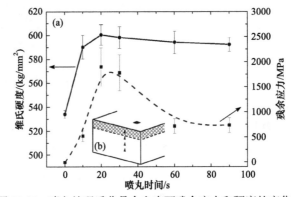

图 15.47 喷丸处理后非晶合金表面残余应力和硬度的变化[76]

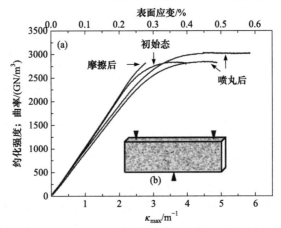

图 15.48 表面喷丸处理有效促进非晶合金抗弯曲断裂的能力[76]

表面喷丸处理可有效促进非晶合金抗弯曲断裂的能力[76]。图 15.49 是喷丸前后非晶合金压缩塑性的比较，喷丸使得压缩塑性提高到 20% 以上。端口分析表面没有喷丸处理的样品压缩时剪切带很少，且分布不均匀，喷丸的样品产生大量均匀分布的剪切带[76]。这个结果证明非晶表面对非晶力学性能影响很大。表面处理为解决非晶材料的脆性问题提供了新的、更简单的途径。

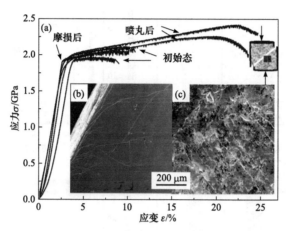

图 15.49　(a)喷丸前后非晶合金压缩塑性的比较，喷丸使得压缩塑性提高到 20% 以上；(b)没有喷丸处理的样品压缩时剪切带很少，且分布不均匀；(c)喷丸的样品产生大量均匀分布的剪切带[76]

非晶材料的表面动力学效应在化学功能应用上具有较大的优势。例如在电催化反应中，表面局域原子活性决定催化活性，可应用于电催化分解水制氢过程中。制氢的一个比较经济的方法是电化学水分解，或称析氢反应(hydrogen evolution reaction，HER)[77,78]。高效 HER 的关键是高活性、长寿命的催化剂。Pt 基催化如 Pt/C 具有较高的催化活性，但是 Pt 成本高而且储量少，大规模应用较为困难。虽然有各种各样的晶态催化剂被开发出来，如金属氧化物、碳化物、硫化物以及它们与纳米碳材料的复合物等[79]，但是这些晶态催化剂的催化活性极度依赖于它们的晶体结构[80]。受复杂的化学制备过程的限制，这些材料与 Pt/C 相比无法同时达到高活性和长寿命。

非晶态材料也可以作为催化剂[80-83]。例如纳米结构非晶合金在电化学反应中具有一定的作用，非晶合金纳米颗粒和薄膜在甲醇电氧化和氧还原反应中具有催化性质[80]。图 15.50 是非晶 $Pd_{40}Ni_{10}Cu_{30}P_{20}$ 条带和商用 Pt/C(10wt% Pt，来自 Alfa Aesar 公司)在相同的条件下测试的催化活性对比[80]。如图 15.50(a)中的极化曲线所示，非晶条带在循环 10000 周之后，在电流密度 $j=10$ mA/cm^2 下的过电势仅为 76 mV。其中循环伏安(cyclic voltammogram，CV)的电压范围为–0.3～0.1 V，循环速率为 100 mV/s。而相同条件下 Pt/C 的过电势达到 108 mV[图 15.50(b)]。因此，非晶合金的催化活性比 Pt/C 优越，尤其是在长时间，例如在 10000 周循环之后，Pt/C 的催化活性和其他催化剂一样显著降低，而非晶合金却表现出相反的趋势。如果定义起始电压(onset potential)为 $j = 0.6$ mA/cm^2 时的电压，那么非晶的起始电压为 25 mV，与 Pt/C 的 15 mV 相近[图 15.50(c)]。Pt/C 的起始电压在 10000 周循环之后达到 35 mV，而非晶合金的下降至 14 mV。这些结果表明 Pt/C 在

CV 中逐渐丧失催化活性, 但是非晶合金的活性却自我增强。图 15.50(d) 显示在过电压(j = 10 mA/cm²), 非晶合金在 10000 周循环之后保持在 70 mV, 而 Pt/C 的快速增加到超过 100 mV[80]。

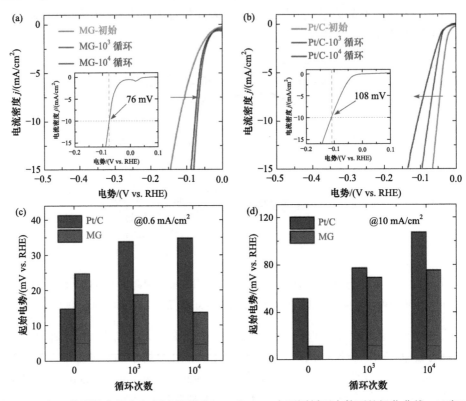

图 15.50　(a)和(b)分别是非晶合金(图中缩写为 MG)和 Pt/C 在不同循环次数下的极化曲线。(c)和(d)分别是非晶合金和 Pt/C 在不同循环次数下的起始电压和电流密度为 10 mA/cm² 时的过电势[80]

　　非晶合金催化剂在 10000 周循环之后的活性甚至要高于其初始状态, 具有较高的稳定性。图 15.51 用计时安培测量方法(chronoamperometry measurement)测试了非晶合金和 Pt/C 在静电压 −0.3 V 时的电流密度。非晶合金的电流密度在测试初期增加并在 10000 s 时达到最大值, 而后缓慢下降。经过 40000 s, 其值仍为 100%。而 Pt/C 的电流密度随着时间的延长快速下降, 经过 40000 s 后只有 40% 左右。另外, 在经过 100000 s 测试后, 非晶的电流密度仍要大于 Pt/C, 而且它仍然保持为非晶态(见图中插图)。这些结果表明非晶合金在酸性熔体中对 HER 不仅具有较高的催化活性, 而且具有优异的稳定性。

　　图 15.52 是非晶合金 $Pd_{40}Ni_{10}Cu_{30}P_{20}$ 条带优异的催化活性(塔菲尔斜率和电流密度为 10 mA/cm² 的过电势)与超过 100 种已报道的不同催化剂在酸性电解质中的数据进行对比, 其中包括最常研究的 Mo 基、Co 基和 Ni 基的催化剂。可以看出非晶合金属于较优良的催化剂, 其塔菲尔斜率和过电势都低于 100 mV/dec, 其催化活性比许多晶态催化剂比如 $[Mo_3S_{13}]^{2-}$ 纳米团簇和无金属 C_3N_4/N 掺杂的石墨烯, 以及许多无机非晶催化剂更高。更重要的是, 正如图中箭头所示, 非晶合金的效率与晶态材料快速衰减形成鲜明的对比。非晶合金这种不寻常的性质为提高 HER 的效率提供了一种新的途径。

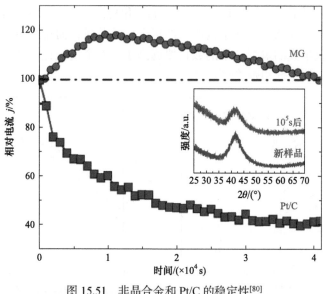

图 15.51 非晶合金和 Pt/C 的稳定性[80]

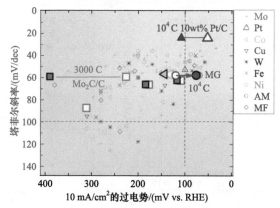

图 15.52 非晶合金的塔菲尔斜率和电流密度为 10 mA/cm² 的过电势与超过 100 种已报道的催化剂
在酸性电解质中的数据对比[80]

Ir-Ni-Ta 非晶合金薄膜体系具有比 Pt 和 Ir 更高的催化稳定性[84]。采用离子束溅射沉积方法制备的纳米级 $Ir_{25}Ni_{33}Ta_{42}$ 非晶合金薄膜厚度为 15 nm，贵金属 Ir 的负载量约为 8.14 μg/cm²。该薄膜的表面呈现出接近原子级别的平整度。如图 15.53 所示，在 0.5 M[①] H_2SO_4 环境下，该 $Ir_{25}Ni_{33}Ta_{42}$ 非晶合金薄膜仅需 99 mV 的过电势即可驱动 10 mA/cm² 的电流密度，虽然这一数值高于同样条件下的 Pt(46 mV) 和 Ir(59 mV) 薄膜的过电势，却远低于如 CoP(202 mV) 等磷化物薄膜的过电势。$Ir_{25}Ni_{33}Ta_{42}$ 非晶合金薄膜的塔菲尔斜率为 35 mV/dec，与 Pt(28 mV/dec) 和 Ir(30 mV/dec) 薄膜的相近。在 1000 次循环伏安扫描后，其催化活性并未发生变化；在 10 mA/cm² 的恒定电流密度下检测过电势的变化，经过 10 h 的测试，其过电势的增加仅为 50 mV。与之相比，Pt 和 Ir 薄膜在 10 h 测试后过电势的增加则分别高达 250 mV 和 200 mV。和其他非晶合金催化剂相比，$Ir_{25}Ni_{33}Ta_{42}$ 非晶合金薄膜兼具较低

① 1 M=1 mol/L。

的过电势和塔菲尔斜率，具有比 Pt 和 Ir 更高的催化稳定性(图 15.54)。尤为重要的是，其催化活性并非来源于复杂的表面结构或高的贵金属负载量，而是其本征性能。其单位时间单个活性位点上生成的氢气分子的数目要远高于过渡金属硫化物和磷化物，并且可以和其他含贵金属的催化剂相媲美[84]。

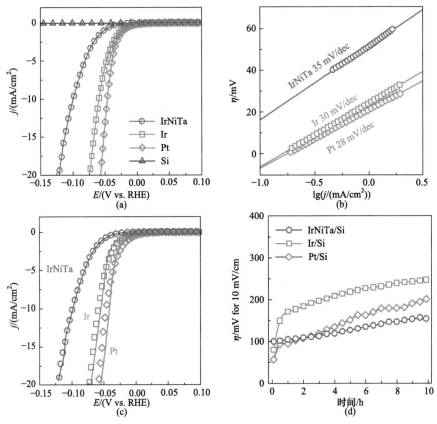

图 15.53 $Ir_{25}Ni_{33}Ta_{42}$ 非晶合金薄膜的析氢反应催化活性和稳定性[84]

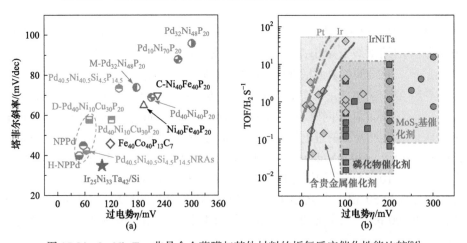

图 15.54 $Ir_{25}Ni_{33}Ta_{42}$ 非晶合金薄膜与其他材料的析氢反应催化性能比较[84]

非晶优异的催化性能主要归因于非晶态结构和合金体系，并和其表面态密切相关。催化过程中非晶合金表面的成分和价态变化的 X 射线光电子能谱(X-ray photoelectron spectroscopy，XPS)如图 15.55 所示。金属态 Pd(Pd^0)在初始样品中占主导，但是在电化学测试过程中出现了具有电催化活性的 Pd^{2+}。相反，Cu 2p 图谱说明初始样品表面含有氧化态 Cu^{1+} 和 Cu^{2+}。氧化态 Cu/Ni 的出现是 Cu/Ni 与 P 之间类共价键的连接导致了从 Cu/Ni 到 P 的电荷转移。然而，在 HER 过程中这些氧化态消失，表面只剩下金属铜 Cu^0。根据非晶表面成分分析，在 HER 过程中由于电负性的差异发生了选择性去合金化(selective dealloying)。在 100000 s 之后，Ni 从非晶合金表面完全消失，而 Cu 和 P 也发生了不同程度的溶解。因此，非晶合金表面变得 Pd 富集。

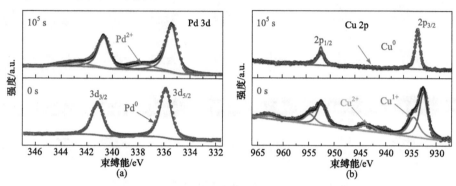

图 15.55　初始样品(0 s)和 HER(10^5 s)之后非晶合金表面 Pd 3d (a)和 Cu 2p (b)的 XPS[80]

理论上，HER 的两个过程：氢吸附(adsorption)和脱附(desorption)可以用一个三态图(three-state diagram)总结。它包含初始态 $H^+ + e^-$、中间态 H_{ads}(ads 代表吸附)和最终产物 $1/2\ H_2$。为了达到高催化活性，氢不能与表面原子结合过于紧密以至于吸附和脱附过程较快。这表明吸附氢自由能 ΔG_H 接近热中性自由能(thermo-neutral free energy)的催化剂($\Delta G_H \approx 0\ eV$)有较高活性[88]。采用密度泛函理论计算非晶合金表面 200 个可能吸附位点(示例如图 15.56)，发现其表面由于本征的结构不均匀性，其自由能 ΔG_H 分布较宽，即表面具有多种多样的活性位点(active site)，如图 15.57(a)所示。而对于晶体，由于其结构单一，ΔG_H 的分布较窄，活性位点类型单一。而且，非晶合金的 ΔG_H 在 $\Delta G_H \cong 0\ eV$ 处表现出峰值，证明非晶合金表面具有丰富的催化活性位点。ΔG_H 和化学元素分布也有关。通过统计不同 ΔG_H 的位点的元素分布[图 15.57(b)]发现 $\Delta G_H \cong 0\ eV$ 的位点含有较少的 Ni。非晶合金在 HER 初期活性升高的原因可能是 Ni 的选择性去合金化引起的自我优化的活性位点。由于 $|\Delta G_H| < 0.1\ eV$ 的活性位点都包含 Cu，因此局域 Pd-Cu 配位结构对 HER 的活性有重要意义。由于 Cu 也发生去合金化，非晶合金的 HER 活性会由于 Cu 的过度溶解而下降。然而，由于非晶表面具有多种活性位点，因此 HER 的催化活性会缓慢降低，而 Pt/C 由于活性位点单一造成活性快速下降[80]。

如图 15.58 示意的是非晶合金的催化特性原理。在 HER 过程中非晶合金 $Pd_{40}Ni_{10}Cu_{30}P_{20}$ 条带中 Cu 和 Ni 发生了不同程度的去合金化，但其溶解并不会改变材料的非晶态结构。在长时间后 Ni 从表面完全溶解，而具有催化活性的 Pd 变得更加富集。电化学反应初期催化活性的提升可以归因于 Ni 剧烈去合金化导致局域 Pd-Cu 配对形成的活性位点数量快速增

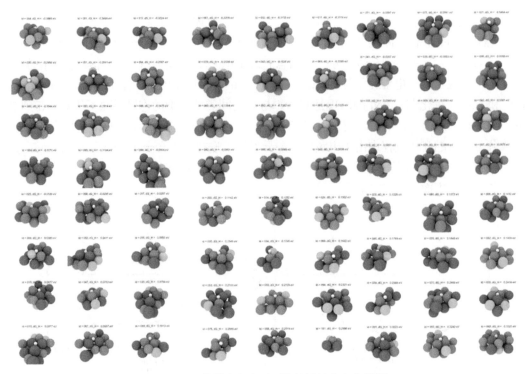

图 15.56   非晶合金表面可能的活性位点实例[80]

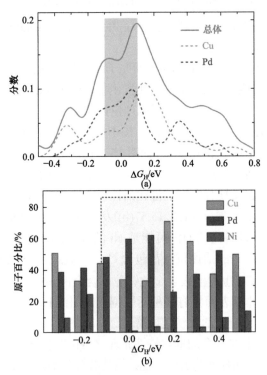

图 15.57   (a)非晶合金表面吸附氢的自由能的分布，虚线分别为以 Cu 或者 Pd 作为基数的统计结果；
(b)不同自由能对应的化学元素组成[80]

加。经过一定时间后，Ni 和 Cu 的进一步去合金化改变了局域结构和元素分布，因此 Pd-Cu 活性位点数量下降，催化活性衰减。同晶体材料具有单一类型的活性位点不同，非晶合金表面存在着丰富的活性位点，所以催化活性不会快速降低。因此，非晶合金的高催化活性和稳定性是选择性去合金化和结构不均匀性导致的自我优化的活性位点两方面导致的。这些特性表明非晶合金是潜在优异的制氢催化剂。

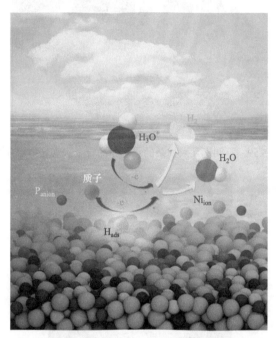

图 15.58　图示非晶合金 $Pd_{40}Ni_{10}Cu_{30}P_{20}$ 高催化活性和稳定性[80]

电化学沉积是广泛应用的金属合金表面着色技术，其颜色来自于由表面氧化层厚度所决定的可见光干涉。因为氧化层的厚度在合金产品的使用过程中不会改变，所以这项技术所实现的产品颜色在使用过程中是固定的。通过对非晶材料表面结构的处理和调制，可以自发改变非晶合金的颜色。例如在自然条件下非晶金属材料通过持续且不中断的自发氧化可自发改变颜色，其表面颜色几乎每周一变。该材料色泽均匀明亮，其表面在磨损后能自行修复重现颜色，且在紫外线下具有荧光效果。这是一种由稀土元素铈作为主要组元的非晶合金。它由于铈的化学活性所以在室温下有高的氧化速率，由于非晶表面结构中均匀的缺陷分布，所以避免了如多晶合金中因局域缺陷位置快速氧化所带来的锈斑，使得非晶合金的表面氧化层厚度均匀。通过在铈基非晶合金中掺杂钇，可以加快该金属材料在自然条件下的变色，实现了对其变色速率的调节，图 15.59 展示了不同含量的钇掺杂对材料颜色的影响；图 15.60 展示了该非晶材料的荧光效应；图 15.61 展示了非晶态铈基合金与同成分晶态铈合金在氧化和颜色上的差异。可以自发改变颜色的稀土基非晶合金有潜在的功能应用优势。

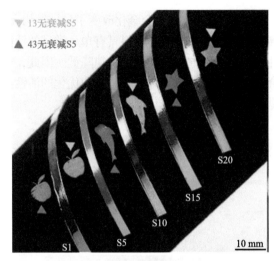

图 15.59　不同钇元素掺杂的彩色非晶合金宏观光学照片[86]

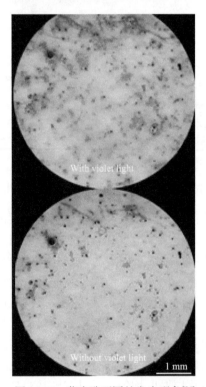

图 15.60　荧光致不同的发光现象[86]

15.5.5　超薄二维非晶膜的动力学行为

二维材料的研究促进了凝聚态物理基本理论的发展。例如,石墨烯作为一种单原子层的碳材料,提供了一种新颖的二维狄拉克电子激发态。超薄、准二维非晶膜也表现出独特的动力学行为。在准二维 CuZr 非晶薄膜中,其晶化行为完全不同于同样成分的块体非晶合金。这种薄膜不仅具有相对其块体更高的热稳定性,而且有着两种分立尺寸晶

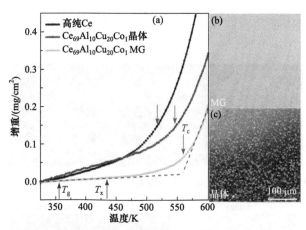

图 15.61　高纯铈、非晶态铈基合金与同成分晶态铈合金的氧化动力学行为；非晶态铈基合金与同成分
晶态铈合金经氧化后的光学照片[86]

粒的晶化行为，这些奇特的晶化现象主要来自于薄膜的不同动力学行为方式[87]。分子动
力学模拟表明二维 $Cu_{50}Zr_{50}$ 非晶膜中存在不同于块体 $Cu_{50}Zr_{50}$ 非晶的类似晶体的结构序，
如图 15.62 所示。二维非晶这些类似晶体的结构序决定了其动力学行为[88]。

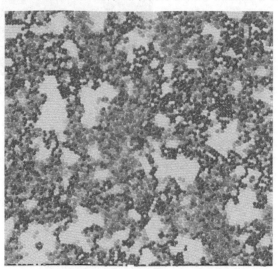

图 15.62　二维 $Cu_{50}Zr_{50}$ 非晶膜中不同于块体 $Cu_{50}Zr_{50}$ 非晶的类似晶体的结构序[88]

　　通过对二维 SiO_2 玻璃进行直接电镜观测，可以研究二维非晶物质是如何发生玻璃转
变的。图 15.63 是通过电镜提供直接的实验证据说明在二维 SiO_2 玻璃中键的链接和打开，
给出网状非晶物质动力学的原子尺度的结构起源[8,9]。研究证实 SiO_2 玻璃的环结构以及环
结构的打开和链接的原子尺度过程，即动力学的结构起源[8]。这些过程也导致了二维膜
中非晶到晶体之间的转变。图 15.64 是原位电镜观测二维 SiO_2 玻璃中粒子随时间的动力
学轨迹[8,9]。可以看到其动力学行为是局域的，不同的区域动力学快慢不一样。

　　图 15.65 是计算机模拟二维非晶体系局域动力学流变事件的激发过程,箭头方向和长
度分别代表原子移动的方向和位移大小，该图形象地给出在外力作用下二维非晶动力学

起源和原子流变的关系，应力的作用在二维非晶中也导致动力学局域化，不同区域动力学的快慢(用箭头表示)也不同[89]。

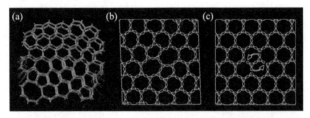

图 15.63   图示二维 SiO_2 玻璃中的玻璃转变以及动力学的结构起源[8,9]

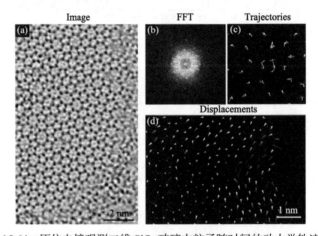

图 15.64   原位电镜观测二维 SiO_2 玻璃中粒子随时间的动力学轨迹[8,9]

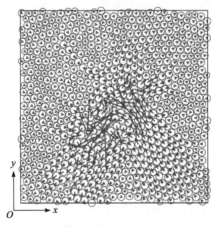

图 15.65   计算机模拟二维非晶体系局域动力学流变事件的激发过程，箭头方向和长度分别代表原子移动的方向和位移大小[89]

15.5.6   非晶丝(准一维)的动力学行为

对于准一维的非晶丝，由于其具有高比例的体积/表面原子比，类似二维非晶物质，也表现出不同于块体三维非晶物质的动力学行为。但是一维非晶物质动力学研究工作较少，下面以非晶合金纤维为例来介绍一维非晶物质的动力学行为。

实验采用高灵敏度微丝扭转装置(测试原理和装置见图 15.66)对热塑拉拔成型的、直径 $50 \sim 110\ \mu m$ 的准一维非晶合金微丝进行扭转测试。通过对扭转力学响应曲线的分析，结合扭转的"芯-壳"力学模型，可以得到非晶微丝表面的剪切模量、屈服强度[图 15.67(a)和(b)][90]。

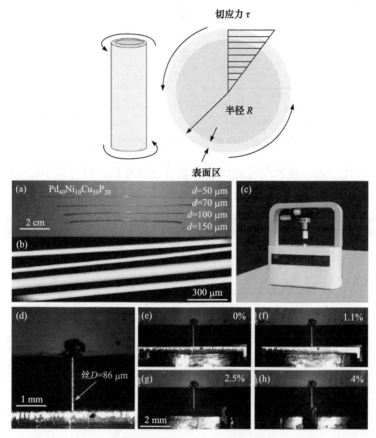

图 15.66　准一维非晶合金丝的复合结构模型和微丝扭转实验[90]

研究发现微丝表面层的剪切模量和屈服强度均明显低于块体，且随着直径减小而减小[图 15.67(c)和(d)]，其剪切模量最大降低约 27%，接近过冷液体的软化值。剪切模量和屈服强度的比仍维持在 2.5%附近[90]。

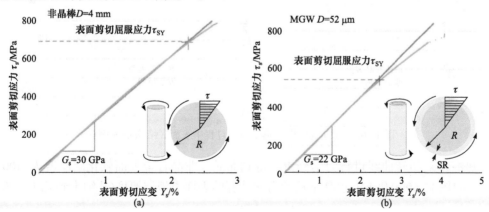

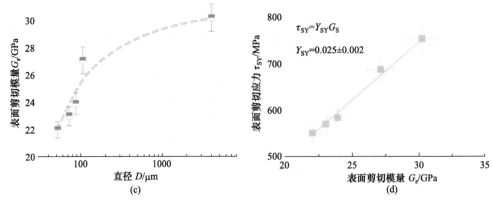

图 15.67　非晶合金微丝的表面剪切应力-应变曲线及剪切模量和屈服强度随直径的变化[90]

　　这种表面软化层的形成和尺寸效应与非晶合金丝在热拉拔过程中形成的三轴拉应力导致的负压状态密切相关[图 15.68(a)]。如图中所示，随着微丝直径的降低或热塑变形程度的增加，微丝表面层被冻结的自由体积也越多，软化更明显[图 15.68(b)]。这些是一维非晶丝动力学行为不同的结构原因。

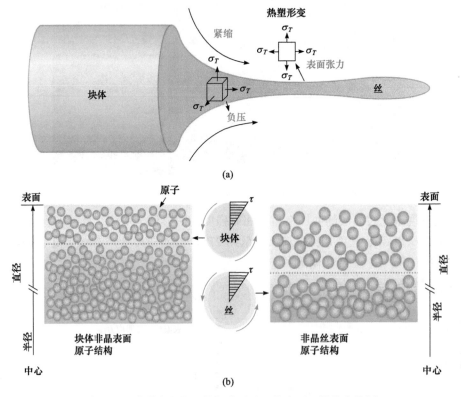

图 15.68　非晶合金微丝热塑成型过程中表面区结构变化[90]

　　进一步对扭转曲线进行力学分析，得到非晶丝非晶合金表面软化层厚度为 400～1000 nm[图 15.69(a)和(b)]，远高于从动力学估算的表面类液层厚度(几纳米到几十纳米)。

该表面层厚度还进一步通过同步辐射 Nano-CT 技术所证实[图 15.69(c)]。结果显示在一维非晶丝表面存在一个模量逐渐软化的区域，其剪切模量随深度逐渐增加。在最表层的几十纳米区域，具有表面类液体行为。而随着表面深度的增加，剪切模量逐渐增大，具有类固体行为。

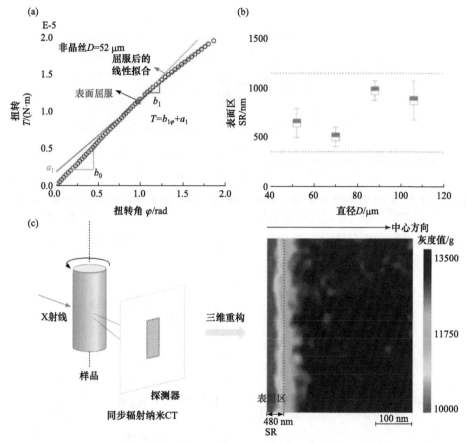

图 15.69　非晶合金微丝表面层厚度的计算和密度的探测[90]

高敏感度的微丝扭转技术揭示出一维非晶合金表层不寻常的动力学性质和表面剪切模量软化特性(模型见图 15.70)，其剪切模量和屈服强度接近过冷液体。表层软化能够显著影响微尺度非晶合金的力学行为，有利于改善其脆性。

15.5.7　纳米非晶颗粒(准零维)的动力学行为

尺寸效应是纳米科学与技术领域的核心课题之一。接近零维的小尺寸颗粒带来了特殊表面与界面作用，因此展现出独特的力学、物理和化学性能，在工程应用中具有广阔的前景[91-94]。

对于纳米非晶颗粒(准零维非晶物质)，由于其表面原子或界面原子数与整个颗粒原子数相当，所以其颗粒表面或界面效应明显。这使得零维非晶物质具有独特的动力学、物理、化学、力学性能[95-101]。甚至单质金属元素，如 W、Ta 等，在纳米尺度可以在室温

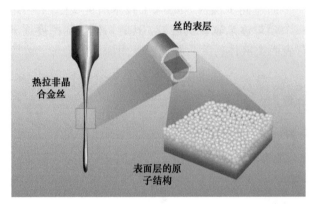

图 15.70　热塑拉拔成型的非晶合金丝及其表面快动力学层(软层)[90]

下形成稳定的非晶态[101]。但是对纳米尺度非晶颗粒的研究，相比纳米尺度的晶态颗粒研究得很少。因此，很多结果和结论还很初步，甚至互相矛盾。这里介绍一些最新的结果。

图 15.71 是孤立(纳米级分子链)、半孤立以及块体 P2VP 聚合物分子的 α 弛豫(两种分子量的聚合物)[102]。可以看到协同运动如玻璃转变在纳米级孤立分子链聚合物中仍存在。但是其黏滞系数随温度的变化、激活能都不同于块体。其 α 弛豫时间分布更宽，意味着近零维非晶动力学更加不均匀。

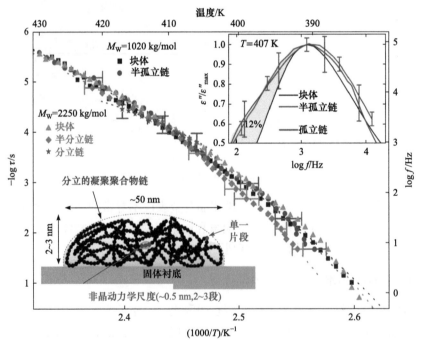

图 15.71　孤立(纳米级分子链)、半孤立以及块体 P2VP 聚合物分子的 α 弛豫(两种分子量的聚合物)，
其中虚线是 VFT 拟合。插图是它们的动力学介电谱[102]

另外一个巧妙的实验清晰地给出了尺度和玻璃转变、动力学的关系。将非晶聚合物(二甲基硅氧烷)注入纳米多孔材料中，这个纳米多孔材料的空洞的尺度可调，这样就能够得到

不同尺度的非晶聚合物，可以研究非晶颗粒的尺度和玻璃转变与动力学的关系。图 15.72 所示是限制在纳米多孔中的非晶聚合物(二甲基硅氧烷)的 α 弛豫[103]。可以看到孔尺寸的减小，即非晶聚合物(二甲基硅氧烷)颗粒尺寸的减小，影响了 α 弛豫的特征尺度(length-scale of the relaxation)和弛豫时间 τ_α 随温度的变化，以及玻璃转变温度。当非晶颗粒尺度达到 5 nm 时，在远低于 T_g 以下温度也没有发生玻璃转变，α 弛豫时间 τ_α 和 β 弛豫时间 τ_β 几乎等同，即 α 弛豫和 β 弛豫这两种弛豫模式在零维非晶颗粒中简并了，即宏观弛豫和局域弛豫合二为一[103]。这个实验证明尺度和维度对动力学、玻璃转变的明显作用，也证明非晶物质中两种主要弛豫的关系，即 β 弛豫是局域的 β 弛豫。

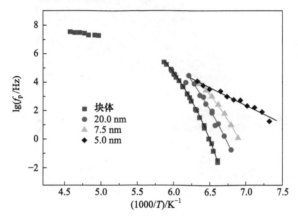

图 15.72　限制在纳米多孔中的非晶聚合物(二甲基硅氧烷)的 α 弛豫随温度的变化和尺寸的关系[103]

准零维纳米材料研究对实验条件要求苛刻，计算机模拟研究成为探索纳米尺度材料性能的先行手段。计算机模拟也被用来研究零维非晶颗粒的动力学和玻璃转变。用计算机在均匀非晶衬底上构建不同大小的 PdSi 纳米颗粒(50 个、100 个、200 个、300 个、900 个原子)，再对颗粒在 $T_m > T > T_g$ 温度范围内退火，然后对稳定后的颗粒结构进行分析发现，原子数在 100～300 的颗粒发生了从非晶到晶体结构的转变。即存在一个临界尺寸，当小于该尺寸时，体系动力学行为发生突变，对于 PdSi 体系这个临界尺寸是 2.4 nm[38]。这证明维度对动力学行为、玻璃转变以及非晶形成能力的重要影响。图 15.73 是温度和尺寸(颗粒尺寸减小等价于维度从三维趋向零维)对非晶体系动力学过程、玻璃转变的影响示意图。插图为晶态和非晶态的自由能差异随尺寸变化的趋势[38]。可以看到，随着尺寸的减小，颗粒维度从三维趋向零维，颗粒的整体动力学行为加快，最终导致颗粒的非晶化，其过程可以用 Gibbs-Thomson 公式描述[104,105]：

$$T_a = T_{aB}\left(1 - \frac{4\gamma}{d\Delta H_f \rho}\right) \tag{15.3}$$

式中，T_a 为半径 d 的球状晶体颗粒的非晶化温度；T_{aB} 为块体样品的熔点；γ 为界面能；ΔH_f 为混合焓；ρ 为样品的密度。该公式说明，物质在晶态和非晶态之间的转变不仅仅由温度控制，样品尺寸(维度)也有重要的影响和作用。维度等价于温度和应力，也可以导致物质体系的玻璃转变和非晶形成，也可以改变物质体系的动力学行为和性能。因为表面效应导致随着颗粒尺寸的减小，颗粒的自由能不断增加，体系的稳定性不断降低。在颗粒的表面附近原子的能量要比内部原子的能量更高，表面原子在尺寸减小的过程中的能量增加比处于块体中的原子更快，最终，如图 15.73 所示，当尺寸小于临界值时，体系在非晶态时能量更低、更稳定，从而导致低维非晶态形成。

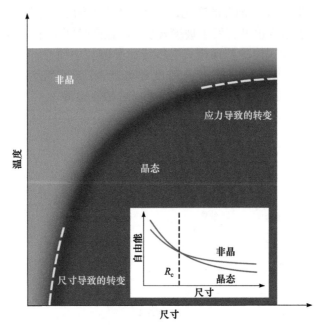

图 15.73 温度和尺寸对玻璃转变、动力学影响的示意图。插图为晶态和非晶态的自由能差异随尺寸变化的趋势[38]

由计算机模拟的例子可以更清楚直观地了解维度、尺寸对非晶化、玻璃转变和动力学行为的作用。以单质金属 Ta 以及经典二元非晶合金 $Cu_{50}Zr_{50}$ 为模型体系，来探索尺寸变化，以及零维时金属液体玻璃转变动力学在不同温区的变化[37]。颗粒被命名为 X_n，其中 X 为成分，n 为原子个数，如 Ta_{128} 代表包含 128 个原子的 Ta 颗粒。图 15.74 展示了 Ta 单质金属不同大小的颗粒在高温液态金属(熔点以上)4000 K 时的自中间散射函数

$$F_s(q,t) = \frac{1}{N} \sum_j \exp\{iq \cdot [r_j(t) - r_j(0)]\}$$

[其中 r_j 为原子 j 的位置矢量，i 是虚数单位，q 是对应结构因子第一峰的波矢]及均方位移曲线(MSD)[MSD 的定义式为 $\langle r^2(t) \rangle = \langle |r_i(t) - r_i(0)|^2 \rangle = \frac{1}{N} \sum_i |r_i(t) - r_i(0)|^2$。这两个量是表征黏性液体动力学常见的物理量[106,107]。

图中显示不同尺寸的颗粒(从包含 128 个原子到 16000 个原子的颗粒)，其 $F_s(q,t)$ 曲线几乎都重合，包括衰减速率及曲线形状都没有明显的区别。所有的 $F_s(q,t)$ 曲线都经过一步弛豫过程衰减到零，这是高温液体所具有的特征[108]。这些颗粒的 MSD 曲线(见图中插图)都在短时间内表现出弹道行为，而在几乎同样的时间尺度转变为扩散行为，且扩散区的斜率也几乎相同，这意味着这些颗粒中的原子具有类似的动力学速率。表明在足够高的温度，颗粒尺寸的变化对其动力学的影响非常微弱，即此时没有明显的尺寸效应[37]。

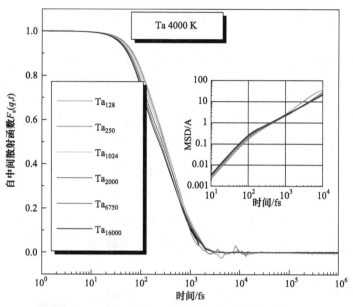

图 15.74　不同尺寸的单质 Ta 液态颗粒在高温 4000 K 的动力学，$F_s(q,t)$ 和 MSD 分别是自中间散射函数和均方位移曲线，图中颗粒被命名为 X_n，其中 X 为成分，n 为原子个数，如 Ta128 代表包含 128 个原子的 Ta 颗粒[37]

　　图 15.75 中展示这些颗粒在 1200 K(远低于熔点)时(这时体系进入深过冷液相区)的 $F_s(q,t)$ 及 MSD 曲线，即动力学行为。在深过冷液相区，$F_s(q,t)$ 的衰减过程分裂为两个阶段，其先衰减到一个平台，一段时间之后再经历另一过程衰减到 0。此两步弛豫过程是过冷液体的普适动力学行为，前一步代表着短时间的弹道运动，而后一步则代表着体系长时间的慢结构弛豫过程[109]。图中最重要的一点是，对于不同尺寸的颗粒，其慢结构弛豫过程明显地分裂开来，尺寸更小颗粒的 $F_s(q,t)$ 的第二步衰减过程发生的时间更早，且 MSD 曲线进入扩散区间的启动时间也更早。对于大尺寸颗粒，比如 Ta2000 以上的颗粒，无法看

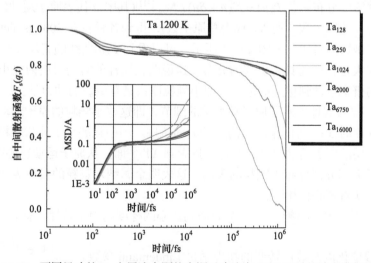

图 15.75　不同尺寸的 Ta 金属液态颗粒在深过冷液态 1200 K 时的动力学行为[37]

到其慢结构弛豫过程。该结果表明，在过冷液相区，更小尺寸的纳米颗粒具有更快的结构弛豫动力学[37]。

深过冷液区明显的尺寸效应表明，尺寸效应、维度将对体系的玻璃转变温度产生重要影响。图 15.76 是不同尺寸(直径 D)的 Ta 颗粒在降温过程中的玻璃转变温度 T_g，以及 T_g 与尺寸的关系。玻璃转变温度是根据降温过程中总能量 $E_{tot} - 3k_BT$ 变化时斜率的转折点确定的。从图中可以看出，直径越小的颗粒，其玻璃转变温度越低，小颗粒具有更快的动力学行为。T_g 随尺寸的变化关系符合一个简单的表达式[37]:

$$T_g = T_{gbulk}\left[1-\left(\frac{D_0}{D}\right)^{\delta}\right] \tag{15.4}$$

式中，T_{gbulk} 是块体的玻璃转变温度；而 D_0 和 δ 则是拟合参数。此关系式在高分子薄膜的玻璃转变中也适用[110]。这进一步证明维度和动力学及玻璃转变的密切关系。

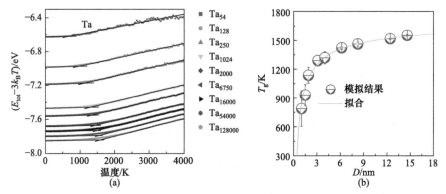

图 15.76 (a)根据降温过程中 $E_{tot}-3k_BT$ 变化曲线的斜率转折点确定 T_g 的方法；(b)玻璃转变温度与尺寸(颗粒直径 D)的关系[37]

低维小尺寸的非晶颗粒为什么会具有更快的动力学呢？通过考察不同颗粒中原子运动位移的概率密度分布函数 $P(u) = N(u+\delta u)/N_{tot}$ [111](其中 u 代表原子运动位移，$N(u)$代表运动位移为 u 的原子数，而 N_{tot} 代表总原子数)，得到各颗粒在 3000 fs 的时间范围内，原子位移分布函数的对比，如图 15.77 所示。可以看到 $P(u)$曲线随着尺寸减小，峰值 u_p 向右移动且在大位移区间具有更宽的分布。这说明在同样的时间尺度内更小颗粒中的原子具有更大的概率运动到更远的地方。即小颗粒体系具有更快的动力学。

图 15.78 更直观地展示了原子动力学的细节，即这些小颗粒的原子运动轨迹：颗粒 Ta_{6750} 在 1200 K 时 3 ns 时间范围内的原子运动轨迹。图中只展示了球状颗粒的中心切片约 4 Å 厚度一层的原子运动轨迹，并将之投影到 XY 平面。从原子运动轨迹图可以发现，最活跃的原子大部分都分布于颗粒的表面。这表明金属纳米颗粒的自由表面在其动力学行为特征上扮演着核心作用[37]。

图 15.79 定量给出了颗粒 Ta_{6750} 从表面到核心的梯度动力学特性。采用了一个被广泛用来研究局域熔化以及玻璃转变的物理学量 Lindemann 参数 $\delta_{Lin} = \frac{1}{N}\sum_i \frac{\sqrt{\langle r_i^2 \rangle - \langle r_i \rangle^2}}{r_{nib}}$ 来

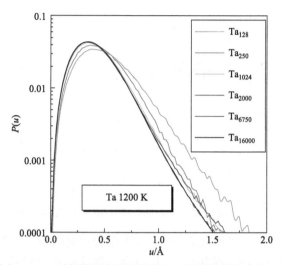

图 15.77　不同尺寸颗粒在 3000 fs 时间范围内的原子位移(u)的分布概率密度函数 $P(u)$，小尺寸颗粒中的原子有更大的概率运动到更远的地方[37]

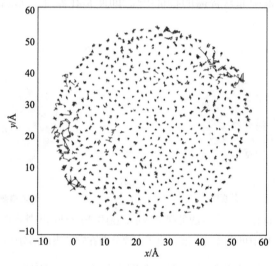

图 15.78　颗粒 Ta$_{6750}$ 在 1200 K 时 3 ns 时间范围内的原子运动轨迹[37]

表征这些颗粒的动力学。其中 N 表示该壳层的总原子数，r_i 代表原子 i 的位置矢量，$\langle\ \rangle$ 代表时间平均，r_{nib} 表示平均最近邻原子距离。如图 15.79 所示为颗粒 Ta$_{6750}$ 的 Lindemann 参数在不同温度下的径向分布，横轴 r 代表壳层距颗粒中心的距离。当温度很低的时候，每个壳层的 Lindemann 参数值均非常低，远低于一般熔点附近的值 0.13[112]，此时颗粒整体均为非晶固体。当温度升高，颗粒各壳层 δ_{Lin} 整体升高的同时，其表面壳层值的增长速度明显高于内部。当达到 1400 K 附近时，其表面壳层的 δ_{Lin} 已经达到或超过 0.13。这说明，此时的纳米颗粒尽管其内部仍是固体，其表面已经变成了一层液态区域[37]。

为了更精细、直观地展示液态层在纳米颗粒中的形态，可以计算每个原子的 Lindemann 参数并将之以颜色编码。图 15.80 是颗粒 Ta$_{6750}$ 在 1200 K 时 Lindemann 参数的可视化图。(a)是对颗粒整体的外观，(b)是将颗粒从中心剖开的横截面图。可以看出

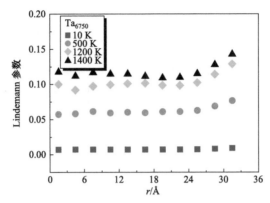

图 15.79 零维颗粒的 Lindemann 参数的径向分布，r 代表距离颗粒中心的距离[37]

Lindemann 参数值比较高的那些原子，以及动力学较快的原子，主要分布于颗粒的表面。同时，无论是表面原子还是内部原子，其动力学都具有非常明显的动力学非均匀性，Lindemann 参数从一个区域到另一个区域具有非常明显的不同。证实动力学非均匀性是不同维度无序材料体系中非常普遍的特征[113]，即使是在零维的非晶纳米颗粒的表面，其动力学分布也是不均匀的。

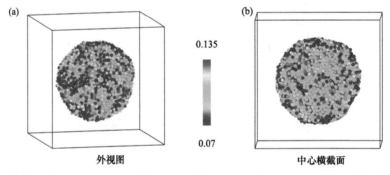

图 15.80 每个原子 Lindemann 参数的可视化展示，(a)和(b)分别代表外视图以及中心横截面图。从中可以看出，液态原子主要分布在颗粒表面部分[37]

计算模拟表面不同尺寸颗粒的表面液态层大约有 1 nm 厚[37]。金属非晶纳米颗粒其表面液态层随着颗粒尺寸没有明显变化这一情况与晶体熔化的情形明显不同。如 Fe 纳米颗粒在熔化过程中，表面液态层的厚度是与颗粒的整体尺寸有密切关系的[114]。由于非晶纳米颗粒始终含有约 1 nm 厚度的表面液态层，随着尺寸的降低，液态原子所占的比例将会越来越高，从而导致小尺寸颗粒的动力学越快，玻璃转变温度点也越低。图 15.81 是 Ta 颗粒表面液态原子占整体的比例(P_l)与颗粒尺寸的关系曲线。可以看到，在室温附近，当 Ta 颗粒原子数降到 Ta_{2000} 时，其中的类液态原子占比已经达到了 63%，液态原子在动力学中已经占据主导地位。因此其玻璃转变温度点迅速降低[37]。

降维对动力学、玻璃转变温度的影响是普适的。在 $Cu_{50}Zr_{50}$ 系统中，也得到了非常类似维度对动力学影响的结果，即维度、尺寸对动力学参数如 $F_s(q,t)$、MSD、原子位移分布以及 Lindemann 参数等有明显影响。$Cu_{50}Zr_{50}$ 体系玻璃转变温度随尺寸的变化也符合

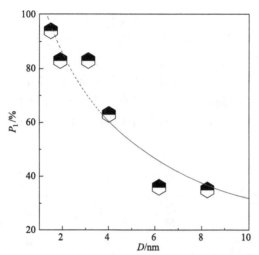

图 15.81　零维非晶颗粒中，液态原子占整体比例 P_1 与颗粒尺寸 D 之间的关系，其中红色虚线仅起视线引导作用[37]

公式 $T_g = T_{gbulk}\left[1 - \left(\dfrac{D_0}{D}\right)^{\delta}\right]$，其中 $T_{gbulk} = 630\,\mathrm{K}$，$D_0 = 0.3\,\mathrm{nm}$，$\delta = 1.61$[37]。其中 Ta 的 D_0 值(=0.32 nm)都非常接近于其原子最近邻距离(Ta 为 2.86 Å，$Cu_{50}Zr_{50}$ 为 2.67 Å)。玻璃转变温度和尺寸效应公式可以改写为

$$\frac{T_g}{T_{gbulk}} + \left(\frac{D_0}{D}\right)^{\delta} = 1 \tag{15.5}$$

该公式可以很好地描述零维体系重要的动力学参数玻璃转变温度随尺寸的变化，如图 15.82 所示。此结果表明，对于具体某个体系来说，在三维时玻璃转变温度为块体玻璃转变温度 T_{gbulk}。当其尺寸下降到准零维时，表面液态层的作用变得明显，体系动力学行为加快，其玻璃转变温度随之下降。当体系的尺寸下降到 D_0 值(相当于其原子最近邻距离)，此时玻璃转变温度降到 0 K，即玻璃转变不再发生。此尺寸可能为玻璃转变发生的极限尺寸，在此尺寸以下，体系在任何温度都以液态形式存在。

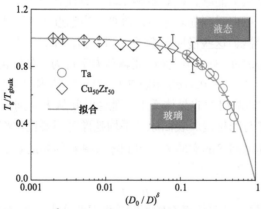

图 15.82　用 T_g/T_{gbulk} 和 $\left(\dfrac{D_0}{D}\right)^{\delta}$ 作图可以描述零维体系主要动力学参数 T_g 随尺度的变化[37]

　　利用分子动力学模拟，通过调整纳米非晶颗粒特征大小，还观测到了非晶金属纳米液滴随颗粒度的变化，从脆到强的动力学脆度转变，其动力学脆度转变归因于表面曲率增强的超快速表面动力学。揭示了随尺寸减小，纳米金属非晶颗粒势能曲面形貌从多层级到平坦的变化，超小尺寸非晶体系具有平坦势能曲面的本征属性。当液体尺寸小于临界尺寸时，体系的势能曲面形貌变得足够简单平滑，见图 15.83。非晶合金颗粒的过冷液滴也发生从脆性向强的转变，进而表现出与块体材料截然不同的宏观物性[115]。

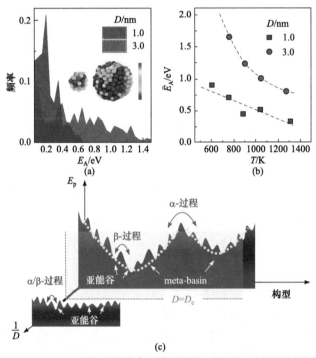

图 15.83　(a)直径 1.0 nm 和 3.0 nm 的纳米非晶合金激活能谱，插图显示其平均原子激活能量的实空间分布；(b)弛豫时间随温度变化曲线。尺寸小于 1.5 nm 的非晶合金液滴脆度发生了由脆向强的转变；(c)势能图景形貌随尺寸变化示意图[115]

　　用暗场电子关联显微镜能够直接观察纳米非晶物质在过冷液态的动力学行为随温度的变化[116]。从图 15.84 可以看到随着温度的降低，当趋近 T_g 时，材料内部动力学原子的动力学弛豫时间逐渐变慢，这些慢原子会关联到一起，而且一些慢的区域面积会逐渐随温度降低而增大，但是表面原子仍然保持液态动力学行为。估算的体内原子和表面原子平均动力学激活能分别是 (3.7 ± 0.3) eV 和 (1.7 ± 0.3) eV，体内原子弛豫的激活能是表面的 2 倍[116]。图 15.85 是实验测得的非晶体系平均弛豫时间从表面到内部的变化。可以看到，越往材料的内部，弛豫时间越慢。表面原子平均弛豫时间要比内部原子快 20 倍[116]。

　　还可以采用一些其他间接的实验方法得到零维颗粒的黏滞系数 η。实验得到的黏滞系数 η 和颗粒尺寸的经验关系式为[117]

$$\eta \sim d^{\alpha} \tag{15.6}$$

式中，α 是系数，对不同的非晶体系有所不同。根据此公式，在 d=20 nm 左右时纳米颗粒的黏度为 10^{13} Pa·s，即和玻璃转变点对应的物质黏滞系数相当。例如在 Si 质衬底沉积

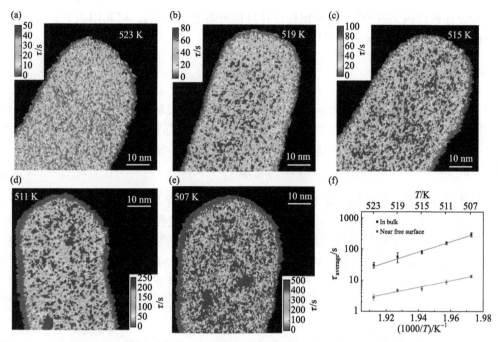

图 15.84　纳米线在过冷液态的动力学行为随温度的变化的暗场电子关联显微镜相。随着温度的降低，趋近 T_g 时，材料内部动力学慢的区域逐渐增大，但表面原子仍然保持液态动力学行为。体内原子和表面原子平均动力学激活能分别是 3.7 eV 和 1.7 eV[116]

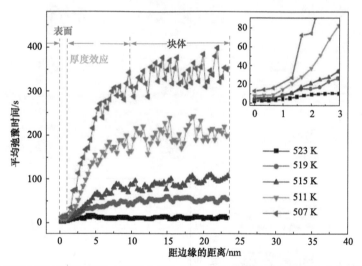

图 15.85　实验测得的平均弛豫时间从表面到内部的变化。表面原子平均弛豫时间要比内部原子快 20 倍[116]

5 nm 以下的 PdSi 非晶颗粒，因为 PdSi 颗粒与 Si 质衬底界面相互作用较弱，在电子显微镜的探测电子束辐照条件下，颗粒可以脱离衬底的约束在薄膜表面进行迁移扩散[118]。如果颗粒是被类液体表层包裹，或者颗粒的黏滞系数接近液态，这些颗粒便有可能在接触时发生合并[119]。如图 15.86 所示，高分辨电镜原位观测可以实时地看见 PdSi 纳米颗粒在电子束照射下的随机运动，并在颗粒间距小于 1 nm 时发生颗粒之间的碰撞融合，而整个过程仅在数秒内完成[120]。根据颗粒合并过程所需要的时间 τ，可利用如下简单的颗粒融合模型估算出颗粒的黏度 η[121]：

$$\tau = \frac{\eta d}{\gamma} \tag{15.7}$$

式中，γ 为颗粒表面能；d 为颗粒直径。例如，可以根据电镜下观测到的 PdSi 颗粒合并的时间，估算出 PdSi 颗粒的黏度值，图 15.86(b)为估算非晶颗粒黏滞系数模型的示意图。对于 PdSi 颗粒，估算得到的其黏度与直径符合幂律关系，如图 15.86(c)所示：

$$\eta \propto d^{3.6} \tag{15.8}$$

晶体颗粒和非晶颗粒的黏滞系数明显不同。如图 15.87 所示，非晶颗粒从 40 s 才开始发生接触，在 80 s 左右非晶颗粒便已完成了整个合并过程，但晶态颗粒到 100 s 时仍未完全合并，从这里可以看出非晶颗粒具有比晶态颗粒更高的动力学活性。在球差电镜下观测到的 2 nm 左右非晶颗粒的黏度大约在玻璃态深过冷区 10^{10} Pa·s，玻璃转变时的玻璃黏度大约在 10^{13} Pa·s 量级。利用斯托克斯爱因斯坦关系可以得出，在室温条件下，

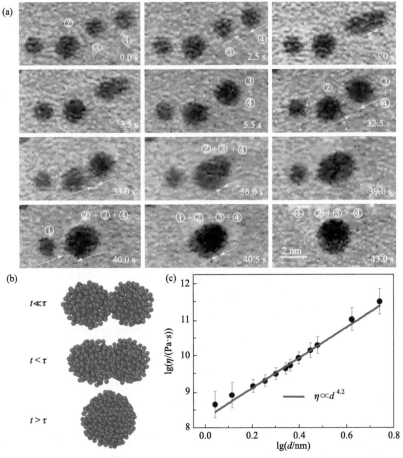

图 15.86 (a)在高分辨电镜连续拍照条件下拍摄的四颗粒合并的过程，(b)为颗粒合并模型示意图，(c)为颗粒黏度 η 与尺寸 d 呈现的幂律关系[120]

2 nm 左右的颗粒中原子扩散速率约在 $10^{-18} \sim 10^{-16}$ cm^2/s 的量级范围，这与室温下单晶纳米金和铂表面原子链的扩散速率非常接近[122]。由于两者的实验条件也非常相似，所以可以推测 PdSi 纳米颗粒中的原子具有链状运动行为。

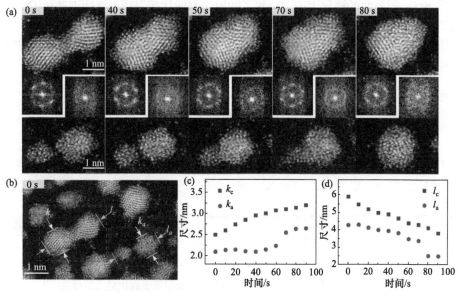

图 15.87 (a)同一探测图像下晶体(上一排)与非晶(下一排)纳米颗粒的合并过程对比；(b)合并前颗粒的放大；(c)和(d)晶体及非晶颗粒尺寸随合并时间的关系[120]

晶体、非晶纳米颗粒的合并过程非常有趣，如图 15.88 所示，两个尺寸非常接近的非

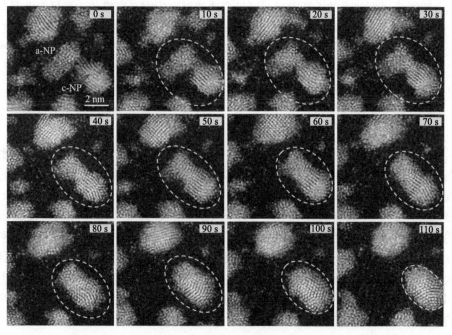

图 15.88 相近尺寸的非晶和晶体纳米颗粒原位合并过程对比[120]

晶与晶体纳米颗粒发生接触,可以看到非晶颗粒逐渐向晶体颗粒合并,并被晶体晶格所外延晶化,最终完全融入了晶体颗粒中成为一体,整个过程中晶体颗粒的位置基本没有太大变化,而整个合并过程几乎都是非晶颗粒向晶体颗粒融合。在高分辨电镜下,可以直接原位观察 $Sc_{75}Fe_{25}$ 纳米非晶颗粒中两个颗粒之间由于表面快动力学形成的类液层(图 15.89)。还可直接观察到单个非晶颗粒表面在加热时表面原子的移动[123]。这些都证明了非晶颗粒具有比晶体颗粒更高的动力学活性,同时也为晶体与非晶表面动力学差异的研究提供了直观的实验证据[120]。

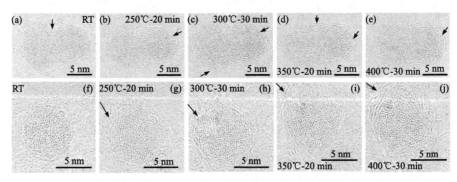

图 15.89　(a)~(e)电镜原位观察两个 $Sc_{75}Fe_{25}$ 纳米非晶颗粒之间由于表面快动力学形成类液层。(f)~(j)单个非晶颗粒表面在加热时表面原子的移动,说明其表面快动力学行为[123]

15.6　低维非晶物质的特性

随着微纳米成型技术的不断发展,可以合成或制造出零~二维的、小尺度非晶材料和器件。低维、小尺度下非晶材料具有许多优异的性质和特征,如极高的弹性极限、抗腐蚀、高催化效能、表面自修复、微纳米传感、机械润滑,以及优异的污水净化能力等[124-127]。研究发现,低维非晶物质在微纳米尺度下不仅可以保持很多三维非晶的优异力学性能,而且能克服块体材料具有的缺点,如拉伸塑性差、脆性、加工成型成本高等制约因素。同时,低维非晶的界面、表面问题及其动力学、热力学行为,也是微纳米尺度功能材料的全新研究方向[9]。

对于三维非晶体系,如非晶合金体系,很多证据表明其结构是很多团簇的密堆排列。先看对于二维非晶合金体系原子的堆砌方式。高分辨电镜对二维非晶体系的直接观察表明其无序排列方式具有分形结构特征,如图 15.90 所示是二维非晶合金 $Zr_{70}Ni_{30}$ 无序排列方式的电镜观测的 HAADF-STEM 图像[128],以及二维非晶面密度和沉积时间的关系。图 15.91 是不同面密度的二维 $Zr_{70}Ni_{30}$ 非晶膜[(a)和(b)分别对应面密度为 3.2 nm^{-2} 和 11.3 nm^{-2}]的分形结构分析的实验和计算机模拟结果。二维非晶合金具有分形结构,其分形维度和面密度有关[128]。这些二维非晶合金是由很多不同的多边形组成的,如图 15.92 所示,这些多边形的夹角多在 45°~55°,这种分形结构和二维非晶合金的动力学、玻璃转变度有关[128]。

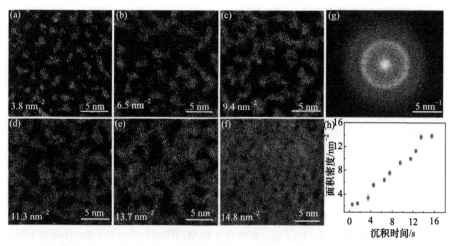

图 15.90 二维非晶合金的无序排列方式的电镜观测。(a)~(f)Zr₇₀Ni₃₀二维非晶(不同沉积时间，对应不同平面原子密度，数据见每个图片的左下角)的 HAADF-STEM 图像；(g)HAADF-STEM 图像的 FFT 转变图；(h)二维非晶面密度和沉积时间的关系[128]

　　一维非晶合金的表面很光滑。图 15.93 所示是非晶纤维的表面 AFM 照片，其表面达到原子级别的光滑，这和非晶表面液态层的存在有关。非晶动力学行为受维度的影响，而动力学和力学性能密切相关，因此维度也和力学性能密切相关。我们知道块体非晶材料一般表现为脆性，但是，如图 15.94 照片所示，非晶纤维可大角度弯曲，近一维的非晶合金纤维具有很强的韧性[17,18]。图 15.95(a)所示是非晶合金的形变行为随着尺寸发生的变

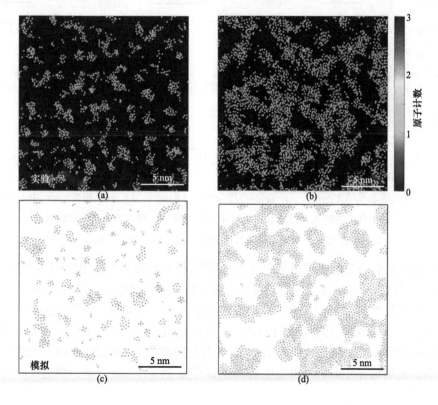

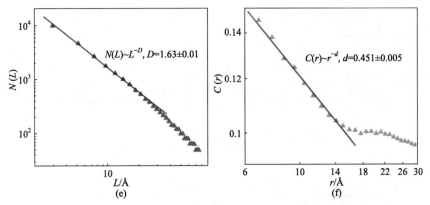

图 15.91 不同面密度的二维 $Zr_{70}Ni_{30}$ 非晶膜的分形结构。(a)和(b)分别对应面密度为 3.2 nm^{-2} 和 11.3 nm^{-2}；(c)和(d)是(a)和(b)对应的模拟结果；(e)分形分析的盒子数 $N(L)$ 和盒子尺寸 L 关系；(f)密度关联函数 $C(r)$ 和距离 r 的关系[128]

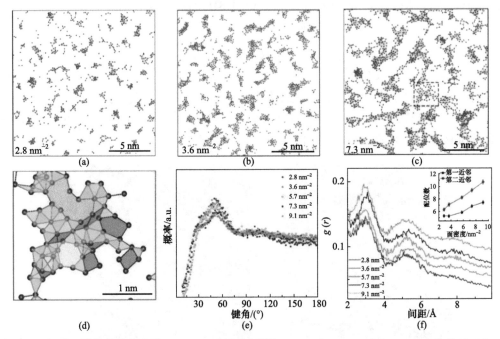

图 15.92 组成二维非晶的多边形。(a)～(c)面密度分别为 2.8 nm^{-2}、3.6 nm^{-2} 和 7.3 nm^{-2} 非晶 $Zr_{70}Ni_{30}$ 的原子构型；(d)图(c)中盒子的放大，可以看到组成非晶的三角形、四边形、五边形和六边形结构；(e)二维非晶的键角分布；(f)非晶的径向分布函数，第一和第二近邻间距[128]

化[129]，块体非晶合金只能表现出一定的压缩塑性，拉伸表现为脆性，但当尺寸降到 100 μm 到 1 mm 区间时，非晶合金表现出较好的弯曲塑性；随着尺度减小到 100 μm 及以下，由于尺度与塑性形变区的尺度相当，剪切带形成受到了一定限制，塑性增强；当尺度小于 100 nm 后，非晶合金将无法形成剪切带，塑性得到明显提高，甚至可以发生均匀形变。如图 15.95(b)所示，非晶合金在 60 nm 左右会发生韧脆转变，到 20 nm 以下则变得有高弹性，所制备的结构在变形后不再发生断裂变形[130]。到了 1 nm 以下，则进入剪切转变区

的尺度，表面具有类液动力学行为的原子占有很大的比例，此时的非晶合金可以表现出
超塑性流变行为。

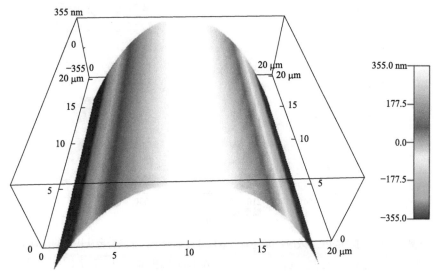

图 15.93　非晶合金纤维的表面 AFM 照片[17,18]

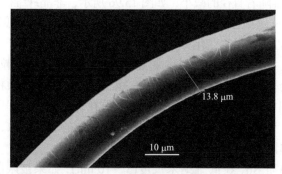

图 15.94　非晶合金纤维的韧性：可大角度弯曲[17]

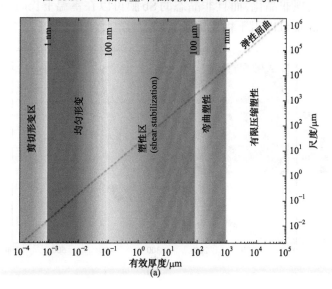

(a)

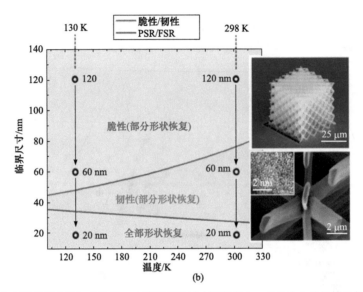

图 15.95　非晶合金形变能力的尺寸效应: (a)随着有效尺寸逐渐变小,非晶合金从块体的仅有压缩塑性逐渐变得具有弯曲塑性,甚至到均匀流变。(b)$Cu_{60}Zr_{40}$微结构在不同骨架厚度与温度下发生的形变模式转变[129,130]

　　一维非晶合金纤维随着直径的减小,如图 15.96 所示,非晶纤维模量的测试实验表明,纤维的模量减小。同时,发生回复现象,能量升高(图 15.97)[131]。维度降低使得非晶物质能量升高,模量和力学性能都发生变化。

　　低维纳米颗粒尺寸小,比表面积大,材料的表面效应在纳米颗粒上体现得非常明显,这也使得纳米颗粒会表现出很多奇特的物理性能。例如,银纳米颗粒表现出类液体的超弹性形变行为[98]。图 15.98 所示是单晶银纳米颗粒在外力加压过程中发生的任意变形都能恢复到初始形状,导致这一现象的主要原因就是晶体的表面扩散,使得整个纳米颗粒具有类似液体的伪弹性行为。

　　单质材料,如单质 Sb,在低维纳米尺度(3~10 nm),如果被限制在 SiO_2 非晶层(~10 nm 厚)中,可以实现非晶化,而且非晶态的 Sb 膜可以在室温下长时间稳定存在[11,12],因此,低维非晶 Sb 膜可以用于相变记录材料。

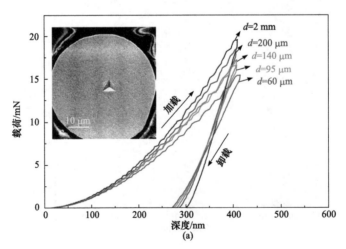

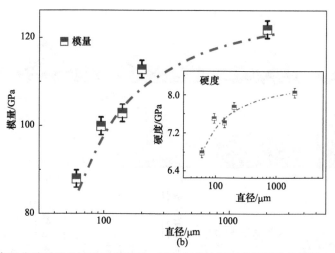

图 15.96　(a)不同直径非晶纤维的纳米压痕实验，根据实验结果可估算纤维的模量；(b)非晶合金纤维模量随其直径的变化[131]

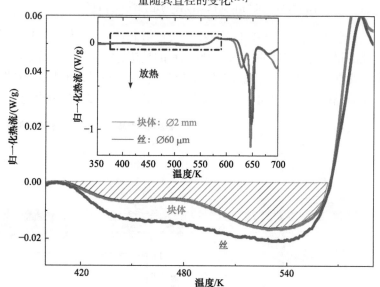

图 15.97　非晶合金纤维因为尺度的减小能量升高，发生回复[131]

　　利用低维快动力学行为可以制备出超稳定的非晶材料。如果想要提高非晶物质的致密度以获得更高的强度和热稳定性，一个常用方法是在 T_g 以下对玻璃进行退火处理。在热力学驱动下非晶物质发生趋于平衡过冷液态的结构弛豫，这样可以提高其稳定性。但是，这个过程在动力学上并不容易实现，因为玻璃态发生局域结构重排的时间尺度非常长，而且每朝着过冷液态接近一步，发生下一步重排的势垒将变得更高，所需要的时间将更长，达到平衡态的时间以指数的方式增长。所以通过退火结构弛豫的方法提高非晶致密度和稳定性的效率相当低效。由于低维非晶的快动力学行为，例如仅在玻璃转变温度以下几十度的范围，表面动力学的时间尺度比其内部快好几个数量级[10,25,26,132]。基于低维非晶体系原子更为活跃这一特性，采用物理气相沉积方法以较慢的速率沉积，使得沉积的原子层很薄，类似低维非晶体系，这样具有很高的动力学行为，因此，其原子能

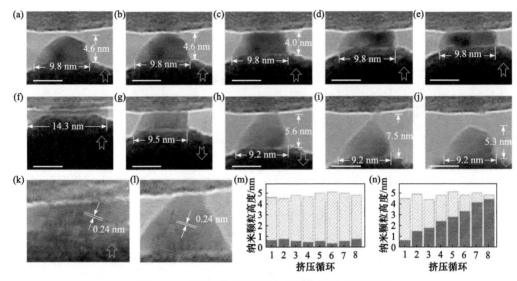

图 15.98　银纳米颗粒类液体的超弹性形变行为[95]

够很快地进行结构重排，达到更稳定的构型，这样能够制备出拥有优异的热力学、动力学稳定性和力学性能的超稳定非晶物质。图 15.99 示意的是超稳定非晶的制备原理，沉积的原子层如果足够薄，其原子动力学行为就可以足够快地进行结构重排，在能量景观图上选择最稳定的能谷。传统非晶材料要达到可与之比拟的稳定性需要进行多年的退火老化处理[7,133-136]。

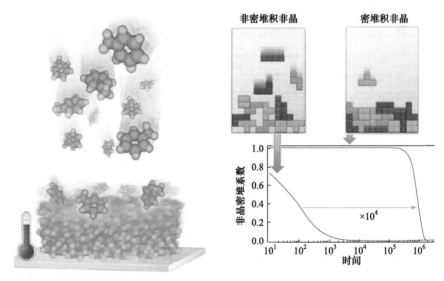

图 15.99　制备超稳定非晶的原理示意图：以较慢的速率沉积，使得沉积的原子层类似低维非晶体系，其原子具有足够快的动力学行为，能够很快地进行结构重排，达到更稳定的、密排的构型，实现超稳定[135]

在远低于 T_g 的室温衬底上($T_{sub} \approx 0.43T_g$)，仅通过控制沉积速率即可制备出稳定性显著提高的超稳定非晶薄膜[68]。如图 15.100 所示，在较高的沉积速率下，非晶合金薄膜的 T_g 与传统液体冷却方式制备的非晶合金条带相当。随沉积速率降低，薄膜的 T_g 逐渐提高。当沉积速率降低到约 1 nm/min 时，薄膜的 T_g 比普通非晶合金条带高出 60 K。这些超稳非晶合金表现出比普通非晶合金具有更高的抗晶化能力，晶化的析出相甚至也不同。同步辐射和球差电镜进行结构表征证明这些超稳非晶合金具有更均匀的原子结构，长程范围更加无序。从图中还可以看到，当沉积速率低于 1 nm/min 时，T_g 不再继续增加，而是保持不变。这说明在这一临界沉积速率对应的时间尺度与表面原子的动力学时间尺度接近，在被新到来的一层原子覆盖之前，表层原子有足够的时间发生重排以获得更稳定的构型。估算出表面原子的动力学特征时间约为 17 s，与利用扫描隧道显微镜(STM)在非晶合金表面的直接测量以及由其他超稳定玻璃体系估算的结果非常吻合(图 15.101)。这说明在低温条件下非晶合金的表面动力学过程比以前所理解的要快得多，超稳玻璃的形成主要取决于表面原子的动力学行为，热力学机理并不是必要因素[68]。

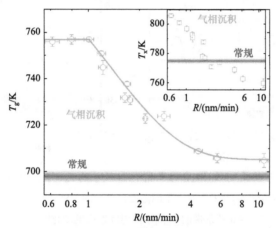

图 15.100　不同气相沉积速率 R 以及传统熔体冷却制备的非晶合金的 T_g 对比，插图为晶化温度 T_x 的对比[68]

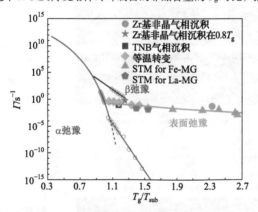

图 15.101　非晶表面弛豫与 α 弛豫和 β 弛豫的比较[68]

　　超高热稳定性、超高抗晶化能力在纳米非晶颗粒、非晶超薄膜、非晶合金纳米棒中被广泛观察到[137-140]。图 15.102 是纳米级 Au 基非晶和 Au 基非晶条带玻璃转变温度以及晶化温度的对比。可以看到零维的纳米非晶具有更高的稳定性和抗晶化能力[138]。图 15.103 和图 15.104 是 $Pt_{57.5}Cu_{14.7}Ni_{5.3}P_{22.5}$ 纳米棒晶化的电镜观察。其晶化温度和棒的直径相关。5 nm 棒具有更高的晶化温度，比块体非晶要高约 50 K[139]，当非晶合金纳米棒直径小于 5 nm 时，颗粒随温度升高直到熔化都不能发生晶化。

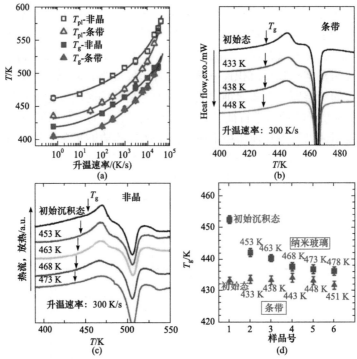

图 15.102 (a)纳米级 Au 基非晶(方块)和 Au 基非晶条带(三角)的 T_g(实心符号)和晶化温度 T_{p1}(空心符号)与升温速率的关系；(b)条带和(c)纳米非晶在不同温度退火后的 DSC 曲线；(d)超稳定 Au 基纳米非晶和 Au 基条带的 T_g 随不同温度退火的变化[138]

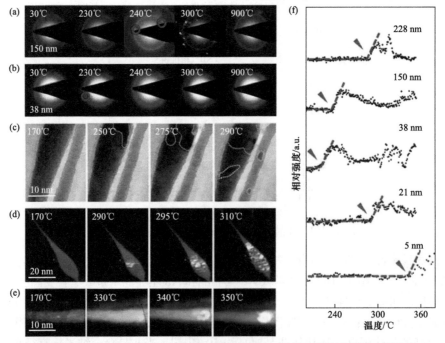

图 15.103 $Pt_{57.5}Cu_{14.7}Ni_{5.3}P_{22.5}$ 纳米棒晶化的电镜观察(a)~(e)。其晶化温度和棒的直径相关(f)。5 nm 棒具有更高的晶化温度[140]

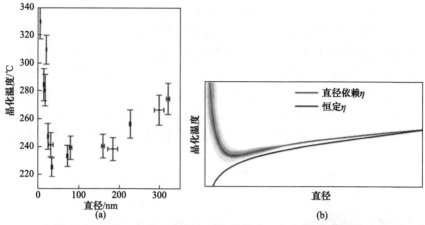

图 15.104　$Pt_{57.5}Cu_{14.7}Ni_{5.3}P_{22.5}$ 纳米棒晶化温度和直径的关系[137]

　　非晶材料相比同种成分的晶体具有更好的抗腐蚀抗氧化性能，表面快动力学过程在非晶合金抗腐蚀抗氧化性方面发挥了重要作用。实验发现含铝的非晶合金可在大气中长期保存而不会被明显氧化，甚至在性质活泼的稀土基合金材料在加入一定量的铝后也会变得很稳定。如图 15.105 所示，$Zr_{50}Cu_{50}$ 非晶条带在大气中放置一段时间表面会逐渐变红发黑，非晶条带表面会析出 Cu，Cu 氧化生成黑色的 CuO 表面层；加入 1%～10% 的 Al 后，ZrCuAl 非晶条带体系能在空气中长期保存。如加入 5% 的 Al 以后 $Zr_{47.5}Cu_{47.5}Al_5$ 在放置一段时间后仍保持着光泽的金属色泽而没有明显氧化迹象。表面 XPS 深度剖析元素价态测量表明在 ZrCuAl 体系中 Zr 在 10 nm 深处已经表现出了氧化态和单质价态共存的状态，而在 ZrCu 体系直到 30 nm 深度才出现共存状态，说明在加入 Al 后 ZrCuAl 非晶的表面氧化速率明显减慢[141]。

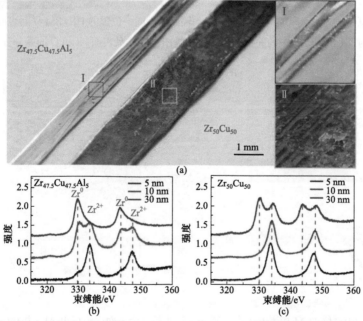

图 15.105　(a)在空气中保存了一年多的 $Zr_{47.5}Cu_{47.5}Al_5$ 与 $Zr_{50}Cu_{50}$ 非晶条带表面样品对比；(b)和(c)XPS 测得的在空气中保存一周的 $Zr_{47.5}Cu_{47.5}Al_5$ 与 $Zr_{50}Cu_{50}$ 表面不同深度 Zr 元素价态[138]

图 15.106 是 $Zr_{47.5}Cu_{47.5}Al_5$ 与 $Zr_{50}Cu_{50}$ 非晶表面动力学过程 HRTEM 的原位辐照观测。在电子辐照条件下可以清晰地看到在含 Al 非晶表面很快有 Al 被析出，因为其总量很少，所以很快会吸附电镜腔体中的氧原子而形成致密的钝化层。钝化层的晶格间距为 0.24 nm，与 Al_2O_3 的晶体结构吻合，且因为表层吸附氧含量比内部多，所以呈现出弯曲的薄层结构，如 EDS 能谱图所示，氧被吸附在样品表面，Al 在最表层有聚集。这一现象不仅在 ZrCuAl 体系中被观察到，在多个含 Al 非晶体系中，如 LaNiAl、ZrTiCuNiAl 等均有发现[141]。

图 15.107 是对 Al_2O_3 钝化层形成的原子级的原位动力学观测，因为表面效应，表面

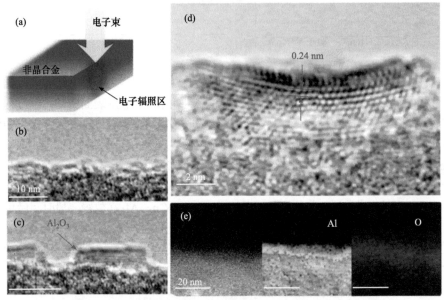

图 15.106　(a)原位观测实验原理示意图；(b)和(c)辐照前后同一位置的 HRTEM 样品表面图像；(d)析出相在一段时间后形成 Al_2O_3 的晶格结构原子分辨图；(e)样品表面 Al 和 O 的成分分布测量[141]

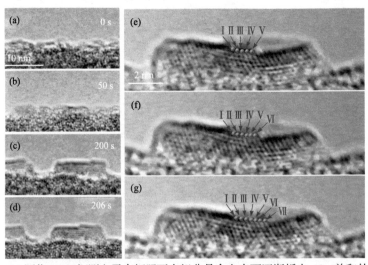

图 15.107　(a)～(d)原位 TEM 探测电子束辐照下含铝非晶合金表面逐渐析出 Al，并和外界氧原子作用，逐渐外延生长成 Al_2O_3 晶体钝化膜，(e)～(g)在 Al_2O_3 钝化层表面 Al 原子的外延生长排布过程[141]

能较低的原子会不断往表面扩散并析出。可以看到从非晶较为平整的表层不断地析出一层较薄无规则的非晶态 Al，随后堆积的 Al 与腔体中的氧发生反应，开始晶化并逐渐外延长大。图中即是 200 s 到 206 s 的过程中析出层的最表层台阶状的晶格外延生长过程，从图(e)~(g)中则可清晰看出 Al_2O_3 钝化层的最表层 Al 原子的晶格外延过程，从开始的 5 个格点变为 7 个，这一过程发生在几秒时间内[141]。

图 15.108 是对同一组分的 $Zr_{47.5}Cu_{47.5}Al_5$ 非晶与晶态样品表面进行了同样的电子束辐照处理的对比图。在同样辐照 100 s 的条件下，非晶表面析出了 1.5 nm 左右的钝化层，而晶体表面则几乎没有任何钝化层析出的现象，由此可见，在同一条件下非晶相对晶体有更活跃的表面动力学行为[141]，充分证明了非晶合金有极高的表面动力学活性，以及非晶抗腐蚀的原子机制。

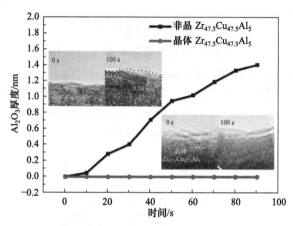

图 15.108　原位 HRTEM 观测非晶态与晶态 $Zr_{47.5}Cu_{47.5}Al_5$ 表层同条件下 Al_2O_3 钝化层形成过程的差异[138]

此外，由于快速的表面扩散行为，表面可以比体内提前进入过冷液态，因此更容易在表面形成晶核，而结晶过程中形核势垒大于长大势垒，所以在表面形成晶核后会逐渐向体内进行晶体外延生长。晶体在非晶样品表面的生长速率比体内生长速率快了数百倍，利用原子级分辨率的球差电镜可清晰看到这种表面晶化所形成的晶化层呈现出类单晶的调制超晶格结构[69]。

电子皮肤可以保护智能机器人内部的精密结构不受损伤，更重要的是它能赋予机器人"知觉"，让其能感受到外界环境的刺激和变化，及时做出响应。电子皮肤在智能机器人、穿戴产品、仿生假肢、健康监测等领域也有巨大的应用前景。电子皮肤的基本单元是柔性应变传感器，许多新材料被开发用作电子皮肤的应变敏感材料，包括碳纳米管、石墨烯、金属和半导体纳米线、金属纳米颗粒、有机高分子材料等。然而，这些材料都有着自己的短板，限制了电子皮肤的实际应用。例如，通过化学气相沉积方法生长的石墨烯往往含有很多缺陷和杂质，并且由于温度的限制无法直接生长在柔性衬底上；金属纳米颗粒多是由贵金属组成，并且由于隧穿效应在监测应变时电阻会变得很大；金属和半导体纳米线价格昂贵且难以大规模集成；有机高分子材料力学性能与人体皮肤最为接近，但是其导电性太差，需要较大的电压驱动，对于可穿戴设备而言能耗高且不安全。同时具备导电性好、柔性佳、灵敏度高、稳定、易加工等特点的应变敏感材料是电子皮肤实际应用的关键。非晶合金材料可以极大地提高其弹性极限范围,高达～2%,是一般合金材料的几十倍。与此同时,非晶合金又能将金属优良的导电性较好地保留下来。利用低维非晶合金材料可以开发新型柔性高性能应变传感器——非晶合金皮肤[142-144]。

非晶合金皮肤可通过离子束溅射方法沉积非晶合金薄膜在柔性塑料(PC)衬底上得到,其柔性好、弯曲超过180°。选择不同大小的衬底,非晶合金皮肤的面积可以实现从几平方毫米到几百平方厘米的连续变化。通过对薄膜厚度的调控,非晶合金皮肤视觉上可以变"透明"。电子皮肤的核心功能是能将应变转化为电信号,较为常见的策略是通过压阻效应,即材料电阻随应变的改变来实现。压阻效应具有响应快、信号转换方便等特点。非晶合金皮肤保留了金属材料高电导率(>5000 S/cm)、电阻与应变之间有完美的线性关系且稳定性好等。同时,其弹性范围有很大的提高(室温下的理论弹性极限为4.2%)[139]。非晶合金的原子和电子结构的无序性导致电阻对温度的变化不敏感。在近室温区,非晶合金皮肤呈现出极低的电阻温度系数(9.04×10^{-6} K^{-1}),比传统金属低2～3个数量级,与石墨烯和碳纳米管相比也有很大优势(图 15.109)。低的电阻温度系数有利于消除热漂移,使电子皮肤工作的温度范围更大,同时也有利于和温度传感器集成,开发多功能电子皮肤。对大肠杆菌进行的抗菌性测试表明,非晶合金皮肤还具有一定的抗菌性,可用做医疗设备。非晶合金具有的高强度、耐摩擦、耐腐蚀性等特点可以为机器人内部结构提供足够的保护。此外,非晶合金皮肤能耗低(10^{-7} W)、成本低廉、工艺简单,满足电子皮肤实际应用的必要条件。

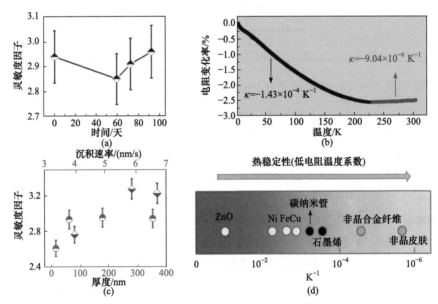

图 15.109　(a)非晶合金皮肤灵敏度因子与暴露在空气中时间的关系;(b)电阻温度系数;(c)灵敏度因子随沉积速率和膜厚的变化;(d)与其他电子皮肤相比,非晶合金皮肤有很好的热稳定性[142]

图 15.110 是一维非晶合金纤维制备的电阻式应变传感器的形貌图[126,145]。一维非晶合金纤维的杨氏模量约为商业化应变敏感材料的一半,这使得应变更容易传递到非晶合金纤维上去,减轻了剪滞作用。一维非晶合金纤维的弹性极限约为商业化应变敏感材料的4～7倍,这能大大提高电阻式应变传感器的量程。作为电阻式应变片的应变敏感材料,

它不必缠绕成栅格状，从而避免了剪滞对应变敏感系数的影响。非晶合金纤维应变传感器的量程是商业化箔式应变片的 4～8.5 倍，而其尺寸只有最小商业化箔式应变片的 1/16。而且非晶合金纤维应变传感器电阻相对变化率与应变关系曲线的线性度很高，应变敏感系数很高，热稳定性强，高刚度，方便安装(图 15.111)，这使得非晶合金纤维应变传感器与商业化应变片相比趋近于完美电阻式应变传感器。

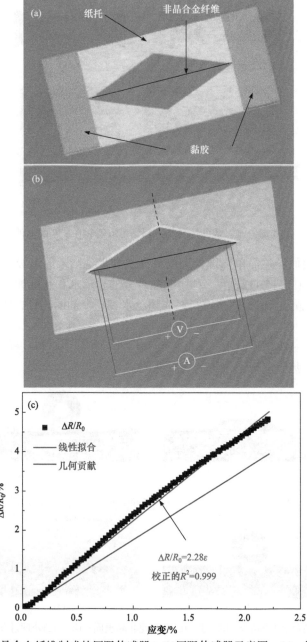

图 15.110　(a)一维非晶合金纤维制成的压阻传感器；(b)压阻传感器示意图；(c)一维非晶合金纤维电阻和应变的线性关系[126,145]

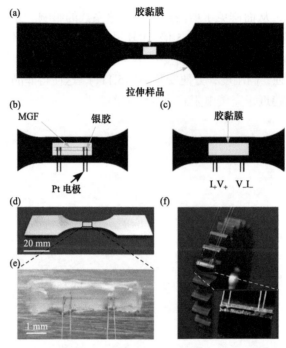

图 15.111　用一维非晶纤维做成的简易传感器，可以安装在复杂的器件(如齿轮)上[126,145]

　　非晶合金的表面经过简单腐蚀处理就具有从微米到纳米的多级结构，因而具有超疏水和超疏油的特性(图 15.112)[146]。利用非晶合金的超疏水和超疏油的特性，在一些材料上喷镀上 Fe 基非晶合金层，使该材料形成超疏水和超疏油的特性，从而大大提高材料的抗腐蚀性能。

　　总之，如上面一些例子所示，降低维度和尺寸，和其他材料一样，非晶材料的特性、性能会发生质变，甚至展现出奇特的物理性质。

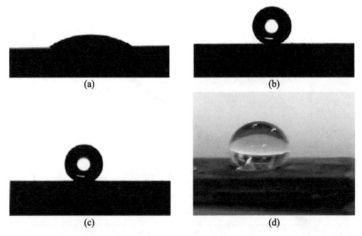

图 15.112　CaLi 非晶合金表面的疏水特性。(a)未处理非晶表面；(b)、(c)处理过非晶表面具有疏水、疏油特性；(d)与荷叶表面疏水性对比[146]

15.7　非晶、晶体、液体、气态和固体状态在低维的简并

15.7.1　问题提出

常规凝聚态物质可分为固体、液体、气体和非晶体，它们表现出迥异的形态、结构特征，以及不同的物理化学性质。一个有趣的问题是：一种常规凝聚态物质体系，无论它是固体、液体、气体，晶态以及非晶态，当其维度、尺度不断减小，到一定的尺度，这些物质的基本状态是否仍然能保持其独立性？或者说这些常规物态是否存在一个保持其状态的临界尺寸(小于这个临界尺寸,这个状态就会转变)？这些常规物质基本状态在某个临界尺度，或者低维度是否会发生简并或耦合？即常规物态在低维，或者小尺度下会不会发生变化？常规物态和维度有什么关系？

如图 15.113 所示，实验研究表明对于一个金属颗粒，如果尺寸小于 20 nm，其黏滞系数下降到约 10^{13} Pa · s，和块体非晶物质在玻璃转变温度 T_g 处的黏滞系数相当，这时颗粒的黏滞系数接近类液态[120]；如果尺度在 2 nm 左右，它是有规则形状的团簇，如 20 面体团簇；如果小到 0.3 nm，就是单原子态。可见物质凝聚状态和尺度及维度相关。即常规物质小到几纳米尺度，就难以区分它是固态、液态、气态，非晶态或者晶态。不同宏观状态的同成分物质，到了低维度，其状态和性质趋同，即发生简并。

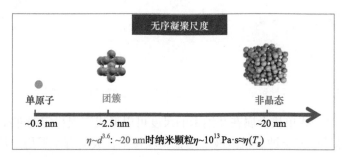

图 15.113　当金属颗粒尺寸小于 20 nm，其黏滞系数约为 10^{13} Pa · s，接近类液态；如果尺寸在 2 nm 左右，它是有规则形状的团簇；如果小到 0.3 nm，就是单原子态。物质状态和尺度及维度相关

15.7.2　低维小尺度下物质行为和状态的简并

很多实验和模拟结果都证明了到几纳米尺度，将难以区分常规物质是固态、液态、气态，非晶态或者晶态。不同宏观状态的同成分物质在低维度或一个临界尺度其状态和性质会发生简并。例如，具有晶格的银纳米颗粒却表现出类液体行为，整个纳米颗粒具有类似液体的伪弹性行为[98]；非晶合金纳米颗粒，当其尺度小于 3 nm 时(接近零维)，也表现出类液体行为[120]。

如图 15.114 所示，采用热机械纳米模铸方法可以制备出金属 Ag、Fe、V、Ni 等大长径比的纳米合金柱，金属纳米柱的直径 3～10 nm，柱长可达 1700 nm。实验发现模具孔径越小，制备越容易。导致这一现象的主要原因就是在纳米尺度这些金属颗粒的流变行为的微观机制不同于宏观材料的流变机制，是一种动力学扩散主导的流变形机制

(图 15.115)，这意味着单质晶态金属，当其被限制在纳米尺度的模具中时，其流变行为变得和液体类似，成型更加容易，从而导致了单晶纳米柱的合成[147]。即晶体、固体、液体的动力学和流变行为在纳米尺度简并统一了。

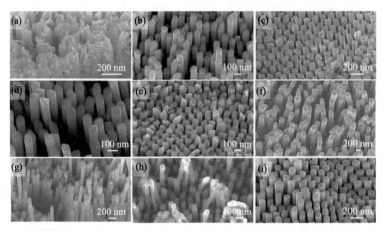

图 15.114　纳米模铸方法制备的金属 Ag、Fe、V、Ni 等大长径比的纳米合金柱(直径～5 nm，柱长达 1700 nm)[147]

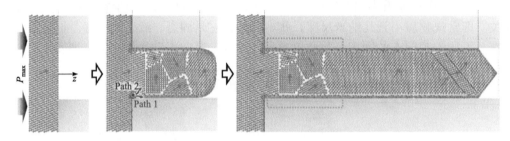

图 15.115　示意导致纳米单晶柱形成机制：扩散控制的、类液体的流变[147]

　　另一个例子是一些单质金属在几纳米的尺度可以形成室温稳定的非晶态[11,101,148,149]。图 15.116 是用脉冲激光烧蚀有机溶液中的金属颗粒来合成的有室温稳定性的单质非晶金属 Fe，强激光能熔化有机溶液中的 Fe 颗粒，然后快速冷却，有机溶液能起到助溶剂包裹，避免非均匀形核的作用，从而导致形成能力很差的单质 Fe 的非晶化，用同样的方法也可合成几乎所有的稳定单质金属，如非晶 Au、Ag、Zr、Co 和 Ni 等，但是只能在几纳米的尺度[148]。这是因为纳米尺度的单质金属颗粒具有较快的动力学，在纳米尺度下，单晶、过冷液态、非晶态的能量相当，从而能形成稳定的单质非晶态。

　　雷清泉等[150]发现在商用 Al$_2$O$_3$ 纳孔膜板中充于空气，如图 15.117 所示，(a)是其中的一个纳米气柱。当这些纳气柱直径从 200 nm 下降至 20 nm 时，在环境大气压与不同类型电压作用下，其归一化击穿场强至少提高 2～5 倍。证实纳空气柱直径小到某个阈值，其性质类似固体介质，能完全阻止放电，显著提高放电电压[150]，而且空气柱的直径越小，孔数越多，击穿电压越高。即气态物质到了纳米尺度，也可能表现出类固、类液的性质。

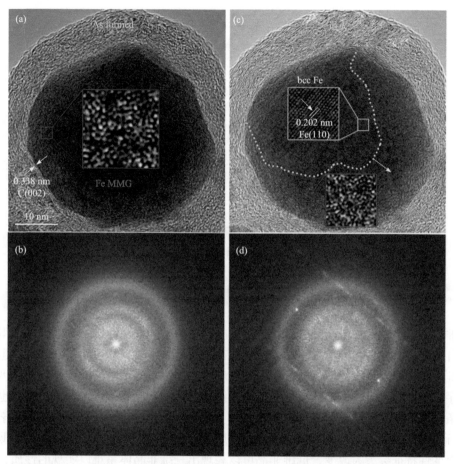

图 15.116　合成的、室温稳定的单质非晶金属 Fe，但是只能在几纳米的尺度[148]

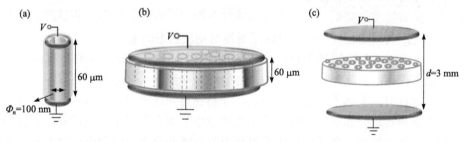

图 15.117　(a)Al_2O_3 纳孔膜板中的一个纳米孔，充于空气后形成一维气-固纳米单元；(b) Al_2O_3 纳口膜板；(c) Al_2O_3 纳孔膜板和其中的纳米空气柱[150]

　　各种实验结果表明，在某一个纳米临界尺度，固态、液态、气态，非晶态或者晶态这些常规物态的状态和性质发生趋同或简并。图 15.118 是低维、小尺度下非晶、晶体、液体、固体甚至气体行为和状态的简并行为示意图。同时，在低维下非晶态的电子结构和行为也会发生变化，从而引起更多的奇特功能特性。当然，常规物质的简并需要更多的实验证据和理论证明。这方面研究才刚刚开始，可能是今后非晶物质科学的方向之一。

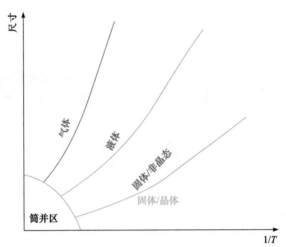

图 15.118　低维、小尺度下非晶、晶体、液体和固体行为的简并行为示意图

15.8　小　结

　　维度与对称性、自由度相联系，是一个凝聚态体系的本征性质。降低维度使得对称性、自由度显著减少，因此，一切物理过程都可能受之影响，物质的特征和性能也会变化。维度改变非晶物质的面貌，从不同的维度看非晶物质是不同的。维度类似温度、压力、序等因素，可以改变非晶物质的特征、结构、能态、性能，以及合成。维度也提供了一条探索具有独特性能非晶材料的新方向。对于低维非晶材料，其结构、动力学和热力学行为的复杂性降低，为认识非晶物质本质和本质特性提供了模型体系。例如低维非晶的流变性特征会大大改变，低维非晶可以表现出三维非晶体系难以实现的性质，如拉伸塑性、表面特性、催化特性等。

　　此外，随着维度的降低，几种常规物质状态固态、液态、气态，非晶态、晶态会趋同简并，表现出共同的特性。这也反映了维度对物质状态的重要影响。

　　至此，本书对非晶物质各种知识和研究进展做了比较系统和全面的介绍和总结。

　　爱因斯坦说过：对人类及其命运的关心始终是一切技术努力的主要兴趣，在你们埋头于图表和方程时，永远不要忘记这一点。非晶物质如玻璃曾为科学的发展、社会文明的发展做出重要贡献。非晶物质科学的主要使命也是为人类提供性能优异的新材料，促进人类社会的文明发展。非晶物质作为材料究竟有哪些重要用途和应用潜力呢？非晶材料将还会有哪些改变历史的重要作用吗？第 16 章我们就一起探讨非晶材料，特别是新型非晶合金材料的应用、应用难题、未来的应用潜力。你会看到非晶材料一如既往，将是改变人类生活，促进社会文明，推动科学发展，帮助我们窥探自然奥秘的关键材料，非晶物质中不仅蕴藏有无穷的奥秘，也必将为人类带来越来越多的实际实用价值和智慧灵感。可以说非晶物质是上帝赋予人类的礼物。

参 考 文 献

[1] 阿尔伯特·爱因斯坦. 爱因斯坦文集(第一卷). 北京: 商务印书馆, 1976.

[2] Mandelbrot B B. How long is coast of Britain—statistical self-similarity and fractional dimension. Science, 1967, 156: 636-638.

[3] Mandelbrot B B, Passoja D E, Paullay A I. Fractal character of fracture surfaces of metals. Nature, 1984, 308: 721-722.

[4] Richter H. The amorphous structure of metalloids, metals and alloys. Physikalische Zeitschrift, 1943, 44: 406-442.

[5] Gilman J J. Metallic glasses. Ceskoslovensky Casopis Pro Fysiku Sekce A, 1976, 26: 366.

[6] Xian H J, Cao C R, Shi J A, et al. Flexible strain sensors with high performance based on metallic glass thin film. Appl. Phys. Lett., 2017, 111: 121906.

[7] Swallen S F, Kearns K L, Mapes M K, et al. Organic glasses with exceptional thermodynamic and kinetic stability. Science, 2007, 315: 353-355.

[8] Huang P Y, Kurasch S, Alden J S, et al. Imaging atomic rearrangements in two-dimensional silica glass: watching silica's dance. Science, 2013, 342: 224-227.

[9] Heyde M. Structure and motion of a 2D glass. Science, 2013, 342: 201-202.

[10] Chai Y, Salez T, McGraw J D, et al. A direct quantitative measure of surface mobility in a glassy polymer. Science, 2014, 343: 994-997.

[11] Zhang W, Ma E. Single-element glass to record data. Nature Mater., 2018, 17: 654-655.

[12] Salinga M, Kersting B, Ronneberger I J, et al. Monatomic phase change memory. Nature Materials, 2018, 17: 681-685.

[13] Wu G, Zheng X S, Cui P X, et al. A general synthesis approach for amorphous noble metal nanosheets. Nat. Commun., 2019, 10: 4855.

[14] Li S J, Bao D, Shi M M, et al. Amorphizing of Au nanoparticles by CeO$_x$-rGO hybrid support towards highly efficient electrocatalyst for N-2 reduction under ambient conditions. Adv. Mater., 2017, 29: 1700001.

[15] Zhao R, Jiang H Y, Luo P, et al. A facile strategy to produce monatomic tantalum metallic glass. Appl. Phys. Lett., 2020, 117: 131903.

[16] Yi J, Bai H Y, Pan M X, et al. Micro and nano scale metallic glassy fibres. Adv. Eng. Mater., 2010, 12: 1117-1122.

[17] Yi J, Huo L S, Zhao D Q, et al. Toward an ideal electrical resistance strain gauge using a bare and single straight strand metallic glassy fiber. Sci. in Chin. G, 2012, 54: 609-613.

[18] Ding D W, Yi J, Liu G L, et al. The equipment for the preparation of micro and nanoscale metallic glassy fibers. Review of Scientific Instruments, 2014, 85: 103907.

[19] Yi J, Wang W H, Lewandowski J J. Sample size and preparation effects on tensile ductility of Pd-based metallic glass nano-wires. Acta Mater., 2015, 87: 1-7.

[20] Chen F, Lam C H, Tsui O K. The surface mobility of glasses. Science, 2014, 343: 975-976.

[21] Jones R A L. Glasses with liquid-like surfaces. Nature Mater., 2003, 2: 645-646.

[22] Ellison C J, Torkelson J M. The distribution of glass-transition temperatures in nanoscopically confined glass formers. Nature Mater., 2003, 2: 695-700.

[23] Hao Z W, Ghanekarade A, Zhu N T, et al. Mobility gradientsyield rubbery surfaces on top of polymer glasses. Nature, 2021, 596: 372-376.

[24] Lyklema J. Fundamentals of Interface and Colloid Science: Soft Colloids. Academic Press, 2005.

[25] Fakhraai Z, Forrest J A. Measuring the surface dynamics of glassy polymers. Science, 2008, 319: 600-603.

[26] Zhu L, Brian C W, Swallen S F, et al. Surface self-diffusion of an organic glass. Phys. Rev. Lett., 2011,

106: 256103.

[27] Zhang Y, Fakhraai Z. Decoupling of surface diffusion and relaxation dynamics of molecular glasses. Proc. Natl. Acad. Sci. USA, 2017, 114: 4915-4919.

[28] Zhang Y, Potter R, Zhang W, et al. Using tobacco mosaic virus to probe enhanced surface diffusion of molecular glasses. Soft Matter, 2016, 12: 9115-9120.

[29] Zhang Y, Fakhraai Z. Invariant fast diffusion on the surfaces of ultrastable and aged molecular glasses. Phys. Rev. Lett., 2017, 118: 066101.

[30] Jost H P. Tribology—origin and future. Wear, 1990, 136: 1-17.

[31] Bowden F P, Tabor D. The Friction and Lubrication of Solids. Wiley Online Library, 1964.

[32] Zhao J, Gao M, Ma M, et al. Influence of annealing on the tribological properties of Zr-based bulk metallic glass. J. Non-Cryst. Solids, 2018, 481: 94-97.

[33] Wang Z, Sun B A, Bai H Y, et al. Evolution of hidden localized flow during glass-to-liquid transition in metallic glass. Nat. Commun., 2014, 5: 5823.

[34] Kosterlitz J M, Thouless D J. Long-range order and metastability in 2-dimensional solids and superfluids. J. Phys. C Solid State Phys., 1972, 5: L124-L126.

[35] Fall A, Weber B, Pakpour M, et al. Sliding friction on wet and dry sand. Phys. Rev. Lett., 2014, 112: 175502.

[36] Bedorf D, Samwer K. Length scale effects on relaxations in metallic glasses. J. Non-Cryst. Solids, 2010, 356: 340-343.

[37] Li Y Z, Li M Z, Bai H Y, et al. Size effect on dynamics and glass transition in metallic liquids. J. Chem. Phys., 2017, 146: 224502.

[38] Sun Y T, Cao C R, Huang K Q, et al. Real-space imaging of nucleation process and size induced amorphization in PdSi nanoparticles. Intermetallics, 2016, 74: 31-37.

[39] Cao C R, Lu Y M, Bai H Y, et al. High surface mobility and fast surface enhanced crystallization of metallic glass. Appl. Phys. Lett., 2015, 107: 141606.

[40] Jiang W, Wu J L, Zhang B. Size effect on beta relaxation in a La-based bulk metallic glass. Phys. B: Condensed Matter., 2017, 509: 46-49.

[41] Tian H K, Xu Q Y, Zhang H Y, et al. Surface dynamics of glasses. Appl. Phys. Rev., 2022, 9: 011316.

[42] Bpkeloh J, Divinski S V, Reglitz G, et al. Tracer measurement of atomic diffusion inside shear bands of a bulk metallic glass. Phys. Rev. Lett., 2011, 107: 235503.

[43] Ngai K L, Yu H B. Origin of ultrafast Ag radiotracer diffusion in shear bands of deformed bulk metallic glass PdNiP. J. Appl. Phys., 2013, 113: 103508.

[44] Brian C W, Yu L. Surface self-diffusion of organic glasses. J. Phys. Chem. A, 2013, 117: 13303-13309.

[45] Sun Y, Zhu L, Kearns K L, et al. Glasses crystallize rapidly at free surfaces by growing crystals upward. Proc. Natl. Acad. Sci. USA, 2011, 108: 5990-5995.

[46] Fujii Y, Morita H, Takahara A T K. In glass transition, dynamics and heterogeneity of polymer thin films. //Kanaya T. Glass Transition, Dynamics and Heterogeneity of Polymer Thin Films. Heidelberg: Springer, 2013: 252.

[47] Nakayama K S, Yokoyama Y, Sakurai T, et al. Surface properties of $Zr_{50}Cu_{40}Al_{10}$ bulk metallic glass. Appl. Phys. Lett., 2007, 90: 183105.

[48] Sohn S, Jung Y, Xie Y, et al. Nanoscale size effects in crystallization of metallic glass nanorods. Nat. Commun., 2015, 6: 8157.

[49] Li T, Donadio D, Ghiringhelli L M, et al. Surface-induced crystallization in supercooled tetrahedral liquids. Nature Mater., 2009, 8: 726-730.

[50] Lu Y M, Zeng J F, Huang J C, et al. In-situ atomic force microscopy observation revealing gel-like plasticity on a metallic glass surface. J. Appl. Phys., 2017, 121: 095304.

[51] Ashtekar S, Scott G, Lyding J, et al. Direct visualization of two-state dynamics on metallic glass surfaces well below Tg. J. Phys. Chem. Lett., 2010, 1: 1941-1945.

[52] Ashtekar S, Scott G, Lyding J, et al. Direct imaging of two-state dynamics on the amorphous silicon surface. Phys. Rev. Lett., 2011, 106: 235501.

[53] Ashtekar S, Nguyen D, Zhao K, et al. An indestructible glass surface. J. Chem. Phys., 2012, 137: 141102.

[54] Bi Q L, Lü Y J, Wang W H. Multiscale relaxation dynamics in ultrathin metallic glass-forming films. Phys. Rev. Lett., 2018, 120: 155501.

[55] Li Y H, Annamareddy A, Morgan D, et al. Surface diffusion is controlled by bulk fragility across all glass types. Phys. Rev. Lett., 2022, 128: 075501.

[56] Kirkpatrick T R, Thirumalai D, Wolynes P G. Scaling concepts for the dynamics of viscous liquids near an ideal glassy state. Phys. Rev. A, 1989, 40: 1045-1054.

[57] Stevenson J D, Wolynes P G. On the surface of glasses. J. Chem. Phys., 2008, 129: 234514.

[58] Monaco A, Chumakov A I, Yue Y Z, et al. Density of vibrational states of a hyperquenched glass. Phys. Rev. Lett., 2006, 96: 205502.

[59] Forrest J A, Mattsson J. Reductions of the glass transition temperature in thin polymer films: probing the length scale of cooperative dynamics. Phys. Rev. E, 2000, 61, R53-56.

[60] Strandburg K J. Two-dimensional melting. Rev. Mod. Phys., 1988, 60: 161-207.

[61] Mermin N D. Crystalline order in two dimensions. Phys. Rev., 1968, 176: 250-254.

[62] Bernard E P, Krauth W. Two-step melting in two dimensions: first-order liquid-hexatic transition. Phys. Rev. Lett., 2011, 107: 155704.

[63] Harrowell P. Glass transitions in plane view. Nature Phys., 2006, 2: 157-158.

[64] Sengupta S, Karmakar S, Dasgupta C, et al. Adam-Gibbs relation for glass-forming liquids in two, three, and four dimensions. Phys. Rev. Lett., 2012, 109: 095705.

[65] Flenner E, Szamel G. Fundamental differences between glassy dynamics in two and three dimensions. Nature Commun., 2015, 6: 7392.

[66] Singh S, Ediger M D, de Pablo J J. Ultrastable glasses from in silico vapour deposition. Nat. Mater., 2013, 12: 139-142.

[67] Chu J P, Jang J S C, Huang J C. Thin film metallic glasses: unique properties and potential applications. Thin Solid Films, 2012, 520: 5097-5122.

[68] Luo P, Cao C R, Zhu F, et al. Ultrastable metallic glasses formed on cold substrates. Nat. Commun., 2018, 9: 1389.

[69] Chen L, Cao C R, Shi J A, et al. Fast surface dynamics of metallic glass enable superlatticelike nanostructure growth. Phys. Rev. Lett., 2017, 118: 016101.

[70] Schroers J, Wu Y, Busch R, et al. Transition from nucleation controlled to growth controlled crystallization in $Pd_{43}Ni_{10}Cu_{27}P_{20}$ melts. Acta Mater., 2001, 49: 2773-2781.

[71] Bartsch A, Rätzke K, Meyer A, et al. Dynamic arrest in multicomponent glass-forming alloys. Phys. Rev. Lett., 2010, 104: 195901.

[72] Wang Y T, Xi X K, Fang Y K, et al. Tb nanocrystalline array assembled directly from alloy melt. Appl. Phys. Lett., 2004, 85: 5989-5991.

[73] 吕玉苗. 金属玻璃近表面区域力学行为及动力学研究. 北京: 中国科学院物理研究所, 2017.

[74] Wang Y T, Fang Y K, Pan M X, et al. Scratching induced large-area and tunable perpendicular anisotropy in flexible metallic glass under ambient conditions. J. Non-Cryst. Solids, 2006, 352: 2925-2928.

[75] Gardon R. in Elasticity and Strength in Glasses// Uhlmann D, Kreidl N J. Glass: Science and Technology. New York: Academic Press, 1980, 5: 145-216.

[76] Zhang Y, Wang W H, Greer A L. Making metallic glasses plastic by control of residual stress. Nature Mater., 2006, 5: 857-860.

[77] Jiao Y, Zheng Y, Jaroniec M, et al. Design of electrocatalysts for oxygen- and hydrogen-involving energy conversion reactions. Chemical Society Reviews, 2015, 44: 2060-2086.

[78] Merki D, Hu X. Recent developments of molybdenum and tungsten sulfides as hydrogen evolution catalysts. Energy & Environmental Science, 2011, 4: 3878-3888.

[79] Jaramillo T F, Jørgensen K P, Bonde J, et al. Identification of active edge sites for electrochemical H_2 evolution from MoS_2 nanocatalysts. Science, 2007, 317: 100-102.

[80] Hu Y C, Wang Y Z, Cao C R, et al. A highly efficient and self-stabilizing metallic glass catalyst for electrochemical hydrogen generation. Adv. Mater., 2016, 28: 10293-10297.

[81] Doubek G, Sekol R C, Li J, et al. Guided evolution of bulk metallic glass nanostructures: a platform for designing 3D electrocatalytic surfaces. Advanced Materials, 2015, 28: 1940-1949.

[82] Vrubel H, Merki D, Hu X. Hydrogen evolution catalyzed by MoS_3 and MoS_2 particles. Energy & Environmental Science, 2012, 5: 6136-6144.

[83] Ge X, Chen L, Zhang L, et al. Nanoporous metal enhanced catalytic activities of amorphous molybdenum sulfide for high-efficiency hydrogen production. Advanced Materials, 2014, 26: 3100-3104.

[84] Wang Z J, Li M X, Yu J H, et al. Low-iridium-content IrNiTa metallic glass films as intrinsically active catalysts for hydrogen evolution reaction. Adv. Mater., 2019, 32: 1906384.

[85] Ito Y, Cong W, Fujita T, et al. High catalytic activity of nitrogen and sulfur Co-doped nanoporous graphene in the hydrogen evolution reaction. Angewandte Chemie International Edition, 2015, 54: 2131-2136.

[86] Wang P F, Jiang H Y, Shi J A, et al. Regulated color-changing metallic glasses. J. Alloy. Comp., 2021, 876: 160139.

[87] Cao C R, Huang K Q, Zhao N J, et al. Ultrahigh stability of atomically thin metallic glasses. Appl. Phys. Lett., 2014, 105: 011909.

[88] Hu Y C, Tanaka H, Wang W H. Impact of spatial dimension on amorphous order in metallic glass. Phys. Rev. E, 2017, 96: 022613.

[89] Ediger M D, Harrowell P. Perspective: supercooled liquids and glasses. J. Chem. Phys., 2012, 137: 080901.

[90] Dong J, Huan Y, Huang B, et al. Unusually thick shear-softening surface of micrometer-size metallic glasses. The Innovation., 2021, 2: 100106.

[91] Cahn R W. The Coming of Materials Science. Amsterdam: Pergamon, 2001.

[92] Alivisatos A P. Semiconductor clusters, nanocrystals, and quantum dots. Science, 1996, 271: 933-937.

[93] Narayanan R, El-Sayed M A. Effect of catalysis on the stability of metallic nanoparticles: suzuki reaction catalyzed by PVP-palladium nanoparticles. J. Am. Chem. Soc., 2003, 125: 8340-8347.

[94] Seifert G. Nanomaterials: nanocluster magic. Nat. Mater., 2004, 3: 77-78.

[95] Rodney D, Schuh C. Distribution of thermally activated plastic events in a flowing glass. Phys. Rev. Lett., 2009, 102: 235503.

[96] Anderson P W. More is different. Science, 1972, 177: 393-396.

[97] Smallenburg F, Sciortino F. Liquid more stable than crystals in particles with limited valence and flexible bonds. Nature Phys., 2013, 9: 554-558.

[98] Sun J, He L, Lo Y C, et al. Liquid like pseudoelasticity of sub-10-nm crystalline silver particles. Nat.

Mater., 2014, 13: 1007-1012.

[99] Steigerwald M L, Alivisatos A P, Gibson J M, et al. Surface derivatization and isolation of semiconductor cluster molecules. J. Am. Chem. Soc., 1998, 110: 3046-3050.

[100] Fu X W, Chen B, Tang J, et al. Imaging rotational dynamics of nanoparticles in liquid by 4D electron microscopy. Science, 2017, 355: 494-498.

[101] Zhong L, Wang J, Sheng H, et al. Formation of monatomic metallic glasses through ultrafast liquid quenching. Nature, 2014, 512: 177-180.

[102] Tress M, Mapesa E U, Kossack W, et al. Glassy dynamics in condensed isolated polymer chains. Science, 2013, 341: 1371-1374.

[103] Schönhals A, Kremer F. Analysis of Dielectric Spectra-Broadband Dielectric Spectroscopy. Springer, 2003.

[104] Jackson C L, Mckenna G B. The melting behavior of organic materials confined in porous solids. J Chem. Phys., 1990, 93: 9002-9011.

[105] Perez M. Gibbs-Thomson effects in phase transformations. Scripta Mater., 2005, 52: 709-712.

[106] Kob W, Andersen H C. Testing mode-coupling theory for a supercooled binary Lennard-Jones mixture I: The van Hove correlation function. Phys. Rev. E, 1995, 51: 4626-4641.

[107] Kawasaki T, Araki T, Tanaka H. Correlation between dynamic heterogeneity and medium-range order in two-dimensional glass-forming liquids. Phys. Rev. Lett., 2007, 99: 215701.

[108] Debenedetti P G, Stillinger F H. Supercooled liquids and the glass transition. Nature, 2001, 410: 259-267.

[109] Berthier L, Biroli G. Theoretical perspective on the glass transition and amorphous materials. Rev. Mod. Phys., 2011, 83: 587-645.

[110] Forrest J A, Dalnoki-Veress K, Stevens J R, et al. Effect of free surfaces on the glass transition temperature of thin polymer films. Phys. Rev. Lett., 1996, 77: 2002-2005.

[111] Yu H B, Richert R, Maass R, et al. Unified criterion for temperature-induced and strain-driven glass transitions in metallic glass. Phys. Rev. Lett., 2015, 115: 135701.

[112] Stillinger F H. A Topographic view of supercooled liquids and glass formation. Science, 1995, 267: 1935-1939.

[113] Ediger M D. Spatially heterogeneous dynamics in supercooled liquids. Ann. Rev. Phys. Chem., 2000, 51: 99-128.

[114] Shu Q, Yang Y, Zhai Y-T, et al. Size-dependent melting behavior of iron nanoparticles by replica exchange molecular dynamics. Nanoscale, 2012, 4: 6307-6311.

[115] Zhang S, Wang W H, Guan P F. Dynamic crossover in metallic glass nanoparticles. Chin. Phys. Lett., 2021, 38: 016802.

[116] Zhang P, Maldonis J J, Liu Z, et al. Spatially heterogeneous dynamics in a metallic glass forming liquid imaged by electron correlation microscopy. Nature Comm., 2018, 9: 1129.

[117] Arutkin M, Raphaeel E, Forrest J A, et al. Cooperative strings in glassy nanoparticles. Soft Matter., 2017, 13: 141-146.

[118] Batson P E. Motion of gold atoms on carbon in the aberration-corrected STEM. Microsc Microanal, 2008, 14: 89-97.

[119] Wang J, Chen S, Cui K, et al. Approach and coalescence of gold nanoparticles driven by surface thermodynamic fluctuations and atomic interaction forces. ACS Nano, 2016, 10: 2893-2902.

[120] Cao C R, Huang K Q, Shi J A, et al. Liquid-like behaviours of metallic glassy nanoparticles at room temperature. Nature Commun., 2019, 10: 1966.

[121] Frenkel J. Viscous flow of crystalline bodies. Zhurnal Eksperimentalnoi i Teoreticheskoi Fiziki, 1946, 16: 29-38.

[122] Surrey A, Pohl D, Schultz L, et al. Quantitative measurement of the surface self-diffusion on Au nanoparticles by aberration-corrected transmission electron microscopy. Nano Letters, 2012, 12: 6071-6077.

[123] Chen N, Wang D, Guan P F, et al. Direct observation of fast surface dynamics in sub-10-nm nanoglass particles. Appl. Phys. Lett., 2019, 114: 043103.

[124] Wang J, Li R, Xiao R, et al. Compressibility and hardness of Co-based bulk metallic glass: a combined experimental and density functional theory study. Appl. Phys. Lett., 2011, 99: 151911.

[125] Wang J Q, Liu Y H, Chen M W, et al. Rapid degradation of azo dye by Fe-based metallic glass powder. Adv. Funct. Mater., 2012, 22: 2567-2571.

[126] Yi J, Bai H Y, Zhao D Q, et al. Piezoresistance effect of metallic glassy fibers. Appl. Phys. Lett., 2011, 98: 241917.

[127] Tanaka S, Kaneko T, Asao N, et al. A nanostructured skeleton catalyst: suzuki-coupling with a reusable and sustainable nanoporous metallic glass Pd-catalyst. Chem. Commun., 2011, 47: 5985.

[128] Jiang H Y, Xu J Y, Zhang Q H, et al. Direct observation of atomic-level fractal structure in a two-dimensional metallic glass membrane. Science Bulletin., 2021, 66: 1312-1318.

[129] Kumar G, Desai A, Schroers J. Bulk metallic glass: the smaller the better. Adv. Mater., 2011, 23: 461-476.

[130] Lee S W, Jafary-Zadeh M, Chen D Z, et al. Size effect suppresses brittle failure in hollow $Cu_{60}Zr_{40}$ metallic glass nanolattices deformed at cryogenic temperatures. Nano Letters, 2015, 15: 5673-5681.

[131] Dong J, Feng Y H, Huan H, et al. Rejuvenation in hot-drawn micrometer metallic glassy wires. Chin. Phys. Lett., 2020, 37: 017103.

[132] Yang Z H, Fujii Y, Lee F K, et al. Glass transition dynamics and surface layer mobility in unentangled polystyrene films. Science, 2010, 328: 1676-1680.

[133] Kearns K L, Still T, Fytas G, et al. High-modulus organic glasses prepared by physical vapor deposition. Adv. Mater., 2010, 22: 39-45.

[134] Yu H B, Luo Y, Samwer K. Ultrastable metallic glass. Adv. Mater., 2013, 25: 5904-5908.

[135] Aji D P B, Hirata A, Zhu F, et al. Ultrastrong and ultrastable metallic glass. Prepr. arXiv, 2013, 1306: 1575.

[136] Guo Y L, Morozov A, Schneider D, et al. Ultrastable nanostructured polymer glasses. Nat. Mater., 2012, 11: 337-141.

[137] Chen N, Frank R, Asao N, et al. Formation and properties of Au-based nanograined metallic glasses. Acta Mater., 2011, 59: 6433-6440.

[138] Wang J Q, Chen N, Liu P, et al. The ultrastable kinetic behavior of an Au-based nanoglass. Acta Mater., 2014, 79: 30-36.

[139] Danilov D, Hahn H, Gleiter H, et al. Mechanisms of nanoglass ultrastability. ACS Nano, 2016, 10: 3241-3247.

[140] Sohn S, Jung Y, Xie Y, et al. Nanoscale size effects in crystallization of metallic glass nanorods. Nat. Commun., 2015, 6: 8157.

[141] Shi J A, Cao C R, Zhang Q H, et al. In situ atomic level observations of Al_2O_3 forming on surface of metallic glasses. Scri. Mater., 2017, 136: 68-73.

[142] Xian H J, Cao C R, Shi J A, et al. Flexible strain sensors with high performance based on metallic glass thin film. Appl. Phys. Lett., 2017, 111: 121906.

[143] Xian H J, Liu M, Wang X C, et al. Flexible and stretchable metallic glass micro-/nano-structures of tunable properties. Nanotechnology, 2019, 30: 085705.

[144] Xian H J, Li L C, Wen P, et al. Development of stretchable metallic glass electrodes. Nanoscale, 2021, 13: 1800-1806.

[145] Wang W H. Metallic glassy fibers. Sci. China G, 2013, 56: 2293-2301.

[146] Zhao K, Liu K, Li J F, et al. Superamphiphobic CaLi-base d bulk metallic glasses. Scripta Mater., 2009, 60: 225-227.

[147] Liu Z, Han G, Sohn S, et al. Nanomolding of crystalline metals: the smaller the easier. Phys. Rev. Lett., 2019, 122: 036101.

[148] Tong X, Ke H B, Wang W H, et al. Formation of stable monatomic metallic glasses. To be published.

[149] Zhao R, Jiang H Y, Luo P, et al. Sampling stable amorphous tantalum states from energy landscape. Scripta Mater., 2021, 202: 114018.

[150] 雷清泉, 等. Abnormal enhancement of electrical breakdown strength of air-gap in nano-Al_2O_3 template. To be published.

第 16 章　非晶物质的应用：非晶研究的试金石

格言

♣ 对人类及其命运的关心始终是一切技术努力的主要兴趣，在你们埋头于图表和方程时，永远不要忘记这一点。——爱因斯坦

♣ 科研是将金钱转换为知识的过程；创新则是将知识转换为金钱的过程——Geoffrey Nicholson

♣ 无用之用，方为大用。——庄子

♣ 伟大的艺术家需要伟大的客户(Great artists need great clients)。——贝聿铭

漫画：它们正在研究和理解门锁的机制，期望改善狗类的生活

16.1　引　言

我们首先讨论科学研究的"无用"和"有用"。一位大学教授对刚入学的学生说：要学一些有用的东西，也要学一些无用的东西。有用的知识可以帮你谋生，而无用的东西可以使你终身快乐。让你不论是起还是伏，都能够饱含深情地热爱生活。

跨学科高等研究的典范——普林斯顿高等研究院(Institute for Advanced Study in Princeton)的创建人亚伯拉罕·弗莱克斯纳(Abraham Flexner，1866～1959)写过一本书，名叫《无用知识的用处》。书中写道："近一两百年间，全世界的专业学院在各自领域内做出的最大贡献，可能不在于培养出多少实用型的工程师、律师或医生，而在于进行了大量看似无用的科学活动。从这些'无用'的科学活动中，我们获得了许多发现，它们对人类思想和人类精神意义之重大，远远胜过这些学院建立之初力图达成的实用成就。"

"在普林斯顿，我希望爱因斯坦先生能做的，就是把咖啡转化成数学定理。未来会证明，这些定理将拓展人类认知的疆界，促进一代代人灵魂与精神的解放。"

"时至今日，'实用性'是我们评判某个大学、研究机构或任何科学研究存在价值的标准。但在我看来，任何机构的存在，无需任何明确或暗含的'实用性'的评判，只要解放了一代代人的灵魂，这个机构就足以获得肯定，无论从这里走出的毕业生是否为人类知识做出过所谓'有用'的贡献。一首诗、一部交响乐、一幅画、一条数学公理、一个崭新的科学事实，这些成就本身就是大学、学院和研究机构存在的意义。"

"比放纵和金钱远远重要的是，禁锢人类思想的锁链得以被粉碎，思想探险获得了自由。正是凭借这份自由，卢瑟福和爱因斯坦才能披荆斩棘、向着宇宙最深处不断探寻，同时将紧锁在原子内部无穷无尽的能量释放了出来。也正是凭借这份自由，玻尔和密立根了解了原子构造，并从中释放出足以改造人类生活的力量。"

"拿发明无线电的马可尼来说明。正是麦克斯韦 1865 年对电磁场展开了深入的研究，并且在 1873 年写下了著名的电磁学方程式，才使得马可尼的工作成为可能。终其一生，麦克斯韦从来不曾关心自己的研究有何'用处'；从没有设定任何'实用性'方面的目标，也从来没有发明任何一样具体的东西，然而，他们'无用'的理论工作一旦被某个聪明的技术人员加以利用，就立即能创造出全新的通信用途。"

纵观整个科学史，绝大多数最终被证明对人类有益的真正伟大发现都源于像麦克斯韦这样的科学家，他们不为追求实用的欲望所驱动，满足自己的好奇心是他们唯一的愿望。从伽利略、培根和牛顿的时代开始，在整个人类文明史上，好奇心就是现代思维的一个典型特征。它驱动知识、文明、思想和技术的进步。而且，越少偏向直接应用方面的功利，好奇心就越有可能为人类福祉做出贡献。实际上，很多前沿新方向的很多知识研究包括非晶物质的很多研究看似无用，正如早期玻璃材料、非晶合金用途很小，但是这些知识可能蕴藏着促进社会文明进步的巨大力量。

下面讨论科学研究的有用性。对人类自身命运的关注是科学发展的动因。科学研究最终要能服务于人类。即使对于纯理论的数学、哲学等学科也是如此。例如，数学起源于应用，又服务和应用于人类自身。比如房贷利率这个实际问题导致了对指数、对数函数的关注和发展；博彩、投资导致概率论的建立；对复杂面积、体积的测量和计算导致微积分的建立等。所以理论物理学家爱因斯坦说过："对人类及其命运的关心始终是一切技术努力的主要兴趣，在你们埋头于图表和方程时，永远不要忘记这一点。"如图 16.1 所示，科学研究的目的之一是将资金转换成人类的知识，再通过创新性应用，把知识转换成价值和财富，造福于人类。

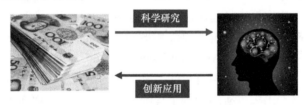

图 16.1 科研创造知识，知识通过创新性应用创造服务于人类

物质和材料科学的旺盛生命力和重要意义取决于这两门学科强大的改造自然、服务于人类的能力和作用。起源于物理和化学的交叉学科——材料科学和技术，是人类的文明之果、力量之源，材料科学的进步直接影响生产力的变革。新材料和信息、生物被认为是 21 世纪三大支柱性高新技术，其中材料是基础，材料在现代化建设和经济发展中具有战略地位。一代材料，引领一带技术，催生一代产业[1]。发展新材料也是各国科技发展的战略方向之一。材料是很多高技术的基础，很多高技术受制于材料。

需要指出的是知识的应用，把知识变成可以造福人类的技术和应用同样需要灵感、好的理念及创新。一种材料使用不当就是废料，应用得当，会带来巨大的经济和社会效益。《庄子·逍遥游》讲了一个技术应用的故事，这个故事说明格局和想法带来完全不同的作用和结果，发人深省。原文如下：

惠子谓庄子曰："魏王贻我大瓠之种，我树之成，而实五石。以盛水浆，其坚不能自举也。剖之以为瓢，则瓠落无所容。非不呺然大也，吾为其无用而掊之。"庄子曰："夫子固拙于用大矣。宋人有善为不龟手之药者，世世以洴澼絖为事。客闻之，请买其方百金。聚族而谋曰：'我世世为洴澼絖，不过数金。今一朝而鬻技百金，请与之。'客得之，以说吴王。越有难，吴王使之将。冬，与越人水战，大败越人，裂地而封之。能不龟手一也，或以封，或不免于洴澼絖，则所用之异也。今子有五石之瓠，何不虑以为大樽而浮乎江湖，而忧其瓠落无所容？则夫子犹有蓬之心也夫！"。

故事大意如下。惠子对庄子说："魏王送我大葫芦种子，我将它培植后，结出的葫芦大到可容纳五石的东西。可以用大葫芦去盛水，它的坚固程度承受不了水的压力；把它剖开做瓢，瓢过分大而且很平浅，无法容纳东西。这个葫芦虽然很大，但它大而无用，我就砸烂了它。"庄子说："先生您实在是不善于使用大东西啊！宋国有一人家善于制造预防皲裂冻疮药膏，因此可以世世代代以漂洗棉絮为职业，用防龟裂冻疮药膏保护手脚。有个游客听说了这件事，愿意用百金的高价收买他的药方。全家人聚集在一起商量：'我们世世代代在河水里漂洗丝絮，所得不过数金，如今一下子就可卖得百金。还是把药方卖给他吧。'游客得到药方，来游说吴王。正巧越国发难，入侵吴国，吴王派他统率部队，冬天跟越军在水上交战，他用这药膏保护士兵手脚不皲裂、不生冻疮，大大提高了吴国的战斗力，大败越军。吴王因此用土地大大封赏了他。能使手不皲裂，药方是同样的，有的人用它来获得封赏，有的人却只能靠它在水中漂洗丝絮，这是使用的方法不同。如今你有五石容积的大葫芦，怎么不系在腰间做腰舟而浮游于江湖之上，却担忧葫芦太大不能装东西？水不一定要装在葫芦内，为什么不能装在葫芦外？看来先生你还是茅塞不通啊!"。庄子的故事和理念也适应于材料的应用研究和开发。

我们再讨论非晶物质科学的有用。非晶材料曾在人类历史进程、科学发展中起到举足轻重的作用，当代仍在日常生活和高技术领域有广泛的应用。非晶物质科学和材料的研发必须有用。但是，每种非晶材料从被发现、发明到应用都不是一帆风顺的。很多非晶材料的应用类似庄子的故事。例如，玻璃镜子一直被用于贵妇人的梳妆打扮，而另一部分人，则把玻璃磨成凸凹镜片，制造出望远镜、显微镜，发现了无数自然的秘密，造福于人类；亘古以来沙碛一直被用于建筑铺路，高琨提出沙碛可以拉制成高纯光纤，实现高速网络通信，或制成高强度的手机触摸屏(大猩猩玻璃)，极大地便利了人们的生活方式；对于玻璃之类的瓶瓶罐罐，有的人只能用它们烧饭做菜，有的人可以利用它们做出重大科学发现；等等。类似的例子还有很多。

非晶物质科学也应该服务于人类自身，并且在服务于人类的应用过程中不断汲取灵感、想法、问题和动因。非晶材料的应用前景也决定了这门学科的发展前景。

从发展历史看，非晶材料的发展和应用紧密联系，其很多应用改变了科学史、人类文明史，如透明玻璃应用于望远镜、显微镜、阴极射线管、温度计、光谱仪的分光镜等科学仪器对早期科学发展的巨大贡献；窗户玻璃、塑料、玻璃器皿、橡胶等非晶材料给人类生活带来的巨大便利和进步等。非晶物质和材料学科就是一门在服务于人类生活的过程中产生并不断发展的学科，这也是非晶材料具有强大生命力的原因。但是材料从刚发明出来到应用要经历漫长艰苦的路，一般要经过几十年的研制和完善，本章也介绍了一些非晶材料从实验室到应用的艰难历程。

新型的非晶材料不断被创制出来，这些非晶材料具有很多优异的性能，如非晶合金材料就是非晶家族的最新成员，它具有很多奇特的力学、物理、化学性能。如何创新性地应用这些新材料，如何在古老非晶材料应用方面推陈出新，如何把非晶材料的科学研究和应用有机结合起来，是目前非晶材料应用和研究的关键问题和方向。非晶材料的应用瓶颈在某种程度上制约了非晶物质领域的发展，需要对非晶材料应用研究的现状进行分析研究。非晶材料，特别是非晶合金材料的应用呼唤人们的创新。

本章主要介绍非晶材料的应用概况，特别介绍新型非晶合金材料的重要特性，应用研究和产业化的进展、历程、经验教训、应用前景以及面临的难题。对非晶材料的应用前景进行了展望和讨论。

16.2　非晶材料的应用

这里简要介绍几大类典型和传统非晶材料的应用。

16.2.1　透明玻璃材料的应用

玻璃作为一种常见的无机非晶材料，已使用了几千年。埃及、美索不达米亚、中国、欧洲都有关于当地早期玻璃制造和使用的考古发现。今天，玻璃材料已然渗透到了人们生产生活的各个方面，小到饮食器皿、家电汽车，大到摩天大厦、空间望远镜、网络等等。可以说，当今世界已经离不开玻璃材料。回看历史，实际上在玻璃材料发现后很长一段时间里，玻璃的用途极为有限，人们最初主要将其用作装饰物、工艺品和器皿等，其制造和加工工艺在很大程度上依赖于玻璃匠人代代相传的经验方法。直到 19 世纪中后期，一系列特种玻璃相继问世，玻璃的种类和用途开始迅速扩大，玻璃工业才发展成了极具创新力和拥有广阔应用前景的工业领域。这一变化要归功于德国科学家和企业家奥托·肖特(Otto Schott)。肖特开创了用现代科学方法来研究玻璃工艺和形成机理，开发新型玻璃材料，从而赋予这个具有数千年应用史的传统材料以新的活力和辉煌的未来。这也又一次印证了大师在一个领域的重要性和关键作用。

透明玻璃材料是一硅酸盐复盐类材料。基于这类材料，混入某些金属氧化物或者盐类会显现出有颜色的有色玻璃，通过物理或者化学的方法可以制得钢化玻璃等。一些透明的塑料(如聚甲基丙烯酸甲酯)也称作有机玻璃。透明玻璃广泛应用于建筑(如作为窗户、墙面，做温室用来隔风透光) 日用、艺术、医疗、化学、电子、仪表、核工程等领域。随着现代科技制备技术的迅速提高，各种功能独特的非晶玻璃纷纷问世，玻璃家族人丁兴旺。例如，防弹玻璃是由玻璃(或有机玻璃)和优质工程塑料复合得到的新型透明材料，具有普通玻璃的外观和透光行为，对小型武器的射击提供了一定的保护。不碎玻璃是一种夹有碎屑黏合成透明塑料薄膜的多层玻璃。这种以聚氯酯为基础的塑料薄膜是黏滞的半液态，当其受打击时，聚氯酯薄膜会慢慢聚集在一起，并恢复自己特有的整体性，保持不碎。防盗玻璃是多层结构的，每层中间嵌有极细的敏感金属导线，当玻璃被击碎时，与金属导线相连接的警报系统会立即发出警报。可钉钉子的玻璃是硼酸玻璃粉和碳化纤维混合后加热到 1000℃制成的，是采用硬质合金强化的玻璃，其最大断裂应力为一般玻璃的 2 倍以上，无脆性，钉钉和装木螺丝不会破碎。不反光玻璃的光线反射率仅在 1%以内(一般玻璃为 8%)，使得玻璃不反光和令人目眩。隔音玻璃用几毫米厚的软质树脂将两层玻璃粘合在一起，几乎可将全部杂音吸收殆尽，适合录音室和播音室使用。在两片厚度为几毫米的真空玻璃之间，设有 0.2 mm 间隔的真空层，层内有金属小圆柱支撑以防外部大气压使两片玻璃贴到一起。这种真空玻璃具有良好的隔热隔音效果，适用于民宅和高层建筑的窗户。热变色调温玻璃是一种两面是塑料薄膜和中间夹着聚合物水色溶剂的合成玻璃。它在低温环境中呈透明状，吸收日光的热能，待环境温度升高后则变成不透明的白云色，并阻挡日光的热能，从而有效起到调节室内温度的作用。全息衍射玻璃，可将某些颜色的光线集中到选择的方位。用这种玻璃的窗户可将自然光线分解成光谱组合色，并将光线反射至房间的各个角落。薄纸玻璃厚度最薄可达 0.003 mm，能用于光电子学、生物传感器、计算机显示屏和其他现代技术领域。生物玻璃是具有生物活性能和活性组织结合的生物玻璃。它具有生物适应性，可用于人造骨和人造齿龈等。信息玻璃是能记录信息的玻璃。它记录信息时，将激光集中在玻璃内部的某一点上，30 ps 即完成一次照射，留下一个记录斑点，读信息时，通过激光扫描斑点来进行。这种记录信息可在常温下进行，其性能和稳定性高于常用的光盘。自洁玻璃是一种二氧化钛涂层玻璃，能防止污垢和水点聚积于表面，可达到自动清洗和防震的效果，图 16.2 是自洁玻璃用于建筑，可以保持清洁。电解雾化玻璃在通电后，会自动产生表面雾化效果，瞬间改变透明度，在外部看起来就和一般白墙无异。透明公厕就是应用电解雾化玻璃的效果。LED玻璃又称通电发光玻璃、电控发光玻璃(图 16.3)，广泛应用于各种设计及应用端领域：如家居类应用、建筑类应用、照明类应用、装潢装饰类应用等。

图 16.2　自洁玻璃建筑，达到自洁效果

图 16.3　通电能发光的 LED 玻璃

　　具有智能特性的玻璃材料也被发明出来了。这些智能玻璃的透明度能随着视野角度、光线强弱变化而变化，其散光度、厚度、面积和形式都能自由选择，起到保护和屏蔽作用。东京大学 Aida 团队发明了一种让玻璃自修复的新型材料聚硫脲(poly[thioureas])和乙烯乙二醇(ethylene glycol)自修复玻璃。基于该材料制成的玻璃，在碎裂后用手按住断面几十秒，玻璃形状就能完好如初，几个小时以后强度也会恢复原状(图 16.4)。基于纯无机钙钛矿，可构建一种高稳定性的热致变色太阳能电池窗户。这种材料可在 105℃切换成深色的钙钛矿相(高温相)，透明度约 35.4%；在室温条件下，当遇到水汽时，材料就会自动

切换到透明的非钙钛矿相(低温相)，透明度约81.7%。这类智能玻璃用于窗户可以使大型楼宇室内能源利用效率达到最佳。热致变色节能窗，可以响应环境温度自动调节太阳光的透过或反射，无需外接电源。基于太阳能电池的智能窗户，则不仅可以实现窗户透明度的自动变化，还可以同时起到能源转化和储存的作用(图16.5)。

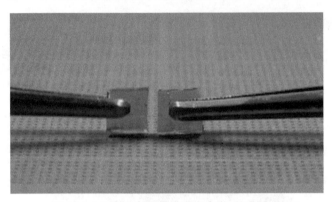

图16.4　自修复玻璃(来自东京大学 Aida 团队)

图16.5　智能玻璃窗户

利用直接化学气相沉积方法在玻璃衬底上生长石墨烯，可得到普通玻璃所不具备的导电、导热、自清洁以及生物相容等特性的石墨烯玻璃，催生了透明加热元器件以及电控智能滤光片等实际器件应用。金属有机骨架(MOF)材料是一种金属有机复合的框架晶态材料，无机节点通过有机分子相互连接以形成三维网络，可以实现几乎无限多种可能的结构。将 MOF 衍生的玻璃与经典的无机玻璃材料结合得到 MOF 玻璃(图16.6)，其化学键不是简单地相互混合，其可以显著改善材料的机械性能，并获得新的性能，例如让传统玻璃获得电导率。

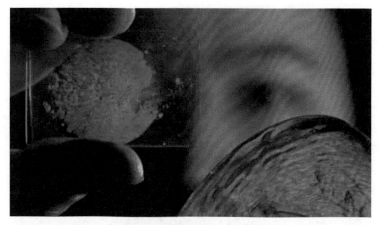

图 16.6 MOF 玻璃(来自德国 Jena 大学的 Jens Meyer)

加拿大麦吉尔大学的 Barthelat 团队受贝壳珍珠层启发，提出了一种更加抗冲击的仿生夹层玻璃复合材料，这种仿生玻璃(图 16.7)具有增强的延展性，并可极大地减少冲击。与普通的夹层玻璃相比，珍珠质玻璃的能耗是普通夹层玻璃的 2.5～4 倍，是普通硼硅酸盐玻璃的 15～24 倍。非晶磷酸钙骨水泥是骨修复生物材料，具有良好的生物相容性、成骨活性、自固化能力、能与骨头缺损部分完全吻合、生物降解活性等优越的性能，广泛用于临床，促进骨生长和康复。

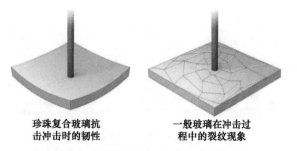

珍珠复合玻璃抗
击冲击时的韧性

一般玻璃在冲击过
程中的裂纹现象

图 16.7 珍珠复合仿生玻璃(来源：麦吉尔大学的 Barthelat 团队)

非晶玻璃材料的应用例子举不胜举，深入到生活、科技、工作的各个角落。这些非晶玻璃材料的应用，极大地便利、改变、美化了人类生活。

16.2.2 塑料的应用

塑料，又称高分子聚合物，是一大类非晶材料。其主要成分是树脂，如松香、虫胶等。树脂是指尚未和各种添加剂混合的高分子化合物，树脂约占塑料总重量的 40%～100%。塑料的基本性能主要决定于树脂的本性，但添加剂也起着重要作用。有些塑料基本上是由合成树脂所组成，不含或少含添加剂，如有机玻璃、聚苯乙烯等，塑料制品因此具有缤纷的色彩，如图 16.8 是五颜六色的塑料材料的照片。

非晶塑料具备如下独特的特性：塑料的玻璃化转变温度低，容易调控其 T_g，因此容易加工成型，成本低廉，可以大规模生产；塑料的相对密度轻而且具有较高的强度；塑料具有耐腐蚀性、良好的绝缘性和绝热性。因此，短短几十年，塑料已经成为日常生活

图 16.8　丰富多彩的塑料材料

中最常用的材料之一。2013 年全球消费 3 亿吨塑料，其中聚苯乙烯类塑料占 7%。2013 年仅中国塑料产品产量就达 6 千多万吨。塑料制品的应用已深入到社会的每个角落，从工业生产到衣食住行，塑料制品无处不在，很多传统的材料如木器、竹器已经很少使用。图 16.9 是塑料应用的一个例子。例如工程塑料，具有优异的物理、力学和热性能，广泛应用于家用电器、面板、面罩、组合件、配件等，尤其是家用电器，用量十分庞大。

图 16.9　仿真塑料果盘

塑料技术的发展日新月异，全新塑料材料的开发，塑料性能的改善，针对特殊应用的性能提高是塑料材料开发与应用创新的三个重要方向。

16.2.3　橡胶的应用

橡胶是具有可逆形变的高弹性聚合物材料，橡胶属于非晶聚合物。橡胶的玻璃化转变温度(T_g)低，分子量通常很大，大于几十万，是一大类典型的非晶材料。橡胶材料是印第安人发现的，是印第安人对人类文明的伟大贡献之一。1493 年，意大利航海家哥伦布探险到美洲时，看到印第安人手拿一种黑色的球在玩，球落在地上弹得很高，它是由从树中取出的乳汁制成的。此后，西班牙人和葡萄牙人将橡胶知识陆续带到了欧洲。现在，橡胶已经成为一类重要的材料，成为产品种类繁多的行业。

橡胶同样具有许多独特的物理化学特性，如优良的弹性、隔水性、绝缘性、低密度、可塑性，经过适当处理后又具有耐油、耐酸、耐碱、耐热、耐寒、耐压、耐磨等综合性能，所以具有广泛用途。因此，橡胶行业是国民经济的重要基础产业之一。橡胶制品广泛应用于工业、农业、高技术、日常生活各方面(如图 16.10 所示只是一个例子)。橡胶提供了不可或缺的日用、医用等轻工橡胶产品，而且向采掘、交通、建筑、机械、电子等重工业和新兴产业提供了各种橡胶制设备或部件。例如，日常生活中用的雨鞋、暖水袋、松紧带；医疗卫生行业所用的外科医生手套、输血管；交通运输上用的各种轮胎；工业上用的传送带、运输带、耐酸和耐碱手套、密封圈；农业上用的排灌胶管、氨水袋；气象测量用的探空气球；科学试验用的密封、防震设备；国防上用的飞机、坦克、大炮、防毒面具；甚至成为火箭、人造地球卫星和宇宙飞船等高精尖科学技术产品不可或缺的原料。目前，世界上部分或完全用天然橡胶制成的物品已达几万种。

图 16.10　橡胶制品

橡胶在各领域的应用举例如下。橡胶与国防：橡胶是重要的战略物资。比如，一辆坦克要用八百多千克橡胶；一般三万吨级的军舰要用约 70 吨橡胶，各类军事装备、空军设施、国防工程都要用橡胶。耐高温、耐低温、耐油、耐高度真空等特殊性能的橡胶更是国防尖端技术不可缺的材料。橡胶和交通运输：橡胶工业实际上是随着汽车工业发展壮大起来的。橡胶用于各类交通工具的轮胎等。大型商店、车站、地铁、机场也广泛采用橡胶作载人运输带。一辆 4 吨载重汽车，需要橡胶制品 200 多千克，一艘万吨巨轮需橡胶制品约 10 吨，一架客机需要将近 600 千克的橡胶。橡胶与农林水利：各类农业机械，如拖拉机、收割机，需要橡胶履带，灌溉用橡胶防渗层及橡胶水坝，在农副产品加工设备和林、牧、渔业技术装备都有橡胶配件。橡胶与矿山：矿山开采需要包括胶带、胶管、密封垫圈、胶辊、胶板、橡胶衬里及劳动保护用品。橡胶与土木建筑：现代化建筑橡胶用量很大，如封橡胶条、隔音地板、橡胶地毯、防雨材料。再如减轻地铁所造成的建筑震动和噪声的大型橡胶弹簧座垫。在沥青中加入 3%的橡胶或胶乳，就可防止路面的龟裂，并提高耐冲击性。橡胶与电气通信：橡胶良好的绝缘性可用于电缆的绝缘。硬质橡胶可用来制做胶管、胶棒、胶板、隔板以及电瓶壳，橡胶还广泛用作绝缘手套、绝缘胶靴(鞋)等。橡胶与医疗卫生：医院等医疗卫生部门使用大量的橡胶制品，如医院里诊断、输血、导尿、洗肠胃用的各种手套、冰囊、海绵座垫等多是橡胶制品。很多医疗设备和仪器的配件也是橡胶制品。特殊的橡胶巾具有较高的生物惰性、化学稳定性和较微的透水透气性，用来加工橡胶瓶塞，能保证高吸湿抗癌制剂的保存。硅橡胶在制造医用制品方面愈来愈广泛，如采用硅橡胶制造人造器官及人体组织代用品；特殊的橡胶药物胶囊，放入体内适当位置，能使囊内药物缓慢连续地释放出来，既能提高疗效又比较安全。橡胶与文教体育：广泛用于文教机关、办公室、设计绘图以及体育运动器材，如各种球胆、乒乓球拍海绵胶面、游泳器具、玩具皮球、笔胆、橡皮、橡皮线、橡胶印、橡皮布、气球以及海绵胶垫等都是橡胶做成的。橡胶与商品储存：橡胶还广泛应用于储藏水果和蔬菜。硅橡胶嵌在塑料薄膜上，可以抑制果品蔬菜呼吸强度，延缓代谢速度，推迟水果蔬菜的后熟过程，防止腐烂。日常生活中的橡胶制品有雨衣、热水袋、松紧带、儿童玩具、海绵座垫等。

16.2.4 玻璃转变原理的应用

玻璃转变是非晶物质形成的途径，也是自然界中广泛存在的一种现象。玻璃转变原理本身——非晶合成的方法已经在材料合成、制药、食品工业、生物技术、交通地质等方面和领域有广泛的应用。下面举几个例子来生动说明玻璃转变原理在生产和生活中的应用和作用。

在食物储存方面的应用：在含糖食品的加工过程中，冻结、脱水浓缩、压榨、烘烤、干燥、磨粉、融化冷却等都可能导致天然结晶糖(crystallized sugar)向非晶糖(amorphous sugar)转变[2]。以非晶态形式存在于食品中的糖处于热力学亚稳态，会在储藏、销售等过程中发生向热力学平衡态的自发的结构弛豫过程，并导致一些物理性质(如密度、硬度、脆度等)的改变，即物理老化。研究含糖食品物理老化行为有助于预测食品的松脆程度和保质期。此外，一些水分含量极低的冷冻干燥类食品和蛋白类生物制剂也主要以非晶态存在，且生产后通常不是立即使用，而是要经过一个保存期，通过短期实验和计算机模拟获取结构弛豫的相关信息对于预测其长期储藏行为具有重要意义。

玻璃转变在生物和生命研究中发挥着重要作用。玻璃转变有望实现血液长期保存。血液的固化保存就相当于把牛奶变成奶粉来保存，即在低温真空环境下升华干燥，将细胞内外水分抽走，经过玻璃化转变，不破坏血液中的细胞，干燥的血细胞可在4℃或室温下长期保存。此种方法不需要大型设备，储存方便、成本低、易运输、复水迅速。

将溶液状态的生物大分子通过玻璃转变原理速冻在几十纳米厚的非晶薄冰中，电子束可以穿过和成像，这样可以在液氮温度下的电子显微镜中观察生物样品，非晶冰保护了生物分子在电子显微镜成像过程中的自然形态，从而奠定了冷冻电镜制样与观察的基本技术手段，玻璃转变导致了冷冻电镜技术的发展。

玻璃转变还可以低温脱水制茶，保持茶的本源颜色和成分；玻璃转变还可以用于制药、食物速冻保鲜、保护器官甚至动植物的生命等等。

玻璃转变是制备各种非晶材料的途径。各类非晶材料大多是通过玻璃转变的途径来制备的。下面一个例子是利用玻璃转变原理和计算机断层扫描(CT)原理相结合来制备非晶物质，并且能实现成型一体化。模仿计算机断层扫描，在不同角度用不同的二维图像制备成三维的立体图，然后向一罐光敏树脂(如明胶甲基丙烯酸水凝胶)引入激光，通过光引入能量，产生光聚作用(photopolymerization)，即光致玻璃转变，在溶液中硬化特定形状，一次性成形整个零部件。图16.11所示为计算机轴向光刻3D打印，实现立体打印的基本原理图。其中图(c)是打印"思想者"的证实过程，以及打印出的"思想者"[3]。利用玻璃转变原理和CT原理相结合可以克服常规3D打印技术一层层打印的缺陷，这种高质量打印复杂器件的方法，如图16.12所示。图中是利用计算机轴向光刻3D打印方法打印出的各种复杂的零件和器件。

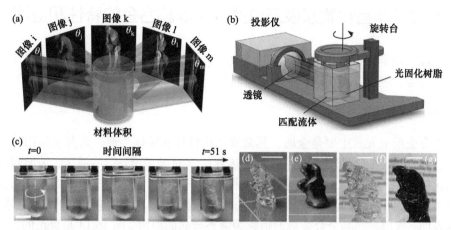

图 16.11 计算机轴向光刻 3D 打印示意图：(a)用计算机断层扫描，在不同角度用二维图像制成三维立体图，实现立体打印的原理图；(b)设备示意图；(c)打印"思想者"的证实过程；(d)打印出的"思想者"；(e)在打印出的"思想者"上涂色；(f)打印出的样品的放大；(g)紫外光照下打印出的"思想者"[3]

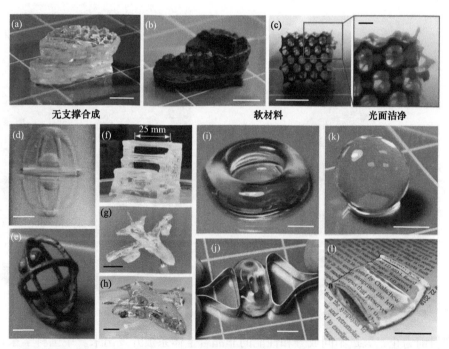

图 16.12 利用计算机轴向光刻 3D 打印方法打印出的各种零件和器件。(a)复杂的牙齿模型；(b)涂漆的牙齿模型；(c)复杂的格子材料；(d)打印出的器件悬浮在未固化的材料中。打印的器件表面光滑[3]

此外，广义的玻璃转变原理应用在交通流(交通堵塞是广义的玻璃转变问题)、人流的控制，自然灾害如山体滑坡(山体水分含量突然达到一个阈值就会发生山体滑坡)的预防，河道泥流沙的控制等方面，玻璃化也是用于核废料的处理和封存的重要方法。玻璃转变应用的例子还很多很多，这里难以一一举例。

16.3　非晶物质家族新成员——非晶合金的特性和应用

非晶合金是非晶物质和材料家族的新成员。所以本章重点介绍非晶合金的特性、应用、应用问题、应用方向，以及潜在应用前景。首先简要介绍非晶合金的重要特性。

16.3.1　非晶合金的独特性能

非晶合金组成元素主要是金属，其微观结构特征和液体类似，具有非晶物质本征的动力学、热力学特征(如非均匀性、过剩比热管)，多重弛豫谱，过冷液区，玻璃转化温度点，晶化温度点等。所以，非晶合金又被称作金属玻璃，或者液态金属[4]。非晶合金的外观也很奇特，图16.13是自然凝固得到的非晶合金外观，非常像冻结的液滴：流体外形、光滑的表面。这也是非晶合金被通俗称为液态金属的原因。图16.14是真正的、在室温下以液态形式存在的金属，这类真正的液态金属是一类低熔点的金属，在常温下是液态，如Bi、In等。这些液态金属和非晶合金有区别，虽然都是类液态结构的金属。

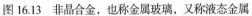

图16.13　非晶合金，也称金属玻璃，又称液态金属　　　　图16.14　液态金属In和Bi

到目前为止，大量不同成分和性能的非晶合金体系被开发出来。中国科学家在块体非晶合金成分开发的过程中发挥了重要作用，在2000年以后新开发的成分大多数是由国内的研究组和科学家完成的，如图16.15给出主要的非晶合金体系以及开发的研究组。

非晶合金之所以成为凝聚态物理和材料领域热点课题的重要原因是它们具有非常独特的性能和明显的缺陷。以下列举了非晶合金独特的物理、化学性能和明显的缺陷。

(1) 非晶合金具有创纪录的优异的物理、力学和化学性能，如非晶合金的强度、韧性、硬度、模量、弹性等都突破了金属材料的性能纪录[5]。

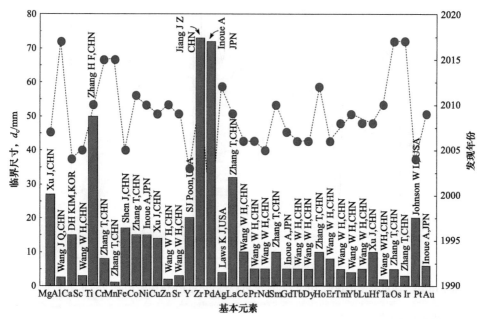

图 16.15　迄今为止已开发的块体非晶合金体系(临界尺寸：红色；发现年份：蓝色)(该图由北京航空航天大学李然教授提供)

(2) Fe 基、Co 基、Ni 基非晶合金是优良的软磁、蓄冷、磁制冷(大磁熵)、催化、耐磨材料[6,7]。

(3) 非晶合金也具有非常明显的性能缺陷，如脆性，性能和结构不稳定，非晶形成能力差(晶体等其他材料没有突出的形成能力问题)，和硅化物玻璃比合金的非晶形成能力有量级的差别[5-9]。

(4) 同一成分的非晶物质存在不同的结构构型(图 16.16)和能量状态[10]。所以，非晶物质的物理性质与其形成历史、工艺密切相关，可以通过时间、工艺条件等因素来调控其构型、结构和性能。

(5) 非晶合金形成成分范围宽，可以通过成分来调控其结构和性能。

(6) 结构弛豫使得亚稳的非晶合金性能对服役条件(如温度、压力、使用时间、辐照化学环境)敏感。

(7) 低维非晶合金的电学、磁性等性质对应变很敏感，是制作传感器、非晶电子皮肤的优良材料。

(8) 非晶合金有原子级别光滑的表面，其表面纳米尺度具有类液行为，其动力学行为远快于其体内的动力学。

(9) 可以像塑料一样在其过冷液区进行加工成型、精密铸造。

(10) 非晶金合金在极端环境下可能表现出优异的性能，如抗辐照特性、耐腐蚀、撞击过程中的自锐效应、高压下非晶到非晶的相变等。

下面介绍非晶合金的应用、应用瓶颈和潜力，介绍非晶合金一些有重要应用前景的独特性质、性能，包括力学性能、其他特殊性能、低温下的物理特性、性能和结构的关系等。

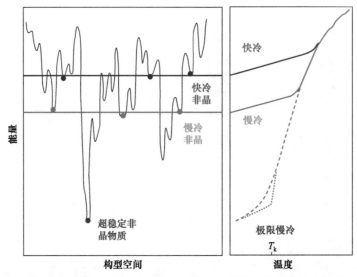

图 16.16　能量势垒图说明不同冷却速率可以得到不同结构构型和能态的非晶物质[10]

1. 非晶合金的力学性能

非晶合金具有独特的力学性能。非晶合金的强度、硬度、断裂韧性、耐磨、耐腐蚀、抗辐照以及超塑性成型的能力在金属材料中处在高端，创造了结构材料的多项纪录。图 16.17 是非晶合金材料的力学性能(最具代表性的力学性能指标是断裂韧性和强度)和其他常用结构材料的比较[5]。可以看到作为结构材料，非晶合金的断裂韧性和强度等力学性能处在材料的顶端。

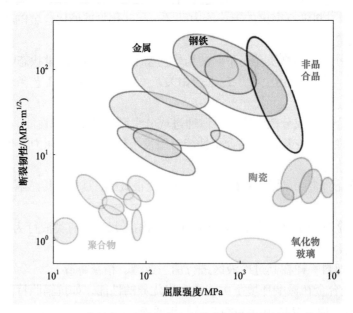

图 16.17　非晶合金力学性能和其他常用结构材料的比较[5]

提高材料的强度、材料的强韧化是材料领域永恒的课题，人们对高强度材料的追求和探索永无止境。另一方面，强度的物理机制一直是重要而基础的科学问题，对强度物

理本质的理解也是认知固体物质本质的关键性钥匙。所以，*Nature* 和 *Science* 这类顶尖杂志经常有高强度新材料的报道。强度这个概念似乎较简单，然而却曾困扰物理界很多年。大约一百年前，物理学家还不清楚晶体固体强度的物理本质是什么。Frenkel[11]首先从理论上给出固体强度的物理机制，并估算出晶体的理想强度。他假设晶体的原子被囚禁在周期势阱 $\phi(\gamma)=\phi_0\sin^2(\pi\gamma/4\gamma_0)$ 中，固体断裂或强度对应于使这些原子克服势垒(即所有原子之间的键断开)所需要的最小的力为 $\tau_c = \phi'(\gamma)\big|_{\gamma=\gamma_c}$。这样得到晶体固体的理想强度(或极限强度，又是一个推出极限情况或理想情况的例子)，

$$\tau_c = 2G\gamma_0/\pi \approx G/10^{[11]} \tag{1.1}$$

他的工作不仅首次给出晶体固体强度的物理本质的图像，最终还导致位错等缺陷概念的提出和发现，意义重大。这也说明强度本质研究的重要性。

目前，对非晶物质强度和高弹性极限的物理本质的认识和 100 年前晶体面临的情况类似[12-15]。甚至连最简单的、以原子为组成单元的非晶合金的强度的本质还不清楚。块体非晶合金的出现为研究非晶物质强度和形变的物理机制提供了理想体系。实验发现非晶合金的强度和模量具有线性关联[16-18]：$\tau_c/G \approx 0.036 \ll 1/10$ (τ_c 是切变强度)，可以看出非晶合金强度仍然远小于理想强度。实验还发现非晶合金的强度取决于其弹性模量以及非晶合金中的构型(configuration)[14]。流变单元的概念也可以解释非晶合金强度的结构原因：非晶强度主要取决于其键合强度(用模量表征)和类液体的流变单元(类似缺陷)的软化作用，可近似表示成[19-22]

$$\tau_c = 2\gamma_c G_{\text{ideal}}/(1 + \alpha) \tag{16.1}$$

式中，G_{ideal} 是理想非晶的切变模量；α 是与流变单元的含量有关的参量。

高强度是非晶合金最显著和独特的力学特征之一。非晶合金由于没有晶体中的位错、晶界等缺陷，因而具有很高的强度和硬度。其强度接近于理论值，几乎每个合金系都达到了同合金系晶态材料强度的数倍。例如，钴基块体非晶合金的断裂强度可达到 6.0 GPa，创造了现今金属材料强度的最高纪录；其他非晶合金，如 Fe 基非晶合金断裂强度可达 3.6 GPa，是一般结构钢的数倍；锆基非晶合金约 2.0 GPa，镁基约 1.0 GPa，都远高于相应的传统的晶态合金。另外，非晶合金的弹性极限可以达到 2%，是一般晶体合金的几倍到几十倍。和工业中常用的金属合金、木材、聚合物相比，非晶合金将强度和高弹性这两种性能很好地结合、优化在一起。高弹性使得非晶合金成为一种储存弹性能极佳的材料。所以块体非晶合金的一个重要应用就是体育用品。图 16.18 是 Liquidmetal 公司用 Zr 基非晶合金制作的高尔夫球杆上的击球头，非晶球头可以将接近 99%的能量传递到球上，其击球距离大大高于其他材料制作的球杆。利用块体非晶合金高弹性的特点还可以制作复合装甲夹层，它可以延长子弹与装甲之间的作用时间，从而减缓冲击和破坏。非晶合金复合有可能成为第三代穿甲材料。非晶合金的高弹性、高韧性还可以作为空间飞行器(如卫星)的防护板。

利用非晶合金的高强度的两个例子：特斯拉电动车鸥翼门使用非晶合金车锁(图 16.19)，苹果手机用非晶合金制作 SIM 卡槽和 SIM 卡顶针(图 16.20)。

如果把非晶合金制成细丝，其强度和弹性极限能进一步提高。比如 CuZr 基非晶合金在亚微米尺度的强度可以从 1.5 GPa 提高到约 2.5 GPa，弹性极限从～2%提高到～2.5%；

到纳米尺度，其强度提高到约 3.5 GPa，弹性极限提高到～4%，甚至更高。这可能是对小尺寸非晶合金，其"缺陷"或者流变单元密度少，即式(16.1)中α值小的缘故。

图 16.18   Liquidmetal 公司用 Zr 基非晶合金制作的高尔夫球杆上的击球头

图 16.19   特斯拉电动车鸥翼门的非晶合金车锁(宜安公司提供照片)

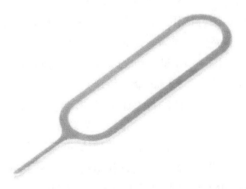

图 16.20   苹果手机的非晶合金 SIM 卡顶针

非晶合金也不一定都具有超高强度和高硬度。中国科学院物理研究所合成出一系列超低强度、低硬度的非晶合金。这类非晶合金的强度接近聚合物塑料，被称作金属塑料[23]。这类同时具有塑料和金属的优点的非晶材料，可使很多复杂工件的加工制造更加容易和便宜，在汽车、军工、航空等领域有潜在应用价值。也是可进行纳米、微米加工和复写的优良材料。在基础研究方面，它为深入认识非晶合金的成型规律以及过冷液体特性提供了理想的模型材料。超强和超软都各有所用，寸有所长，尺有所短，不宜用人为的标准去衡量材料的用途。

非晶合金还具有金属材料中最高的断裂韧性、耐磨、耐腐蚀，这些在有关章节已有介绍，不再赘述。

2. 非晶合金的磁性

虽然磁性非晶合金只占非晶合金材料的一小部分，主要是 Fe 基、Ni 基、Co 基和稀土基等非晶体系，但其磁性特别是软磁特性是非晶合金一个最重要的特性，非晶合金目前最主要的应用也是利用其软磁特性。非晶软磁合金制备工艺已经成熟，可以大规模生产。图 16.21 是安泰科技股份有限公司万吨级非晶软磁带材生产线生产的大批非晶合金带材。

图 16.21　安泰科技股份有限公司万吨级非晶软磁带材生产线生产的非晶合金带材

软磁非晶合金具有低矫顽力(<10 A/m)、高磁导率($10^4 \sim 10^6$ H/m)和较高的饱和磁感应强度(1.2~1.7 T)、高电阻率(1~10 $\mu\Omega \cdot m$)[24]。图 16.22 是软磁非晶以及通过晶化得到的非晶纳米晶磁性能对比图。可以看到 Fe 基等非晶合金、纳米晶拥有优异的软磁性能，被誉为新型双绿色能源材料，在电机、变压器等电工装备领域具有广阔的市场和应用前景[2-5]。拥有优异软磁性能的非晶合金是未来高频电机中定子铁芯的最佳候选材料。非晶电机是满足下一代动力汽车效率和功率密度技术指标的选择。因此，一旦大尺寸、性能优异的非晶合金被成功制造出来，以及复杂非晶构件的加工技术取得突破，非晶合金有望解决空天、高频电机等国家重大需求领域的技术瓶颈。

铁磁材料在未磁化时，其磁偶极子取向无序，其矢量和为零，宏观上不呈现磁性。当施加外场后，材料内部磁偶极子呈现定向排列，表现为宏观强磁性。非晶合金因原子呈长程无序排列，曾被认为不具有宏观磁性。1960 年，Gubanov 基于理论分析提出非晶结构中也应该存在铁磁特性的理论预测，从理论的角度分析了铁磁性不依赖于晶体结构，而取决于短程中的交换作用力，因而提出非晶合金中可能存在铁磁性。图 16.23 是示意非晶合金具有优良软磁性能的机制[25]。没有长程序的非晶合金具有磁性暗示控制铁磁特性的能带结构更加依赖于原子排列的短程有序结构[26-28]。

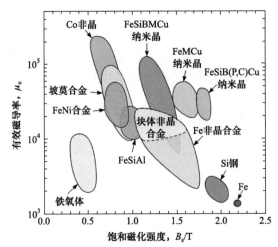

图 16.22　主要软磁合金磁导率和饱和磁化强度分布图[24]

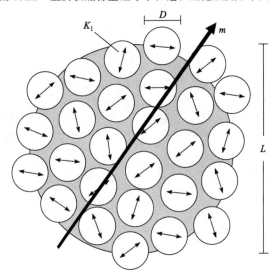

图 16.23　非晶软磁的机制[25]。双箭头代表晶粒(大小 D)中无规取向的各向异性(K_1 是各向异性常数)。长箭头是磁化方向

　　1974 年制备出具有铁磁性的金属非晶合金，证实结构有序不是有序磁态存在的必要条件。结构无序对磁性非晶的热特性有着本质的影响。非晶合金磁性领域中普遍关注的另外一个问题是自旋玻璃行为。人们试图通过各种理论和实验来理解这种复杂的自旋玻璃行为，以及它与结构无序的关系(详细可参见 Binder 和 Young 综述的文章 [29])。

　　1967 年，Duwez 等用急冷方法制备出了 $Fe_{80}P_{12.5}C_{7.5}$ 非晶合金[30]。发现该非晶合金为典型的软磁非晶合金材料。开启了软磁非晶合金材料的研究与应用。1988 年，Yoshizawa 等[31]在 FeSiB 非晶合金中添加少量 Cu 和 Nb，开发出 $Fe_{73.5}Si_{13.5}B_9Nb_3Cu_1$ 非晶合金(注册为 FINEMET)，通过退火析出纳米尺度的 α-Fe 弥散分布在非晶基底上，大幅度提高了该合金的综合软磁性能，而后又开发出了 FINEMET 系列非晶纳米晶合金。磁导率、激磁

电流和铁损等软磁性能优于硅钢片，价格便宜，最适合替代硅钢片，特别是铁损低(为取向硅钢片的 1/3～1/5)，代替硅钢做配电变压器可降低铁损 60%～70%。铁基非晶合金的带材厚度为 0.03 mm 左右，广泛应用于中低频变压器的铁芯(一般在 10 kHz 以下)，例如配电变压器、中频变压器、大功率电感、电抗器等。铁镍基非晶合金的磁性比较弱(饱和磁感应强度为 1 T 以下)，价格较贵，但磁导率比较高，可以代替硅钢片或者坡莫合金，用作高要求的中低频变压器铁芯，如漏电开关互感器。钴基非晶合金价格很贵，磁性较弱(饱和磁感应强度一般在 1 T 以下)，但磁导率极高，一般用在要求严格的军工电源中的变压器、电感等，替代坡莫合金和铁氧体。图 16.24 是安装在印刷电路板上的非晶环形感应器，图 16.24(b)是磁光 Kerr 效应测得的软磁非晶合金表面上的磁化作用图案[32]。

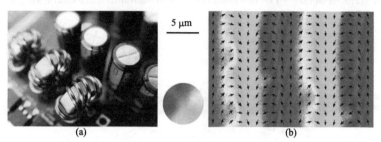

图 16.24　(a)安装在印刷电路板上的非晶环形感应器；(b)磁光 Kerr 效应测得的软磁非晶合金表面上磁化作用图案[32]

软磁非晶合金为什么可以降低能耗呢？如图 16.25 是非晶合金和硅钢的磁滞回线对比。面积代表磁滞损耗，磁滞损耗+涡流损耗=铁损。工频下，从磁滞回线面积可以看出硅钢的磁滞损耗是非晶合金的 10 倍。从电阻率数据可以看出硅钢涡流损耗是非晶材料的 9 倍(与电阻率的平方成正比)。和硅钢相比，非晶合金具有极为优异的软磁性能，包括矫顽力小(约 4 A/m，仅为硅钢的八分之一)，磁导率高，高频损耗小。缺点是饱和磁感应强度低($B_s \approx 1.6$ T)。

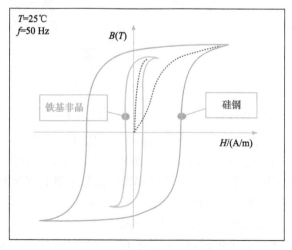

图 16.25　铁基非晶和硅钢的磁滞回线对比

此外，非晶合金在高频下的损耗非常低，800 Hz 以上可以比硅钢降低 85%，由此做成的非晶电机在效率上和硅钢相比有质的提升，最高可以提升 15%。因此，非晶软磁材料可能是突破目前高频高效电机能效瓶颈的关键材料。电机的功率和高饱和磁化强度及频率的关系如下：

$$功率密度 = \frac{P_{输出}}{体积} \propto I \times B \times f$$

可以看出，提高 B 和 f，可以得到大功率、高转速、大扭矩，大功率密度使得电机体积小型化。高频虽然带来大功率、高功率密度、小型化，同时也带来高损耗。图 16.26(a)是电机的示意图，其损耗主要分成铁损和铜损。图 16.26(b)用颜色表示用硅钢和非晶合金做成的电机的定子的能量损耗，可以直观地看出，非晶电机能耗会大大降低[32]。

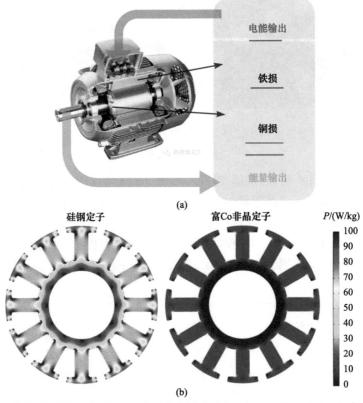

图 16.26   (a)电机的损耗；(b)用硅钢和非晶合金做成的电机定子的能耗对比，颜色代表能耗[32]

图 16.27 是非晶合金和硅钢不同频率下损耗的对比。可以看到非晶软磁合金在高频磁场下具有超低损耗，损耗远小于硅钢，特别适用于高速、高频器件。新能源汽车、智能制造及机器人等新兴战略产业对高效、高功率密度高频电机有重要需求，如高档数控机床用高速电主轴、电动汽车驱动电机(高频)等(图 16.28)。若提高电机效率 3%，据估算，在我国每年可节电 1000 亿 kW·h，相当于三峡电站年发电量。

铁基软磁非晶/纳米晶合金带材和丝材已实现大规模工业化生产和应用，非晶磁性带材生产的著名公司有日立金属有限公司、安泰科技股份有限公司、青岛云路先进材料技术股份有限公司等领军的几十家企业。目前量产的铁基非晶软磁合金主要有 1K101 和

HB1 两个牌号，B_s 分别为 1.56 T 和 1.64 T，明显低于硅钢材料的 1.8～2.0 T，主要用于配电变压器。NANOPERM 系纳米晶软磁合金 FeMB(M = Zr、Hf、Nb 等)具有 1.7 T 以上的高 B_s 和优异的综合软磁性能，但制备条件苛刻，难以规模化生产。

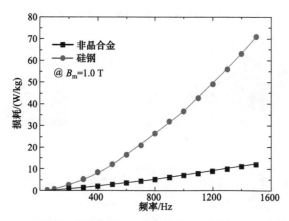

图 16.27　非晶合金和硅钢不同频率下损耗的对比。在高频下非晶合金损耗远小于硅钢，可用于高频电机

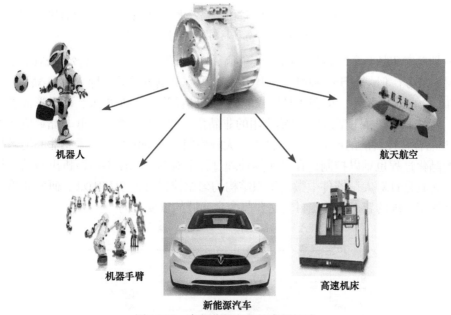

图 16.28　高频非晶电机的应用领域

第三代半导体材料促使电子技术高频化、高效化、小型化(图 16.29)。如其中氮化镓主要用于 5G 等电力电子器件、5G 基站、卫星通信、卫星小数据站、雷达航空等领域，碳化硅也主要用于电动车等功率器件。伴随着第三代半导体材料的研发需求，其产业应用环境要求器件软磁材料高磁感、高频化、低铁损，高频应用环境下对电力电子器件的要求是形状复杂、高频稳定和小型轻量。目前主流的软磁材料包括纯铁、硅钢、坡莫合金、铁硅铝合金、非晶纳米晶合金和铁氧体材料等饱和磁感低、高频损耗高，使得第三代半导体电子元件的功率密度和工作频率受到严重限制，软磁材料的发展瓶颈直接影响了第三代半导体

材料功效的最大发挥。研发匹配第三代半导体器件功率密度和工作频率的软磁材料、发展相关电源和电感等元器件制备技术,有望促进第三代半导体在大功率、高频器件中的应用,进而推动 5G 基站、卫星通信、雷达航空、智能汽车等关键领域的发展。

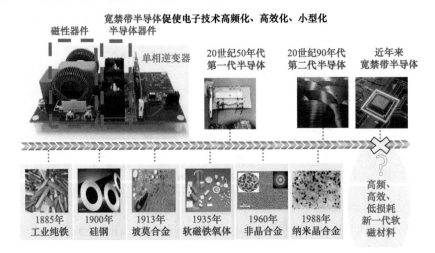

图 16.29　第三代半导体的材料促使电子技术高频化、高效化、小型化,但软磁材料的发展瓶颈直接影响了第三代半导体材料功效的最大发挥

但是现有非晶合金软磁材料的 B_s 不够高,亟须开发适用于高频高效电机的高 B_s 非晶软磁材料成分。但是对于一种材料,其 B_s 和磁导率呈倒置关系,即 B_s 大,矫顽力也大,如图 16.30 所示;此外,B_s 和非晶形成能力也呈倒置关系,即 B_s 大,非晶形成能力一般较差,见图 16.31。目前高频高磁感应用的非晶合金材料开发较缓慢。低非晶形成能力导致高 B_s 非晶合金在目前的产业制备条件下,大规模制备十分困难。高磁感非晶纳米晶软磁合金的晶化过程也难以控制,在晶化热处理过程中对非晶基体中晶核析出与晶粒长大的控制,尤其是针对大型器件中微观组织结构均匀调控极其复杂和困难。研发和第三代半导体材料相匹配的新一代软磁材料是非晶合金领域的重要方向。

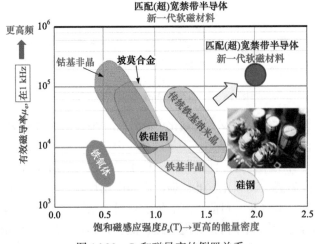

图 16.30　B_s 和磁导率的倒置关系

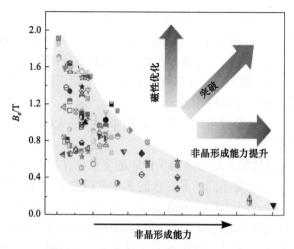

图 16.31　B_s 和非晶形成能力的倒置关系

　　软磁性能优异的 Fe 基非晶合金材料也有望被用来大规模制作生产电机的定子铁芯。随着 5G 通信和新能源汽车的发展，对高频、高功率磁性材料的需求更加突出。5G 通信使用了更高的频段导致能耗也明显增加，使得 5G 基站的运营成本明显提高，需要更优的电源和更低高频损耗的磁性器件(如大量使用的电感等)。在电动汽车产业中，除了高转速电机，想要实现电动汽车的快速充电和充电设备的小型化，同样需要低高频损耗和高饱和磁感应强度的材料。兼具低高频响应和高饱和磁感应强度特性的非晶合金将为这些产业痛点提供理想的软磁材料。剑桥大学的华人科学家龙腾教授就利用以 Fe 基非晶合金为基体的非晶纳米晶材料，设计出了 11 kW 的高功率车用无线充电装置。可以预见在绿色发展和"双碳"的背景下，非晶合金将会发挥更大的作用。

　　稀土-过渡族金属基非晶合金具有硬磁性。图 16.32 是 $Nd_{60}Cu_{20}Ni_{10}Al_{10}$ 块非晶在室温下的磁滞回线与 $Nd_{60}Fe_{20}Co_{10}Al_{10}$ 非晶磁滞回线的对比。从图中可以看出，$Nd_{60}Cu_{20}Ni_{10}Al_{10}$ 的磁化率随外场呈线性关系，属于顺磁性行为；而 $Nd_{60}Fe_{20}Co_{10}Al_{10}$ 的矫顽力为 330 kA/m，表现为硬磁性行为。两个体系在磁性上的区别主要是结构差别引起的。$Nd_{60}Fe_{20}Co_{10}Al_{10}$ 非晶中存在大量的小磁性晶粒，从而表现为硬磁性[33]。

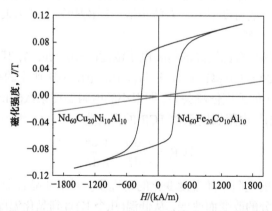

图 16.32　铸态大块 $Nd_{60}Cu_{20}Ni_{10}Al_{10}$ 和 $Nd_{60}Fe_{20}Co_{10}Al_{10}$ 非晶的磁滞回线

目前磁性非晶合金研发和应用面临的主要挑战有[28]:

(1) 饱和磁感应强度 B_s 偏低,Fe 基软磁非晶合金的饱和磁感应强度 B_s 仍明显低于硅钢。软磁非晶的综合磁学性能仍有待进一步提升。大磁致伸缩效应使得非晶铁芯噪声大。

(2) 软磁非晶合金的脆性问题。铁基软磁非晶合金,特别是纳米晶合金延性低、很脆,其碎片容易造成电器短路,影响使用安全。

(3) 非晶合金/纳米晶合金硬度高,加工较困难。发展大幅提高加工效率和保证加工质量的技术方法是挑战。

(4) 不同工业产品对软磁非晶合金磁学性能的要求存在很大差异,需要针对不同的应用领域、不同产品,开发满足不同产品需求的多种软磁非晶/纳米晶合金体系。

(5) 硬磁非晶合金性能远低于 NdFeB 合金,距离应用还有差距。

(6) 非晶合金磁性机制及理论也是基础研究的挑战。非晶体中各原子周围的局域环境都有差别,短程序引起原子键长、键角不等,造成交换作用强度、内场、晶场等的涨落,从而引起局域磁矩值的涨落。在过去的固体理论中,晶体的点阵结构是一个很重要的基础,然而现在的实验和理论都表明,对于许多物理性质,包括磁性,这种结构都不是决定性条件,例如,非晶体材料中可以形成能带结构,可以出现超导、铁磁性和反铁磁性等。非晶体铁磁性的出现是对交换作用与短程序有关而与晶态长程晶格结构无必然联系的直接证明。由于局域各向异性的出现,非晶合金有与晶体完全不同的磁结构,结构的不规则也引发了人们对非晶体是否具有确定的居里温度、非晶结构对居里温度的影响和对饱和磁化强度影响的思考,带动了磁学理论的发展,如重整化群理论、非均匀二维伊辛(Ising)模型等,同时也完善了一些传统的磁学理论,使其更具有普适性。

3. 非晶合金的电输运特性

非晶合金的电输运特性主要是关于其电子结构和属性。非晶合金的输运特性(如电阻率)表现异常,完全不同于晶体。在低温下非晶合金出现负的温度系数和最小值现象[34],这是非晶合金低温电阻最突出的两个行为。为了理解非晶合金的电子输运特性,液态金属电子散射理论被推广到非晶金属中,用来解释无序结构对电子的散射。Nagel 等[35]采用自由电子模型,得出非晶合金导体电阻率-温度关系,估计的电阻温度系数的量级与实验符合;Mott 的 s-d 电子散射模型[36]、双能级散射理论[37]等也可用来解释非晶合金中的电阻率与温度变化的部分规律。

非晶和晶体合金都具有比较高的传导电子浓度($\sim 10^{22}$ cm^{-3}),其电阻率主要是由无序散射引起的(量级为 $100 \sim 300$ μΩ·cm)。非晶合金的电阻率比典型的晶态合金的要大 $10 \sim 1000$ 倍,但具有非常小的温度依赖关系,即很小的电阻温度系数(temperature coefficient of resistivity,简称 TCR)。电阻温度系数 TCR 的定义为

$$\mathrm{TCR} = \frac{1}{\rho}\frac{\mathrm{d}\rho}{\mathrm{d}T} = \frac{1}{r}\frac{\mathrm{d}r}{\mathrm{d}T} \tag{16.2}$$

TCR 是表征物质的电阻率随温度变化的物理量。对于非晶合金来说,TCR 数量级为 $10^{-4}\,\mathrm{K}^{-1}$,压负会随成分的改变而改变,从低温(几个 K)直到晶化温度(几百 K)范围内可能一直是负的,甚至为零。对于某些非晶合金,其 TCR 可以通过改变成分或者不同程度的

热处理而连续变化。电阻从最低温度到晶化温度的总体变化通常小于 10%。这是因为一般非晶合金的电子平均自由程很小[38]，仅为 3～5 Å，而普通的晶态金属为 100～1000 Å[39]，从而导致非晶合金具有独特的电阻特性。由于电子平均自由程很小，玻尔兹曼输运方程不再适用，可能存在电子局域。一般非晶合金在温度 $T < 20$ K 时，电阻率 $\rho \propto \pm \ln T$；20 K $< T < 80$ K，$\rho \propto \pm T^2$；$T > 80$ K，$\rho \propto \pm T$[40-42]。对于铁磁非晶合金，电阻率在居里温度 T_C 处无突变，在晶化温度 T_x 处有突变，在体系发生其他结构相变(如晶化、相分离)时也有改变。

　　作为一个例子，我们给出一个典型非晶合金体系的电阻随温度的变化实验结果。图 16.33 为非晶合金 $Zr_{48}Nb_8Cu_{12}Fe_8Be_{24}$ 的电阻随温度变化的实验曲线。该非晶电阻随温度的升高而降低，总的变化值[$r(4.5$ K$)-r(294$ K$)$]/$r(294$ K$)$ 为 3.82%。在整个温度区间 TCR 始终为负值，量级为 $10^{-5} \sim 10^{-4}$ K^{-1}。图 16.34 是非晶合金电阻对温度的一阶导数与温度的关系，在两个特征温度 75 K 和 200 K 附近电阻对温度的导数开始发生大的变化。在 75 K 附近出现一个明显的极小值。50 K 以下 dr/dT 与 T 呈线性，斜率为负，说明电阻率与温度 T 存在 $-T^2$ 关系；100～200 K 区间，存在一个正线性关系，截距小于零，反映电阻率由 T^2 和 $-T$ 两项组成。200 K 以上，dr/dT 基本不变，表明电阻率仅有 $-T$ 一项。

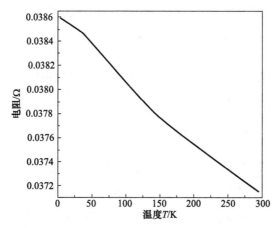

图 16.33　块体非晶合金 $Zr_{48}Nb_8Cu_{12}Fe_8Be_{24}$ 电阻 r 随温度 T 变化的曲线[43]

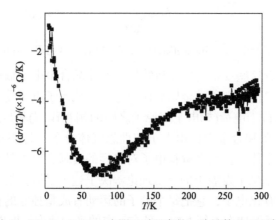

图 16.34　非晶合金 $Zr_{48}Nb_8Cu_{12}Fe_8Be_{24}$ 电阻 r 对温度的一阶导数 dr/dT 随温度变化的曲线[43]

图 16.35 是该非晶合金在 $T<50$ K 温区电阻与 T^2 的关系，在 15～50 K 区间，电阻 r 与 T^2 呈线性关系，斜率为负：$r = r_{02}(1-bT^2)$。而在 15 K 以下，如图 16.36 所示，电阻 r 与 $\ln T$ 呈线性关系，斜率为负：$r = r_{01}(1-a\ln T)$，4.5 K $< T < 15$ K。50～100 K 温区电阻对温度的一阶导数和温度关系由负线性向正线性转变，相应的电阻中的 T^2 项系数由负变为正。100～200 K 区间，如图 16.37 所示，电阻率由温度 T 的负一次方项和正的二次方项加常数项组成，即 $r = r_{03}(1-cT + dT^2)$。r_{03} 代表 0 K 时的电阻值。在 200～294 K 区间，电阻与温度 T 的关系为线性关系 $r = r_{04}(1-eT)$(图 16.38)。上面公式中，r 代表电阻 r_{0i}(i 从 1 至 4)为 0 K 对应的电阻值，所有系数均为正值[43]。

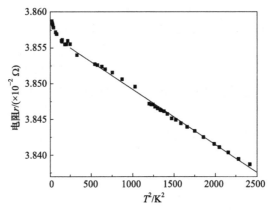

图 16.35　非晶合金 $Zr_{48}Nb_8Cu_{12}Fe_8Be_{24}$ 电阻 r 在 $T < 50$ K 温区与 T^2 的线性关系[43]

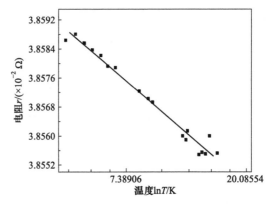

图 16.36　非晶合金 $Zr_{48}Nb_8Cu_{12}Fe_8Be_{24}$ 在 $T < 15$ K 温区电阻 r 与 $\ln T$ 的关系[43]

为什么非晶合金有这些反常的电输运特性呢？非晶合金电子输运理论可以帮助我们理解非晶合金独特的电输运现象。金属导体中电阻是载流子电子受到散射而产生的。电子受到的散射主要来自于电荷(如电子与原子之间的相互作用)和自旋(如各种磁散射)。经典的电子论假设金属和合金中自由电子和理想气体分子一样服从经典的玻尔兹曼统计，由此可解释欧姆定律，但是在解释电子对热容的贡献和电子具有很长自由程上出现矛盾[44]。在量子力学基础上发展出的能带理论解决了这个矛盾。能带理论是单电子近似理论，其出发点是共有化电子，它把每个电子的运动看成是独立的在一个等效的严格周期势场中的运动，电子保持在本征态中，具有一定的平均速度，即以 V_F($\sim 10^6$ m/s)运动，

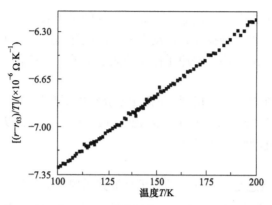

图 16.37　非晶合金 $Zr_{48}Nb_8Cu_{12}Fe_8Be_{24}$ 电阻 r 在 100～200 K 温区 $(r-r_{03})/T$ 与 T 的关系[43]

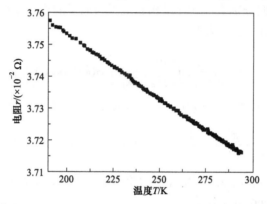

图 16.38　非晶合金 $Zr_{48}Nb_8Cu_{12}Fe_8Be_{24}$ 电阻 r 在 200～294 K 区间与温度 T 的关系[43]

并不随时间改变。这个等效周期势场是由原子核和内层电子近似成的离子实势场，其他价电子的平均势场以及电子波函数反对称性所带来的交换作用共同组成的。能带理论能很好地解释晶态金属的电子输运特性[44]。

　　对于非晶合金，原子长程无序使电子结构相对晶体发生了较大的变化。其主要有两大差别：一是电子的散射不再是布拉格散射，其次是电子的平均自由程变短。非晶态没有布里渊区，倒格子也就失去了意义。但非晶合金中原子间的强相互作用使能量本征值依然连续成带，因此能带和态密度的概念仍可沿用，存在费米能级 E_F [44]。但电子本征波函数已不再是表征共有化运动的布洛赫函数，而是存在两种电子的本征态：扩展态和定域态。假设一个电子在 $t=0$ 时，在 n 格点处的某个状态，电子波函数随时间变化，在 $t\to\infty$ 时，在原来状态找到电子的概率为零，表面电子已经扩散，即扩展态；如果在 $t\to\infty$ 时，在原来状态找到电子的概率为有限值，就是定域态。扩展态波函数遍及整个系统，表示电子在整个系统中的运动。扩展态处于每个能带的中心，费米能级 E_F 一般就位于扩展态中，定域态则存在于带顶和带尾，它们之间的分界称为迁移率边 E_c [44]。迁移率边 E_c 的位置依赖于无序程度，无序程度越大，带尾态的区域越宽。当 E_F 距 E_c 较远时，该态的本征波函数与一般的金属体系大致相同，电子平均自由程 L_e 远大于原子间距 a，称为弱散射；当 E_F 距 E_c 较近时，$L_e \sim a$，为强散射。电子由一个定域态转移到另一个定域态，需要声子的协助，进行跳跃式导电，这种跳跃式导电迁移率很低。非晶固体中不存在平移对称性，因而不存在格波的概念，波数 q 不再是一个好的量子数，不再有色散关系，但是非晶固体中原子仍有一系列本征振动，振动态密度的概念仍适用。非晶中声子的概念也有别于晶体中声子概念，后者不仅是原子振动的能量量子，还具有准动量，而前者仅是能量量子，不具有准动量。

在非晶合金中存在多种散射机制，下面主要介绍以下几种散射机制：衍射模型、Mott s-d 电子散射模型、双能级散射(two levels scattering，TLS)模型，以及局域自旋涨落(local spin fluctuation，LSF)模型。分别介绍如下。

1) 衍射模型

衍射模型的基本概念是：导体中的电子是被其无规密堆积的原子所散射，可当作自由电子处理，满足能谱关系 $E=\hbar^2 k^2/2m$。引入结构因子 $S(k)$ 和 t 矩阵[即跃迁矩阵 $t(k,k')$，transition matrix]，它们分别表征无序结构和电子与离子的相互作用，采用玻恩近似可以得到单原子金属的电阻率公式为[45]

$$\rho=\frac{12\pi\Omega}{e^2\hbar V_F^2}\int_0^1 \frac{dk}{2k_F}\left(\frac{k}{2k_F}\right)^3 S(k)|t(k,k')|^2 \tag{16.3}$$

式中，Ω 为原子体积；V_F 为费米波速；k_F 为费米波矢；e 为电子电荷。t 矩阵可以写为

$$t(k,k')=-\frac{2\pi\hbar^3}{m(2mE_F)^{1/2}}\frac{1}{\Omega}\sum_l(2l+1)\sin[\eta_l(E_F)]\exp(\mathrm{i}\eta_l(E_F))P_l(\cos\theta) \tag{16.4}$$

式中，m 为电子的质量；E_F 为费米能；l 为角动量量子数；$\eta_l(E_F)$ 为对应条件下的相移；$P_l(\cos\theta)$ 为勒让德(Legendre)多项式。

在液体中，导电电子能态涨落的能量极限(量级$\sim k_B\theta_D$)小于其热激发能($\sim k_BT$)，因此电子所受离子散射为准弹性，并可用静态结构因子描述。在无序固体中，尤其是在低温(与德拜温度 θ_D 相比)下，电子热激发能与晶格振动能在同一量级，所以晶格振动对电子的散射是非弹性的，需用动态结构因子描述。结构因子 $S(k)$ 用动态结构因子 $S(k,\omega)$ 表示为[45]

$$S(k)=\int_{-\infty}^{+\infty}S(k,\omega)\frac{\hbar\omega}{k_BT}\left[\exp\left(\frac{\hbar\omega}{k_BT}\right)-1\right]^{-1}d\omega \tag{16.5}$$

如果只考虑温度对 $S(k)$ 的影响，热膨胀对体积的影响近似地认为被费米波速 V_F 的降低所抵消。为反映热振动对弹性结构因子 $S_0(k)$ 的影响，引入德拜-瓦伦阻尼因子 e^{-2W} 和背景项 $A(k)(1-e^{-2W})$，则

$$S(k)=S_1(k,\omega)+S_2(k,\omega)=S_0(k)e^{-2W}\delta(\omega)+S_2(k,\omega) \tag{16.6}$$

其中，$W(T)=B\dfrac{T^2}{\theta_D^3}\displaystyle\int_0^{\theta/T}\left(\dfrac{1}{e^x-1}+\dfrac{1}{2}\right)x\,dx$，而 $B=\dfrac{3\hbar^2k^2}{2mk_B}$，$x=\hbar\omega/k_BT$。所以，在极限条件下：

$$W(T)\approx W(0)+4W(0)\frac{1}{6}\pi^2(T/\theta_D)^2, \quad T\ll\theta_D \tag{16.7}$$

$$W(T)\approx W(0)+4W(0)(T/\theta_D), \quad T\geqslant\theta_D \tag{16.8}$$

其中 $W(0) = 3\hbar^2 k^2/8mk_B\theta_D$ 。$A(k)$ 随温度变化，在高温时近似等于 1，绝对零度时等于 $S_0(k)$。因此，可得到电阻率方程式

$$\rho = \rho_1 + \rho_2 \tag{16.9}$$

式中，

$$\rho_1 = C\int_0^1 d\left(\frac{k}{2k_F}\right)\left(\frac{k}{2k_F}\right)^3 S_0(k)\,|t(k,k')|^2\,e^{-2W(k)}$$

$$\rho_2 = CD(T/\theta_D)\int_0^1 d\left(\frac{k}{2k_F}\right)\left(\frac{k}{2k_F}\right)^5 A(k)\,|t(k,k')|^2\,I_2(\theta_D/T)e^{-2W(k)}$$

而 $C = 12\pi\Omega/e^2\hbar V_F^2$ ，$D = 12\hbar^2 k_F^2/mk_B\theta_D$ ，$I_2(X) = \int_0^X \frac{x^2 dx}{(e^x-1)(1-e^{-x})}$ 。在高温时，$I_2(X)\to X$，电阻率随 $\pm T/\theta_D^2$ 变化；低温下 $I_2(X)\to 3.3$，因此电阻率随 T^2/θ_D^3 变化。正负号由对 $k/2k_F$ 的积分决定，即 $2k_F$ 相对于 $k_p[S(k)$ 第一峰对应的 k 值] 的位置决定，当 $2k_F=k_p$ 时出现负号。k_p 可由 X 射线衍射实验(XRD)获得，$k_p = 4\pi\sin\theta_p/\lambda$ ，$2\theta_p$ 为 XRD 曲线第一主峰对应的衍射角，λ 为靶的特征长度。自由电子模型下，$2k_F = 2(3\pi^2 N_A z D/A)^{1/3}$，其中 N_A 为阿伏伽德罗常量，D 为密度，A 为平均原子量，z 是有效传导电子数。k_p 与费米球直径 $2k_F$ 重合，意味着许多原子对的规则排列[44]，能以最大效率散射传导电子，因而产生高电阻。

在此模型基础上，Nagel 和 Tauc[46]提出非晶形成能力的判据，认为当合金的浓度使其费米面的直径 $2k_F$ 约为结构因子第一峰对应的波数 k_p 时，其非晶形成的能力提高。温度升高时，$S(k)$ 第一峰值会因无序增加而降低，最近邻原子间距分布变宽，因此处于最大散射效率位置的原子对数会减少，电阻率会降低，因而存在负的电阻温度系数。这一理论称为扩展的 Ziman-Evans 理论，为描述非晶金属、无序的晶体及液态金属的电子输运提供了一个统一的理论框架。

Nagel 提出自由电子模型[35]，认为固体中结构因子受温度的影响主要反映在离子围绕其平衡的振动，并定量地计算了结构因子。对于过渡金属体系，电阻率方程[35]：

$$\rho = \frac{30\pi^3\hbar^3}{me^2 k_F^2 E_F\Omega}\sin^2[\eta_2(E_F)]S(2k_F) \tag{16.10}$$

结构因子可以近似写为 $S(k) \cong S_E(k)e^{-2W(T)} + [1-e^{-2W(T)}]$ ，$S_E(k)$ 是原子都处于平衡位置时的结构因子，第二项为声子贡献。尽管非晶和晶体物质有着本质的区别，但声子对电阻率的贡献依然存在[35,47]。这里的近似在高温端误差很小，低温端误差增大，但依然合理，这反映了在非晶合金中弹性散射对电阻的贡献依然占主导作用，非弹性散射所引起的修正是很小的。相应的电阻温度系数可以写为

$$\alpha = \frac{1}{\rho}\frac{\partial\rho}{\partial T} \approx 2\left(\frac{1-S(2k_F)}{S(2k_F)}\right)\frac{\partial W(T)}{\partial T} = E\frac{\partial W(T)}{\partial T} \tag{16.11}$$

因此，得到

$$\alpha = BE\frac{\pi^2}{3}\frac{T}{\theta_D^3} \quad (T \ll \theta_D) \tag{16.12}$$

$$\alpha = BE\frac{1}{\theta_D{}^2} \quad (T \geqslant \theta_D) \tag{16.13}$$

求积分得电阻温度系数 Y 方程如下：

$$Y = T^3\frac{\partial \alpha}{\partial T} - T^2\alpha = -BE(e^{\theta_D/2T} - e^{-\theta_D/2T})^{-2} \tag{16.14}$$

Meisel 和 Cote[47]估算了平均结构因子对温度的依赖关系，证明在低温，即 $T < \theta_D/2$ 时：

$$S^p(k) \propto 1 + \frac{b}{\theta_D{}^3}T^2 \tag{16.15}$$

式中，b 总是正的并与温度无关。在高温，即 $T > \theta_D/2$ 时，

$$S^p(k) \propto \pm\frac{c}{\theta_D{}^2}T \tag{16.16}$$

当 $k_p = 2k_F$ 时出现负号。

2) Mott s-d 电子散射模型

Mott 提出 s-d 电子散射模型[36,42,48]，能解释过渡金属合金的电子输运特性。过渡金属具有未填满的 d 带，d 带能态密度较高，且分布不均匀。d 带与其外的 s 带有交叠，s 带能态密度低，但分布均匀。d 带和 s 带均为不满带，但 d 带空间比较小，可以看成 d 带有空穴。Mott 的模型认为在费米面处存在两组不同性质的电子：s-p 带电子和 d 带电子。s 和 p 电子耦合很强，以至于具有相同的平均自由程 L_s，故称为 s-p 带电子；d 带电子具有不同于 s-p 带电子的平均自由程 L_d，$L_d < L_s$。在过渡金属中，载流子主要是 s-p 带电子，电阻主要是由于载流的 s-p 电子被费米面的 d 空穴所散射，因此电阻率正比于费米能级处 d 态密度。当温度升高时，会出现热增宽，从而导致费米能级 E_F 发生移动，得到的电阻率与温度的关系为

$$\rho_{s\text{-}d}(T) = \rho_0\left[1 - \frac{\pi^2}{6}(k_BT)^2(E_0 - E_F)^{-2}\right] \equiv \rho_0(1 - c_{sd}T^2) \tag{16.17}$$

即有一个负 T^2 关系。ρ_0 为剩余电阻，E_0 为带顶能级。对于近乎填满的 d 带，$\rho_{s\text{-}d}$ 会随温度升高而减小，存在负的 TCR。对于纯 Ni，E_0-E_F 约为 0.56 eV，Cu-Ni 合金约为 0.35 eV，对应的 c_{sd} 分别为 $3.90 \times 10^{-8}\,\text{K}^{-2}$ 和 $9.96 \times 10^{-8}\,\text{K}^{-2}$ [36]。

Mott 的 s-d 电子散射模型也适用于非晶合金。该模型不依赖于结构因子，因此可以解释在熔点处电阻率的变化小，且 TCR $\gg -T^{-1}$ 这一现象。

3) 双能级散射模型

双能级散射(TLS)模型是一种源于结构的散射，它是非晶物质中的一种典型激发。如图 16.39 所示，由于非晶物质的无序结构，一些原子或原子团可能具有两个能量极小值，类似一个双势阱，原子或电子可以通过隧道效应穿过中间的势垒，由一个能态转变成另一个能态，故称为双能级系统。在这种双能级系统中运动的原子不再做简谐振动，而是处于一种高阶非简谐的振动状态，两势阱能量极小值之差为 Δ，Δ 的值与具体的体系有关。每一个双能级势阱都可以发射和吸收声子，这是低温下发生低能激发的主要原因。

双能级散射对电子有散射作用，是在低于某一特征温度 T_K 后发生的一种共振散射，散射时间要小于隧道时间[37,49]。双能级散射对电阻率的贡献为

$$\rho_{TLS}(T) = -c\ln(k_B^2 T^2 + \Delta^2)\ \mu\Omega\cdot cm \tag{16.18}$$

c 为常数，量级～10^{-1}，负号是由库仑相互作用引起的。对于质量约为 50 倍质子质量的原子，两个能级的间距 d 一般满足 $0.15\ \text{Å} \leqslant d \leqslant 0.5\ \text{Å}$，$\Delta$ 不大于 1 K 所对应的能量，T_K～10 K[50]。双能级散射模型的一个本质特征是双能级散射的弛豫时间有一个宽的分布，这是展宽的 Δ 和 λ 参数(双能级散射态与声子耦合系数)所致。

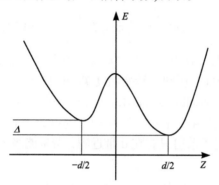

图 16.39　双能级结构示意图

4) 局域自旋涨落(LSF)

　　磁散射机制主要有三种：近藤(Kondo)自旋反转散射、局域自旋涨落和电子磁子散射。金属中含有少量(<1at%①)磁性杂质时，低温下会出现电阻极小值，这一现象称为 Kondo 效应。因为体系的局域自旋要具有翻转自由度，故其对电子的散射称为 Kondo 自旋翻转散射。这种局域自旋与导电电子相互作用对电阻率的贡献与 $-\ln T$ 成正比。当磁性杂质浓度增加到几个原子百分比时，会发生局域自旋涨落，它是局域的自旋波。磁性杂质浓度更高时，在一定温度金属合金会发生铁磁性转变，并对电子产生电子磁子散射，又称自旋波散射，其对电阻率的贡献在居里温度以下正比于 T^2，居里温度以上为一常数[50]。

　　局域自旋涨落模型[51,52]认为稀释合金中，局域的虚 d 能级和与其有关的自旋涨落是造成负 TCR 的原因。局域自旋涨落散射是局域的 d 电子与位于杂质位置的空穴之间的多次重复散射，空穴的自旋方向与电子的相反[52]。这些 d 电子位于费米面处的虚束缚能级上，其所处的态称为虚束缚态，态宽度为 Δ。无磁虚束缚态满足 $U < \pi\Delta$，U 是磁性杂质内部的库仑作用势能。基态时，局域自旋向上和向下的电子数相等，随着 U 越来越接近 $\pi\Delta$，引起这两种电子数不等的激发越来越低，这使得任何微扰对自旋的影响都变得很强，这种增强与微扰是静态还是动态无关。在某一有限温度，$U = 0$，自旋向上和向下的数量开始以一个与虚束缚态能量～$k_B T$ 相对应的量涨落，因为此种条件下这两种自旋间没有耦合，所以其差值也会以类似的量极涨落。然而，如果 U 是一非零有限值，两种自旋间就会有相互作用，自旋涨落的量极平均为～$\eta k_B T$，$\eta = (1 - U/\pi\Delta)^{-1}$。局域自旋涨落对电阻的贡献为

---

① at%表示原子百分。

$$\rho(T) = \rho_0[1 - (\pi^2/3)(\eta k_B T/\Delta)^2] = \rho_0[1 - (T/\theta)^2] \qquad (16.19)$$

参数 $\Delta/\eta = \pi k_B \theta/\sqrt{3}$。当杂质近磁性的时候，磁化率被增强：

$$\chi_p = (10N\mu_B^2/\pi)\eta/\Delta \qquad (16.20)$$

局域自旋涨落对电阻率的贡献为如下关系：

$$\rho_{LSF} = \rho(0)\left[1 - \frac{1}{3}\pi^2 a k_B T_s\left(\frac{T}{T_s}\right)^2\right] \quad (T<100\text{K}) \qquad (16.21)$$

$$\rho_{LSF} = \rho(0)\left[1 - \frac{1}{2}\pi a k_B T_s \frac{T}{T_s}\right] \quad (T>0.2T_s) \qquad (16.22)$$

$T_s \sim 10^2$ K，为自旋涨落温度，a 为 $T = T_s$ 时对应的虚束缚态能量密度，$a \sim 10^{19}$ J^{-1}，T^2 到 T 的转变多发生在 $0.2T_s \sim 0.6T_s$ 区间，转变温度 $T_c \sim 0.4T_s$[52]。

以上各模型理论可对 Zr$_{48}$Nb$_8$Cu$_{12}$Fe$_8$Be$_{24}$ 低温电阻作出解释。电阻率对数项可以由双能级散射和 Kondo 自旋翻转两种机制产生。电阻率的负 T^2 项可能来自 Mott s-d 电子散射、局域自旋涨落。Mott s-d 电子散射只有在 d 带近满，费米能级 E_F 很接近带顶 E_0 时才会很强。从电阻率导数与温度变化关系来看，局域自旋涨落能更好地解释电阻与温度的关系。Kondo 效应要求磁性杂质的浓度<1at%。而 Zr$_{48}$Nb$_8$Cu$_{12}$Fe$_8$Be$_{24}$ 非晶中含有 8at%的 Fe，可见电阻率的负 $\ln T$ 不会是由 Kondo 自旋翻转散射引起的，更可能是由双能级散射导致。理论计算得到电阻率值与负 $\ln T$ 成比例：$\rho = \rho_0(1 - C\ln T)$，和实验所得数据拟合一致。

$T<15$ K 的负 $\ln T$ 贡献可能是双能级散射所致，15 K < T < 50 K 区间电阻的贡献主要来自局域自旋涨落和 Ziman-Evans 衍射(其中包含了电声相互作用部分)贡献，二者的贡献都与 T^2 成比例，只是正负不同；在 50 K < T < 100 K 区间，局域自旋的贡献由负 T^2 向负 T 转变。在 100 K < T < 200 K，电阻的正的 T^2 项贡献只可能来自于 Ziman-Evans 衍射，电阻的线性项则来源于局域自旋涨落，200 K 左右 Ziman-Evans 衍射贡献开始转变成线性。在高温段 200 K < T < 294 K 的线性行为是由局域自旋涨落和 Ziman-Evans 衍射所致，二者的贡献均与温度呈线性。

图 16.40 是非晶合金 Zr$_{48}$Nb$_8$Cu$_{12}$Fe$_8$Be$_{24}$ 高温下电阻率和温度的关系及与 DTA 曲线的对照比较。高温电阻率为归一化的电阻率。从图中可以看出，电阻率的变化与 DTA 曲线基本上相对应。在过冷液相区电阻率发生了明显的改变，这一现象也在非晶合金中普遍存在。

非晶合金高温电阻随温度变化的共性是在 T_g 以前电阻与温度呈线性变化，过冷液相区也呈线性，但线性的斜率明显不同于 T_g 以前。一般其斜率绝对值比 T_g 以前大[53]。晶化过程电阻率迅速大幅度降低，降低了约 70%，最低值仅为非晶态室温下电阻率的 4.9%，晶化后电阻率变化趋于平缓。第二次晶化发生时，电阻率迅速升高，升高幅度达 38%，这是新的晶化相所致。两次晶化相对样品电阻率的影响截然相反。第二次晶化完成后，样品电阻率随温度升高近线性降低，从 975 K 处开始这种变化发生改变，有一个更大的倾斜发生，对应样品的熔化。这一变化与过冷液相区的变化相近，与过冷液相区的近液态特性相关。电阻可以写为：$r(T) = \rho(T)\dfrac{L}{S}$，$L$ 和 S 分别为长度和截面积。非晶态与过

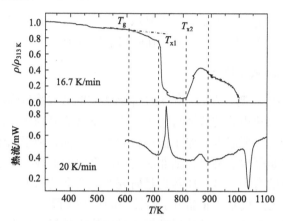

图 16.40　非晶合金 $Zr_{48}Nb_8Cu_{12}Fe_8Be_{24}$ 高温下电阻率和温度的关系及与 DTA 曲线的对照。高温电阻的升温速率为 16.7 K/min，DTA 的升温速率为 20 K/min

冷液相区的热膨胀的不同会对电阻产生影响。假设热膨胀是各向同性的，α 表示热膨胀系数，则 $r(T) = \rho(T)\dfrac{L}{S(1+\alpha T)}$。$\alpha_{gs}$ 和 α_{sl} 分别表示玻璃态和过冷液相区的热膨胀系数，对于给定温度 $T(T>T_g)$，$\Delta r = r_{gs}(T) - r_{sl}(T)$，可以进一步表示为

$$\frac{\Delta r(T)}{r_0} = \frac{1}{\rho_0}\left\{\frac{\rho_{gs}(T)}{1+\alpha_{gs}T} - \frac{\rho_{sl}(T)}{[1+\alpha_{gs}T+(\alpha_{sl}-\alpha_{gs})(T-T_g)]}\right\} \tag{16.23}$$

r_0 和 ρ_0 的 "0" 代表 313 K，$\rho_{gs}(T)$ 为温度 T 时非晶态的电阻率(由 T_g 以前的电阻率曲线的延长线获得)，在 T_g 以前的电阻率与温度呈线性关系，$\rho_{gs}(T) = \rho_0(1-\beta_1 T)$，$\beta_1 > 0$。$\rho_{sl}(T)$ 是 T 时样品的真实电阻率。对于非晶合金，其热膨胀系数很小，且一般 $\alpha_{gs} \ll \alpha_{sl}$，如 $Pd_{40}Ni_{30}Cu_{10}P_{20}$ 的 $\alpha_{gs} \sim 10^{-6} K^{-1}$，$\alpha_{sl} \sim 10^{-2} K^{-1}$[53]。所以式(16.23)可以简化为

$$\frac{\Delta r(T)}{r_0} = \frac{1}{\rho_0}\left\{\rho_{gs}(T) - \frac{\rho_{sl}(T)}{[1+\alpha_{sl}(T-T_g)]}\right\} \tag{16.24}$$

取 $y(T) = \dfrac{r(T)}{r_0}$ 代表图 16.40 中高温电阻曲线的纵轴，有

$$y(T > T_g) = \frac{1}{\rho_0}\frac{\rho_{sl}}{[1+\alpha_{sl}(T-T_g)]} \tag{16.25}$$

可以看出过冷液相区 ρ_{sl} 随温度增加而非线性变化[因为 $y(T)$ 是温度的函数]。近似取 $y = y_0(1-\beta_2 T)$，$\beta_2 > 0$，则

$$\rho_{sl}(T) = A(1-\beta_2 T)[1+\alpha_{sl}(T-T_g)] \tag{16.26}$$

$$\frac{\partial \rho_{sl}}{\partial T} = A[\alpha_{sl} - \beta_2 - \alpha_{sl}\beta_2(2T-T_g)] \tag{16.27}$$

对于非晶合金 $Zr_{48}Nb_8Cu_{12}Fe_8Be_{24}$，$T_g$=663 K，拟合得到 $\beta_2 = 8.2 \times 10^{-4} K^{-1}$，可判知 $\alpha_{sl} > 2.52 \times 10^{-3} K^{-1}$ 时，$\dfrac{\partial \rho_{sl}}{\partial T} > 0$，故如果 $\alpha_{sl} \sim 10^{-2} K^{-1}$，过冷液相区的电阻温度系数 TCR 为正数。

总之，具有长程结构无序的非晶物质显示出了电子行为的全部特性，从导体、超导体、半导体行为甚至到绝缘体行为，但是其机制不甚清楚。

4. 非晶合金的低温热学性质

从 20 世纪 70 年代初期，人们开始关注非晶物质的低温物理性质，如低温比热、低温热导、低温热膨胀和超声波的传播行为等。研究发现非晶物质，包括非晶绝缘体、非晶半导体和非晶合金，在低温下的原子振动行为本质上都有别于晶体的原子行为，表现出反常性[54-57]。比热是凝聚态物质包括非晶物质最重要的宏观参量之一，是理解相变、低能激发等固态性质的有力工具。比热也是研究非晶合金的抓手之一。比如比热是研究玻色峰、非晶形成能力的机制、非晶电子特性等的重要手段。

温度越低，晶格振动越弱，其他运动模式对比热贡献就会越来越突出，这样可以突显很多和电子相关的现象，并研究其微观机制。比热与温度的依赖关系能够提供被测量物质系统许多重要的信息。很多关于非晶合金的非同寻常的特性和现象，都是通过 50 K 以下的比热测量得到的。例如，非晶合金在低温下的原子振动、声子行为就可以通过测量比热、热传导、热膨胀系数和热弛豫行为等获得相关信息。

在低温下，非晶固体的比热与其他固体一样可表示为

$$C_p = C_L + C_E + C_{EX} \tag{16.28}$$

式中，C_L 是声子贡献；C_E 是电子贡献；C_{EX} 是包括磁性(如自旋玻璃，铁磁性)以及超导态等低能激发态对比热的贡献。声子比热 C_L 可用爱因斯坦模型和德拜模型来解释。在德拜模型中，固体可看成连续介质，C_L 在等容条件下表示为[57]

$$C_L(T/\Theta_D) = 9R \times \frac{1}{\Theta_D^3} \times \int_0^{\Theta_D/T} \frac{\xi^4 \times e^\xi}{(e^\xi - 1)^2} d\xi \times T^3 \tag{16.29}$$

式中，Θ_D 是德拜温度；R 为气体常数。在低温下，声子比热与温度的三次方呈线性关系：$C_L = \beta \times T^3$(其中 $\beta = \frac{12\pi^4}{5} \times \frac{R}{\Theta_D^3}$)。而电子对比热的贡献 C_E 在高温时远小于声子比热 C_L，因而可以忽略不计。在低温下电子对比热的贡献才能显现出来，C_E 与温度呈线性关系：$C_E = \gamma \times T$(其中 $\gamma = \frac{\pi^2}{3} \times k_B^2 \times N(E_F^0)$，$k_B$ 为玻耳兹曼常量；$N(E_F^0)$ 为 0 K 时系统在费米面附近的态密度)。

爱因斯坦模型则假设晶格中各个原子的振动相互独立，并以同一频率振动，根据此模型，C_L 在等容条件下表示为[57]

$$C_L = 3N \times k_B \times \frac{\theta^2}{T^2} \times \frac{e^{\theta/T}}{(e^{\theta/T} - 1)^2} \tag{16.30}$$

式中，$\theta = \hbar\omega_0 / k_B$ 为爱因斯坦温度(ω_0 为原子振动频率)。

特别要说明的是，德拜模型在低温下与非晶合金实验结果符合得很好，这是因为在低温下长波声子的激发对比热贡献起主要作用，长波声子的波长远大于原子之间的间距，因此可以把晶体和非晶都看成连续的介质，而与固体内原子的排布序无关。虽然非晶在结构上不同于晶体，处于没有长程序的无序状态，但在低温下非晶合金同样可以看作连

续的介质。所以，理论上德拜模型在低温下同样适合非晶物质。但实际上，由于非晶物质长程无序的特点，它在小于 20 K 的低温比热偏离德拜模型的预言，出现比热反常。

Zeller 和 Pohl[58]通过对二氧化硅和二氧化锗等玻璃的低温比热和热导等热特性的研究，首先实验观察到这些非晶物质的比热特性在 1 K 以下明显不同于晶态。主要表现在其低温比热与温度呈线性关系，热导与温度的平方成比例(详细内容见本书第 10 章动力学的第 9 节)。这一反常比热结果后来在很多非晶合金中都被观察到。对于普通晶体固体，其低温比热和热导都与温度的三次方成正比，都能根据德拜理论很好地得到解释。非晶在低温下的这一普遍性的反常结果吸引了众多理论学家的注意，并提出了不同的理论模型来解释这些反常的低温特性，其中最著名的是 Anderson 和 Phillips 提出的二能级模型，又称隧穿模型(tunneling state model)[56]。双能级散射模型成功解释了低温下比热与温度的线性依赖关系，并预言到非晶物质在低温下的声子平均自由程与温度的关系。非晶合金低温超声衰减特性、低温声学特性等实验都证实了二能级模型的预言，使得该模型被广泛地接受。但随着学科的发展，从实验上相继发现了一些不符合这种无相互作用的双能级散射模型的现象。

反常的二能级隧穿行为主要在非晶物质中 2 K 以下的温度范围内出现。但在 2 K 以上的温度区间，几乎所有非晶合金的比热都偏离德拜模型，在 C_p/T^3 与温度 T 曲线上都存在一个弥散峰。在同一温区，热导也出现一个平台。中子衍射、拉曼和红外光谱等手段也证实非晶中声子振动态的态密度在 0.1～5 meV 的能量区间内会偏离晶体中德拜能量平方关系，表明非晶体系中存在过剩的振动态密度。图 16.41 是 Zr 基非晶合金的中子衍射结果[59]，可以看出非晶合金晶化前后态密度的变化。非晶态有明显的过剩的振动态密度，即玻色峰。

5. 非晶合金的磁热效应

非晶合金因为具有独特的力学性能，一直被认为是重要的结构材料。实际上，非晶合金目前最主要的应用是作为磁性材料，Fe 基、Co 基非晶合金优良的软磁性能使之能大规模应用。目前，块体非晶合金作为结构材料的应用还很难和传统的结构材料(如钢铁、Al 合金等)竞争。所以，开发块体非晶合金的功能特性至关重要。目前非晶合金的功能特性不够丰富和独特，发现非晶合金独特的功能特性有可能打破块体非晶合金应用的瓶颈，扩大应用范围，促进非晶合金研究的进一步发展[4,7]。

磁热效应是所有磁性材料的内禀性质。磁热效应是指磁性材料在磁场增强/减弱时放/吸热的物理现象，其工作原理如图 16.42 所示：在零场条件下，磁体内磁矩的取向是无序的，此时磁熵较大，体系绝热温度较低；外加磁场后，磁矩在磁场的力矩作用下趋于与外磁场平行，导致磁熵减小，绝热温度上升；当磁场又变小时，由于磁性原子或离子的热运动，其磁矩又趋于无序，绝热温度降低。这和气体在压缩-膨胀过程中所引起的放热-吸热现象相似[60,61]。

磁制冷技术相对于传统的气体压缩制冷技术具有很多的优点，最突出的优点是制冷效率高、绿色环保无污染、从微 K 到室温附近均可适用，以及广泛的应用领域等优势。寻求高效率的新型磁制冷工质材料是磁制冷技术的关键。磁热效应与材料结构和相变类型密切相关。磁熵变的大小不仅与磁性原子的磁矩有关，而且大的磁熵变往往对应于强的晶格系统和自旋系统耦合作用，或伴随着显著的结构的改变(如对称性或晶格常数)。优良的磁制冷工质要满足的几个条件如下[60,61]：在工作温度附近具有大的磁热效应(磁熵变或绝热温度变化)；高制冷效率(RC)，RC 是描述在一个理想的制冷循环中，冷端和热端之间传递的热量；很小的磁滞、大的电阻、低热容量、价格低廉、无毒无害、化学性质稳定等。已经发现的致冷工质多是晶态材料，如在钙钛矿锰氧化物、Heusler 合金 Ni-Mn-Ga、La-Fe-Al(Si)系列化合物以及 Mn-Fe-P-As 系金属基化合物中均发现了巨磁热效应。相比之下，非晶态材料磁热效应的研究近年来才开展起来。事实上，早期对 Fe 基、Co 基、Pd 基非晶材料磁热效应的研究已显现出它们作为磁致冷材料具备一定的自身优势，如成分连续可调、电阻大、磁滞小等。但是这类材料共同的不足是磁熵变过小，影响了人们对这类材料进一步探索的兴趣。

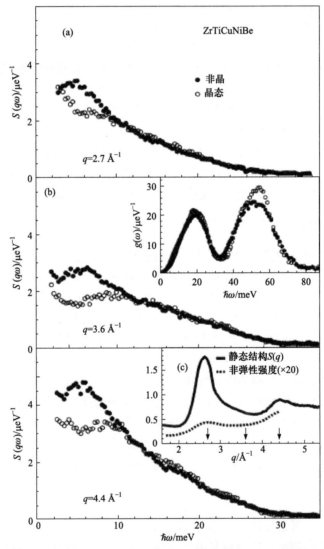

图 16.41　室温中子衍射得到的非晶 Vitreloy 4 晶化前后的振动态密度。(a)在不同波矢 q 下测得的散射因子 $S(q\omega)$；(b)根据非关联近似计算的振动态态密度；(c)静态结构因子 $S(q)$[59]

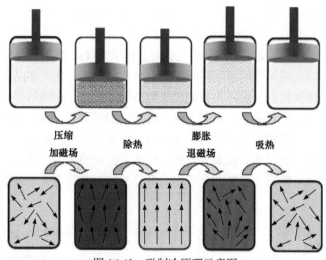

图 16.42 磁制冷原理示意图

稀土基合金的典型特征是具有复杂的电子结构，因此具有丰富多样的电学和磁学等性质。其中重稀土基的合金普遍有较大磁矩，所以稀土基非晶合金可能是潜在的磁致冷材料。中国科学院物理研究所率先开展了稀土基块体非晶合金的研制和物性研究，并得到了一系列有自己知识产权的稀土 Y、La、Ce、Pr、Nd、Sm、Gd、Tb、Dy、Ho、Er、Tm、Yb、Lu 基非晶合金[7,62,63]。图 16.43 是典型稀土基块体非晶合金的 XRD 图。有趣的是这些非晶合金在成分上很类似，因此，是研究很多非晶问题的模型体系，也可以组合调制其中的某些性能，如磁热效应。

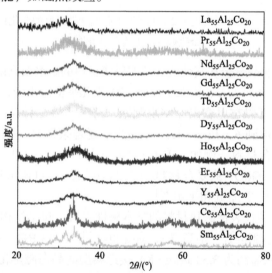

图 16.43 典型稀土基块体非晶合金的 XRD 图[62,63]

最先发现的是 Gd 基块体非晶合金的大磁热效应[62-64]。其磁熵变在居里温度附近(93 K)的最大值为 9.40 J/(kg·K)，和 Gd 单晶的磁熵变差不多，比报道的磁滞损耗小的 $Gd_5Si_2Ge_{1.9}Fe_{0.1}$ (7 J/(kg·K))要大，比大多数 Fe 基和 Co 基非晶薄带要大好几倍。之后，在不同成分 Gd 基非晶合金，Tb 基、Dy 基、Ho 基、Tm 基、Er 基等多种体系中发现了较大的磁热效应[33]。

图 16.44 显示的是 Gd 基非晶合金，$Ho_{30}Y_{26}Al_{24}Co_{20}$、$Dy_{50}Gd_7Al_{23}Co_{20}$ 和 $Er_{50}Al_{24}Co_{20}Y_6$ 非晶合金的磁熵变随温度的变化关系[64]。可以看出，在 5 T 外场下它们的磁熵变大约为 10.76 J/(kg·K)，与 Gd 单质相当甚至更大，并且远大于 Gd 基非晶合金。其制冷能力在 250 J/kg 以上，且其大磁熵变的温度区间较宽，因此制冷能力比大多晶态材料要高，再加上较大的电阻、涡流损耗低、磁滞小和加工成型简单等优点。在冻结温度附近及其以上所有这些非晶合金均几乎没有磁滞，说明在各自的(超)顺磁区域。因此，Dy、Ho、Tb 和 Er 基非晶合金都可以作为理想的制冷材料，在液氢、液氦温区有一定的应用前景。此外，非晶合金的成分方位宽，通过成分调制等方法，可能获得磁熵更大、所需外加磁熵更小的非晶合金体系。磁制冷可能成为非晶合金应用的重要方向，非晶合金在制冷领域有很大的应用潜力。

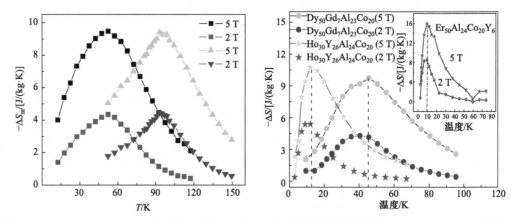

图 16.44　(a)$Gd_{53}Al_{24}Co_{20}Zr_3$ 在外场变化为 2 T 和 5 T 下磁熵变随温度的变化；(b)Ho、Dy 和 Er 基非晶合金磁熵变随温度的变化[64,65]

图 16.45 对比了非晶合金和其他代表性的磁热材料的磁熵及高磁熵对应的温宽。$Fe_{30}Gd_{60}Al_{10}$ 非晶合金复合条带的 ΔS_m 从 120 K 到 220 K 几乎恒定不变，形成了一个高磁熵温度平台区，这意味着可以在更宽温区实现制冷。当减少 Fe 掺杂含量时，$Fe_{15}Gd_{70}Al_{15}$ 条带的磁熵变最大值可到 6.1 J/(kg·K)。非晶合金复合条带磁熵变平台区大小接近其他复杂的多组元晶态复合材料，例如 LaFeCoAl 复合材料(~2.5 J/(kg·K))、DyAl 基复合材料(~4 J/(kg·K))、GdDy 基复合材料(~5 J/(kg·K))；对比可见，非晶合金复合结构的磁热效应的平台区更加宽和平滑[66]。

表 16.1 汇总了各种代表性磁热材料的基本磁性参数，包括结构形态(晶态/非晶态)、磁熵变 ΔS_m、铁磁转变温度 T_c、半高宽 ΔT_{FWHM} 和磁制冷效率 RC。$Fe_{30}Gd_{60}Al_{10}$ 非晶基复合条带的最大磁熵变 ΔS_m 约为 3.53 J/(kg·K)，接近典型的晶态磁热化合物 $Gd_5Si_2Ge_{1.9}Fe_{0.1}$ 的一半，但是磁熵变峰的半高宽 ΔT_{FWHM} 从室温附近的 303 K 延伸到低温下的 30 K，达到 273 K，几乎覆盖了整个低温区域，是 $Gd_5Si_2Ge_{1.9}Fe_{0.1}$(51 K)和纯 Gd(71 K)的约 4~5 倍，甚至 10 倍于最具代表性的两类晶态磁热材料 $Gd_5Si_2Ge_2$(16 K)和 $MnFeP_{0.45}As_{0.55}$(21 K)。退火样品的 ΔS_m 增加到了 5 J/(kg·K)，类似其他 GdFe 基晶态合金，但是其 ΔT_{FWHM} 急剧下降到 20 K，不足非晶合金复合结构的 1/14，说明 $Fe_{30}Gd_{60}Al_{10}$ 条带磁熵变峰的大幅展

宽来源于非晶基复合结构[66]。

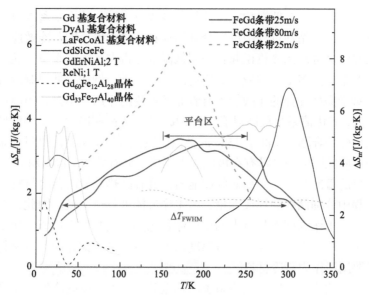

图 16.45　GdFe 基条带的磁熵变ΔS_m随温度 T 的变化(左轴)，其他代表性的磁热材料的磁熵变曲线对比(右轴)[66]

表 16.1　典型磁热材料在 5 T 外场下的磁熵变及相关系数，a 和 c 分别代表非晶态和晶态

材料	结构	磁熵ΔS_m /[J/(kg·K)]	转变温度 /K	ΔT_{FWHM} /K	RC/ (J/kg)
$Fe_{30}Gd_{60}Al_{10}$	a + c	3.53	200	273	964
$Fe_{15}Gd_{70}Al_{15}$	a + c	6.12	170	169	103
$Gd_{33}Er_{22}Al_{25}Co_{20}$	a	9.47	52	75	714
$Gd_{53}Al_{24}Co_{20}Zr_3$	a	9.4	93	83	780
Gd	c	9.43	294	71	670
$Gd_5Si_2Ge_{1.9}Fe_{0.1}$	c	7	276	51	357
$MnFeP_{0.45}As_{0.55}$	c	18.3	306	21	390
$Gd_5Si_2Ge_2$	c	18.6	276	16	298
$Pd_{40}Ni_{22.5}Fe_{17.5}P_{20}$	a	0.58	94	—	—
$Fe_{33}Gd_{27}Al_{40}$	c	4.67	174	87	406
DyNiAl	c	19	256	33	627
$(Fe_{85}Co_5Cr_{10})_{91}Zr_7B_2$	a	2.8	320	167	468
$Fe_{57}Cr_{17}Cu_1Nb_3Si_{13}B_9$	a	0.86	150	150	129
$La(Fe_{0.89}Si_{0.11})_{13}$	c	24	188	9	216
$La_{0.7}Ca_{0.3}MnO_3$	c	6.4	228	36	230
$Ni_2Mn_{0.75}Cu_{0.25}Ga$	c	65	308	2	72

6. 非晶合金的蓄冷效应

稀土基非晶合金另一个低温功能特性是蓄冷效应[67-69]。什么是蓄冷效应呢？具有高热容量的材料，在制冷循环过程中可以分别储存和释放能量，即蓄冷效应。蓄冷效应有什么重要应用呢？这可从制冷机说起：小型低温制冷机在气象、军事、航空航天、低温电子学、低温医学等诸多工业领域具有广泛的应用前景。例如，低温制冷机是导弹的关键技术之一，对于提高导弹的作战能力有着非常重要的作用。但是，当前低温制冷机制冷效率普遍不高，其优值系数最高只能达到5%左右。提高制冷效率是小型低温制冷机领域的重要研究目标和难题。在低于15 K的低温区域，这些小型制冷机目前难以得到较高的制冷效率的主要原因之一是没有在极低温下仍然十分有效的蓄冷材料。

低温制冷机的蓄冷器是一种高效的储能器，具有高热容量的蓄冷材料在制冷循环的压缩和膨胀过程中分别储存和释放能量，与工作流体进行热交换。因此，低温蓄冷材料的重要特性是在其工作温度下具有大的单位体积比热，同时加工性能、化学稳定性和成本等也是需要考虑的因素。至今在液氮温度以上，主要采用铜作为蓄冷材料；在液氮温度以下，则主要用铅作为蓄冷材料。

晶体固体物质的比热起因于晶格系统的热振动，随着温度的降低，晶格的热振动越来越弱，固体的比热也越来越低。例如，铅的比热在15 K时是0.35 J/(K·cm³)，下降到4 K时仅有0.009 J/(K·cm³)，如此低的比热使蓄冷器在低温时的输出冷量近似为零，严重影响了制冷机的效率。因此，高效的低温蓄冷材料是提高小型低温制冷机制冷效率和工作性能的关键。

在15 K以下，低温制冷机的效率主要决定于其蓄冷材料体积比热的大小。除了晶格比热和数值更小的电子比热之外，固体在发生相变时，伴随熵的急剧变化，其比热会出现异常增大的现象，尤其是磁相变。在15 K以下的温度区间，磁相变时所带来的磁比热峰值往往比晶格比热大一个数量级以上，为实现低温下大的比热提供了可能性[69]。传统的低温磁性蓄冷材料是稀土基晶态金属间化合物如 Er_3Ni、$ErNi$、Er_3Co 等 Er 系磁性蓄冷材料，以及 $TmCu$、$HoCu_2$ 等一系列 Tm 系和 Ho 系磁性蓄冷材料等。这些晶态磁性蓄冷材料的应用存在很多问题，如比热峰的宽度较窄。由于晶态的磁性蓄冷材料磁相变只是发生在一个很窄的温度区间内，所以由磁相变带来的比热峰也只是在较窄的温区内，导致单一的磁蓄冷材料不能覆盖低温制冷机的整个工作温区，实际应用中需要几种磁蓄冷材料同时使用，这样不仅使蓄冷器的设计更加复杂，而且增加了小型低温制冷机的成本。另外，一般晶态化合物蓄冷材料不易于加工成形。蓄冷材料的最佳使用形态为球形，在实际应用中将其加工成粒度范围在154~300 μm的球形颗粒使用，而对于已有用作低温磁性蓄冷材料的多晶材料和陶瓷材料加工成球形颗粒特别困难。此外，一般蓄冷材料比热峰的温度较高，现有的晶态磁性蓄冷材料比热峰大多出现在5~15 K，而在更低温度，其比热值非常小，严重影响了低温制冷机在4 K以下的制冷效率。目前，材料的综合性能还很难满足高效率的小型低温制冷机的使用要求，亟须低温比热性能、加工性能和工作稳定性更好的新型磁性蓄冷材料。

中国科学院物理研究所开发的 Er 基非晶复合材料具有低温蓄冷能力，在较宽温度区间内有低温大体积比热，是优良的低温磁性蓄冷材料[67,68]。图 16.46 是 $Er_{60}Ni_{20}Al_{17}Gd_3$ 非晶合金的低温比热以及和其他蓄冷材料的对比图。Er 基非晶合金材料在 15 K 以下具有大体积比热，其体积比热峰值优于传统的晶态低温磁性蓄冷材料 Er_3Ni。与现有的低温蓄冷材料相比，这种非晶合金的比热异常峰更宽，还可以通过添加元素的种类、含量来调节比热峰的宽度、位置和大小。加上 Er 基非晶合金复合材料有良好的力学性能和加工性能，所以其作为低温磁蓄冷材料在低温制冷机领域有潜在的应用前景。

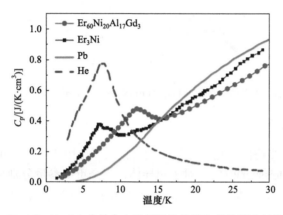

图 16.46　$Er_{60}Ni_{20}Al_{17}Gd_3$ 非晶合金的低温比热及和其他蓄冷材料的对比[67]

Tm 基大块非晶合金在 4 K 以下具有大磁蓄冷效应[68]。图 16.47 是铸态的 $Tm_{60}Al_{20}Co_{20}$，$Tm_{56}Al_{20}Co_{24}$ 和 $Tm_{39}Y_{16}Co_{20}Al_{25}$ 大块非晶合金的体积比热随温度的变化曲线，以及其与传统的低温蓄冷材料铅和 Er_3Ni 的体积比热的对比。可以看到，铅的体积比热在 15 K 以下迅速下降，到 4 K 以下基本降到零，而晶态 Er_3Ni 的比热峰在 6～10 K。这些传统的蓄冷材料在 4 K 以下的低温制冷机中不能提供足够的蓄冷量，严重影响了低温制冷机的制冷效率。相反，$Tm_{60}Al_{20}Co_{20}$，$Tm_{56}Al_{20}Co_{24}$ 和 $Tm_{39}Y_{16}Co_{20}Al_{25}$ 非晶合金在 4 K 以下都有比热异常峰的出现，且其峰值体积比热 C_p 分别能达到 0.15 J/(K·cm³)，0.15 J/(K·cm³) 和 0.08 J/(K·cm³)。这些数值要比该温度区间内的铅和 Er_3Ni 的体积比热值大很多。比如，在 2.5 K 的峰值以下，$Tm_{60}Al_{20}Co_{20}$ 非晶合金的体积比热值基本上是 Er_3Ni 体积比热值的两倍。另外，和晶态的磁蓄冷材料尖锐的体积比热峰不同，Tm 基非晶合金的体积比热峰比较圆滑且较宽，大约是从 1 K 到 8 K。随着 Tm 含量的增加，Tm 基非晶合金的体积比热峰会向高温方向移动，且峰值也随之增加。即通过改变合金中 Tm 的含量，可以控制 Tm 基非晶合金体积比热峰的位置及峰值大小。Tm 基非晶合金在 4 K 以下具有较宽的比热异常峰，加之非晶态合金具有一些特殊的性能，如高电阻、低热涡流损耗、强抗腐蚀能力、高热稳定性及优良的力学性能，在其过冷液相区内可进行微米甚至纳米尺度的超塑性加工成形。即如果加工成形为球形的蓄冷材料颗粒，非晶合金要比金属间化合物及陶瓷材料容易得多。这些特点使得 Tm 基非晶合金成为低温磁蓄冷材料的应用良好的候选材料，有望应用于 4 K 以下的低温制冷机中，尤其是对服役条件要求较高的空间低温制冷机。总之，稀土基非晶合金的蓄冷效应可大大提高低温制冷机在极低温的制冷效率，可能开辟非晶合金材料的崭新应用途径。

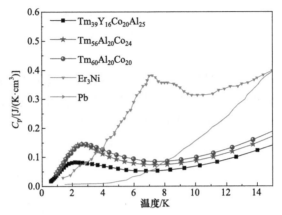

图 16.47   Tm 基非晶、蓄冷材料铅和 Er₃Ni 的低温比热随温度变化的曲线[68]

7. 非晶合金的超导

超导是物质的重要特性。超导体最明确的性质是电阻为零，最本质的性质是完全抗磁，被称为迈斯纳(Meissner)效应。对于超导体，三个重要参量分别是：临界温度 T_c、临界磁场 H_c 和临界电流 J_c。其中临界温度是最本质的，常取超导转变之前正常电阻值的一半来确定[70]。

非晶合金出现不久人们就开始了非晶超导的研究[70]。Buchel 和 Hilsch [71]可能是最早研究非晶合金超导的科学家。他们研究了液氦底板上冷凝的简单金属(如 Ga)的非晶膜的超导，发现非晶态金属有较高的超导转变温度[71]。20 世纪六七十年代，随着快淬技术的发展，大量非晶合金体系被开发出来，促进了非晶合金的超导研究。人们当时期望在非晶合金中寻找具有更高超导转变温度的超导合金材料。非晶领域的著名科学家如 N. F. Mott、P. Duwez、W. L. Johnson、T. Egami、S. Poon、H. S. Chen，国内的赵忠贤院士、李林院士、王文魁等都研究过非晶合金的超导。在超导电性方面，自从 McMillan[72]提出软化声子可以提高 T_c 的理论后，非晶态超导电性得到了广泛的研究。1975 年，Johnson 等[73]首次研制出 La 基非晶合金超导体($T_c = 3.5$ K)。其他超导的非晶合金主要是 Pd-Zr、Zr-Rh-Pd、Zr-Ni-Cu、Nb-Ge、La-Au 等条带或薄片样品。

合金的超导电性的起源是电子和声子相互作用引起的。超导理论的基础是 BCS 理论(以其发明者巴丁(J. Bardeen)、库珀(L. V. Cooper)和施里弗(J. R. Schrieffer)的名字首字母命名)。该理论基于电子、声子相互作用产生吸引力，电子之间(配对所需)的相互吸引力是由电子和晶格振动(声子)之间的相互作用间接导致的，从而造成费米面附近的电子动量相等、自旋和动量方向相反的电子配对，即所谓的"库珀对"(Cooper pair)，库珀对在晶格当中可以无损耗地运动，形成超导电流。超导是由冷凝库珀对导致的一个宏观效应。BCS 理论给出超导的微观物理图像，给出的 T_c 公式为

$$T_c = 1.14 \theta_D \exp(-|N(0)V|^{-1}) \qquad (16.31)$$

式中，$N(0)$是费米面上的态密度；θ_D 是德拜温度；V 是电子和电子之间的相互作用参量。根据该公式可以估算合金的超导温度[71]。

非晶合金的超导电性的起源也是电子和声子相互作用引起的。但是由于非晶合金没

有长程序，电子能带、声子谱都发生了变化，因此超导电性也发生了变化。对于非晶态简单金属，其电子行为可近似用自由电子模型描述，其声子谱在低频端软化，由于动量不守恒又造成更大相空间内的电声子的相互作用。相对晶态金属，T_c 有所提高，电声子的相互作用增强[71]。

非晶合金的高度无序对超导性有重要影响。例如态密度函数 $N(0)$ 失去了精细的结构，并引起 T_c 的变化。另外，非晶的平均电子自由程要小得多。在弱局域化区域的超导性受无序系统中量子关联的影响，所以三维无序系统中的超导性，如临界转变温度、上临界场等，不同于二维的无序系统。低温超导性对理解非晶合金中低能激发等属性起着重要作用。

人们也研究了块体非晶的超导特性。例如，在大块非晶 $Zr_{41}Ti_{14}Cu_{12.5}Ni_{10}Be_{22.5}$ 中，$T_c = 1.62$ K，可以看出无序抑制了超导性[74]。La 元素在低温下具有超导性，$La_{60}Cu_{20}Ni_{10}Al_{10}$ 大块非晶也具有超导性。图 16.48 是非晶合金 $La_{60}Cu_{20}Ni_{10}Al_{10}$ 在 1.8～300 K 温度范围内的低温电阻特性。和典型非晶合金一样，在 7～300 K，该合金显示负温度电阻系数。根据普通 s-d 散射模型，该非晶合金在 20～300 K 范围内的电阻特性可表示为[75]：$\rho = \rho_0 + aT + bT^2$，其中 $\rho_0 = 204.38(\pm2)$ μΩ·cm 是剩余电阻，$a = -3.67 \times 10^{-2}(\pm2)$ μΩ·cm/K 代表电阻的温度系数，$b = 5.19 \times 10^{-5}(\pm7)$ μΩ·cm/K 代表电阻的温度平方系数。由于非晶随温度的变化，其结构因子发生改变，从而引起电阻随温度线性变化。由于非晶合金中存在大量的 s 和 d 电子，根据 Mott 的 s-d 散射模型可知，s 和 d 电子的杂化使得电阻随温度变化呈平方关系。

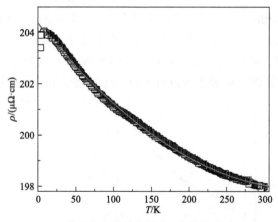

图 16.48　非晶合金 $La_{60}Cu_{20}Ni_{10}Al_{10}$ 随温度变化的电阻率。曲线是公式 $\rho = \rho_0 + aT + bT^2$ 在 20～300 K 的拟合结果[75]

图 16.49 显示了 $La_{60}Cu_{20}Ni_{10}Al_{10}$ 大块非晶在 5 K 以下的低温电阻特性，其中外磁场分别为 0 Oe 和 10^4 Oe。在温度 5 K 以下，该非晶合金的电阻几乎为一个常数值，主要是剩余电阻的贡献。但在零磁场，当温度降到 2.5 K 时，该合金的电阻降到零，出现超导性。和普通的超导材料一样，在外加磁场时，其超导转变温度降低，即磁场会抑制或者破坏超导的发生[75]。

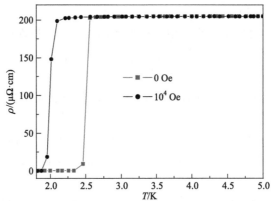

图 16.49 大块非晶 $La_{60}Cu_{20}Ni_{10}Al_{10}$ 在磁场为 0 Oe 和 10^4 Oe 条件下的超导性[75]

图 16.50 是 $La_{60}Cu_{20}Ni_{10}Al_{10}$ 大块非晶合金在 2～10 K 的低温比热 C_p/T 与 T^2 的关系。和电阻特性一样,在 2.5 K 比热出现明显的跳跃 $\Delta C(=0.0117 \text{ J/(mol·K)})$,即温度再次发生超导转变。在超导转变温度以上,其比热主要是电子比热 γT(γ 为与费米面电子态密度相关的电子比热温度系数)和晶格比热 βT^3(β 为与德拜温度 θ_D 相关的声子比热系数:$\beta = \dfrac{12\pi^4 R}{5}\dfrac{1}{\theta_D^3}$,其中 R 为气体常数。)的贡献。能用 $C_p = \gamma T + \beta T^3$ 较好地拟合该合金的比热结果(见插图):$\gamma = 7(\pm1) \text{ mJ/(mol·K}^2)$;$\beta = 1.07(\pm1) \text{ mJ/(mol·K}^4)$。德拜温度 θ_D 的计算值为 122 K。根据估算超导体的超导转变温度 McMillan 方程 $\lambda = \dfrac{1.04 + \mu^* \ln(\theta_D/1.45T_c)}{(1-0.62\mu^*)\ln(\theta_D/1.45T_c)-1.04}$(其中 μ^* 在这里假设为 0.13)和 θ_D、T_c,可估计电声耦合参数 λ 等于 0.68,在费米面的电子态密度 $N_b(E_F)$ 为 1.75 eV^{-1}·atom^{-1}。$La_{60}Cu_{20}Ni_{10}Al_{10}$ 非晶合金属于中等耦合强度的超导体。但该非晶在超导转变温度的比热跳跃 $\Delta C/\gamma T_c = 0.67$ 不符合常规的弱耦合或者中间耦合强度的超导体,并且远低于超导中 BCS 的理论预言值 1.43,这可能与非晶合金中的无序结构相关[75]。

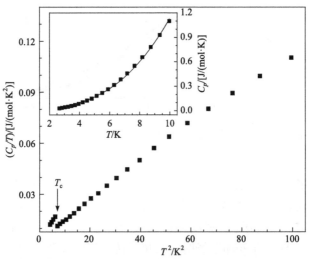

图 16.50 块体非晶 $La_{60}Cu_{20}Ni_{10}Al_{10}$ 温度相关的比热 C/T 与 T^2 的关系。插图是正常态在 2.5～10 K 用表达式 $C_p = \gamma T + \beta T^3$ 拟合的结果[75]

库珀对需要电-声子耦合，非晶结构具有"最高"的晶格无序，非晶化就是引入晶格无序，可以调控声子。研究表明非晶化抑制超导转变，薄膜厚度减小也抑制超导转变，甚至出现超导-绝缘体转变。因为超导态是电子库珀对在波矢空间中的凝聚，实空间的无序必然导致电-声子耦合失效、库珀对不再存在。实验揭示，金属非晶超导薄膜中存在波矢空间和实空间的局域超导库珀对区域，而超导转变被抑制则源于这些区域的相位出现很大涨落。至今，还没有发现超导温度很高的非晶合金体系。

8. 非晶合金的 Kondo 效应和重费米子行为

Kondo 效应是指低温下金属中磁性杂质对其电阻的影响。这种磁性杂质不仅仅破坏周期性势场而引起散射，同时电子被磁性杂质散射时，电子和杂质本身的自旋状态都发生变化[76]。1956 年又发现另一种电子-电子间的相互作用——RKKY(Ruderman-Kittel-Kasuya-Yosida)作用。RKKY 作用的基本特点是，4f 电子是局域的，6s 电子是巡游的，f 电子与 s 电子发生交换作用，使 s 电子极化，被极化的 s 电子的自旋对 f 电子自旋取向有影响，结果形成以巡游 s 电子为媒介，使磁性原子(或离子)中局域的 4f 电子自旋与其近邻磁性原子的 4f 电子自旋产生交换作用，这是一种间接交换作用，简称 RKKY 作用[77]。

一般金属中的电子比热系数 γ 值为 1 mJ/(mol · K^2)的数量级，而某些金属的 γ 值可达到 1000 mJ/(mol · K^2)以上。金属在低温下的 γ 值反映了传导电子有效质量的大小。γ 值大说明传导电子有效质量比一般金属大，如果 γ 值比一般金属大 2~3 个数量级，这种大的电子有效质量现象称为重电子行为，或重费米子行为(heavy Fermion behavior)。重电子行为主要是由电子间的强关联引起的。重费米行为主要是在含 Ce 或 U 的一些晶态合金中出现[78]。

最近发现了新的一类同时具有本征的结构无序和 4f 电子的 Ce 基非晶合金[79,80]。相对于 Kondo 或者 Anderson 晶格无序而言，非晶合金中的晶格无序是一种强结构无序，可容易地通过 X 射线衍射和电子衍射的方法来鉴别这种结构无序，同时也可用退火弛豫的方法来调制其无序的程度。此外，非晶合金可以在较宽的成分范围内形成单一的非晶相，这有利于在没有改变无序结构的基础上研究强的无序对 4f 电子的影响[80-82]。考虑到稀土原子价态和离子半径的类似性，还可用 La 作为非磁性的同类来取代自旋 $\frac{1}{2}$ 的 Ce。图 16.51(a) 是非晶 Ce$_{65}$Cu$_{20}$Al$_{10}$Co$_5$ 和 La$_{65}$Cu$_{20}$Al$_{10}$Co$_5$ 的低温比热 C_p[80]。La 和 Ce 除了 4f 层电子有区别外，它们的原子半径等性能特点很相似。因为 Ce 的 4f 层未饱和的电子，使 Ce 表现出与 La 不一样的强关联特性。从图中可以看出，Ce 基非晶的低温比热明显比对应的 La 基非晶的比热大，尤其在低温区间。由于非晶 Ce$_{65}$Cu$_{20}$Al$_{10}$Co$_5$ 和 La$_{65}$Cu$_{20}$Al$_{10}$Co$_5$ 结构具有相似性，所以两者的比热差可以近似看作是 Ce 基非晶中 Ce 的 4f 电子的比热 C_{el}。图 16.51(b) 是重新标度后的 4f 电子的比热：$\gamma = C_{el}/T$ 与 T 关系，即 4f 电子比热的温度系数。从图中可看出，在低温下，4f 电子比热的温度系数较大，当温度为 1.23 K 时，4f 电子比热的温度系数达到最大值 1080 mJ/(mol-Ce · K^2)，当温度为 0.53 K 时，其值下降为 811 mJ/(mol-Ce · K^2)。图中的直线为线性外推结果。当温度趋于 0 K 时，4f 电子比热的温度系数外推值趋于 540 mJ/(mol-Ce · K^2)。Ce 基非晶合金的磁性、输运性能也提供了直接的实验证据证明结构无序导致 Ce 基块体非晶合金的重费米行为。在重费米的 Ce 基非晶合金中还存在自旋玻璃行为。这种类自旋玻璃效应可能是由于 Ce 的含量很高,并且由它形成的无序排列的局域磁矩相互作用造成。

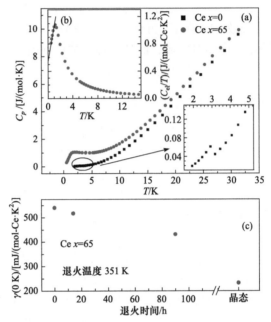

图 16.51　(a)非晶 $Ce_xLa_{65-x}Cu_{20}Al_{10}Co_5(x = 0$ 和 65)的低温比热;(b)非晶 $Ce_{65}Al_{10}Cu_{20}Co_5$ 电子比热的温度系数$\gamma=C_{el}/T$ 与 T 的关系(直线表示线性外推);(c)退火的 $Ce_{65}Al_{10}Cu_{20}Co_5$ 合金在 0 K 的电子比热的温度系数线性外推结果[80]

在 T_g 以下退火能够调整非晶合金的无序度。研究表明退火(在 T_g 以下退火 90 h 的弛豫态)使得 Ce 基非晶的 4f 电子比热的温度系数γ(0 K)由 540 mJ/(mol-Ce · K^2)(原始态)下降到 431 mJ/(mol-Ce · K^2)。完全晶化后,4f 电子比热的温度系数γ(0 K)为 232 mJ/(mol-Ce · K^2),远远低于非晶态所对应的数值。由于退火导致短程序增加,而 4f 电子比热的温度系数γ(0 K)降低,即随着有序度的增加而降低[图 16.51(c)]。所以在 Ce 基非晶合金中,无序度明显影响它的重费米行为[80],这也证明非晶中重费米行为可能和无序结构密切相关。

图 16.52 是不同 Ce 含量的非晶 $Ce_xLa_{65-x}Al_{10}Cu_{20}Co_5(x = 0$、10、20、65)的低温比热[80]。在 10 K 以下,随着 Ce 含量的降低,比热也明显减小。对于 Ce 含量分别为 10 at%、20 at%和 65 at% 的非晶的低温比热,在低温下符合 $C_p/T = \gamma + \beta T^2$ 变化规律,其中γ分别为 17.4 mJ/(mol · K^2)、38.4 mJ/(mol · K^2)和 127.3 mJ/(mol · K^2)。通过减去 La 非晶的低温比热获得不同 Ce 含量的 4f 电子对比热的贡献 C_{el},C_{el} 与 T 的关系图中的峰位所在的温度随着 Ce 含量的降低而降低,并且峰的强度也减小。这种类自旋玻璃行为主要是由于随着 Ce 含量的降低,在相同温度下 Ce 原子间的 RKKY 作用力减弱。在更低的温度下,RKKY 作用力才能与 4f 电子和自由电子之间的相互作用力相当。这种相对较强的 4f 电子与自由电子之间的作用(或者 Kondo 效应)造成 4f 电子的有效质量增加,从而使低 Ce 含量合金中重费米行为更明显。因此峰位随着 Ce 含量的降低逐渐趋向低温。另外还发现 Ce 含量越低的非晶合金在越低的温度下 4f 电子的有效质量越大,重费米行为越明显。这种成分调制行为进一步证实了该 Ce 基非晶是重费

米物质，同时成分调制行为也能使其中的 Kondo 效应和 RKKY 相互作用相对强弱发生改变，从而实现对性能的调制。另外，磁场对非晶态合金中的重费米行为也有调制作用。类似的重电子行为还在 Yb 基非晶合金以及掺杂稀土元素的 CuZrAl 非晶中观察到[80,81]。

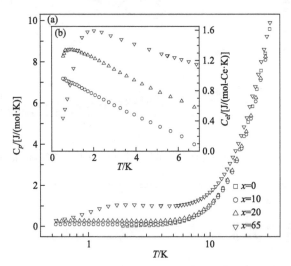

图 16.52　非晶合金 $Ce_xLa_{65-x}Al_{10}Cu_{20}Co_5$($x$ = 0、10、20、65)在零磁场下的比热。(a)C_p 与 $\log(T)$ 的关系；(b)4f 电子比热 C_{el} 与 T 的关系[80]

　　此外，发现在没有 4f 电子的 CuZr 等体系，通过微量稀土 Gd(有 4f 电子)，也能大大提高非晶合金的电子有效质量。图 16.53 是 $(CuZr)_{93-x}Al_7Gd_x$ 非晶合金的低温比热结果，以及其电子比热系数 γ 随掺杂的变化[83]。可以看到，合适的掺杂，如 Gd 含量在原子比 x = 0.5，γ 系数巨大，远大于一般的重费米子体系[见图 16.54]。

　　重费米行为主要是在晶态合金中观察到，并且它们含有 4f 电子元素(如 Ce、U 等重费米元素)的百分含量通常都小于 33%。在合金化过程中，这些化合物有很大概率处于无序态。一些实验也说明了这种无序在形成重费米中起着重要作用。同时在一些重费米模型中也都假设无序态的存在。然而在实验上很难证明在重费米化合物中结构无序的作用。在不同 Ce 含量的非晶合金中，以及 Gd 掺杂的非晶合金中存在强的并且可调制的结构无序，并且根据它们的低温性能首次证明了 4f 电子和自由电子的关联能由无序诱导和调制。

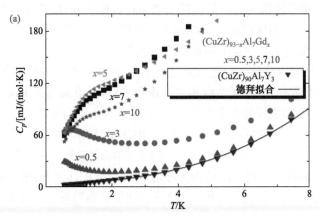

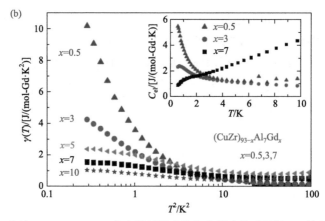

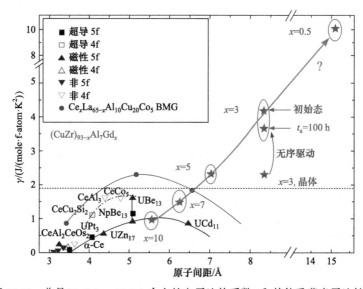

图 16.53　非晶$(CuZr)_{93-x}Al_7Gd_x$合金的低温比热和电子比热系数随 Gd 掺杂的变化[83]

图 16.54　非晶$(CuZr)_{93-x}Al_7Gd_x$合金的电子比热系数γ和其他重费米子比较[83]

在非晶合金中，结构无序导致自由电子的局域化，以及 Ce 的 4f 电子更加局域化。因此，在非晶合金中的 4f 电子的激发能不像晶体结构中的激发为一常数值，而是一种扩展分布态。这种扩展的分布态使得一些较低的激发能态在温度 $T \to 0$ K 都能激发，从而导致相应的 4f 电子比热 C_{el} 在低温区间较大。结构无序可以调整低能激发的状态分布，因此结构无序可以诱导和调制该非晶合金中的重费米行为[80]。

由于 Ce 基非晶的成分范围较宽，Ce 的原子百分比在 0%～70% 的范围内都能形成非晶。这一特点有利于研究 Ce 原子浓度相关的重费米行为。在重费米 Kondo 合金中，Kondo 效应和 RKKY 相互作用之间的竞争其实与含 4f 电子的 Ce 原子的平均原子距离直接相关。当 Ce 含量增加时，Ce 原子间的平均距离减小，RKKY 作用增强，从而使高 Ce 含量($x=65$)非晶的 4f 电子比热温度系数出现与自旋玻璃类似的峰值现象。非晶合金中这种重费米行为与自旋玻璃效应共存，主要是由结构无序造成的。当 RKKY 作用减弱时，自旋玻璃转变温度移向更低的温度，以至趋于 0 K，形成一种量子临界现象。在重费米非晶合金中，存在结构无序，Kondo 效应和量子临界现象共存。

16.3.2　非晶合金的应用

　　作为金属材料和非晶材料两大家族的新材料，非晶合金的应用备受关注。怎么样应用好非晶合金更是非晶研究者关心和工作的重点。非晶合金到底有哪些应用，其潜在应用领域有哪些呢？首先，我们先总结一下非晶合金的特性和应用问题。非晶合金有高强、高韧性、高硬度、耐腐蚀、抗辐照、独特的表面特性、催化、近成型等特征，如图 16.55 所示。非晶合金也带来了颠覆性概念和技术，例如，制备非晶合金的思路颠覆了传统的金属合金新材料探索的思路，传统材料的制备主要是用成分和结构缺陷作为参量来制备材料和调制性能，而非晶是以序或者熵为参量来开发、调控和优化材料；传统的金属合金成型技术通常是凝固铸造技术，而非晶合金是在其过冷液区通过超塑性成型，颠覆了传统金属合金的成型技术和方法。非晶合金也突破了金属材料原子结构有序的固有概念，把金属材料的强度、韧性、弹性、抗腐蚀、抗辐照等性能指标提升到前所未有的高度，改变了古老金属结构材料的面貌。非晶合金的发现和发展也证明，在古老的金属材料领域，通过引入新的工艺、技术和材料研发理念，也能取得突破性进展，并能推动社会、科技和文明的进步。

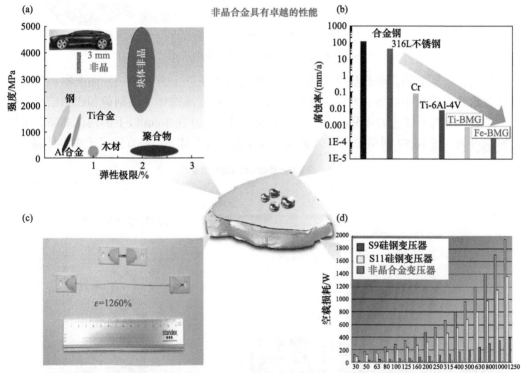

图 16.55　非晶合金主要性能和特征的图示(a)最强的金属材料；(b)最耐腐蚀的金属材料；(c)最易成形的金属材料；(d)最绿色节能的金属材料

　　一种材料具备好的性能不代表其能得到应用。图 16.56 是常用的一张描绘科技成果产业转化中"死亡谷"的图。很多科技成果都会有很多因素让它在产业转化过程中失败，转化过程中存在"死亡谷"。在非晶合金领域,中国相关专利申请量全球排名第一,但目前还缺少具有国际水平的龙头企业。我国有庞大的非晶合金应用市场,但目前正在使用的材料多是国外早期开发的体系,很多国内研发的新非晶合金体系没有得到规模应用。国内强大的实验室非晶合金的研发能力和企业、市场关联性不强。在过去的十几年,块体非晶合金大规模工业应用的瓶颈一直没有被突破。

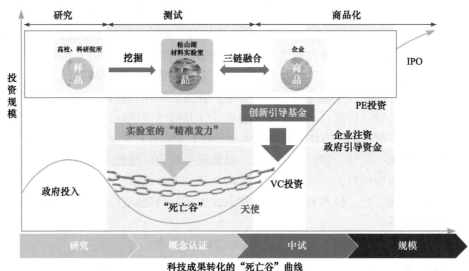

图 16.56　材料研发和产业转化过程中的"死亡谷"

目前,块体非晶合金规模化应用的关键问题有如下几个方面:一是高成本,目前非晶合金需要在真空中制备,对组元纯度要求严格,这造成块体非晶制备和成型较高的成本;二是具有高形成能力成分的合金体系太少,目前尺寸在 1 cm 以上的块体非晶合金体系屈指可数,图 16.57 列举了所有强非晶形成能力的合金体系,只有区区十来种体系,而

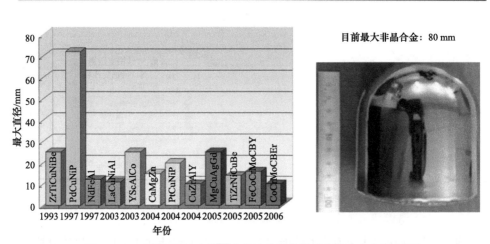

图 16.57　目前发现的为数不多的几种强非晶形成能力合金体系[84]

且一些体系还含有贵金属，不可能规模应用[84]，大量潜在的形成能力强的成分点仍未开发出来；三是发现的非晶合金体系物理性能不够丰富，独特的功能特性和平衡的综合性能对非晶合金的应用非常重要；四是非晶合金的脆性，非晶的脆性严重影响了非晶合金作为结构材料的大规模安全使用。

关于非晶合金的应用有很多误解和非议。尤其对新型的块体非晶合金的应用还有很多疑虑和非议。这些也反映了人们对这类新材料应用的热切期待。客观上讲，在过去的十几年，块体非晶合金在应用上取得了长足的进展，但大规模工业应用的瓶颈一直没有被突破。而这一瓶颈问题恰恰可能给中国的非晶合金应用研究带来了难得的机遇。这是因为国内已有十几年的非晶合金基础和应用研究积累，有蓬勃发展的、最健全的制造业和较低的产业化门槛，国内已经聚集各种创新转化的充足资源，包括人才、设备平台、资本、产业集群、政府新机制、新政策导向等，已形成一种健康的、有利于科技成果产业化的优越环境。所以，非晶合金的应用研究极有可能在中国取得突破性进展。实际上，条带非晶合金材料已经有大规模、广泛的应用，已经在国内形成很大的产业链(有近百家非晶合金生产企业)和广大的市场。我国已是继日本之后，世界上第二个拥有非晶合金变压器原材料量产的国家，形成了近 1000 亿元以上的非晶铁芯高端制造产业集群，为国家电力系统的节能减排做出了积极贡献。很多家电产品中的电感、变压器都使用非晶合金材料。非晶合金材料已经涉及我们生活的方方面面。最近，国内非晶合金研发和生产企业成立了非晶合金研究和开发的行业协会。该协会的目的是以产业化为主要目标，推动企业与科研院所之间合作，建立非晶合金产业政、产、学、研、用协作关系，制定、健全我国非晶合金以带材为主产品的生产、使用标准，引导我国非晶合金产业科学、合理、规范地发展[85]。

非晶合金材料研究的发展取决于它的应用前景，非晶态物理和材料科学的繁荣很大程度上取决于非晶合金材料的发展。发展新一代高性能、多功能特性、高非晶形成能力、低成本的 Fe 基、Al 基、Mg 基非晶合金材料应该是一个发展趋势。期待能早日开发出面向第三代半导体电子元件的高频软磁合金材料，面向柔性齿轮、高性能 3C 器件、5G 基站、卫星通信、智能汽车、绿色节能、环保、超灵敏的探测器和传感器材料、航天材料、机器人等关键领域的高性能非晶合金材料。要实现这一目标，需要基础研究、材料工艺、企业家的有机结合，非晶合金的成果的成功市场转化需要人才、技术、资本、管理方面的有机结合。需要在非晶合金制备方法和加工工艺上取得突破，需要在玻璃转变、玻璃形成能力等基本问题认识上取得突破。另外一个趋势是发展具有独特功能特性的块体非晶材料(如具有特殊物理性能)的非晶合金。另一方面，非晶合金应用很大程度上还取决于是不是有更多的、来自不同学科的优秀的科学家和工程师以及有远见的企业家投身于其中，并能找到很好的合作模式。

非晶合金目前有如下几个方面的应用或潜在应用：

非晶合金最成熟和广泛的应用是在非晶磁性方面[86]。Fe 基、Ni 基和 Co 基非晶合金条带和丝材因为其优异的软磁特性已经得到广泛的应用。非晶合金条带已成为各种变压器、电感器、传感器、磁屏蔽材料、无线电频率识别器等的理想铁芯材料，已经是电力、电力电子和电子信息领域不可缺少的重要基础材料，其制造技术也已经相当成熟，Co 基非晶丝材在传感器、磁探测等领域有广泛的应用。非晶软磁在软磁材料历史上的地位如图 16.58 所示。多类铁磁性非晶合金具有高磁饱和强度、高磁导率、低矫顽力，以及低的饱和磁致伸缩，使得它们的软磁性能远优于传统硅钢片材料及传统的晶体结构的磁性材料[86]。快速发展的电子信息领域，如计算机、网络、通信和工业自动化等，大量应用轻、薄、小和高度集成化的开关电源，所采用的手段是高频电子技术，这就要求其中变压器和电感器的软磁铁芯适用于高频场合。具有高饱和磁感、高磁导率、低损耗、易于加工的块体非晶合金，可以直接熔铸或加工成各种复杂结构的微型铁芯，然后制成变压器或电感器，应用于各类电子或通信设备中。

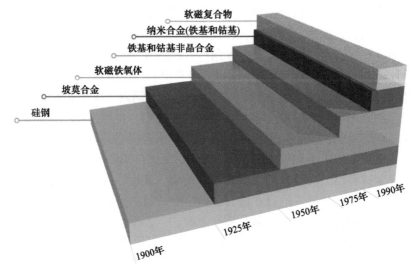

图 16.58　软磁材料的发展历史。图示说明非晶合金软磁，以及从非晶合金发展出来的纳米软磁和复合材料在软磁材料中的重要地位[32]

非晶合金在高技术领域或将有很多重要应用。在高技术领域的应用既可避免非晶高成本的问题，又可充分发挥其独特的性能。例如，非晶合金已经用作新一代的穿甲弹[图 16.59(a)]；非晶合金是重要的航空、航天候选材料。非晶合金高弹性变形[高达 2%，弹性极限最高已超过 5 GPa(Co 基非晶合金)]，轻质非晶合金中，钛基非晶合金的弹性极限可超过 2 GPa，这是常规晶态材料和高分子材料不能达到的；Pd 基非晶合金的拉伸强度大于 1.5 GPa，断裂韧性高达 200 MPa·m$^{1/2}$，是目前断裂韧性最高的金属材料，实现了高强度和高韧性的完美结合。此外，非晶合金具有抗交变温度、抗腐蚀和抗辐照的特性，能够满足航天器大型展开机构苛刻的性能要求，是利用弹性能展开的机构的关键材料[图 16.59(b)]。实际上，NASA 在块体非晶合金发现之初就与加州理工学院的 Johnson 教授合作，共同开发高硬度、高比强非晶合金泡沫材料；利用非晶合金的化学均匀性制作太阳风的采集器[87]。图 16.59(c)是 NASA 创世纪计划在起源号宇宙飞船上安装的用块体非晶合金制成的太阳风搜集器，当高能粒子撞击非晶合金盘时，由于非晶合金中没有晶体结构中存在的通道效应(正如整齐的人工树林有通道，而自然树林杂乱无章没有通道一样)，因而能够更有效地截留住太阳风高能粒子。太阳风搜集器用非晶合金捕捉太阳风，卫星返回后，溶解掉非晶合金，获得了 0.1 g 太阳物质，用于研究太阳，即太阳系的起源。

此外，基于非晶合金的高比强、高抗磨损、耐腐蚀、净成型等特征开展将其用于飞行器相关壳体材料应用研究。例如，非晶合金板具有优异的抗撞击效应，是空天卫星、航天器防护的备选材料。

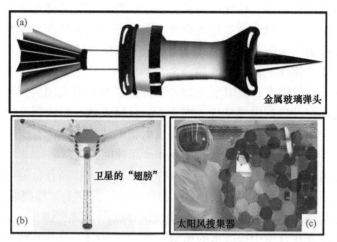

图 16.59　非晶合金在军事及航天上的应用。(a)非晶合金穿甲弹；(b)卫星的非晶合金弹性展开机构；(c)非晶合金太阳风搜集器[87]

图 16.60 是美国发射到火星上的火星车。非晶合金齿轮为 NASA 火星登陆计划做出了贡献。火星车的一些机构件齿轮是用非晶合金制成的。非晶合金齿轮能在没有任何润滑剂、–200℃低温以及交变温度和风沙环境下，长时间提供强大的扭矩和平滑转向。

图 16.60　非晶合金柔性齿轮在火星车上的应用

传统的反射镜材料，如光学玻璃、金属铍、碳化硅、钛合金、铝合金，存在系统匹配性较差、光学性能尚待提升的诸多问题。如超低膨胀玻璃和微晶玻璃类材料制备的反射镜，其综合力学性能较差，不能作为结构材料使用，反射镜镜体与支撑结构材料之间存在空间热环境条件下的匹配问题。碳化硅和传统的金属镜体由于结构本身的组织缺陷，无法达到表面高致密度要求，因此镜体与表面致密层之间存在着二元效应，无法实现更高精度的光学表面。铍材料作为欧美严格禁运物资，严重限制了我国高精度反射镜的研制。非晶合金不存在晶态合金位错、滑移等组织缺陷，具备原子团簇尺度结构均匀性，是微观组织最为均匀的金属材料。非晶合金作为光学反射部件，避免了传统金属(金属基复合材料)的晶体组织缺陷对光学加工精度的影响。非晶合金具有良好的充填流动性、超精密复写特性、近零凝固收缩特性以及数倍于工程材料的硬度与强度特性，可采用精密铸造制备近成形的结构功能一体化反射镜，大幅度提高了反射镜光学性能以及降低了制备周期和成本。镜子是非晶合金应用的重要方向。新一代非晶合金作为最为理想的均质金属材料，正在吸引欧美航天强国将其应用于光学机构和部件。目前，NASA 正在积极探索具有结构功能一体化的高性能非晶合金光学材料，从而更加适应未来型号短制造流程、高性能光学产品的需求。美国空气动力学实验室(JPL)研究团队采用非晶合金制备了结构功能一体化小尺寸反射镜模样件，成为新一代高性能、短流程反射镜的雏形。我国也在致力于非晶合金高性能结构功能一体化反射镜的成型研究，有望实现高精度反射镜结构功能一体化产品设计和制备技术的突破和产品性能的超越。

非晶合金镜可在将来的太空探索中发挥作用。例如，非晶合金镜可望用于将来月球地面站的水资源开采、月壤的阳光聚焦 3D 打印制造、月球上矿物提取(利用反射镜聚焦阳光温度可达上千摄氏度，能够把 FeO 分解成铁和氧)等方面[88]。图 16.61 是在月球上用非晶合金镜聚焦阳光在月壤中提取水的想象图[88]，图 16.62 是在月球上用非晶合金镜聚焦阳光在月壤中提取矿物的想象图[88]。

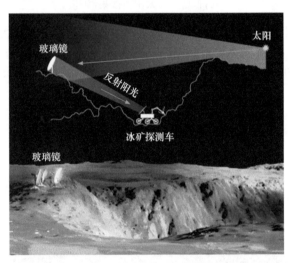

图 16.61　月球上，非晶合金镜聚焦阳光在月壤中提取水的想象图[88]

非晶合金高弹性的另一个重要应用是制造柔性齿轮(flexspline)[89]。图 16.63 是应变波齿轮工作原理示意图。应变波齿轮由三部分组成：外开键槽、柔性齿轮和波浪发生器，柔性齿轮工作原理示意图见图 16.63(c)，其柔性利用的是非晶的高弹性。图 16.64 是用 Ti 基块体非晶合金 $Ti_{40}Zr_{20}Cu_{10}Be_{30}$ 制成的柔性齿轮[89]。图 16.65 是柔性齿轮在机器人电机上的使用[89]。图 16.66 是商业化的各类非晶柔性齿轮。柔性齿轮在航天、机器人等高科技领域有重要应用。柔性齿轮已经被 NASA 应用在类地行星和外空探测机器人上。非晶合金的耐磨特性使得它是制作齿轮的理想材料之一。图 16.67 是块体非晶合金开发的各种低成本微小非晶齿轮[90]。

图 16.62　月球上非晶合金镜聚焦阳光在月壤中提取矿物的想象图[88]

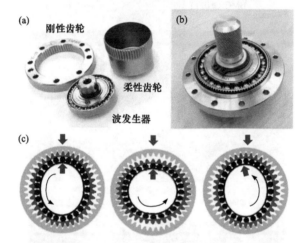

图 16.63　应变波齿轮工作原理示意图。(a)应变波齿轮由三部分组成：外开键槽、柔性齿轮和波发生器；
(b)组装好的柔性齿轮；(c)柔性齿轮工作原理示意图[89]

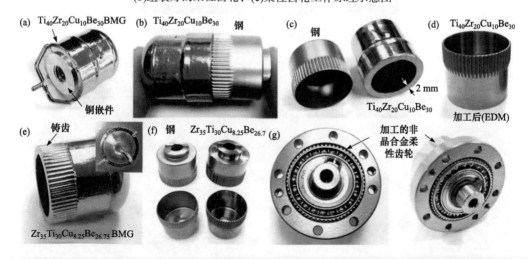

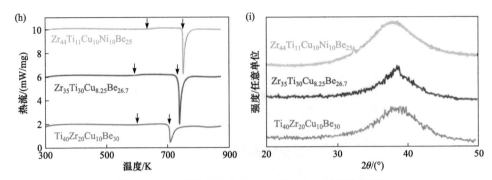

图 16.64 Ti 基非晶合金 Ti$_{40}$Zr$_{20}$Cu$_{10}$Be$_{30}$ 柔性齿轮[89]

图 16.65 柔性齿轮在机器人电机上的使用[89]

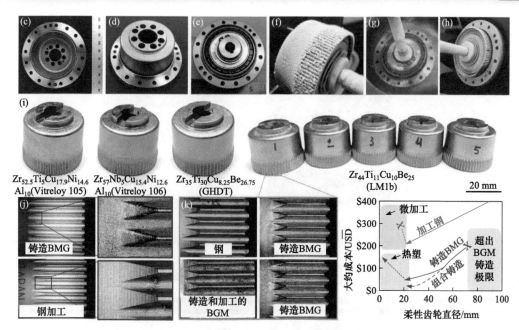

图 16.66 商业化的各类非晶柔性齿轮[89]

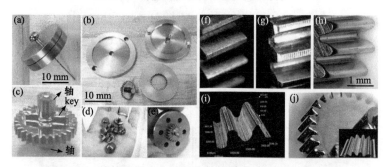

图 16.67 块体非晶合金开发的各种低成本微小非晶齿轮[90]

　　精密光栅对于现代光谱分析技术的发展至关重要。现常用的光栅制备方法有机刻法和复制法等。机刻法对于刻刀的精度要求很高，并且刻划产生的金属及其氧化物容易覆盖在光栅表面形成光栅缺陷，并且制备周期随着光栅尺寸的增大而显著增大，生产效率低。复制法利用精密的光刻技术生产出光栅母版，然后用母版来复制子光栅。复制法具有较高的精度，但是由于生产过程烦琐，生产成本高，且子光栅具有多层结构，容易损坏，也不是理想的制备光栅技术。基于非晶合金的热塑性成型性质，可在其表面上制备线宽为纳米尺度的光栅，经过测试具有优异的分光效果。利用块体非晶合金，可以制备尺寸更大的光栅，图 16.68 是在非晶合金过冷液区通过压铸制备的高质量非晶光栅[91]。光栅大小达到厘米级别，大尺寸非晶合金光栅具有优异的表面质量和光学性能，图 16.69 是非晶光栅显示的彩虹结构色。已经能够满足实际应用的要求。

　　微型燃料电池是有前景的便携式电子设备能源，它们可以在低温下工作并且提供高的能量密度。利用非晶合金的热塑性成型制备了燃料电池的催化层、气体扩散层和对流层，是低成本的燃料电池关键部件生产技术。由于具有导电性和良好的耐腐蚀性，可以

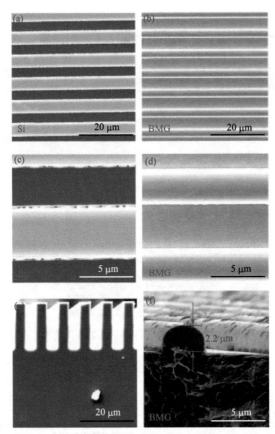

图 16.68 在非晶合金过冷液区通过压铸制备的高质量非晶光栅[91]

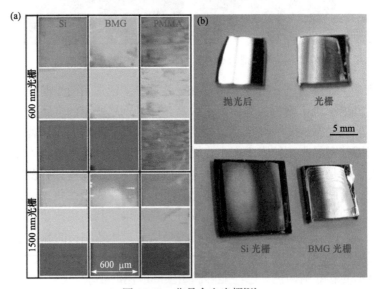

图 16.69 非晶合金光栅[91]

首先在 Zr 基非晶合金上热压印制备流道结构,然后利用同样的方法在 Pt 基非晶合金上制备出微纳复合的多级结构,作为燃料反应的催化剂。多级微纳结构的存在增加了催化反应的比表面积，保证了燃料反应的活性。非晶合金微燃料电池比传统使用 Pt/C 作为催化剂的燃料电池具有更长的使用寿命，在便携式电子设备中具有广阔的市场前景。图 16.70 所示为非晶合金制备的微型燃料电池。

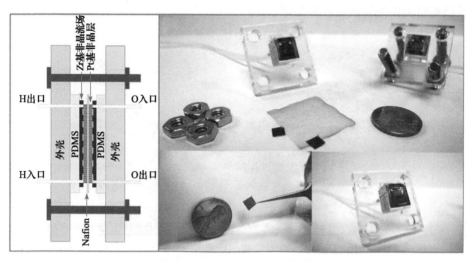

图 16.70　微型非晶合金燃料电池

　　现代战争是涉及电子、新材料等高技术的较量。非晶合金一些特殊性能能够明显地提高许多军工产品的性能和安全性。例如非晶合金的高强、高韧和高侵彻穿深性能可用来制造反坦克的动能穿甲弹的穿甲弹头，其高的密度、很高的强度和模量可以设计出具有更大长径比的非晶合金弹芯的穿甲弹[图 16.59(a)]。图 16.71 是非晶合金的韧性和加载速率的关系[80]。可以看到，非晶合金在高速撞击时，特别是当冲击速率达到 10^6 MPa·$m^{1/2}$/s 时，其动态韧性急剧升高。非晶合金高韧和侵彻穿深性能使得其穿甲性更好，是第三代穿甲、破甲的备选材料[92]。

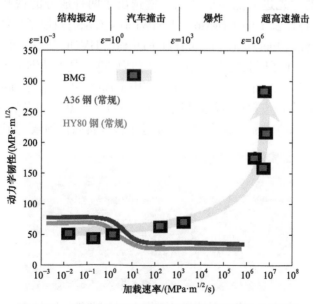

图 16.71　非晶合金动态断裂韧性和加载速率的关系[7,92]

　　Fe 基非晶合金(又称非晶钢)具有高硬度、抗磨损、无磁和抗腐蚀特性，是高性能涂层材料。如图 16.72 所示，美国一直在研究高性能非晶涂层在航母等舰艇防腐、隐身、高耐磨表面硬化和轻量化部件、抗腐蚀部件和电子器件保护套等方面的应用，非晶涂层防滑甲板已通过美国先进航母考核验证。

航空母舰、深海空间站关键材料：高耐久性、超耐蚀耐磨

图 16.72　非晶合金作为涂层在美国先进航母上的应用

　　由于非晶合金优异的力学特性，尤其是其显微组织结构中没有晶界和位错等缺陷，所以液体、气体没有渗入材料内部的通道，腐蚀性介质(如硫离子、氯离子、氢离子等)难以进入非晶材料内层。因此，非晶合金涂层具有绝佳的防腐蚀特性。非晶涂层产品的硬度可以保持在 55～75HRC，而摩擦系数可以达到 0.09，低于任何传统晶态合金材料。同时，具有较佳的抗热冲击性能(650℃/100 周)，耐高温可达 800℃，低温可达–40℃，光洁度小于 0.8 μm。在磨损过程中不易剥落，其柔韧性或弹性是钛合金材料的 3 倍，在酸性液体、气体以及海水腐蚀环境中均体现出较低的失重率。

　　美国国防部的"先进非晶涂层计划"遴选出了两种成分的铁基非晶合金涂层：$Fe_{48}Cr_{15}Mo_{14}C_{15}B_6Y_2$ 以及 $Fe_{49.7}Cr_{18}Mn_{1.9}Mo_{7.4}W_{1.6}B_{15.2}C_{3.8}Si_{2.4}$ (原子分数)，超声速火焰喷涂(high velocity oxygen-fuel spray，简称 HVOF)并利用 HVOF 制备了非晶涂层。核反应器检测了铁基非晶涂层中子吸收能力，表明其中子吸收能力是不锈钢和 Ni 基高温合金 C22 的 7 倍，是硼钢的 3 倍；而且铁基非晶涂层在中子辐照环境下依然保持很稳定的非晶结构，这两种非晶涂层在核废料储存罐内壁能保持 4000～1000 年的安全有效期。如图 16.73 和图 16.74 所示，美国将非晶合金涂层应用于地下核废料储存领域，如把非晶合金涂层喷

图 16.73　核废料储存罐表面超声速火焰喷涂铁基非晶涂层

涂在地下核废料储存罐内外壁，以及各类管道。因此，在核废料的运输和地下储存方面，非晶涂层具有巨大的应用前景。

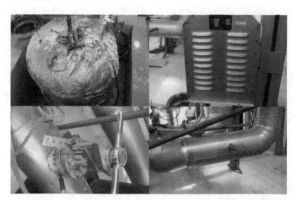

图 16.74　非晶合金涂层应用于地下核废料储存领域

经过与 316L 不锈钢以及 Ni 基高温合金 C22 在海洋环境中的综合腐蚀性能比较，铁基非晶涂层在恶劣的海洋环境中(如干湿交替、高盐雾等)具有更加优异的耐腐蚀性能，喷涂在舰船的甲板/外壳，以及核潜艇的关键零部件等可显著延长其使用寿命。目前美国已将非晶涂层涂覆在舰船容易被腐蚀的关键零部件表面来防腐。

在经常遭受恶劣的腐蚀与磨损的工件表面，如碎煤滚筒、造纸烘缸，以及石油管道涂覆非晶合金涂层也能大大提高其使用寿命。美国一些公司采用超声速电弧喷涂技术在电厂锅炉受热面水冷壁管上喷涂非晶态合金材料，使得水冷壁管的使用寿命得到了成倍提高，使用 8 年后的情况如图 16.75 所示。采用超声速电弧喷涂非晶态合金涂层，还可以解决锅炉水冷壁高温腐蚀问题。涂层硬度可达 60HRC 以上，可在 760℃ 环境下长时间工作，而性能不发生明显变化；同时由于其热膨胀系数几乎等同于碳钢，所以其和水冷壁基材的结合强度不小于 40 MPa，3%的孔隙率使得在 0.3 mm 的喷涂厚度下可抵御住腐蚀性介质对基材的侵害，大大提高了受热面的热交换率，减少能耗，提高锅炉效率，大大延长了电厂管壁的使用寿命。多元复合非晶合金镀层已经成为石油化工行业的油管、抽油杆、化工机械防腐、耐磨损，海工设备防腐与耐磨损，页岩油、煤制油管材等防腐镀层的首选。非晶合金涂层能极大提高零部件的抗腐蚀性能和使用寿命，具有显著的经济效益。耐蚀耐磨的非晶合金涂层是非晶应用的一个重要发展方向。

图 16.75　超声速电弧喷涂技术在锅炉受热面水冷壁管上喷涂非晶态合金涂层

非晶合金薄片和薄膜有优异的抗疲劳特性(图 16.76)。可以用于数字成像芯片(digital

light processor，DLP)的核心：非晶合金轭板和扭转铰链。如 AlTi 非晶扭转铰链经过几年的高频扭转疲劳实验，其中扭转铰链每秒最高可扭转 65000 次。加速模拟测试证明，可以进行超过 1700 万亿次循环无故障运行，这相当于投影机的实际使用时间近两千年，充分确保提供 30 年以上的可靠运行期[93]。世界上最大的模拟电路技术部件制造商——美国德州仪器公司(TI)进行了一项非晶合金轭板和扭转铰链长期测试：实验从 1995 年开始，每秒振动上千次，在 65℃下已经连续正常运行 25 年，每个微镜已完成超 10 万亿次微镜定位/旋转，偏转角度±12°。基于非晶合金核心元件的 DLP 投影仪性价比突出，已经占到全球投影仪出货量的 50%以上市场，全球每 10 块影院银幕中就有 8 块是基于 DLP 影院技术[93]。

永不疲劳的非晶合金铰链

● Al₃Ti合金：晶态断裂强度为300~700 MPa,非晶态涂层则高达3500 MPa

● 比强度超过1000 MPa/(g·cm³),远超晶态合金Ti55Be45 (540 MPa/(g·cm³)),可能是目前最高比强度的金属材料

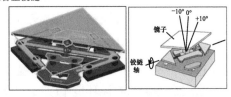

数字成像芯片的核心：非晶合金扭转铰链

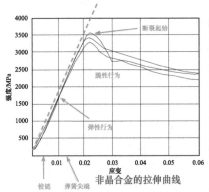

非晶合金的拉伸曲线

非晶合金的TEM照片

数字成像芯片外观

图 16.76　高抗疲劳特性的非晶合金[93]

　　非晶合金具有原子级的成型精度，所以工业上已经开始用非晶合金来生产一些对精度要求高的零件，同时非晶合金的超塑性也为其精密成型提供了方便。用非晶合金加工出的微齿轮，质量可以轻到 7 mg 左右，15 个这样的齿轮也仅和一粒米的重量相当，这种齿轮耐磨性好，用在微型马达上可以具有很长的使用寿命；非晶合金生产的手机壳耐磨、耐腐蚀，同时又时尚美观。还可以用非晶合金来生产 U 盘、计算机、手表等的壳体材料；由于非晶合金的特殊性质，可以很方便地在其表面制备出微米甚至纳米级的结构、光栅等。非晶合金优良的精密加工性能使其在未来的工业生产中得到更广泛的应用。

　　研究发现铁基等非晶合金在污水的净化处理上有很高的效率。尤其是将非晶合金磨成粉末以后，可以在很短的时间内将污水处理干净。如图 16.77 所示，左边是含有染料的污水，右边是经过非晶合金粉末处理过的污水，可以看出，经过非晶合金的净化，污水又重新变得清澈透明了[94]。因此，Fe 基、Ni 基非晶合金的催化应用在石油、化工领域已被广泛使用。在石油开采过程中会产生大量废水，但钻井废水的处理回用率不足 40%，

对生态环境造成了严重影响。钻井废水相比于其他行业产生的废水成分复杂、化学需氧量(COD)高、色度重，并伴随浓烈的刺鼻味，导致其处理复杂、困难。高 Fe 含量非晶合金(FeSiB)具有更好的对石油钻井废水的降解性能，COD 去除效果好。通过施加外场电流，非晶合金的降解能力能进一步有效提高。当电流密度达到 5 mA/cm^2 时，COD 去除率在 30 min 内达到 90%，降解后 COD 为 100 mg/L。非晶合金适合高效、快速处理油田钻井废水[95]。

图 16.77　铁基非晶合金粉末的污水净化作用[94]

非晶合金用于体育用品主要体现在其高强度、高抗永久变形能力、高弹性、优异的固有低频振动阻尼、耐腐蚀。非晶合金已经在高尔夫球、滑雪、棒球、滑冰、网球拍、自行车和潜水装置等许多体育项目中得到应用。

非晶合金另一个重要的特性是生物兼容性、可降解(如 Ca 基、Mg 基非晶合金)和不会引起过敏的特性。这在医学上可用于修复移植和制造外科手术器件，如外科手术刀、人造骨头、用于电磁刺激的体内生物传感材料、人造牙齿等。生物可降解的植入材料可以避免取出时的二次手术或永久性植入材料带来的生物排异性等伤害。Mg 基、Ca 基、Zn 基和 Sr 基非晶合金体系因为具有可降解性、较高的强度、接近骨头的弹性模量，可能成为新一代体内支架类材料。如图 16.78 所示，块体非晶合金跟晶态材料相比具有更低的弹性模量，与骨头弹性模量更加接近，可以作为人体植入材料。具有较好生物相容性的不可降解非晶合金体系主要包括 Ti 基、Zr 基和 Fe 基非晶合金体系。

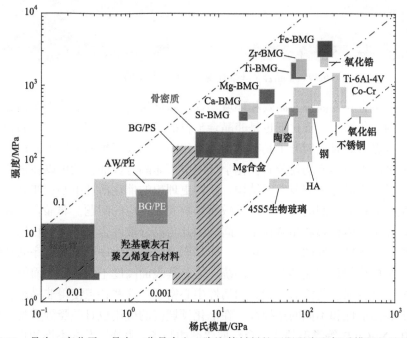

图 16.78　骨头、高分子、晶态、非晶合金、陶瓷等材料的屈服强度和杨氏模量的关系图[57]

Fe 基非晶合金带材纤维可用于海洋工程中增强混凝土[96]。掺入纤维是提高水泥基体韧性、抗冲击性和抑制其开裂的有效途径。混凝土常用钢纤维、有机纤维等增强。但存在造价高、易锈蚀、与水泥基体黏结差等问题。非晶合金纤维带状材料具有高强度和高抗腐蚀特性，因此其在增强混凝土领域具有应用优势。尤其适合应用于长期暴露在恶劣海洋环境中的港口、码头、近海平台等特殊领域。如图 16.79 所示是非晶合金纤维外观及其在砂浆中的分散情况。密度为 7.2 g/cm³、宽度为 2 mm、长度为 16 mm、抗拉强度为 2000 MPa 的非晶合金纤维，以同样长度的钢纤维为对比具有韧性好，在砂浆中分散良好、价格低的特点。在相同掺量下，与钢纤维相比，非晶合金纤维能更显著地降低砂浆的流动度，提高砂浆的抗压和抗折强度，降低压折比，增加了砂浆的韧性。在纤维掺量为 1.0% 时，单位体积砂浆中非晶合金纤维数量为钢纤维数量的 3.8 倍，比表面积为 9.76 倍。单位体积砂浆中非晶合金纤维的数量和比表面积都远大于钢纤维，故其包裹纤维表面的水泥浆数量较多，与砂浆结合更紧密，从而导致流动度减少较多，抗压强度、抗折强度大幅增加。由于非晶合金纤维-水泥石基体界面的结合紧密和纤维乱向作用，可以有效阻止裂缝的引发和扩展，从而提高水泥基材料力学性能。

图 16.79   非晶合金纤维外观及其在砂浆中的分散照片[96]

非晶合金是有开发前景、高效和环境友好的催化材料，在石油等工业领域应用中已表现出很好的催化性能。催化剂也是非晶合金目前最重要的应用之一。非晶合金作为催化剂有很多特点，如对反应分子具有很强的活化能力和较密集的活性中心；非晶合金催化活性中心可以单一形式均匀分布在化学环境中；非晶合金催化剂可以在很宽的范围内改变元素组成，用成分来调节电子结构，获得更理想的催化活性中心；非晶合金催化剂改善了传统的多相催化剂的反应物内扩散而影响表面反应的问题。非晶合金催化剂的颗粒直径正好介于胶体金属和超微粒子之间，因此与高分散度金属催化剂相比，非晶合金催化剂是高效、环境友好的金属催化剂。非晶态合金长程无序、短程有序的结构特点使其成为一种结构均匀和"极端"缺陷的统一体。其表面高度不饱和、表面能较高，因此它对反应分子具有强活化能力和较高的活性中心密度。这些特点使得非晶态合金催化剂具有较高的表面活性和不同的选择性，在催化领域内的应用也日益受到重视。近年来，Ni_2P、Ni_2B、Ni_2Cu_2B 等类型的非晶合金催化剂的制备、表征以及在不饱和化合物加氢反应中的研究进行得较多。用非晶合金代替传统的加氢催化剂，如骨架镍和 PdPC 催化剂等，不仅有利于提高催化效率，而且可以大大降低环境污染。

非晶合金催化剂主要有金属-类金属型，Ⅷ族过渡金属-类金属(B、P、Si 等)，如 Fe-B、Ni-B 等；还有金属-金属型，主要为Ⅷ族、ⅠB 族金属和ⅣB 族金属，如 Ni-Zr、Pd-Zr 等。非晶合金催化剂主要是粉末、条带的形式，具有高分散性和高表面活性。如图 16.80 所示，晶态合金的活性中心在规整晶体的边和角，而非晶合金活性中心不仅在边和角而且在表面。

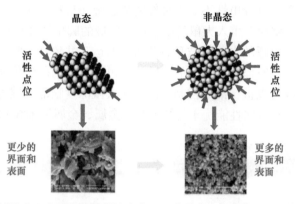

图 16.80　晶态合金的活性中心在规整晶体的边和角，而非晶合金活性中心不仅在边和角而且在表面，所以非晶合金的活性中心多，催化性能高

非晶态合金具有优异的机械性能、较强的抗腐蚀性、独特的微观结构，也是一种非常合适的电极材料。例如，$Fe_{60}Co_{20}Si_{20}B_{10}$ 拥有比多晶体更低的过电压和更高的释放氢活性；用非晶合金作电解水的阴极材料，比 Ni/Ni 组合节省 10% 的能量。非晶态镍催化剂广泛用于医药、农药、化纤、基本有机原料等行业的有机合成加氢反应中。

非晶合金另一个重要应用是作为焊接材料。钎焊是采用比母材熔点低的金属材料作钎料，将焊件和钎料加热到高于钎料熔点，低于母材熔化温度，利用液态钎料润湿母材，填充接头间隙并与母材相互扩散实现连接焊件的方法。用非晶合金作为钎料，可大大提高钎焊材料的钎焊性能和钎焊结合部的强度。这是因为非晶合金焊料成形性好、韧性好，适用于一些精密零件的焊接；非晶软化温度范围低，流动性良好，能避免晶态钎料在制备中造成的晶粒粗化和成分偏析。目前市场上非晶钎焊料主要有：Ni 基、Cu 基、Ti 基及 Al 基非晶合金钎焊等。如 Ni 基焊料具有良好的高温强度和抗氧化、耐腐蚀性能，可用于航空、航天领域中的各种高温合金焊接、不锈钢与碳钢及陶瓷等的钎焊，如美国喷气式飞机发动机导叶环的真空钎焊，就是使用镍基非晶钎焊，使其强度提高60%，耐蚀性好，比使用 Bau-4 钎料节省钎焊成本；Cu 基非晶钎焊料具有良好的导电和导热、耐腐蚀性能，熔点低、流动性好，被广泛应用于电子元器件、印刷电路板、表面组装元器件、微波等通信器件及真空器件等；Ti 基非晶合金可用于钎焊钛及钛合金(如TA15 钛合金、航空航天等领域)、陶瓷、石墨等各种材料；而 Al 基非晶钎料主要用于电子器件等产品的焊接。

直径达到 40 nm 左右的微纳非晶合金纤维所制备的光电子纤维器件展现出优异的光电性能，甚至超出以硅晶片为载体的平面光电子器件(图 16.81)。例如，非晶合金基的大脑神经探针展现出神经元电刺激、电信号记录和局部药理学操纵的多模态功能[97]，实现了纤维类探针对大脑神经元电刺激的功能。非晶纳米合金纤维是独特的非晶合金基大脑神经探针，探究复杂的神经电路对于理解神经元的功能与解析心理紊乱和神经相关的疾病起着至关重要的作用。纤维类大脑神经探针由于其高度集成的特征，可以多模态探究大脑神经元的活动。但长期以来，电极材料具有导电性差、不稳定和特征尺寸庞大的劣势。非晶合金表现出极其优异的抗电化学反应和抗氧化性特征，其稳定性可以和石墨烯、碳管等无机材料媲美，其导电性不亚于最好的晶态金属材料。非晶合金纤维电极和输药微流体管道的细小纤维探针植入大鼠的中脑运动区域的脚桥神经核见图 16.82。通过电刺激，该探针成功诱发熟睡的大鼠前肢和后肢肌肉的运动并致其正常行走。同时，通过记录电信号，探针可以实时监测神经元的活动。通过微流体的药物传递，前肢或者后肢的皮层运动区活动同时可以被精准地控制。探针在大鼠深度脑部区域可以长期工作，时间长达三个月左右。所有这些性能优于传统的晶态金属、金属纳米线和聚合物材料。

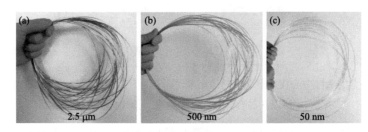

图 16.81　用于制备光电子纤维器件的不同直径的非晶合金纤维[97]

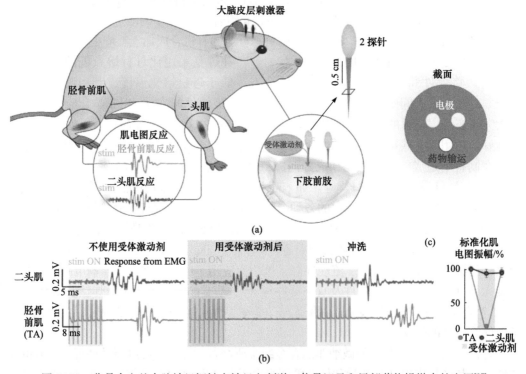

图 16.82　非晶合金基大脑神经探针在神经电刺激、信号记录和局部药物操纵中的应用[97]

16.4　非晶合金材料的未来

非晶合金应用，特别是块体非晶合金的应用经常受到质疑。但是我们应该理性地看待非晶合金的应用。从材料发展史和发展规律看，钢之所以被认为是第一次现代材料工业革命的基础，是因为当年英格兰的贝西墨发明了进行大规模生产钢的酸性转炉炼钢方法，使得钢的价格大幅度下降，从而使钢可广泛用于工厂、汽车、铁路、桥梁、高楼大厦的建造；20 世纪，塑料成为第二次材料工业革命的基础材料之一，是因为热塑性塑料，尽管它的强度只有钢的五十分之一，但工厂用一个模子就能生产出成千上万个同样的部件，这使得塑料产品以绝对的价格优势获得了极为广泛的应用。非晶合金的强度是一般钢或钛合金的两倍而又具有和塑料一样的可塑性，有理由相信，随着新的非晶合金体系不断被开发出来，非晶形成能力的不断提高，非晶合金大规模制备工艺的改进及成本的降低，这种新型金属材料一定能有更广泛的应用，将给人类生活带来新的变化。

Cahn 曾归纳出一种新材料从发现到应用的历程：一种新材料的发现往往是偶然或凭经验得到的。紧接着是对该材料的研究意义和应用价值的质疑和争论。这时从事该材料研究的人会分成两部分：一派坚持研究，一派认为该类材料完全无用而放弃，两派会发生激烈争论。持续的研究产生关于该材料的系统的理论方法，并由此导致对该材料的正确理解认识。直到最后才是真正的实际应用。Cahn 认为很多新材料要达到实际应用必须等待好的理论的降临[1]。因为一种新材料只有在好的理论指导下，才能有效调控其性能，控制其成本，发现合适的制备工艺。

另一方面，非晶合金的应用也需要创新、创意和推动。在非晶合金应用研究创新方面，加州理工学院 Johnson 教授给我们树立了榜样。块体非晶合金发展到今天，和 Johnson 教授的创新性学术贡献和有创意的应用推动密切相关。块状非晶合金 20 世纪 80 年代末就被发明了，刚开始块体非晶合金材料并不引人注目。Johnson 于 20 世纪 90 年代初介入块体非晶合金的研究，正是 Johnson 的参与使得这项看似平常的非晶合金研究在优秀的科学家和普通民众中都引起广泛的关注。下面我们来看看 Johnson 是如何推动非晶合金研究和应用的，了解他扩大非晶合金影响力的几大举措。首先，Johnson 建立了液态金属公司(Liquid Metals Technologies，www.liquidmetal.com)。Johnson 之所以把非晶合金又称之为液态金属，是因为在美国几乎家喻户晓的科幻电影《终结者》中的机器人 T-1000 是用液态金属制成的。相信看过电影的读者一定对电影中那个被破坏后能够自我还原、再造，受伤或中弹后伤口会自动闭合恢复，能够如橡皮泥一样任意变形，能在固、液之间随意转换的机器人印象非常深刻。机器人终结者之所以这么厉害，是因为他的身体是液态金属的特殊材料构成的。非晶合金确实具有类似液态金属的性质。Johnson 的起名创意使得块体非晶合金很快为公众所知晓。图 16.83 是液态金属公司关于非晶合金的宣传图片，反映出了非晶合金的类液态性质——像液体一样光滑的表面和形状。目前液态金属技术的产品及其功效涉及全球很多行业领域，大到航母甲板，小到手表机芯，都能够见到这家公司的产品。其中包括冬奥会冠军使用的 HEAD 滑雪板、OMEGA 手表、三星 Ego S9402 手机，iPhone 盒子里的 SIM 卡槽弹出工具等。

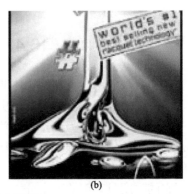

(a)　　　　　　　　　　　　　　　　(b)

图 16.83　液态金属公司宣传非晶合金(液态金属)的画面(来自该公司网页：http://www.liquidmetal.com/)，
反映出非晶合金和液体类似的性质

　　精心选择非晶合金应用领域是 Johnson 的第二个举措。Johnson 推出块体非晶合金的第一个应用是高尔夫球具。他选择在每年一度的高尔夫球具展览会上展示非晶合金的高弹性，高弹性使得非晶合金可以将接近 99%的能量传递到球上，其击球距离明显高于其他材料制作的球杆制作。证明非晶合金是制作高尔夫球具极佳的材料。与高尔夫相关的产业每年有上百亿美元的规模，是新材料优先考虑应用的领域，能在高尔夫领域应用的新材料会引起各阶层，特别是企业家、资本家和名人的高度重视和关注。这样的展示成功地向公众推出了块体非晶合金材料。

　　考虑到新材料要得到美国政府的高度重视，必须在军事和航天等高技术领域有重要应用。Johnson 第三个推动非晶合金应用的措施是将非晶合金用于制造反坦克的动能穿甲弹。当时最有效的穿甲弹是用贫铀合金材料制造的。在 1990～1991 年的海湾战争中，以贫铀材料为主制成的导弹、炮弹和穿甲弹，在战斗中曾大显身手。但是，爆炸后的贫铀弹具有放射性，残留在土壤中对人类健康和生态环境造成了严重危害，美国和北约部队因此受到国际舆论的普遍谴责。贫铀弹也给美国士兵自身带来了危害。Johnson 提出非晶合金的高绝热剪切敏感性和高强度使得用钨复合块体非晶合金做成的穿甲弹头可以达到很高的强度和模量，从而可以设计具有更大长径比的穿甲弹，非晶穿甲弹具有自锐化效应，有和贫铀弹威力相当的穿甲能力，损毁能力更强。这使得块体非晶合金得到美国军方和政府的高度重视和支持。

　　促进非晶合金在有显示度的高技术领域的应用是 Johnson 的第四个举措。Johnson 和 NASA 合作，推出创世纪计划来探索太阳的起源。该计划是发射起源号宇宙飞船，在飞船上安装了用 Zr-Al-Ni-Cu 块体非晶合金制成的太阳风搜集器(展开的非晶帆板)(图 16.84)，高能粒子撞击非晶合金盘并进入非晶中时，由于非晶合金中的原子没有晶体结构中存在的通道效应，因而能够有效地截留住太阳风高能粒子。当飞船在磁气圈的外部太阳流中漂浮的时候，撞击在搜集器上的太阳风粒子会因其能量的不同而停留在搜集器的不同深度。飞船返回地面后他们采用酸腐蚀技术一层一层地将捕获的离子释放出来。最终他们用非晶合金捕捉太阳物质。非晶合金也因此受到航天高技术领域的关注和重视。

　　Johnson 和液态金属公司还积极和信息时代的著吊高科技公司——苹果公司合作，用非晶合金制作新一代 iPhone。如图 16.85 是非晶合金 iPhone 的样件。图 16.86 和图 16.87

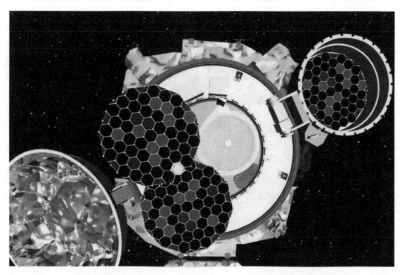

图 16.84　起源号宇宙飞船上用 Zr-Al-Ni-Cu 块体非晶合金制成的太阳风搜集器——非晶合金帆板

是把非晶合金用于手表、U 盘、耳机、医疗器械等。非晶合金可以让手机产品更美观、结实，更轻，更耐磨，更抗腐蚀。能把非晶合金和最时尚的电子产品结合起来无疑是非晶最富有创意的、最有影响的应用。在液态金属公司的带动下，很多企业都在尝试非晶合金的应用。华为也积极尝试将非晶合金用于手机等 5G 产品。华为成功将锆基非晶合金制成鹰翼结构，应用于折叠手机的关键折叠部位，非晶强度性能能不逊于钛合金，具有增强可靠性，结构精准，折叠与展开自由转换，实现了手机一体化的完美折叠形态，无缝贴合。非晶合金为华为手机领先世界做出了贡献。如图 16.88 是华为折叠手机。

图 16.85　用非晶合金制作的 iPhone 机身设计图

图 16.86　用非晶合金压铸的表壳等各种精密器件

图 16.87　东莞帕姆蒂昊宇液态金属有限公司生产的非晶合金耳机

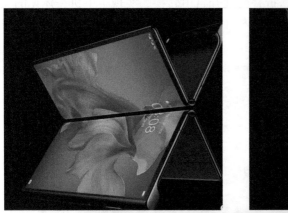

图 16.88　折叠手机的鹰式折叠机构图

通过以上这一系列富有创意的举措，Johnson 使得块体非晶合金研究在优秀的科学家、企业家、官员和普通民众中引起了广泛的关注和重视，很快在全球掀起非晶合金基础和应用研究的高潮。所以说创新是永远的热门，非晶合金的应用需要不断的创新和不懈的推动。

非晶合金的未来也取决于非晶合金新材料的研发。综合性能独特的非晶合金新体系将推动这个领域的快速发展。例如，通过高通量方法获得的具有优异综合性能的高温块体 Ir-Ni-Ta-(B)非晶合金[98]，有较强的非晶形成能力，在高温力学性能、热稳定性、加工成型性能、耐蚀性、抗氧化等方面表现出前所未有的综合优势。Ir-Ni-Ta-(B)非晶合金的玻璃转变温度超过 800℃，比目前工程应用最为广泛的锆基非晶合金高出 400℃。在常温下，Ir-Ni-Ta-(B)非晶合金的强度约为 5.1 GPa，是普通钢材的 10 倍以上，即使在超过 700℃的高温条件下，Ir-Ni-Ta-(B)非晶合金仍能保持 3.7 GPa 的强度，远远超过传统的高温合金和高熵合金的强度。除了高温强度，Ir-Ni-Ta-(B)高温非晶合金还表现出优异的热稳定性，在玻璃转变温度以上具有超塑性，可通过超塑性成型工艺被加工成各种形状的高精密零部件。此外，Ir-Ni-Ta-(B)非晶合金还具备耐蚀和抗氧化的特点，可在王水中浸泡数月而不被腐蚀，在高温环境中也难以被氧化。用这些新型非晶合金制成的零部件不仅能在高温条件下服役，而且能在恶劣环境中使用。Ir-Ni-Ta-(B)高温非晶合金展现出的综合性能打破了非晶合金只能在常规环境中使用的限制，为设计开发新型高温材料、在极端环境下使用的特殊处理提供了新的备选材料。开发高性能的非晶合金新体系是非晶材料领域包括应用的永恒主题。

16.5　小结与讨论

非晶材料的广泛应用造就了非晶物质研究和技术发展的长久生命力。能否广泛应用是非晶材料研究的试金石。非晶物质的基础和技术研究及应用也是相辅相成、交替发展的，这使得非晶材料成为人类广泛使用、不可或缺的重要材料。

天然非晶材料的使用帮助人类进入文明时代。非晶物质(如透明玻璃)在科学起源和发展、艺术的进步、生活质量和品质的改善中居功至伟；水泥、塑料等非晶材料改变了人们生活和居住的面貌；光纤把我们带入信息时代；橡胶促进现代交通业的发展，使得人类能更便捷地交往；非晶材料的制备和成型技术使得新型非晶材料不断涌现，熵或者序调控成为探索材料的新途径和理念，导致非晶复合材料、高熵材料的发现；非晶合金的发明极大地提升和丰富了金属材料的力学、物理性能，使得古老的金属材料的面貌焕然一新，非晶合金也成为合金材料的新贵；低维非晶材料具有很多独特的功能特性，大大拓展了非晶材料的用途，加深了对非晶物质基本问题的理解；对玻璃转变的认识促使我们发展了很多高新技术，如保鲜技术、制药技术、储藏技术、分流技术等，并深化对很多自然现象的认识。

把非晶物质研究和知识变成可以造福人类的技术和产品同样需要灵感、好的理念及创新。非晶应用研究需要科学家、工程师、企业家和资本的有效结合和创新。非晶材料使用不当就是废料，应用得当，会带来巨大的经济和社会效益。市场也是非晶材料应用的重要因素。

非晶合金的应用瓶颈主要是非晶形成能力不够，高非晶形成能力的体系少，非晶合金的功能特性不丰富，宏观脆性，大规模非晶合金制造、加工和成型设备还没有开发出来，缺乏好的体制促使产学研、资本结合来带动非晶合金应用开发、培育非晶合金的市场等。因此，探索新型、高非晶形成能力、高性能的合金新体系，创造非晶研发和市场化的新模式是解决这些瓶颈的关键。如何把非晶合金应用到高技术领域也是彰显非晶合金优越性能的关键。

在了解非晶物质种种优异的特性，非晶材料的重要应用和对人类文明发展的贡献和作用，非晶物质中的序，非晶物质的美等之后，当我们仰望非晶物质的天空的时候，会发现天空上仍然飘着朵朵乌云。第 17 章我们将一起去了解非晶天空的乌云，即非晶物质领域的重要科学与技术问题和难题。乌云毕竟遮不住天空。江山代有才人出，各领风骚数百年。非晶领域期待，也必将出现一代又一代的优秀科学家，他们终将会拨开乌云，让我们能够欣赏到更多非晶物质世界的奥秘和美景，新的非晶材料也会源源不断地被研发出来，造福人类。

参 考 文 献

[1] Cahn R W. The Coming of Materials Science. Amsterdam: Pergamon, 2001.

[2] Roos Y. Phase Transitions in Foods. San Diego, CA. : Academic Press, 1995.

[3] Kelly B E, Bhattacharya I, Heidari H, et al. Volumetric additive manufacturing via tomographic reconstruction. Science, 2019, 363(6431): 1075-1079.

[4] 汪卫华. 非晶态物质的本质和特性. 物理学进展, 2013, 33(5): 177-351.

[5] Schroers J. Bulk metallic glasses. Phys. Today, 2013, 66(2): 32-37.

[6] Suryanarayana C. Mechanical behavior of emerging materials. Mater. Today, 2012, 15(11): 486-498.

[7] Wang W H. Bulk metallic glasses with functional physical properties. Adv. Mater., 2009, 21(45): 4524-4544.

[8] Greer A L. Metallic glasses. Science, 1995, 267(5206): 1947-1953.

[9] Wang W H, Dong C, Shek C H. Bulk metallic glasses. Mater. Sci. Eng. R, 2004, 44(2-3): 45-89.

[10] Parisi G, Sciortino F. Flying to the bottom. Nature. Mater., 2013, 12(2): 94-95.

[11] Frenkel J. Zur Theorie der elastizitätsgrenze und der festigkeit kristallinischer Körper. Z. Phys., 1926, 37(7): 572-609.

[12] Telford M. The case for bulk metallic glass. Mater. Today, 2004, 7(3): 36-43.

[13] Jang D C, Greer J R. Transition from a strong-yet-brittle to a stronger-and-ductile state by size reduction of metallic glasses. Nature Mater., 2010, 9(3): 215-219.

[14] Wisitsorasak A, Wolynes P G. On the strength of glasses. PNAS, 2012, 109(40): 16068-16072.

[15] Bei H, Lu Z P, George E P. Theoretical strength and the onset of plasticity in bulk metallic glasses investigated by nanoindentation with a spherical indenter. Phys. Rev. Lett., 2004, 93(12): 125504.

[16] Johnson W L, Samwer K. A universal criterion for plastic yielding of metallic glasses with a temperature dependence. Phys. Rev. Lett., 2005, 95(19): 195501.

[17] Wang W H. Correlation between relaxations and plastic deformation, and elastic model of flow in metallic glasses and glass-forming liquids. J. Appl. Phys., 2011, 110(5): 053521.

[18] Wang W H. The elastic properties, elastic models and elastic perspectives of metallic glasses. Prog. Mater. Sci., 2012, 57(3): 487-656.

[19] Huo L S, Zeng J F, Wang W H, et al. The dependence of shear modulus on dynamic relaxation and evolution of local structural heterogeneity in a metallic glass. Acta. Mater., 2013, 61(12): 4329-4338.

[20] 王峥, 汪卫华. 非晶合金中的流变单元. 物理学报, 2017, 66(17): 176103.

[21] Wang D P, Zhu Z G, Xue R J, et al. Structural perspectives on the elastic and mechanical properties of

metallic glasses. J. Appl. Phys., 2013, 114(17): 173505.

[22] Cao X F, Gao M, Zhao L Z, et al. Microstructural heterogeneity perspective on the yield strength of metallic glasses. J. Appl. Phys., 2016, 119(8): 084906.

[23] Zhang B, Zhao D Q, Pan M X, et al. Amorphous metallic plastic. Phys. Rev. Lett., 2005, 94(20): 205502.

[24] Makino A, Hatanai T, Inoue A, et al. Nanocrystalline soft magnetic Fe-M-B (M = Zr, Hf, Nb) alloys and their applications. Mater. Sci. Eng. A, 1997, 226-228: 594-602.

[25] Alben R, Becker J J, Chi M C. Random anisotropy in amorphous ferromagnets. J. Appl. Phys., 1978, 49(3): 1653-1658.

[26] Gubanov A I. Quasi-classical theory of amorphous ferromagnetics. Soviet Physics-Solid State., 1960, 30: 275-283.

[27] 郭贻诚, 王震西. 非晶态物理学. 北京: 科学出版社, 1984.

[28] 姚可夫, 施凌翔, 陈双琴, 等. 铁基软磁非晶/纳米晶合金研究进展及应用前景. 物理学报, 2018, 67(1): 8-15.

[29] Binder K, Young A P. Spin glasses: experimental facts, theoretical concepts, and open questions. Rev. Mod. Phys., 1986, 58(4): 801-976.

[30] Duwez P, Lin S C H. Amorphous ferromagnetic phase in iron‐carbon‐phosphorus alloys. J. Appl. Phys., 1967, 38(10): 4096-4097.

[31] Yoshizawa Y, Oguma S, Yamauchi K. New Fe-based soft magnetic alloys composed of ultrafine grain structure. J. Appl. Phys., 1988, 64: 6044-6046.

[32] Silveyra J M, Ferrara E, Huber D L, et al. Soft magnetic materials for a sustainable and electrified world. Science, 2018, 362(6413): eaao0195.

[33] Luo Q, Wang W H. Magnetocaloric effect in rare earth-based bulk metallic glasses. J. Alloys Compd., 2010, 495(1): 209-216.

[34] Karpov V G, Klinger M I, Ignat'ev F N. Parshin D A. Theory of the low-temperature anomalies in the thermal properties of amorphous structures. Zh. Eksp. Teor. Fiz., 1983, 84: 760-768 [Sov. Phys. JETP 1983, 57: 439].

[35] Nagel S R. Temperature dependence of the resistivity in metallic glasses. Phys. Rev. B, 1977, 16(4): 1694-1698.

[36] Mott N F. Electrons in transition metals. Adv. Phys., 1964, 13(51): 325-422.

[37] Vladár K, Zawadowski A. Theory of the interaction between electrons and the two-level system in amorphous metals. I. Noncommutative model Hamiltonian and scaling of first order. Phys. Rev. B, 1983, 28(3): 1564-1581.

[38] Mooij J H. Electrical conduction in concentrated disordered transition metal alloys. Phys. Stat. Sol. A, 1973, 17(2): 521-530.

[39] 莫特 N F, 格尼 R W. 离子晶体中的电子过程. 北京: 科学出版社, 1959: 121.

[40] 王一禾, 杨膺善. 非晶态合金. 北京: 冶金工业出版社, 1989.

[41] 何圣静, 高莉如. 非晶态材料及其应用. 北京: 机械工业出版社, 1987.

[42] 卢博斯基 F E. 非晶态金属合金. 北京: 冶金工业出版社, 1989.

[43] Tong C Z, Zheng P, Bai H Y, et al. The study on the electrical resistance of bulk metallic glass $Zr_{48}Nb_8Cu_{12}Fe_8Be_{24}$ at low temperatures. Acta. Phys. SINICA, 2002, 51: 1559-1563.

[44] 黄昆, 韩汝琦. 固体物理学. 北京: 高等教育出版社, 1988: 275.

[45] Cote P J, Meisel L V. Resistivity in amorphous and disordered crystalline alloys. Phys. Rev. Lett., 1977, 39(2): 102-105.

[46] Nagel S R, Tauc J. Nearly-free-electron approach to the theory of metallic glass alloys. Phys. Rev. Lett., 1975, 35(6): 380-383.

[47] 郑兆勃. 非晶固态材料引论. 北京: 科学出版社, 1987: 375-380.

[48] Mott N F. The electrical resistivity of liquid transition metals. Phil. Mag., 1972, 26(6) : 1249-1261.

[49] Vladár K, Zawadowski A. Theory of the interaction between electrons and the two-level system in amorphous metals. I. Noncommutative model Hamiltonian and scaling of first order. Phys. Rev. B, 1983, 28(3): 1582-1595.

[50] Babu P D, Kaul S N, Barquín L F, et al. Electron-electron interaction, quantum interference and spin fluctuation effects in the resistivity of Fe-rich Fe-Zr metallic glasses. Inter. J. Mod. Phys. B, 1999, 13(2): 141-159.

[51] Hasegawa R. Spin-fluctuation resistivity in alloys. Phys. Lett. A, 1972, 38(1): 5-7.

[52] River N, Zuckerman M J. Equivalence of localized spin fluctuations and the kondo-nagaoka spin-compensated state. Phys. Rev. Lett., 1968, 21(13): 904-907.

[53] Haruyama O, Kimura H, Nishiyama N, et al. Behavior of electrical resistivity through glass transition in $Pd_{40}Cu_{30}Ni_{10}P_{20}$ metallic glass. Mater. Sci. Eng. A, 2001, 304-306: 740-742.

[54] Yu C C, Freeman J J. Thermal conductivity and specific heat of glasses. Phys. Rev. B, 1987, 36(14): 7620-7624.

[55] Phillips W A. Amorphous Solids: Low-Temperature Properties. Berlin: Springer, 1981.

[56] Anderson P W, Halperin B I, Varma C M. Anomalous low-temperature thermal properties of glasses and spin glasses. Philos. Mag., 1972, 25(1): 1-9.

[57] 曹烈兆, 陈兆甲, 阎守胜. 低温物理学. 合肥: 中国科学技术大学出版社, 1999.

[58] Zeller R C, Pohl R O. Thermal conductivity and specific heat of noncrystalline solids. Phys. Rev. B, 1971, 4(6): 2029-2041.

[59] Meyer A, Wuttke J, Bormann R, et al. Harmonic behavior of metallic glasses up to the metastable melt. Phys. Rev. B, 1996, 53(18): 12107-12111.

[60] 郑新奇, 沈俊, 胡凤霞, 等. 磁热效应材料的研究进展. 物理学报, 2016, 65(21): 7-40.

[61] 龙毅, 周寿增, 赵洁. 室温范围内大磁热效应的 Gd-Tb 材料的研究. 科学通报, 1993, 38(21): 1944-1946.

[62] Li S, Wang R J, Pan M X, et al. Formation and properties of $RE_{55}Al_{25}Co_{20}$ (RE= Y, Ce, La, Pr, Nd, Gd, Tb, Dy, Ho and Er) bulk metallic glasses. J. Non-Cryst. Solids., 2008, 354(10-11): 1080-1088.

[63] Luo Q, Wang W H. Rare earth based bulk metallic glasses. J. Non-Cryst. Solids., 2009, 355(13): 759-775.

[64] Luo Q, Zhao D Q, Pan M X, et al. Magnetocaloric effect in Gd-based bulk metallic glasses. Appl. Phys. Lett., 2006, 89(6): 081914.

[65] Luo Q, Zhao D Q, Pan M X, et al. Magnetocaloric effect of Ho-, Dy- and Er-based bulk metallic glasses in helium and hydrogen liquefaction temperature range. Appl. Phys. Lett., 2007, 90(21): 211903.

[66] Wang Y T, Bai H Y, Pan M X, et al. Giant enhancement of magnetocaloric effect in metallic glass matrix composite. Science in China G, 2008, 51(4): 337-348.

[67] Huo J T, Bai H Y, Li L F, et al. Er-based glassy composites as potential regenerator material for low-temperature cryocooler. J. Non-Cryst. Solids, 2012, 358(3): 637-640.

[68] Huo J T, Zhao D Q, Bai H Y, et al. Giant magnetocaloric effect in Tm-based bulk metallic glasses. J. Non-Cryst. Solids, 2013, 359: 1-4.

[69] 陈国邦, 郭方中, 张亮, 等. 最新低温制冷技术. 2 版. 北京: 机械工业出版社, 2003.

[70] 郭贻诚, 王震西. 非晶态物理学. 北京: 科学出版社, 1984. (张忠贤, 刘福绥. 第六章非晶态超导, 460-490)

[71] Buckel W, Hilsch R. Einfluß der kondensation bei tiefen temperaturen auf den elektrischen widerstand und die supraleitung für verschiedene metalle. Z. Physik, 1954, 138(2): 109-120.

[72] McMillan W L. Transition temperature of strong-coupled superconductors. Phys. Rev., 1968, 167(2): 331-344.

[73] Johnson W L, Poon S, Duwez P. Amorphous superconducting lanthanum-gold alloys obtained by liquid quenching. Phys. Rev. B, 1975, 11(1): 150-154.

[74] Li Y, Bai H Y, Wen P, et al. Superconductivity of bulk $Zr_{46.75}Ti_{8.25}Cu_{7.5}Ni_{10}Be_{27.5}$ metallic glass. J. Phys.: Condens. Matter., 2003, 15(27): 4809-4815.

[75] Tang M B, Bai H Y, Pan M X, et al. Bulk metallic superconductive $La_{60}Cu_{20}Ni_{10}Al_{10}$ glass. J. Non-cryst. Solids, 2005, 351(30-32): 2572-2575.

[76] Jun K. Resistance minimum in dilute magnetic alloys. Prog. Theor. Phys., 1964, 32(1): 37-49.

[77] Yosida K. Magnetic properties of Cu-Mn alloys. Phys. Rev., 1957, 106(5): 893-898.

[78] Stewart G R. Heavy-fermion systems. Rev. Mod. Phys., 1984, 56(4): 755-787.

[79] Zhang B, Wang R J, Zhao D Q, et al. Properties of Ce-based bulk metallic glass-forming alloys. Phys. Rev. B, 2004, 70(22): 224208.

[80] Tang M B, Bai H Y, Wang W H, et al. Heavy-fermion behavior in cerium based metallic glasses. Phys. Rev. B, 2007, 75(17): 172201.

[81] Huang B, Bai H Y, Wang W H. Unique properties of CuZrAl bulk metallic glasses induced by microalloying. J. Appl. Phys., 2011, 110(12): 123522.

[82] Huang B, Yang Y F, Wang W H. Kondo effect and non-Fermi liquid behavior in metallic glasses containing Yb, Ce and Sm. J. Appl. Phys., 2013, 113(16): 163505.

[83] Wang J Q, Wang W H, Bai H Y. Kondo effect in metallic glasses with non-Fermi liquid behavior. arXiv: 1006. 3826v1.

[84] Greer A L, Ma E. Bulk metallic glasses: at the cutting edge of metals research. MRS Bulletin, 2007, 32(8): 611-619.

[85] 非晶合金研究和开发的行业协会网站. 非晶中国. [2023-4-11]. http: //www. bmgchina. com/.

[86] Inoue A. New functional materials, fundamentals of metallic glasses and their applications to industry. Techno System, Tokyo, Japan, 2009.

[87] Grimberg A, Baur H, Bochsler P, et al. Solar wind neon from Genesis: implications for the lunar noble gas record. Science, 2006, 314(5802): 1133-1135.

[88] Gibney E. How to build a Moon base. Nature, 2018, 562(7728): 474-478.

[89] Hofmann D C, Polit-Casillas R, Roberts S N, et al. Castable bulk metallic glass strain wave gears: towards decreasing the cost of high-performance robotics. Sci. Reports., 2016, 6: 37773.

[90] Hofmann D C, Andersen L M, Kolodziejska J, et al. Optimizing bulk metallic glasses for robust, highly wear-resistant gears. Adv. Eng. Mater., 2017, 19(1): 1600541.

[91] Ma J, Yi J, Zhao D Q, et al. Large size metallic glass gratings by embossing. J. Appl. Phys., 2012, 112(6): 064505.

[92] Johnson W L. Bulk glass-forming metallic alloys: science and technology. MRS Bull., 1999, 24: 42-56.

[93] Tregilgas J H. A titanium aluminide hinge. Adv. Material & Process, 2004, 162: 40-41.

[94] Wang J Q, Liu Y H, Chen M W, et al. Rapid degradation of azo dye by Fe-based metallic glass powder. Adv. Func. Mater., 2012, 22(12): 2567-2570.

[95] 刘凯文, 杨迅, 张虎虎, 等. 非晶合金催化氧化去除钻井废水 COD 的试验研究. 石油机械, 2020, 48(5): 78-83

[96] 周小斌, 江朝华, 张伟伟, 等. 非晶合金纤维增强水泥砂浆性能试验研究. 长江科学院院报, 2017, 34(5): 120-124.

[97] Yan W, Richard I, Kurtuldu G, et al. Structured nanoscale metallic glass fibres with extreme aspect ratios. Nature Nanotechnology, 2020, 15(10): 875-882.

[98] Li M X, Zhao S F, Lu Z, et al. High-temperature bulk metallic glasses developed by combinatorial methods. Nature, 2019, 569(7754): 99-103.

第 17 章 科学和应用问题：非晶天空的乌云

格言

♣ 问题是接生婆，它能帮助新思想的诞生。——苏格拉底

♣ 提出问题比解决问题更重要。——爱因斯坦

♣ 有教养的头脑的第一个标志就是善于提问。——普列汉诺夫

♣ 提出正确的问题，往往等于解决了问题的大半。——海森堡

♣ 科学如果不提出十个问题，就永远不能解决一个问题。——萧伯纳

非晶物质领域的科学难题

17.1　引　言

19 世纪的最后一天，欧洲著名的科学家欢聚一堂。会上，英国物理学家威廉·汤姆生(即开尔文男爵)发表了新年祝词。他在回顾 19 世纪物理学所取得的伟大成就时说：物理大厦已经落成，所剩只是一些修饰工作了。同时，他在展望 20 世纪物理学前景时也讲道："动力理论肯定了热和光是运动的两种方式，现在，它的美丽而晴朗的天空却被两朵乌云笼罩了。"他提到的 20 世纪初物理学天空上飘着的两朵乌云是：迈克耳孙-莫雷实验和黑体辐射理论。黑体辐射理论乌云是指经典理论和热平衡状态下黑体发出的热辐射实验不符合；另一朵乌云是迈克耳孙-莫雷以太风的测定光速不变实验。上述两问题的解决导致物理学发生了一场深刻的革命。前者导致了量子理论的诞生，后者导致了狭义相对论的诞生，从而开辟了新一代的物理学，造就了 20 世纪科学技术的繁荣发展，深远地影响了人类文化文明和生活的各个方面。

看似简单平常的问题往往隐藏着深刻的自然奥秘。很多简单的事情、问题、现象隐藏着宇宙奥秘的种子，简单的叠加可构造复杂和智能。很多重大科学问题和进展都是从看似简单的问题开始的。例如，微积分始于怎么计算曲面的面积和周长问题；能量及能量守恒定律的发现是从两个球碰撞的时候，两球之间传递了什么这个问题开始的；图灵发明计算机和人工智能是从人在计算的时候脑子是如何工作这个问题入手的。他认为人进行计算时并不需要思考，不需要智慧，只需要遵守一定的规则，所以计算可以用机器替代；香农从信息是什么这个问题开始思考，发现了信息定量的方法，引入二进制和比特，使得信息可定量、可控、精确；爱因斯坦的狭义相对论始于什么是同时性；能量转换的时候究竟发生了什么？熵为什么总是增大？能量是如何耗散的？能量和熵的关系？这些问题导致了对熵的认识，导致了人类的智力飞跃，加深了对能量的理解，也导致了热力学第二定律的发现，诠释了万物必死的道理。

普里戈金(Prigogine)曾提出两大没有解决的基本科学问题，一是有序和无序的关系问题。热力学第二定律把世界描述成有序到无序的演化，而生物和社会的演化表明是从简单中出现复杂，有序结构能够从无序中产生，非平衡可能成为有序源泉；另一个是经典物理、量子物理把物理世界描绘成可逆的、静态的。但是时间不可逆与熵紧密联系，为使时间倒流或可逆，必须克服无限大的熵垒。物质不停地运动，运动造成能量耗散，耗散导致无序，这是一个基本规律；另一方面，各种作用力导致物质不断凝聚，凝聚产生有序。他提出的这两大问题，以及这两个矛盾的趋势的关系问题，促进了复杂和无序体系的研究和认识，开辟了全新的科学领域。总之，科学家通过提出问题，见他人之未见，想他人之未想，导致了科学的重大发现和技术的重大突破。科学探索的路途边，堆满了累累白骨，只有那些掌握了提出或选择了正确研究问题和方向的人，才能到达目的地。

非晶物质是远离非平衡态下，时空上物质的再组织形成的，具有独特的微观结构、动力学、热力学特征，独特的物理、化学和力学性能。除了结构和成分，序或者熵在非晶物质性能调控及合成中发挥着重要作用。常规物质第四态非晶物质是常规物质中复杂和不稳定的一类物质，也是相比其他三种常规物态研究最薄弱、最不完善、研究历史最短的物态，是一个相对新的学科。非晶物质的理论框架和范式还没有建立，非晶物质科学中蕴藏着很多科学和技术的奥秘，还有很多关键科学问题甚至没有被提出。非晶材料的应用也有很多问题和瓶颈。因此，可以说在非晶物质科学的晴朗天空也飘着朵朵乌云。发现并深入浅出地介绍非晶物质科学和技术中的奥秘和问题，能吸引更多的优秀年轻人参与到这个领域。只有大量优秀人才的参与，才能在关键问题的引导下，拨开非晶天空的乌云，解决非晶物质科学和技术的关键瓶颈问题，建立类似统计物理这样的理论基础和范式，推动非晶物质这样的复杂体系研究的进展，促进非晶物质科学和技术的重大突破。对非晶物质的探索和认知，新型非晶材料的发现将对社会和人类生活及科研带来巨变。

苏格拉底说过："问题是接生婆，它能帮助新思想的诞生。"爱因斯坦说过："提出问题比解决问题更重要。"海森伯说过："提出正确的问题，往往等于解决了问题的大半"。一个学科或领域将来如何发展，是否活跃，前景是否光明，很大程度上也取决于这个学科是否有重要的科学问题。一个学科将来如何发展和怎样被塑造，依赖于我们提出怎样的科学问题和如何创造性地回答它们。最终将有赖于我们是否追求高大上目标，还是指向于短平快(low-hanging fruit)的结果。因此，思考和提出非晶物质科学和技术领域中的问题和如何创造性地回答这些问题，是这个领域发展的关键，某种程度上决定了非晶领域的前景。非晶物质科学研究要解决的问题和争议很多，是一个问题和生机并存的领域，其进一步发展迫切需要梳理下一步研究和发展的思路，凝练和提出最重要和关键的科学问题、技术难题和远景图。这对这个相对新的领域更加重要和迫切。

科学家喜欢提出一些所谓的终极问题。物理学的终极问题是上帝是如何创造这个世界的(How did he create the world)；化学的终极问题就是上帝是如何创造新物质的(How did he create the matter)；生物学的终极问题是上帝是怎样创造我们的(How did he create us)。非晶物质学科的终极问题是什么呢？

本章将介绍非晶物质中蕴藏的十大科学奥秘，试图总结、归纳非晶物理、材料及应用方面今后发展面临的、大大小小的 100 个问题，并对这些问题本身和背景进行一些介绍和讨论。希望这些问题能引起读者特别是年轻人学习和研究非晶的兴趣，能对非晶物质科学和材料技术的研究起到参考和抛砖引玉的作用。同时引发大家思考，提出非晶物质科学的各类关键和建设性问题，包括终极科学问题，为非晶物质科学开路引航。

17.2　非晶物质的十大奥秘

在希腊神话中，宙斯对有贡献的神的奖赏是领他到神殿里，打开一扇窗户，让他看一眼大自然的奥秘。能窥探到上帝秘密也是很多科学家的梦想。哥白尼、开普勒、牛顿、麦克斯韦、达尔文、爱因斯坦等都是窥探到上帝秘密的人，他们为人类的智慧开启、文明进步做出了卓越的贡献。非晶物质是一种能窥探自然秘密的材料。透明非晶玻璃在帮助人类认识自然、探索自然奥秘的过程中发挥了不可替代的作用。例如，由透镜制成的望远镜、显微镜为人类打开了全新的世界窗口，使得人类认识到太阳系、宇宙、物质、微生物、蛋白和细胞以及生命的很多奥秘。非晶材料本身也蕴藏着很多奥秘。本书列出的十个关于非晶物质的奥秘仅是已知的非晶物质奥秘中的一部分。

第一个奥秘：非晶物质的本质是什么？我们周围充斥着非晶物质，但是我们至今不了解其物理本质，以及其形成机制。自然界为什么会形成如此众多、形态各异的非平衡态非晶物质？分子或原子为什么大多会集聚成结构无序、能量上亚稳的非晶物质？是如何集聚成非晶物质的？非晶物质的长程无序结构和液态很类似，绝大多数液态可以被凝固成非晶态，液态在什么时候或者什么温度下终止，非晶态在什么时候或者什么温度下起始？如图 17.1 所示，液态在转变成非晶态的过程中，液态和非晶态没有明显的结构界限，液态终止和非晶态开始的温度和压力点也不清晰。非晶物质形成过程中，微观结构特征变化难以觉察，但动力学时间尺度变化达二十多个量级，性能也发生巨变，难以用传统相变理论框架描述。非晶态是物质凝聚的必然还是偶然？非晶本质的奥秘包含很多没有答案的科学问题，近百年来，无数科学家为解开非晶本质之谜而努力。

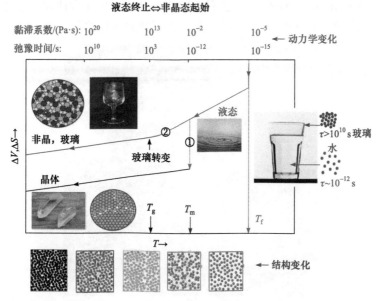

图 17.1　液态和非晶态没有明显的结构界限，液态终止和非晶态开始的温度和压力点不像晶态那么清晰，但是液态到非晶态动力学发生了巨大跨尺度的变化

很多著名的科学家，如诺贝尔奖获得者 P. W. Anderson、N. F. Mott、D. J. Thouless[研究过自旋玻璃，提出过自旋玻璃 Almeida-Thouless 线(Almeida-Thouless line in spin glasses)]和 G. Parisi[提出复本理论(Replica theory)]等，玻尔兹曼奖获得者 S. F. Edwards[提出胶体物质的阻塞理论(Edwards' theory of jammed granular matter)]，川崎恭治[最早提出耦合理论(Mode-coupling theory)]以及 H. Eugene Stanley(研究非晶水)等都研究过这个奥秘，并尝试从科学上揭示这个奥秘。但是这些大师都只能解决非晶本质奥秘中的某些问题，至今还没有一个完整的关于非晶态本质的理论和诠释。现有实验或模拟数据不足以证实或证伪某一理论。非晶本质是非晶物质科学中最著名的奥秘，仍需要人们作艰苦的努力才能破译。

第二个奥秘：不同物质体系形成非晶能力的差异为什么如此巨大？钢铁、合金、晶体等材料尺寸原理上都没有限制，可是一种物质形成非晶态的尺寸受其非晶形成能力(GFA)的限制，即不是所有的物质体系都能形成宏观三维大尺寸的非晶态。非晶形成能力是一个物质体系抵抗结晶的本征特性，并和其性能、结构、应用都有密切的关系。如图 17.2 所示，GFA 是物质体系一个重要的参量和特性。特别是对合金物质而言，其非晶

图 17.2   非晶形成能力(GFA)和其性能、结构、应用都有密切的关系。GFA 是物质体系重要的参量和特性

形成能力有限，是制约非晶合金应用的瓶颈问题，也是非晶合金材料领域的核心科学和技术问题。提高凝固的速冷是获得非晶物质和材料的主要方法，如图 17.3 所示，因此，常常用冷却速率来表征非晶的形成能力。不同物质体系非晶形成能力相差巨大，即使在金属合金体系，如果以冷却速率来表征非晶形成能力，那么不同合金和金属体系其非晶形成能力可以相差 12 个量级以上。成分、压力、温度、工艺对 GFA 影响很大，但至今决定一个体系非晶形成的关键因素仍然是未解之谜。

图 17.3   凝固速冷是制备非晶的主要方法。(a)中国科学院物理研究所研制的制备块体非晶合金的高速冷却设备；(b)熔融的合金液体喷在高速旋转的铜轮上，冷却速度可>10^6 K/s

复杂化、增加熵是设计和探索非晶材料的一个思路，并取得重要成就，得到高熵、非晶合金等物质。为什么复杂会导致物质本质的不同(more is different)，会导致玻璃转变？如何进一步通过复杂化，达到新的复杂层次，制造出具有崭新性质的新非晶物质，复杂化如何具体到可操作化等都是重要的研究方向。

第三个奥秘：非晶物质强度的物理本质是什么？物质的强度是个习以为常、看似简单的物理量，但是，相对简单的晶体物质的强度的本质直到 20 世纪 30 年代才渐渐从物理的角度被认识。20 世纪 30 年代对强度的研究导致了缺陷概念(位错等)的提出。缺陷概念在提出三十多年后被证实，缺陷概念解释了金属等很多力学性质和特征。缺陷是晶体强度降低的原因、形变的载体，决定了材料的性能。实际上，至今强度的物理本质也没有清晰的物理图像和完善的理论。钱学森曾说过："固体的强度和塑性变形属于连基本概念都不清楚的问题。"[1]。因此，对于结构复杂、长程无序的非晶物质，其强度的物理本质还是未解之谜。对非晶强度的认识面临的情况和 100 年前晶体类似，非晶物质的切变强度τ远小于根据价键理论估算的强度 $G/10$ (G 是切变模量)。有趣的是几乎对所有非晶合金，其强度τ符合一个统一的规律：

$$\tau = 0.036G \ll \frac{1}{10}G \tag{17.1}$$

如图 17.4 所示，对于非晶体，难以建立类似晶体的点阵和缺陷等结构缺陷概念，我们对非晶的高强度特性、脆性、非晶合金的强度为什么都符合公式(17.1)，非晶的缺陷在外力和温度下是如何运动演变的，非晶物质是否存在缺陷，如何表征非晶的缺陷，非晶的缺陷在外力和温度下是如何运动演变的，缺陷和强度的关系，强度和其结构的关系等问题知之甚少。

第四个奥秘：非晶结构特征和表征。非晶物质结构长程无序，其粒子排列从整体上看是均匀的，也具有短程序和中程序，但在纳米甚至微米尺度上表现为不均匀性。因而，非晶物质是有序和无序、均匀和不均匀矛盾的结合体。那么原子、分

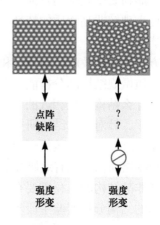

图 17.4　从结构角度理解强度。对于晶体，可以从点阵缺陷的概念来理解强度及形变的物理本质；对于非晶体，因为难以建立类似的点阵和缺陷的概念，其强度的物理本质认识仍是未解之谜

子是如何堆砌成非晶体的，短程序如何排成整个长程无序的非晶物质？能否有效表征非晶物质的无序结构，并能把结构和性能关系跨尺度关联起来？这些都是当前凝聚态和材料科学领域尚未解决的重大科学难题，是解决非晶形成能力、结构和性能关系、形变机制、室温塑性等非晶物质领域所面临的瓶颈问题的基础。理解构成单元(building block)——短程序如何组装成宏观物质也是凝聚态物理的挑战之一。即使对相对简单的原子非晶合金，近百年来，人们对非晶合金结构的认识经历了从原子无序到原子密堆(Bernal 的硬球无序密堆模型)，到原子团簇密堆(短程序)，最后再到中程序的艰难历程。如图 17.5 所示，对简单的非晶合金的结构描述，经过百年努力已经将描述原子结构的参量从成千上万的单个原子简化成了成百上千的具有相似对称性的原子团簇，再到原子团簇的堆垛为中程序。但随着对非晶合金的深入研究，这些模型和概念在表征、理解非晶材料结构及相关物性等问题时仍存在困难和不足。原子团簇难以作为构建非晶材料的结构基础，需要引入新的结构解析方法和理论来进一步简化结构参量。

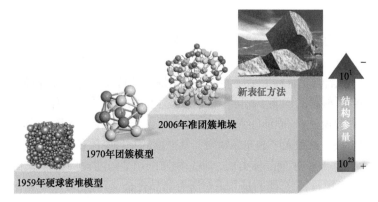

图 17.5　探索非晶合金结构特征和表征方法的历程

对于非晶物质微观结构目前还没好的理论、模型和参量来有效描述和表征，难以从结构的角度来理解非晶物质的特性、形成能力、流变等基本问题，难以建立非晶结构特征和其性能的关系。

另一方面，现代微观结构分析和表征技术，如 X 射线衍射、电子显微镜、中子衍射等对非晶物质微观结构的分析能力非常有限，不同非晶物质得到的是相似的结构信息，无法解释为什么结构信息相近的非晶物质性能上存在巨大的性能差异。造成目前这种困境的原因在于，针对晶体结构研究发展起来的实验技术或手段可用于确认物质的非晶态属性，但难以进行微观构效机理研究。目前的衍射技术从技术层面和对实验数据的再分析和深入挖掘层面都不能有效研究非晶态的微结构。

要破译非晶结构的奥秘需要有能够抓住其本质的新思维，突破以往的研究定式和范式，发明新的结构分析实验手段和方法，独辟蹊径，引入新的结构解析方法、简化的结构参量和理论。

第五个奥秘：非晶物质的稳定性本质。非晶物质处于远离平衡的亚稳态。图 17.6 是非晶物质不稳定性造成的非晶材料老化的典型例子：非晶橡胶轮胎在长时间受力或温度作用下会老化失稳，造成重要的安全隐患。非晶橡胶圈不稳定性造成了美国挑战者号航天飞机失事。但是，有些非晶物质又非常稳定。琥珀、硅化物玻璃这些非晶物质异常稳定，可以在恶劣的自然条件下稳定存在百万年到亿年以上。本书在第 6 章非晶物质特性中列举了一些稳定非晶材料的例子。例如，非晶琥珀经过千万年的风风雨雨后，结构弛

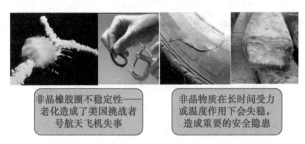

图 17.6　非晶物质不稳定性造成的非晶材料老化的典型例子

豫和原始态相比很小，几乎难以探测到；月球玻璃在太阳风侵蚀、交变温度下稳定存在亿万年。近年超稳定非晶玻璃材料的获得使得人们又开始探讨理想非晶物质是否存在，能否得到。

非晶物质稳定性和结构的关系是什么？非晶物质稳定性的巨大差异性的机制是什么？有些亚稳非晶物质为什么具有这么高的稳定性呢，为什么这么长寿？它们如何维持其高度无序结构的稳定？其稳定性的物理机制是什么？熵、能量和非晶物质稳定性的关系？超稳定玻璃是不是理想玻璃？是否存在理想非晶物质？能否合成出理想非晶物质？理想玻璃就是最稳定的物态吗？非晶态是不是物质凝聚的基态之一？这些都是非晶物质的奥秘。任何接近极限的过程和目标，就像数学朝着某个极限逼近一样，都会激励大家像英雄一样无止境地探索，并会产生奇迹。理想非晶物质可能比常规非晶物质更简单和优美，因为极限通常比它们的近似值简单，正如极限值 1/3(理想值)比其无限近似值 0.33333…更简单优美，圆比所有接近它的多边形更简单和优美一样。这也是理想物质的魅力。在无穷和理想的地方，一切都变简单和更好了[2]。

第六个奥秘：非晶物质是如何流动的？其极其缓慢的流变规律和机制是什么？关于常规流体，如水、大气，其流动时间尺度在分秒量级，其流动均匀、各向同性，易为人类观察研究。对于常规物质液体和气体，牛顿曾提出了黏性定律。1822～1845 年纳维和斯托克斯提出了黏性流体的基本运动方程(纳维-斯托克斯方程)，建立了流体动力学的理论基础。现代的航海、航空技术都是建立在这些常规流体理论的基础之上的。常温下非晶物质中的流变时间尺度在天、年以上的时间量级。如在非晶合金、玻璃等非晶物质中，其黏性极大，室温下流变的时间尺度在万年量级，流动比时针慢百万倍。如图 17.7 所示，非晶玻璃中的分子运动几乎和地质运动一样缓慢；再如本书前面章节提到的沥青滴落实验，一滴沥青滴落需要十多年，实验室里很难观察捕捉到沥青的流变过程。因此，我们能看到非晶物质中流变的结果，但是以实验室时间尺度难以直接观察到流变的过程。举个例子，我们都看得到花，但是开花的过程因为很慢，我们很难看到开花的过程，如图 17.8 所示。实验室时间尺度很难观测研究非晶物质流变，因此甚至对非晶物质中是否存在流变有很大的争议，因为按照 VFT 公式，在非晶态，黏滞系数 $\eta \to \infty$，所有运动(振动除外)

玻璃中的分子运动　　　　　地质运动

图 17.7　玻璃中分子运动和地质运动类似一样地缓慢，以实验室时间尺度难以观测其运动

都被凝固住了。目前观察到的非晶物质流变的特点有：流变是非均匀的；非晶物质的流变会在某些条件下(温度、压力、密度)发生流变阻塞，即玻璃转变；其缓慢流变会发展到骤变，而且这种缓慢流变到骤变的转变是随机的，几乎不能预测。由于观测研究的困难，还有很多非晶流变的规律和现象不为所知。如图 17.9 所示，在超快的时间域和常规时间域都有了基本的物理理论框架，而在非晶物质中粒子运动这个超慢的时间域，很多现象未被发现，对极其缓慢的流变规律我们了解甚少，基本理论框架还没有。如图 17.10 所示，具有超长时间尺度的非晶物质的流变还是"无人区"。

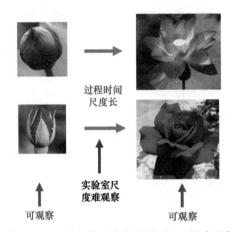

图 17.8　开花的时间尺度较长，所以我们易观察其结果(花)，很难观察其长时间尺度的开花过程

图 17.9　和常规及极短时间域比较，超慢时间域理论和实验研究都很少

➢ **经典物理的常规时间尺度**

➢ **相对论：接近光速，时间尺度很短**
　时间→0，经典物理不适用

➢ **在时间→∞尺度，物理规律？**

➢ 非晶体系是一个时间尺度极慢的世界：
　新的物理？规律？小概率事件发生？

图 17.10　具有超长时间尺度的非晶物质的流变是流变研究领域的无人区

第七个奥秘：非晶复杂动力学的物理起源。 非晶物质相比晶态物质有复杂的、丰富

的、能量范围跨度很大的不同动力学模式和行为[2]。其动力学模式的能量和时间尺度跨度很大，其时间尺度从>10^6 s 到<10^{-15} s，如图 17.11 所示。非晶物质态还隐藏着一些超慢的动力学模式。非晶物质动力学是其微观粒子运动方式的反映。这些动力学模式，尤其是这些超慢动力学模式和非晶微观结构、物理、力学等性能有什么关系？动力学非均匀性和结构非均匀性是如何关联的？其结构和物理起源是什么？非晶动力学的起源及物理机制是非晶物质的奥秘，是凝聚态物理的挑战性问题之一。研究表明动力学和结构以及性能的关系类似构效关系，可以调制非晶的性能[3]，动力学研究也是非晶物理最活跃的课题之一。

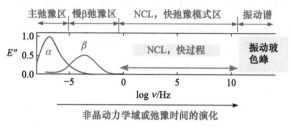

图 17.11　非晶物质的动力学模式及动力学谱[3]

第八个奥秘：非晶物质的电子结构特征？玻璃为什么透明？非晶物质的颜色机制？透明玻璃材料造福人类生活，为现代科学的起源做出了卓越贡献(参见第 3 章)。我们知道硅化物玻璃对光是透明的，光在穿过玻璃的时候会被减弱，尤其是带有颜色的玻璃，如墨镜。光在光纤里可以全反射，从而能传递信息。光在玻璃棱镜的折射下会变成光谱一样的彩虹，如图 17.12 所示。硅化物玻璃也并不是永远透明的，比如说对于某些红外和紫外光线，玻璃就是不透明的，因为那些光线玻璃可以吸收。另一个例子就是硅，半导体硅晶片是黑色的，因为可见光会被吸收，但是硅对大部分红外线都是透明的，可以替代玻璃。而金属玻璃又是完全不透明的。

图 17.12　光透过非晶玻璃三棱镜的散射

玻璃为什么会透明，而沙子的组成和玻璃类似却不透明？我们知道光是人眼可见的电磁波,光为什么能穿过玻璃,而不会穿过其他物质? 从微观结构来看,由原子组成的非晶物质,其组成原子与原子之间有着很大的空隙,并且有很多电子围绕着原子在运动。光粒子在穿过这些原子空隙的时候,其能量会被原子的电子吸收。非晶物质和电磁波的作用是吸收还是穿过,主要决定于其电子结构。硅化物玻璃是共价键,不像金属有自由电子,电子是束缚态,对光子的吸收很少,这就是为什么玻璃能够透光透明的原因。不同价键的非晶物质的电子态也有很大区别,如金属玻璃仍然有很多的自由电子,可以屏蔽反射光子,因此不透明。

但是对非晶物质的电子态研究和认知还非常有限,至今还是沿用 20 世纪 60 年代莫脱、安德森局域化理论。非晶物质的电子结构有哪些特征? 非晶物质的电子是如何和光作用的? 能否通过结构来调制非晶物质的颜色? 对非晶合金及各种大量被新开发出的非晶物质的电子结构的认识还很肤浅。如何通过调制非晶物质的电子结构来调控其性能(如透光性、颜色)是挑战之一。

第九个奥秘:能多快好省地找到更多的非晶材料吗? 探索非晶物质新体系一直是非晶材料领域的关键技术挑战。非晶物质的形成过程涉及物理、化学、材料等多学科交叉基础科学问题和多体相互作用,其复杂性使得现有的理论和计算模拟尚不能精确预测最佳非晶形成成分及范围。目前探索非晶材料的方法如图 17.13 所示,即始终沿用传统的"试错法":通过试错反复循环。这种探索过程低效和漫长,致使非晶材料探索面临重大挑战和瓶颈。以非晶合金为例,经过全世界科学家、工程师和研究生三十多年的探索,只找到十余种非晶形成能力比较大的、可以应用的合金成分。

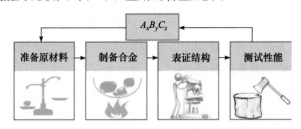

图 17.13 传统的"试错法"开发非晶材料的主要流程

能否高效、精准地开发非晶新材料呢? 这也是非晶物质领域的奥秘之一,这和对非晶物质本质、性能能力的认识密切关联。材料基因工程是材料研发的新理念,目标是打破常规的"炒菜式"的材料开发模式,整合人工智能、材料大数据和材料形成规律,加速新材料的研发。材料基因工程由三大部分组成:高通量实验、高通量计算以及数据管理。其中的高通量实验是材料基因工程理念的重要基础。通过高通量制备和快速表征,能够获取大量的实验数据。通过开发相应的计算方法,对数据进行整合和挖掘,能发现材料性能随成分变化的本征规律,进而实现对新材料成分的有效预测和高效开发,最终实现由"经验指导实验"向"理论预测、实验验证"的研究模式的转变。

其中高通量实验方法在 20 世纪 70 年代,首先由 Hanak 等在寻找高温超导材料中提出[4],其基本思想是一次性制备大量的不同组分的材料,利用高效的表征方法对这些材料的结构、成分和性能等参数进行测量,通过对数据的整合提炼,分析总结材料规律,实现材料性能的预测。材料基因工程发展历程如图 17.14 所示。材料基因组方法被应用到金属、无机化合物、高分子等材料中，材料的形态也从最初的薄膜拓展到块体、液体、胶体等。已经在新型催化材料、荧光材料、特殊合金等方面做出了典型的示范效果。但是能否有效应用到非晶材料领域，还需要大量研究和尝试。材料基因组方法在非晶材料领域的广泛使用可能导致新型非晶材料的大量发现。

图 17.14　材料基因组部分发展历程[4]

　　第十个奥秘：是否存在一种非晶相到另外一种非晶相的相变？相变是晶态物质中的常见现象，晶态物质有一级、二级等相变。非晶物质是无序结构，结构特征不明显，是不是存在同成分但是结构特征和性能不同的两种非晶相？如何表征非晶到非晶的相变？非晶相变的结构特征是什么？非晶物质有没有序参量？同一成分的非晶物质，其能量状态和熵有很大范围的调控空间，如图 17.15 所示。熵和能量在非晶物质中的调控机制是什么？非晶物质包括液体中的相变是近年非晶物质和液体研究的热点。

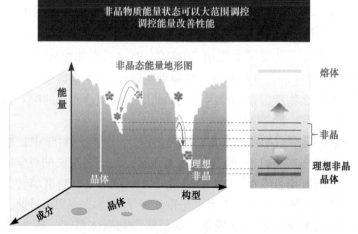

图 17.15　非晶物质在熵和能量域可大范围调控，但是其原因是未解之谜

17.3　非晶物质科学和应用中的一百个重要问题

非晶物质作为常规物质的第四态，相对其他三类常规物质更加复杂，研究历史短，因此，非晶物质无论在科学、技术和应用方面相对其他常规凝聚态物质有更多的科学问题和技术难题。这里我们试图把非晶物质的基本科学和应用技术问题大致分成十大类，包括非晶本质和玻璃转变问题；非晶形成能力和形成机制问题；非晶物质结构问题；非晶动力学、热力学问题；非晶物质的流变和形变问题；非晶物质稳定性问题；非晶电子结构及功能特性相关问题；如何从熵、序、结构的角度调控非晶材料性能的问题；非晶成分设计、制备方法、技术和工艺方面的问题；非晶材料应用问题。特别需要说明的是，列举的这些问题绝不是非晶物质科学问题的全部，也不一定都是最重要的问题。相信不同的人从不同的角度，会列举不同的问题。提出好的问题无疑对一个领域的发展至关重要，这里列举的问题只是希望能起到抛砖引玉的作用，引发大家在研究过程中不断思考、发现和提出重要的、引领性的科学问题。

17.3.1　第一大类问题：非晶本质和玻璃转变问题

相信大多数科研人员会把非晶本质和玻璃转变问题列为非晶物质科学的首要科学问题。这不仅仅是因为很多科学大师都说过这个问题的重要意义，而是因为在非晶物质研究过程中首先且时时会遇到玻璃转变问题。玻璃转变问题会给人：仰之弥高，钻之弥深，虽不能至，心向往之的感觉。所以本书也把玻璃转变问题列为非晶物质科学的第一大类问题，具体包括如下问题。

问题 1：玻璃转变问题。这个问题可以列为非晶物质科学问题之首。玻璃转变问题涉及的物理现象本身十分简单，但非常惊人：熔体经过快速凝固，当液体过冷至其熔点 T_m 的 2/3 时(这个温度点称为玻璃转变点，T_g)，其原有热力学和动力学行为将发生巨大变化，得到结构和液态类似但具有固体特征的非晶态。令人吃惊的是：这一巨大动力学变化过程中，现有各种先进实验检测手段竟然从未发现可观察的明显结构变化，但在大约 10℃ 的狭窄温度范围内，其弛豫时间却极为悬殊，从皮秒的过冷液体变化到大于 100 s 的非晶态，即动力学时间上，或者黏滞系数存在 14~15 个量级的跨尺度变化[5-8]。由于结构弛豫极其缓慢，所以液体在温度 T_g 以下偏离热力学亚稳的平衡态，形成非平衡的非晶固态。玻璃转变温度 T_g 一般定义为黏滞系数 $\eta(T_g) \equiv 10^{12}$ Pa·s 或者弛豫时间 $\tau > 100$ s 对应的温度点。这种仅仅由于温度降低几开尔文，某种物性就发生 15 个数量级的变化是极为惊人的物理现象[5-11]。是什么物理因素和原因造成如此巨大的微妙变化的呢？这个隐藏在玻璃转变背后的 "上帝之手" 到底是什么呢？

玻璃转变问题是凝聚态物理基本物理问题之一，也是自然科学中长期悬而未决的疑难[12]。*Science* 杂志曾多次将这一问题列为人类未来面临的最重要的科学问题之一，并在1995 年为非晶物质研究出过专辑[13]。*Science* 杂志 125 周年专刊将玻璃转变问题列为与生命起源和宇宙膨胀等问题并列的 125 个世纪重要科学难题之一[14]。目前，所有经典理论都无法解释这一极为异常的动力学现象。如何解释物质体系这一极为异常的动力学特征？能否建立普适、自洽和全面地描述玻璃转变的理论模型是目前凝聚态物理面对的最重要的严峻挑战之一，也是研究非晶本质最为核心的科学问题。

问题2：物质为什么会凝聚成结构无序、能量上亚稳的非晶态？是如何形成的？理论上，形成非晶态被认为是所有物质的一个基本属性，一旦冷却过程中液体的晶化被抑制，非晶态必然会形成，否则将会违反热力学第三定律。但是，对非晶态形成的本质和机制问题人们还知之甚少。这些原子/分子是如何被凝固堆砌成无序物质体系的，甚至最终演化成"活"的复杂生命物质的(图17.16)？近百年来，这个问题一直是统计物理、理论物理、非线性数学、材料科学的重要研究课题[15]。人们尝试提出了各种各样的理论来解释这一现象，但迄今为止还没有一个基础的理论框架能完美地解释非晶物质形成的本质和机制问题[16,17]。相比之下，朗道在半个世纪前就给出了晶态连续相变的唯象理论，相变初始和最终的平衡态以及某些中间态可由热力学计算得到。非晶物质有这个难题的原因是本身的复杂性和粒子太小、动力学过程太快、单原子在三维物体内无法被观测，从而导致非晶形成基本微观物理过程和本质机理及其动力学过程难以观测、预测和控制。从实验技术的角度看，这一问题的探索受制于现有的结构和动力学实验技术，很难同时实现高的时间(ps、as)和空间(1～2 Å 尺度)分辨。

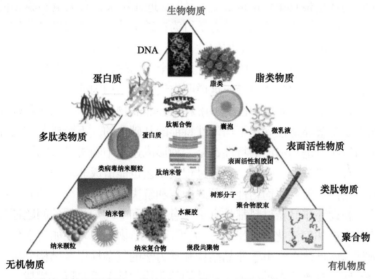

图 17.16　物质体系从原子凝聚、堆砌成无序物质，最终演化成"活"的复杂生命物质

问题3：过冷液体的本质和特征？易流动性与均匀性是人们所熟知的常规液态物质的典型特征。过冷液体是非晶物质的前驱体，是在熔点 T_m 以下温度存在的液态。从热力学角度来看它似乎与普通液体并没有本质的区别，因为如果冷却过程中晶化没有发生，液体通过 T_m 点没有任何结构和性能变化的迹象。然而，很多实验和计算机模拟证据表明过冷液体的动力学特征与正常液体截然不同。如何描述过冷液体黏滞系数随温度的剧烈变化？特别是如何描述黏滞系数在 T_g 附近的急剧变化(slow down)过程？为什么粒子在皮秒时间上测量的振动位移均方在 T_g 处发生突变，而此处的主要弛豫时间大约为 100 s？过冷液体微观结构、热力学特征和普通液态有什么异同？过冷液体和时间的相关性是什么？玻璃转变虽是过冷液体向非晶物质转变过程中的一个必经步骤，但 T_g 附近的过冷液体特征还难以描述。现有关于黏滞系数的很多经验公式如 Vogel-Fulcher-Tammann 公式也都不能解释所有过冷液体的特征。

问题 4：过冷液体流变的激活能ΔE是受什么物理因素控制的？常规液体的流变激活能随温度和压力的变化可以忽略。研究发现过冷液体黏度η随温度的关系式如下：

$$\eta = \eta_0 \exp\left[\frac{\Delta E(T)}{RT}\right] \tag{17.2}$$

式中，R是气体常数；激活能$\Delta E(T)$是物质流变激活能；η_0是前置系数。黏滞系数随温度的变化不是常数，其流动激活能$\Delta E(T)$随温度降低而增大，并且该现象是普适的。激活能$\Delta E(T)$随温度变化被认为是液体动力学的主要特征之一，成为液体动力学机理研究的关键点之一[17-19]。液体的激活能ΔE随温度而变化的物理机制，和哪些因素有关都是前沿问题。非晶物理的很多模型如弹性模型[17-19]、能量地貌图等都是试图描述$\Delta E(T)$的模型，但是有很大的争议。给出$\Delta E(T)$的精确物理描述和意义诠释对认识非晶的本质、玻璃转变、流变机制、动力学等问题都很关键。

问题 5：非晶物质包括过冷液体的微观结构及动力学本质上是均匀的还是非均匀的？这个问题乍看不像重要的科学问题，其实它涉及非晶物质的本质，非晶物质是否存在动力学和结构的非均匀性是最具争议的问题之一[9,10]。近几年来，有大量实验和模拟证据证明深过冷液体和非晶物质的微观结构和动力学行为在纳米甚至微米尺度是非均匀的，即非晶物质长程无序的特征预示其本征的不均匀性，且这些不均匀性的特征与其特性和物性有着密切的关联[20-23]。其实，一个物质体系很难是完全均匀的，即使气态也很难完全均匀。在飞机上，你能看到大气中的朵朵白云，这说明空气也是不均匀的。这种不均匀性造成了风雨雷电和大地的勃勃生机。非均匀性能够解释很多非晶物质特征、问题和性能，很多关于非晶的模型如流变模型等是建立在不均匀性特征的基础上的。不赞成非均匀性的观点认为非晶物质的非均匀性不是其本征的特性，是一种形成过程中随机带入的缺陷，和非晶物质的特征及性能没有必然关系。确实，形成过程及工艺也能造成非均匀性，但是本征非均匀性与工艺和形成条件无关。非均匀性问题的确定和解决将对发展统一的非晶物质的理论框架和模型，发展和设计非晶新材料都具有重要意义。和非均匀相关的问题还包括：非晶物质的非均匀性随温度如何演化？特别是在T_g附近非晶物质均匀性如何变化？非晶物质的非均匀性的物理本质是什么？由于非晶结构和动力学的复杂性以及结构分析手段的限制，如何描述非均匀性，有效地揭示动力学和结构的非均匀性关系是巨大挑战。

问题 6：非晶物质动力学和结构不均匀性的本源是什么？常规液体的各种特性，如密度、动力学行为等在时间和空间上都是均匀的。其动力学特征符合阿伦尼乌斯(Arrhenius)关系(布朗运动)。过冷液体或非晶物质的动力学行为、微观结构、密度、各种特性、各种性能在微纳尺度上是非均匀的。非均匀性曾被认为是一种如果我们具备了完善的非晶制备手段就会消失的表象，但是大量实验发现非均匀性导致了非晶物质的亚稳特性、流变特性和其他性能特征、多种选择和有限可预测性等非平衡物质的特性，是一种本征特性。那么，这种非均匀性与其动力学行为、微观结构、密度、各种特性、各种性能是关联的吗？能否得到均匀的非晶态物质？非均匀性本征存在的本质是什么？

问题 7：如何分类和描述不同非晶形成液体？不同液体不仅其非晶形成能力区别很大，在形成非晶物质过程中，其黏滞性、动力学行为等随温度变化率也有很大的区别。为什么液体冻结过程中动力学黏滞系数随温度的变化率(α弛豫随温度的变化率)有很大

的不同？如何表征非晶物质黏滞系数随温度的变化率的不同？Angell 等提出脆度(fragility，m，$m = \left. \dfrac{\partial \log(\eta)}{\partial (T_g / T)} \right|_{T = T_g}$)的概念，用于描述非晶物质黏滞系数随温度的变化率相对 Arrhenius 规律的偏差[24]。脆度确实能较好地描述各类液体动力学随温度的变化，但也有很多证据表明脆度概念不能完美描述非晶物质过程中动力学黏滞系数随温度的变化率(即其流变激活能随温度的变化)的巨大不同。是什么物理因素影响了一个非晶形成体系的脆度？液体"强"(strong)和"弱"(fragile)在物理上的区别是什么？找到更合理的物理参数来描述、分类液体冻结过程动力学黏滞系数随温度的变化率是本领域重要的任务之一。

问题 8：非晶物质中无序和序是如何互相统一和转化的？晶体代表序，体现在其完美周期微观结构上；非晶体代表无序，体现在其长程无序微观结构和复杂性上。晶体中也含有无序即各类结构缺陷，如位错、点缺陷、界面等，包含在晶格的长程有序中。非晶物质中也包含着序，如短程序、中程序、局域对称性等，只是序被隐藏在长程的无序和复杂性中。非晶物质这种无序和有序的混合和平衡正是其魅力所在。晶体和非晶体之间可以通过晶化、熔化凝固互相转化，这种转化是无序和有序之间的转化。非晶科学研究一个使命和魅力就是：要从无序中发现有序，在复杂中发现隐藏的规律。很多科学大师，如 2021 年获诺贝尔物理学奖的乔治·帕里西(Giorgio Parisi)就是善于在复杂中发现隐藏的规律和序的大师。

问题 9：玻璃转变过程中是否有结构变化？晶体物理中的构效关系在玻璃转变过程中似乎失效，巨大的特征和性能变化找不到相应的结构变化。到底非晶形成液体随温度变化过程中是否发生结构变化？在 T_g 附近微结构是否有突变？是如何变化的？和传统相变的结构变化的本质区别是什么？液体随温度下降的过程中是否存在非均匀性的变化？液体的易流动性随着过冷液体温度的降低在 T_g 附近骤然消失，其对应的均匀性、结构是否变化？仅仅是一种动力学变化吗？如何表征、描述这种结构变化？这个问题是解决玻璃转变本质问题的关键，对认识非晶及液态的结构特征，建立微观结构和非晶形成能力及性能的关系至关重要。期待高空间和时间分辨的结构探测设备的出现，能最终解决这个问题。

问题 10：在 T_g 附近的过冷液体是否具有涨落特征？这个问题涉及过冷液体在 T_g 附近是否具有涨落？涨落尺度有多大？它随温度是怎样变化的？是否与隐藏的临界相变点有关？涨落发生的结构基础是什么？能否找到合适的序参量来描述？涨落特征与动力学和热力学参量有何关系[25]？在所有层次上，无论是宇宙学、地质学、生物学，还是人类社会等复杂体系，都有与不稳定性和涨落相关的演化过程。因而非晶物质领域也不能回避这个问题：非晶物质涨落演化模式如何建立在物理学基本定律的基础之上？

问题 11：Adam-Gibbs 模型中预言的畴结构是否存在？Adam-Gibbs 模型预测，若非均匀性存在，则过冷液体在冷却过程中存在粒子协同运动的畴结构，而且畴结构的增大与构型熵的减少有直接关系。同时，构型熵又与结构弛豫时间有着紧密联系。但是实验上还没有证实构型熵的变化是不是意味着过冷液体及非晶物质中有畴结构存在。其他的疑问包括畴结构的尺度，这种畴结构和尺寸随温度变化的关系等。虽然 Adam-Gibbs 模型能够解释玻璃转变异常的 15 个数量级的动力学变化特征，但是从实验角度研究证实畴结构非常困难，因为标定结构非均匀性的序参量不是我们用衍射实验容易识别的局域密度和对相关函数(pair correlation function)，而是具有方向性的复杂相关函数。

问题 12：在非晶形成液体随温度变化过程中是否发生液体到液体的多形转变？相变是很多物质的属性，晶态物质有不同类型的相变。近年来在以共价键为主的物质，如非晶硅、非晶锗、非晶氧化物，非晶硅化物、非晶冰、液态磷，金属熔体等非晶和液态物质中都发现液态到液态、非晶到非晶态的类似晶态的一级相变。一个无序堆垛的体系存在各种堆垛构型和不同的能量状态，这些构型和状态在能量上是否有足够大的不同，以至于可以称为不同的相或态呢？是否真实存在非晶到非晶，液态到液态的相变？如何理解、表征无序体系中的相变？液态和非晶态相变的结构变化、序参量是什么？这些问题都有巨大争议。非晶和液体中的相变问题还涉及：如何有效探测这类多形相变？这类相变是否伴随序参量的变化？如何实验证明液体到液体或者非晶到非晶的相变？如何找到合适的序参量来描述这类相变？这种液体到液体的多形转变是如何影响体系弛豫、动力学以及非晶形成能力的？这种相变是微观结构主导的还是动力学、热力学主导的？

问题 13：温度、密度、应力导致的玻璃转变现象的异同？研究证明温度、密度、应力以及时间都能够导致玻璃转变，形成非晶物质。重要的问题是：温度、密度、应力这三种不同物理条件导致的玻璃转变是否等效？不同物理条件导致的玻璃转变的异同？玻璃转变和密度导致的阻塞(jamming)的关系？能否建立统一和普适的玻璃转变和 Jamming 的相图？

问题 14：时间在玻璃转变和非晶物质中的作用和影响？非晶物质可以被视作不同固态、液态、气态这三种常规物质的第 4 态的一个重要因素是时间。非晶物质的稳定性、结构特征、性能、形成过程、玻璃转变过程、形变及流变、动力学等都是相对的，和观察者时间尺度有关。关键的问题是如何在研究非晶本质、性质时考虑时间的效应？时间能导致玻璃转变吗？非晶物质需要观测者，这种时间相对性的作用给非晶物质科学涂上了主观色彩，这也引起了争议。时间的本质本身就是个科学和哲学难题，因此，非晶物质的时间问题也是非晶物质科学中的难题。

问题 15：形成液体和非晶物质之间有结构和性能遗传吗？研究证据表明，液体经过玻璃转变形成的非晶物质和其形成液体在结构和性能有一定的相似性。非晶物质和其形成液体存在必然的结构和性能遗传性吗？这种遗传性和玻璃转变的关系是什么？遗传性和非晶形成能力、性能的关联关系是什么？遗传性意味着液态和非晶态这两大常规物态之间什么样的深刻联系？非晶物质的遗传性、时间相对性是认识非晶物质本质的切入点。

问题 16：一个非晶体系存在基态吗？这个问题也可以表述为存在理想非晶态物质吗？一个无序堆垛的体系存在各种堆垛构型和不同的能量状态，这些构型和状态在稳定性上是否有很大的不同？一个原子/分子体系凝聚的最稳定态是非晶态还是晶态？理想的基态非晶物质具有什么样的特征和特性？非晶态和其基态之间的关系？

以上是和形成非晶物质的玻璃转变、非晶本质相关的主要问题，绝不是全部。玻璃转变是非晶科学的问题之源，更多深刻的问题会不断被提出。广义的玻璃转变涉及的问题更多，更普遍，这里没有涉及。

17.3.2 第二大类问题：非晶形成能力和形成机制问题

第二大类问题是和物质非晶形成能力及非晶态形成机制有关的问题。非晶形成能力是非晶材料研究的核心课题。实际上这一问题与玻璃转变问题是紧密联系在一起的。对非晶材料而言，特别是形成能力相对较差的合金体系，其最重要、最基本的参量是非晶形成能力，因为它直接决定了某种合金成分能形成多大尺寸的完全非晶态材料，并表现出非晶合金特有的性能、稳定性和应用。但是非晶物质的形成过程涉及物理、化学、材料等多学科交叉基础问题，涉及热力学、动力学、结构、键合、化学元素等多种因素和条件，是一种多体相互作用和平衡，其复杂性使得现有的理论、经验规律和计算模拟都不能精确预测非晶形成的成分范围，以及最强形成能力的成分点。多年来，非晶材料的开发始终停留在传统的"试错法"阶段，探索过程低效、漫长，致使非晶材料探索和应用面临重大瓶颈。具体问题如下。

问题 17：决定非晶形成能力的物理因素是什么，非晶形成能力是否可以预测和设计？形成能力是非晶材料特有的关键和古老问题，在合金体系形成能力方面问题特别突出。该问题涉及：如何从原子/分子结构、热力学及动力学层次上建立通用的、可定量化的非晶形成能力的判据？如何准确确定非晶体系的最佳形成成分区间，建立非晶成分和性能的设计方法？一个物质体系的液态和其非晶形成能力的关系，包括液态的性质(如脆度的强弱、非均匀性、动力学特征)是如何影响非晶形成能力的？合金非晶形成能力和金合复杂性、熵、原子相互作用的关系？如何通过控制体系粒子间的相互作用来控制合金液体的性质(脆度)，以提高体系的非晶形成能力？目前只有一些经验的非晶形成能力判据，并不能有效预测哪怕最简单的合金体系的非晶形成能力，其主要原因是对非晶物质形成的物理本质不清楚。

问题 18：为什么不同物质体系非晶形成能力有如此巨大的差异？不同价键的物质非晶形成能力有巨大差异，如共价键的硅化物形成非晶的冷却速率远小于 10^{-3} K/s，而一般合金的形成所需的冷却速率在 10^5 K/s 以上。即使在金属合金体系，非晶形成能力(如果用冷却速率定义)也有巨大的量级差别。比如单质金属需要 10^9 K/s 以上的冷区速率才能得到非晶态，而 ZrTiCuNiBe 体系临界冷却速率可小于 10^{-2} K/s，差别约 10^{11} 量级。不同物质非晶形成能力巨大差异的物理机制还是个谜。

问题 19：晶核的形成和长大与非晶形成能力关系？形核和长大的机理及控制是认识非晶形成能力的途径之一。形核和长大的热力学、动力学以及与熔体结构及性质、外部环境和条件与非晶形成能力的关系的研究一直在定性阶段，多年来没有实质性的进展。随着科技的进步，对形核和长大的机理不断有新的认识，如何结合形核和长大的最新成果，加深对非晶形成能力的认识，发现非晶形成能力的新判据，指导探索新型非晶材料，是非晶材料的前沿课题。

问题 20：微量掺杂对非晶形成能力巨大调控作用的机制是什么？大量实验发现微量元素的掺杂能极大地改变一个体系的非晶形成能力，甚至极大地改变非晶材料的性能。微量掺杂方法在非晶材料探索和改性中广泛使用。但是微量掺杂导致的显著宏观效应的机制仍是未解之谜。认识微量元素对非晶形成体系结构、动力学的影响规律、建立探索非晶材料及其改性的高效微量掺杂、微合金化方法是非晶材料领域的重要研究内容。

问题 21：能否找到具有超大非晶形成能力的合金体系？非晶合金目前最大的尺寸在厘米量级，突破厘米尺寸，形成能力类似氧化物、硅化物玻璃的超高形成能力合金体系

(giant metallic glasses，GMG)还未找到。探索非晶形成能力超强的合金体系一直是非晶合金领域的方向，是关系到非晶合金工程应用的关键难题。如果能在某些常用金属体系(如Al 基、Fe 基、Mg 基、Cu 基非晶合金)方面取得突破，获得具有优异非晶形成能力、便宜、应用潜力大的 Al 基、Fe 基、Cu 基、Ti 基和 Mg 基大块非晶体系(非晶尺寸在简易条件下能超过 20 mm)，将改变非晶合金材料领域的面貌。

问题 22：能否合成室温稳定的单质非晶金属？目前有一些获得单质金属非晶的报道，但是得到的单质非晶都是在非常特殊的条件下获得的，一般尺寸都在纳米尺度，而且稳定性很差。如果能获得室温稳定的单质非晶金属，它将是研究非晶物质结构、形成能力、形核长大和非晶形成的关系、玻璃转变、形变、非均匀性本质等基本问题最理想的模型体系。将有助于验证非晶物质的理论和模型，加深人们对非晶本质的理解，同时将有力证明非晶态是常规物质的第四态。但是能否获得室温稳定的单质非晶金属还没有实验定论。

问题 23：非晶物质形成过程中复杂性或者熵的作用及物理机制是什么？提高物质体系的复杂性(熵的调控)是探索非晶材料的方法之一。例如混合熵和非晶形成有密切联系，多组元混合设计是获得强非晶形成能力合金的主要思路；通过化学成分无序和复杂性的调控可以得到高熵合金材料。但是仅仅提高成分和结构的复杂性不一定就能有效提高一个非晶体系的形成能力。找到熵、复杂性和非晶形成的本质物理关系，实现非晶形成能力的熵调控是解决非晶材料探索效率低下问题的关键。

问题 24：低维体系(二维、一维、零维)非晶形成的物理机制及和三维体系的异同？这个问题包括：能形成零到二维的非晶物质吗？低维非晶体系没有所谓的笼子结构，如何能保持稳定的低维非晶态？纳米非晶线、纳米非晶颗粒体系能稳定存在吗？低维非晶物质的形成能力和三维物质有异同吗？

问题 25：怎样提高一个体系的非晶形成能力？当前还没有有效、定量地提高和调控非晶形成能力的理论、试验方法。非晶合金材料的基础研究与应用面临的"卡脖子"难题是其非晶形成能力问题。20 世纪 90 年代初，日本东北大学 Inoue 和美国加州理工学院Johnson 研究组改变了过去仅仅从工艺着手来提高非晶形成能力的方法和思路，通过成分设计的方法获得了一系列高非晶形成能力的合金体系。这些设计的体系通常是多组元体系，组元间具有不同原子尺寸和混合热焓的配置。一方面增加熔体的黏度，减缓原子扩散或动力学行为；另一方面引入多晶体相形核的竞争，提高合金过冷液体的稳定性，从而提高形成能力。微量掺杂、相似元素替代也是提高形成能力的有效方法。但是，这些设计方法都是定性的、粗放的，缺乏可预测性，机制也不清楚。

问题 26：人工智能能够有效预测非晶形成能力，寻找具有优异非晶形成能力的体系吗？尽管机器学习在研究非晶形成能力方面取得了初步成果，但将机器学习应用于非晶领域仍有诸多问题尚未解决。首先，大部分非晶形成能力较好的非晶体系均为复杂体系，其成分空间巨大，但相应的实验数据较少。如何建立多组元体系的大数据库是进行高效机器学习的前提。其次，非晶形成能力涉及的影响因素较多，如何设计高效的计算模式和学习路径是成功预测非晶体系的关键。此外，非晶物质的形成是一个复杂的物理过程，实验表征非常困难。在非晶形成的原子运动机制方面主要采用计算机分子动力学模拟研究，如何将机器学习和分子动力学模拟相结合，通过大数据的挖掘和分析研究非晶形成过程的热力学和动力学过程，建立非晶成分-结构-特征之间的关联，揭示非晶形成能力的演变规律，不仅能为加速新合金的设计与研发提供理论依据，还能为加深理解非晶物质的本质与特征提供数据支撑。

问题 27：能制造非晶合金材料吗？非晶物质可以通过原子/分子制造获得吗？非晶合金主要是通过熔体快速凝固得到的。但由于非晶合金形成需要快速凝固的特点，现有的凝固技术方法在制备大尺寸非晶合金方面仍然存在诸多限制。除了合金成分设计之外，另一种解决合金的非晶形成能力问题的有效策略是发展非晶制造和智造技术，如用非晶合金粉末、细丝或者条带(这些粉末、丝和条带都可以大规模生产)，再用 3D 打印技术、声制造技术[26]、光制造技术等制造大块体非晶合金。智能制造是将数字化制造与人工智能结合在一起的新一代先进制造技术，如果能将先进的合金制造、智造新技术应用到非晶合金材料的制备，实现非晶合金制备和成型一体化，将会带来非晶合金领域的革命。

原子制造是"原子尺度的 3D 打印"，即从单个原子出发，在原子级精度上直接制造具有特定结构和功能的纳米级非晶物质，然后将这些纳米结构组装成更大的材料或器件，实现从原子到材料的精准制造。目前的挑战在于如何实现原子、分子尺度精准。实现途径包括利用程序控制的扫描探针技术进行原子操纵，把电场、光场和磁场等引入到现有的分子束外延和原子层沉积技术中，实现原子级精准构筑低维功能结构及原型器件。如何实现大面积可控备及稳定性仍然是原子/分子制造的挑战性问题，目前还没有成熟的解决方案，都在探索阶段。

问题 28：复杂化、熵调控能否达到新的层次，得到新的、性能奇特的非晶物质？生命物质就是物质复杂化达到新层次的产物。通过物质的结构、化学、构型的复杂性、增加熵是设计和探索非晶材料的一个思路和途径，并取得重要成就，例如得到高熵、非晶合金等物质和新材料。安德森提出多则异也(More is different)，在非晶物质领域，复杂则异也(complex is different)。无机非晶的新特性和性能还不够丰富，如何通过复杂化，熵和序的调控，获得更多、更新奇的特性，是非晶物质科学的方向。新特性可能带来非晶物质应用和发展革命性的变化和影响。问题是如何使得复杂化更具体化、可操作化，进一步通过复杂化物质，达到新的复杂层次，制造出新的、具有崭新性质的非晶物质？

17.3.3 第三大类问题：结构问题

第三大类问题是和非晶物质微观结构有关的问题。目前，非晶物质结构研究模式和思路深受晶体固体物理定式的影响。按照传统的晶体固体物理结构研究定式的思路，非晶长程无序结构的表征存在两大困难：一是在现代微观结构表征技术下，不同非晶物质结构的差异无法得到有效地区分；二是基于这些衍射信息很难得到非晶物质真实的结构特征(衍射信息和真实结构不一一对应)。因此，基于实验表征，我们无法精确地获得各种非晶物质微观结构信息，进而无法建立有效的结构性能关系。计算模拟可以从原子层次上给出非晶物质的微观结构信息，为构建非晶结构模型提供了前提条件，是当前非晶物质研究中的重要手段。但受计算能力的限制，能模拟的粒子数目和真实非晶体系的粒子数目相差很大。

对于相对简单的，由原子组成的非晶合金，其原子结构的认识经历了从原子无序到原子密堆[27-29]，到原子团簇模型[30]，再到原子团簇堆垛模型的漫长历程[28,31]。20 世纪 50 年代，Bernal 基于手工搭建的模型，提出了无序硬球密堆模型，认为非晶合金的结构是以原子为基本单元的无序密堆；20 世纪 70 年代，Finney 基于对局域结构的认识，将无序密堆模型简化成由成百上千种团簇搭建的团簇模型，大大地简化了描述非晶合金的结构参量；21 世纪初，得益于计算模拟，引入类团簇堆垛概念，提出类团簇为单元构建了中程序模型。这些模型将描述非晶原子结构的参量从成千上万的单个原子简化成了成百上千的具有相似对称性的原子团簇。通过对无序密堆结构进行空间分割，给出了非晶合金中每个原子的局域构型及其几何和对称性信息，并且对具有相似局域构型的原子进行归类，这在一定程度上将非晶合金的结构简化为只包含上百种的团簇类型和对称性(如二十面体团簇和局域五次对称性)的结构。这对非晶合金的结构特征及构效关系的研究产生了重要影响[32]。但是，随着研究的深入，发现基于原子团簇的堆垛模型依然存在着诸多问题：如团簇种类依然繁多，导致参数空间较大，团簇不易用实验验证，也难以实验调控。更重要的是，基于团簇含量的平均结构信息建立起来的结构性能关系也不具有一一对应关系[33,34]。基于团簇模型，也难以建立微观结构和宏观物性的跨尺度关联。团簇密堆模型只给出了中程序直观的原子构型，并没有给出定量描述中程序的方法。此外，非晶物质的结构特点是长程无序，并和时间相关，需考虑动力学因素、跨空间和时间尺度。

　　非晶物质可以被分为无机、有机和金属三大家族，构成其结构的主要化学键型分别是离子共价混合键、共价键和金属键。其结构特征各有不同，但都很复杂。随着结构分析技术的进步，更多关于非晶结构特征的结果被发现，如最近应用高磁场强度 35.2 T 的固态魔角核磁技术，直接探测到了浮石玻璃结构的短程无序特性，并发现该玻璃形成过程和短程无序特性有密切联系。颠覆了传统科学认为玻璃结构短程有序、长程无序的固有概念[35]。在共价键非晶物质中还发现拓扑长程序[36]。

　　总之，对非晶结构的描述需要全新的概念、方法和思路。如何突破传统晶体材料研究结构的定式、思路、理念和方法，提出新的描述结构特征的概念、范式和方法，如从粒子相互作用的角度、拓扑的角度、网络的角度来描述非晶结构，是非晶物质研究的重大挑战之一。非晶物质结构的科学问题包括如下问题。

　　问题 29：如何有效表征非晶物质结构的无序特征？探索表征非晶物质微观结果的新范式和新思路是非晶物理和材料领域的核心问题之一。非晶物质微观结构的基本特征是无序性、多样性、复杂性和随时间的不确定性共存。多样性表现在构成非晶物质结构的主要化学键型有离子共价混合键、共价键、氢键和金属键，至少存在几大类非晶微观结构，如无序网状结构、链状结构和密堆拓扑无序结构等，且由此可衍生出纷繁复杂而难以确定的键合及微观结构构型。非晶微观结构的不确定性在于同种体系、不同状态和时间下微观结构是不同的，且结构构型会随时间变化。如何确立这种微观结构时空演化基本特征，目前还没有能同时高精度分辨非晶结构时空特征的有效实验手段。非晶结构的复杂性在于其每个组成粒子周围的环境和粒子的排布都不同，相互作用、键合、成分也不同，是多体问题。关于非晶结构的模型有很多，但是还没有一个模型能够比较准确地表征非晶无序结构的特征，甚至还没有找到一个比较好的方法来描述出非晶的长程无序性和短程有序性。目前，对于不同价键的非晶物质，有不同的模型，如适用于共价键玻璃的连续无规网络模型，适用于非晶合金的团簇密堆模型，适用于非晶有机高分子的无规线团模型等。还没有统一的能描述各类非晶物质的结构模型。

问题 30：拓扑思想和方法能否有效描述非晶物质的结构？纵观非晶合金结构的探索历程，人们用了几十年时间，将描述其结构的参量从成千上万的原子简化到了成百上千的原子团簇；在停滞了近三十年后，借助计算模拟，进一步将结构参数简化到了百量级；基于团簇结构的堆垛模型正面临着挑战并停滞不前。引入新方法和新思路是解决非晶物质结构问题的唯一途径。通过寻找合适的具有特殊拓扑属性的参量来分类表征相应的原子集合，是否能进一步简化对非晶结构的描述，更好地描述和表征非晶结构问题？拓扑是一个古老、简单的数学概念，用于研究物体被拉伸、扭转等形变而未破坏时，仍保持不变的性质。拓扑可能是统一非晶物质无序结构多样性、简化结构参量、表征非晶物质微观结构的新方法。拓扑的引入，可能为解决非晶结构难题提供全新的思路。事实上，拓扑学概念的引入已经在不同领域都起到了决定性作用。近年来，基于变换不变性的拓扑参量分析，为从无序体系中寻找有序提供了可行的方法，并在一些复杂无序问题、强关联问题的解决方面取得了突破性进展。例如，将拓扑与霍尔电导联系起来，揭示了能带的拓扑性，为物理学掀开了新的一页，也促使人们重新审视过去的许多物理现象和基本概念，引发了拓扑材料和拓扑态的研究热潮。由于拓扑概念的引入，在混乱无序的电子运动的研究中得到了基于电子拓扑序的新物态，从而引发了凝聚态物理革命。分子机器的设计与合成(2016 年获诺贝尔化学奖的工作)，本质上也与化学拓扑密切相关。

非晶物质的前期研究也暗示了其结构具有拓扑性，如非晶物质的中程序具有拓扑性质[37]。拓扑能描述几何图形或空间在连续改变形状后还能保持不变的性质，在现有非晶无序结构模型的基础上引入拓扑描述、分类方法，如图 17.17 所示，可以进一步减少描述非晶合金的结构参量到个位数，大大简化对复杂非晶结构的表征。这可能是解决非晶结构的表征的新途径。再如，非晶合金在高压下表现出反常的晶化行为，不同非晶合金的关联函数的峰位是一些特征值，这都暗示了非晶物质的结构具有拓扑属性。

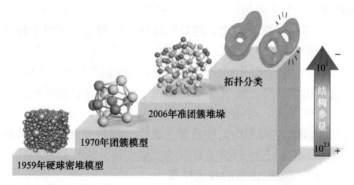

图 17.17　非晶合金结构研究的发展历程，问题及拓扑引入的意义(李茂枝、管鹏飞、武振伟提供)

问题 31：能否建立非晶物质宏观性能和微观结构的关联关系？非晶宏观性能与原子尺度结构关系跨越了很大的空间和时间尺度，表征与建立非晶结构与性能的相关性从基本理论到实验手段都极其困难。能否建立有效的微观结构和宏观性能的关系是最大挑战之一。

问题 32：结构模型中如何包含时间演化和动力学因素？非晶物质及其过冷液态微观结构包括短程序和中程序以及长程无序，除了空间上的无序复杂性，亚稳的非晶结构还随时间不间断弛豫和演化。短程序、中程序以及整体结构随时间的演化特征及超高时空分辨，非晶局域结构随外场(应力和温度场)的演化规律研究一直是实验上的挑战，因为现代微观结构分析和表征手段对非晶结构的分析能力非常有限，很难同时实现超高时间(ps)和空间(1~2 Å)分辨。超快 X 射线衍射能够提供足够高的时间分辨，但是长程无序的平均结构信息很难反映出局域原子结构特征和动力学行为。电子显微镜技术提供了相当高的空间分辨来探测局域原子结构，但不具备足够高的时间分辨以捕获局域结构动力学特征。

　　自由电子激光在非晶物质研究中将起到关键作用。自由电子激光(free electron laser，FEL)是相对论性电子束团在周期性横向静磁场中振荡运动产生的相干辐射[38-41]。自由电子激光的原理基于同步辐射。同步辐射是速度接近光速的相对论性带电粒子在磁场中沿弧形轨道运动时放出的电磁辐射，其亮度高，波段宽，可以根据需求调制特定波长的光，脉冲间隔为几十纳秒至微秒量级，具有高偏振、高准直、高相干性等特点，满足了激光器光源的需求。通过自由电子激光产生的 X 射线(XFEL)具有高亮度、短脉冲和全相干性等优越特性，可以在原子层面研究物质在飞秒级别的动力学过程，也为在高空间分辨率和高时间分辨率下研究非晶态物质的动力学行为提供了可能。自由电子激光器由电子加速器、磁摆动器以及光学谐振腔三个主要部分组成。磁摆动器由多对相邻磁场方向上下交替变化的扭摆磁铁构成。光学谐振腔主要由反射镜和半透半反镜构成。如图 17.18 所示，相对论电子束从激光共振腔的一端注入经过摆动器时，受到空间周期性变化的横向静磁场作用在平面内左右往复摆动。带电粒子在磁场中沿弧形轨道运动时放出同步辐射，在一定的条件下于不同位置处发射的电磁波可以有相同的相位，并且还能够从电子束中获得增加的能量。其中一部分电磁波可以在由反射镜和半透半反镜构成的谐振腔内往返运动，导致能量反复放大，最后从半透半反镜输出激光。磁场使电子受到一个作用力而偏离直线轨道，并产生周期性聚合和发散作用，即在电子上的纵向周期力——有质动力。在有质动力的作用下，电子束的纵向密度分布受到调制。于是，电子束被捕获和轴向群聚。这种群聚后的电子束与腔内光场(辐射场)进一步相互作用，会产生受激散射光，使光场能量增加，得到相干性的激光。这是通过自发辐射光子和电子相互作用的反馈机制，把自发辐射转换成窄带相干辐射。而且此辐射电磁波在电子运动的方向上强度最大。因此，摆动器促成了自由电子激光器中电子和光子间的相互作用。在电子通过摆动器后，利用弯曲磁铁把电子和光分离。硬 X 射线自由电子激光装置将提供超高分辨成像和超快过程表征等先进的研究手段，可用来研究非晶态物质的空间非均匀动力学行为(spatially heterogeneous dynamics)和结构非均匀性及其关联性，将为观测非晶物质在原子尺度下的结构以及在不同条件下的动态过程提供有力的实验支持，为理解非晶物质的深层次物理学规律和发现新的物理现象提供新的技术手段。

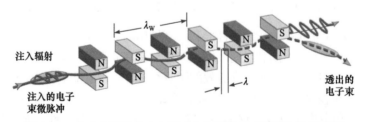

图 17.18　自由电子激光中电子束和波荡器相互作用的示意图[38]

问题 33：短程序是如何排列、构建成长程无序结构的？即有序和无序的关系。理论研究证明非晶和晶体、液晶、液体等常规凝聚态物质都可以用共同的短程有序的单元构建，即非晶短程序和晶体原胞类似。但是，短程序是如何排列、构建成中程序和长程无序结构的亚稳结构问题一直是理解非晶结构、非晶形成、结构和性能关系、动力学特征的关键难题。

问题 34：微观尺度上的结构不均匀是否是非晶物质的本征特性？结构非均匀性在不同时空尺度上的表征和演化规律？从宏观上看非晶物质各向同性且均匀，直觉上很容易认为其结构是连续均匀的，这主要根源于早期提出的一些微观结构模型。随着研究的深入和结构分析实验手段的不断进步，人们发现非晶结构在微观尺度上并不是均匀的大量实验证据，包括脆度最强的 SiO_2 玻璃，其微观结构都是非均匀的。微观结构非均匀表现为：有些区域表现出类似液体的性质(liquid-like)，而有些区域则表现出固体的性质(solid-like)，其不均匀的尺度在 $1\sim10$ nm 的级别，甚至更大尺度。这样的非均匀是否是非晶物质的本征结构特征还有很大的争议，目前还没有公认、有效的理论和实验方法来表征非晶的结构，即动力学不均匀性。缺乏判定性试验证明非均匀性的本质特征。结构非均匀性的时空演化规律、随温度的演化还需进一步研究。

问题 35：非晶结构不均匀性和动力学不均匀的联系？这个大问题包括结构不均匀性是不是动力学不均匀性、模式多样性的起源？它和液体结构、弛豫动力学、原子流变、扩散等系统的内部运动关系？结构不均匀性和流变单元，形变、宏观塑性、力学性能、物理性能、催化等化学特性的关联性？

问题 36：能否发展出有效表征非晶结构的新实验手段？目前的结构微观分析和表征手段对非晶结构的分析能力非常有限，很难同时实现超高空间($1\sim2$ Å)和时间(ps)的分辨。超快 X 射线衍射、自由电子激光技术、阿秒激光灯大装置能够提供足够高的时间分辨率，但其平均结构信息很难反映出局域原子结构特征和动力学行为。电子显微技术提供了很高的空间分辨率来探测局域原子结构，但不具备足够高的时间分辨率来捕获局域结构的动力学特征。发展新的复杂结构的有效分析方法和手段将促进非晶物质等复杂物质结构研究的革命。

问题 37：从液态到非晶物质其微观结构是如何演化的？非晶物质的很多结构和性能特征和液体一样，很像是已经隐藏在其形成液体中。有实验证据表明液态和非晶态有结构遗传特征。表征、分析非晶和液态物质的演化和遗传关系，对理解非晶形成规律，结构和性能的关系，非晶的特征都具有重要意义。

17.3.4　第四大类问题：动力学和热力学问题

第四大类问题是与动力学和热力学有关的问题。非晶物质相对其他三种常规凝聚态物质的一个重要不同就是具有丰富的动力学特征和非平衡热力学特征。非晶物质是典型的亚稳态，其形成是典型的非平衡态过程，其热力学行为丰富；非晶复杂、无序、非均匀的微观结构特征导致其具有多种、跨巨大时间尺度的动力学模式。因此，热力学和动力学都是认识非晶物质的重要途径和窗口，如何描述和表征非晶物质的热力学和动力学行为及特征是非晶物质科学的重要方向。在此列举重要的、广泛关注的问题如下。

问题 38：为什么非晶物质存在多种弛豫模式？在非晶物质中普遍存在多种弛豫动力学模式，除了两个最基本弛豫：α弛豫和β弛豫，还有更高能量和频率的弛豫模式(如玻色峰等)，在低温还有一些极慢的动力学模式，同时不断有新的动力学模式被开发出来。为什么非晶物质不同于其他常规物质具有这么多的动力学模式，这反映了非晶物质的本征特性吗？这些模式之间的关系，结构起源，特别是两个主弛豫(α弛豫和β弛豫)的关系及物理本质的异同，特别是不同弛豫的动力学基本特征和结构、特征、玻璃转变、稳定性、形成能力、性能的密切关系都是非晶物理研究的前沿课题。也是认识非晶物质本质、调控非晶材料性能的重要途径。

问题 39：为什么非晶物质弛豫时间是远偏离线性规律的扩展指数形式？普通液体的弛豫时间是线性规律(布朗运动规律)，但是复杂液体特别是深过冷液体、非晶物质的弛豫时间远远偏离线性规律，其动力学不均匀性主要表现在结构弛豫的时间函数是非指数的，经验上符合 Kohlrausch-Williams-Watts 公式$[\phi(t) = \exp[-(t/\tau)^\beta](0 < \beta < 1)]$。非晶物质包括过冷液体的未知和奇异性在于其动力学所具有的基本特征与其不均匀性存在密切关联，但是非指数弛豫规律和微观动力学不均匀性的定量关系，以及与结构、弛豫、性能的关系等问题都是未解决的科学问题。这些问题的解决是建立非晶态物理基本理论框架的必要条件。

问题 40：如何描述主要动力学模式(α弛豫)随温度的变化规律？有很多描述α弛豫随温度的变化规律的经验公式如 VFT 方程，但这些公式的物理意义不甚明确，在宽温度范围的准确性有限。寻找更宽温度、压力范围的、更大弛豫时间尺度都能精确描述α弛豫变化规律的数学公式是非晶物质科学的主要任务之一。

问题 41：非晶物质可以根据 α 弛豫随温度或压力的变化分类吗？很多人试图对不同非晶形成液体进行合理分类和表征。其中 Angell 提出了脆度(fragility, m)概念：α 弛豫随温度或压力的变化偏离 Arrhenius 关系式的程度，对应于 α 弛豫随温度或压力的变化激活能的大小。脆度被较广泛地用于区分非晶物质和液体。但是，对于性质、特征、非晶形成能力如此巨大、各种不同的非晶态物质，m 值的变化范围太小，难以精确、有效地区分不同的非晶物质。需要更佳的参数和概念来分类非晶物质和液体。

问题 42：非晶形成液体在 T_m 以上温度是否存在液-液转变？近期理论和实验结果显示在 $T \gg T_m$ 温度区，存在液-液转变的证据[42-47]。这种转变伴随键取向序的变化，而结构和密度没有明显的变化。存在液-液转变的证据说明在液体中弛豫规律会随温度发生转变。这种液-液转变是动力学转变还是结构转变？液-液转变及其普适性的证实对理解玻璃转变、液体性质、非晶形成能力都具有意义。

问题 43：非晶物质在 T_g 以下动力学行为，即组成粒子的运动被完全冻结了吗？根据经验的 VFT 公式，在某个有限温度 T_0(动力学理想玻璃转变温度)，黏滞系数或者弛豫时间会发散，趋向无穷大。这成为一些玻璃转变理论的基础之一。但是一些实验和理论结果都质疑是否存在这样的有限温度 T_0，质疑是否存在黏滞系数或者弛豫时间随温度降低会发散的现象[48-52]。一是从哲学上说，运动不能完全被终止，物质总是会运动的。再者非晶物质中即使在低温下也发现了一些局域运动模式。这个问题是非晶领域目前争议最大的问题之一，以至于在四年一度的非晶物质动力学会议上，把这个问题设为一个分会专门讨论[如 "International Discussion Meeting on Relaxations in Complex Systems"；July

23-28, 2017 in Wisla (POLAND), has a dedicated section in the topic, named "Diverging or Non-Diverging Time Scales"]。

问题 44：β弛豫的物理机制和结构起源？该局域弛豫在各类非晶物质中是不是普遍存在？是不是非晶物质的本征动力学特征？β弛豫的本质与非晶结构非均匀性、力学性质、扩散、本征特性等到底是什么关系仍然是动力学研究的主题。关于β弛豫的模型很多(如 string 模型、流变单元模型等)，这些模型的普适性、精确性、有效性都有待实验证实和修正。与β弛豫表征和机制有关的问题是长期争议的焦点之一。

问题 45：α弛豫和β弛豫在特征温度点 T_c 分裂的物理机制？随着温度的降低或者压力的升高，甚至随着作用时间的演化，非晶物质的两个主要动力学模式：α弛豫和β弛豫会在某个特征温度点(T_c)或压力点，或者时间点分裂，或者称为动力学模式退耦。这种现象在非晶物质中似乎是普适的，如何理解描述这个现象，模式退耦和非均匀性的关系，这两类主要动力学弛豫模式的关系 T_c 和 T_g 物理本质及关系，这种现象的结构起源等都是未解决的动力学关键问题。

问题 46：非晶及其形成液体中的扩散行为和机理及与动力学、形成能力、黏滞系数的关系？液体随温度降低趋向 T_g 点的过程中，扩散行为和非晶的形成、动力学有密切的关系。扩散行为随着温度的降低会发生很大的变化，Stokes-Einstein 公式不再适用，扩散微观机制也从单原子跳跃式变化到关联在一起的集团式(collective model)。扩散行为变化的物理机制以及与玻璃转变、动力学行为的关系等都能反映非晶结构和动力学的信息。

问题 47：在 T_g 以下，α弛豫被冻结，非晶物质中的主要弛豫机制是什么？大量实验证明，在远低于 T_g 温度以下的非晶态，还存在一些动力学模式，这些模式的时间尺度很缓慢。这些弛豫模式的结构原因，和性能的关系，非晶态反向弛豫即回复(rejuvenation)的特征及机制，以及和非晶特征、结构的关系是非晶物质领域的新课题。

问题 48：在远低于 T_g 以下，是否存在超长时间尺度的动力学模式？非晶物质中的粒子在远低于 T_g 以下，可能的运动模式的时间尺度超长，在年的量级。远超出实验室的时间尺度(小时)。如何探测和表征超常时间尺度下的弛豫或动力学行为，发现某些隐藏在长时间尺度下的动力学模式以及它们对性能的影响，是认识非晶本质、调控非晶材料性能的突破口。

问题 49：非晶物质中快动力学模式的结构起源和物理机制？一个很奇特的现象是，在远低于 T_g 以下的一些非晶物质中发现快局域动力学模式，这些模式和其结构、特征会有密切联系，但是这些模式的起源及物理机制还不清楚。

问题 50：声子存在于非晶物质中吗？声子是描述晶格热振动量子化的准粒子，它传播物质中原子振动的能量，可以说是物质内部"声音"的量子态。固体物理观点认为，声子一般只存在于具有周期性结构的固态晶体中，代表原子间相互作用的动力学性质。非晶物质内部却含有成千上万个原子，但并不存在晶格，原子排列是长程无序的。非晶物质会不会存在类似于原子的晶格振动？能否探测到声子的激发态？有什么特征？我们是否可以通过研究其振动性质，进而一窥非晶物质动力学以及结构的秘密？

问题 51：玻色峰是非晶物质的本征动力学特征吗？其物理机制是什么？玻色峰被认为是无序非晶体系的一个基本特征，但是不是本征特征仍然有争议，其物理机制也是非晶物理争议的焦点之一。非晶物质中低频振动模式(软模)的时空演化、玻色峰的起源,玻色峰和液体的脆性系数、其他动力学模式、性能的关联及其物理机制都是备受关注的课题。

问题 52:非晶物质的各种不同动力学模式是不是关联耦合的?其关联的物理机制?有人认为非晶物质中各种动力学模式是相互独立的,没有关联;有人认为这些模式是动力学在不同形态下的不同表现;也有人认为这些模式是关联的。非晶动力学的进一步发展需要澄清这些模式的关联性及关联机制,能否被统一理论描述。

问题:53:是否存在热力学上的理想玻璃转变温度 T_K(Kauzmann 转变温度)?是否存在理想或者极限玻璃转变温度 T_K,或者非晶物质熵的下限?是否存在理想非晶物质以及理想非晶物质的主要特征和性能是非晶领域探索的方向和切入点。

问题 54:熵危机的物理本质?熵危机在其他玻璃转变类型(如自旋玻璃)中是不是普适的?液体过冷过程中熵要降低,但是液体不能无限过冷,否则将出现液体熵小于或等于晶体的熵,甚至出现负熵,违反热力学第三定律。这即熵危机。另一方面,熵随温度的变化是不是一定是单调的这些都没有定论。

问题 55:维度对非晶动力学模式的影响及机制?降低维度会显著改变非晶物质的动力学行为。如在非晶物质表面、超薄膜(二维)、纳米颗粒(零维)、非晶丝(一维),其粒子的动力学行为加快。低维非晶物质的动力学行为研究是非晶物理研究的前沿。

问题 56:如何精确描述非平衡非晶物质热力学行为,建立非晶和液体比热的理论模型?热力学是认识非晶物质世界的一个主要思想之一,而统计物理将宏观物质的热力学行为与其内在的微观基本运动有机地结合起来,赋予了热力学强大的认知能力。热力学已能够完善描述物质的三种基本存在形态中的气态和固态(主要指晶态)物质,但是对于液态和非晶态的热力学行为的认识还非常有限。热力学行为是非晶态体系宏观基本特性之一,非晶热力学基本特性与结构和动力学的关联性,特别是非晶和液体的比热理论的建立,其比热及其和组成单元的运动与能量和熵的关联性,是建立非晶体系热力学范式的关键。

17.3.5　第五大类问题:流变和形变问题

第五大类问题是和非晶物质的流变和形变相关的问题。2000 年初,美国克雷数学研究所向世界公开征求七大数学难题的解答。这些问题都是当今数学中最艰深和重要的领域:从拓扑学和数论到粒子物理学、密码学、计算理论甚至到飞机设计。这些被称为是位于数学世界之巅的"千年难题"代表着人类智力活动的巅峰。这些问题激励着最杰出的数学家投身其中,以期获得解锁人类未来文明的密码。其中每一个问题的解决,都意味着可能找到一座隐匿着未知真理的巨大宝藏。这七大数学难题之一就是 19 世纪中叶法国科学家纳维和英国物理学家斯托克斯提出的描述流体和气体运动行为的纳维-斯托克斯方程。该方程对物质流动提供了最深刻和可靠的理解,在天气预报、海洋气流、石油勘探、电气和水利工程、机械制造、飞机设计和航空动力学、航天工程、行星运动、国防军工等前沿科技与工业制造中发挥着核心的作用。科学家深信,无论是天气还是湍流,都可以通过纳维-斯托克斯方程的解来描述和解释,破译纳维-斯托克斯方程解的密码会在科技和实践层面带来翻天覆地的突破。

　　非晶物质在外场条件下，也会发生局域的、宏观上不易察觉的原子/分子尺度的非弹性形变或流变。其流变的时间、空间尺度分布很广。非晶体系的形变、流变决定了其物理和力学性质，涉及非晶材料、地质运动、工程稳定性、地质灾害等很多领域。非晶物质的形变和流变现象完全不同于常规的流体，比纳维-斯托克斯方程描述的常规流体更加复杂，时间尺度更宽，而且表现出独特的性质和特征。因此，非晶物质的流变的描述、模式和机制等方面有很多重要的科学问题亟待解决。提出比一般流体和气体运动要复杂很多的黏滞流体的方程或理论是重大挑战，这样的理论的提出将提升整个现代文明的等级。

　　非晶物质流变和形变相关的问题如下。

　　问题 57：非晶体系是如何耗散外加能量而发生流变的？即非晶物质的流变机制和物理模型问题。这是非晶科学研究的核心问题之一。这个问题包括外场(如温度、应力)下非晶物质如何从局域失稳发展成宏观失稳的过程，其微观结构在失稳过程中的演化，以及能量(弹性能)耗散机制。还包括如何描述非晶物质在应力作用下的能量耗散和失稳的过程，阐释其物理本质。

　　问题 58：非晶物质中是否存在类似晶体中缺陷一样的流变单元？如何定义、表征非晶体系中的流变单元？非晶物质中是否存在类似位错这样的结构流变单元一直是争论的焦点，因为很难在实验上从无序结构背底中发现不同的无序的结构单元，也很难从无序中去定义不同的无序单元。如图 17.19(a)所示，在一群有序排列的白羊中找出一只乱串的蓝色的羊很容易(即在有序背景中发现无序易)；但是要在无序排列、颜色混乱的一群羊中找出一只蓝色的羊就很困难(即在无序中表征无序难)[图 17.19(b)]。对于和形变单元相关的问题，如流变单元的分布、激活能、结构起源、尺寸，形变单元和结构、弛豫的关系，局域的形变单元如何演化成大尺度的剪切带及裂纹都是跨尺度的难题[53,54]。

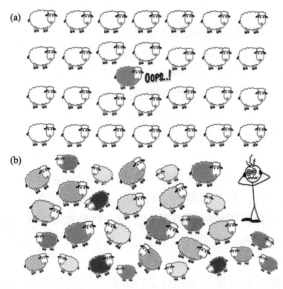

图 17.19　在无序中发现无序的"缺陷"困难的示意。(a)在一群排列整齐的白羊中发现一只乱串的不同颜色的蓝色羊很容易；(b)在一群混乱排列的不同颜色的羊群中发现这只蓝颜色的羊很难[53]

问题 59：局域动力学模式、局域振动模(软模)、玻色峰和形变单元、流变行为的关系是什么？非晶物质中普遍发现的局域动力学模式，软模和玻色峰与非晶材料形变的关系，以及如何实现从动力学角度对非晶物质形变单元和软模分布的控制，设计和优化非晶体系的力学性质？

问题 60：非晶物质剪切带的形成机制？包括剪切带的形成和什么物理因素(温度、密度变化)有关，剪切带和结构、流变单元、形变及断裂的关系，剪切带的扩展方式、控制和临界失稳动力学行为特征等问题。

问题 61：流变单元、剪切带与动力学模式 β 弛豫、α 弛豫的关系？有实验表明，剪切带的形核对应于β弛豫，长大演化对应于α弛豫。但是剪切带在形成、演化中原子团簇运动的精细物理图像，和不同动力学弛豫的关系需要发展高时空分辨率的剪切带表征实验技术才能有效解决的问题。

问题 62：非晶物质流变的锯齿行为的结构起源和物理本质？非晶物质的流变不同于常规物质，不是均匀、平滑的，而是波动的锯齿流变行为。这种流变时的锯齿行为和非晶物质本征的结构非均匀性、流变单元、剪切带及其演化密切相关，也是认识非晶流变的有效途径。非晶物质锯齿流变行为的起源很复杂，其和塑性、断裂的关系都有待澄清。

问题 63：非晶物质中形变和玻璃转变的关系？形变和玻璃转变两大问题是不是有内在联系和本征关系？能否以及如何建立统一的流变模型来描述表征非晶物质中的大规模流变(如玻璃转变、弛豫)和局域流变(如形变、屈服及剪切流变)现象？

问题 64：非晶物质强度的物理本质？强度是研究物质的突破口之一。晶体强度物理本质的研究导致了晶体缺陷概念的提出和位错等缺陷的发现，对晶体材料结构、塑性、材料探索和设计起到至关重要的作用。非晶物质强度的物理本质仍然不清楚。非晶强度、弹性行为与短程序畴、中程有序畴和流变单元的关系研究也是认识非晶结构、形变、塑性、力学性能和结构关系的重要途径和突破口。

问题 65：非晶物质模量的结构起源？弹性模量是固体的本征特性，反映了物质键合及结构特征。弹性模量也是理解非晶物质本质的重要物理参量，它和物质其他物理、力学性质密切关联，特别是泊松比和韧性/塑性关联，在探索非晶材料、改进和调控材料性能中起到重要作用。但是这些关联的物理本质、非晶模量的结构起源、模量软化行为以及玻璃转变时的模量硬化、软化行为的物理本质、模量遗传性等行为的机制等仍有待深入研究。

问题 66：脆性是非晶物质的本征特性吗？绝大部分非晶材料表现为脆性行为。脆性也是非晶材料应用的短板。非晶脆性的物理起源，以及如何克服脆性，提高非晶材料的塑性和韧性一直是非晶材料领域的重点研究方向。但是迄今对非晶脆性的机制和结构起源，以及脆性和其他物理因素的关系都不清楚，也缺乏有效、普适的方法、判据和途径来克服非晶材料的脆性。

问题 67：塑性和脆性的辩证关系是什么？非晶物质的塑性和脆性是辩证的、相对的，决定于温度、应变率、组成粒子流变的空间尺度(局域或扩展)、时间以及结构的均匀性等因素。非晶物质塑性和脆性的相对性、辩证关系可尝试利用古代八卦图来示意和解释，如图 17.20 所示。通常的液态可以看成是脆性的，随着温度的降低，熔体中的粒子会强关联在一起，过冷液体在结构和动力学上会越来越不均匀，塑性逐渐增加，在 T_g 附近，过冷液体表现出超塑性；非晶态固体接近 T_g 温度也表现出塑性，在室温(RT)附近一般表现

(a)

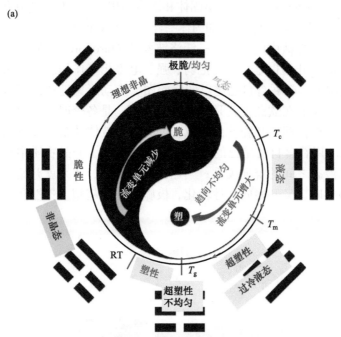

(b)

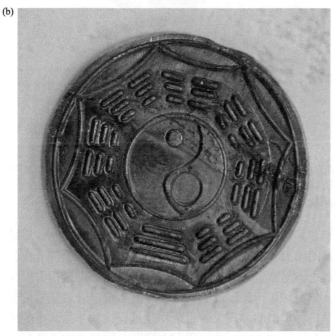

图 17.20　(a)古代的八卦图可示意非晶材料中脆性和塑性之间的辩证关系；(b)用 Ce 基非晶金属塑料在开水中超塑性成型制备的八极图

出脆性；当非晶中流变单元越来越少，接近理想非晶态时，会表现出和气态类似理想的脆性。即塑性强时，脆性弱；当达到超塑性时，体系就开始向脆性转化；达到极脆的理想脆性时，又开始向塑性转化。所以说，塑性和脆性的关系和八卦图所示的周期性轮回、互补图类似。其实，Maxwell 早就指出固体和液体的相对性，他认为在足够短的时间内任何液体都是弹性而且其行为表现得如固体一样，并提出液体和固体的行为的判据。

古埃及和古希腊神话中的巨蟒——沃洛波罗斯(Ouroboros)，咬着自己的尾巴，象征着轮回和重生既是开始也是结束。把弱、强、电磁相互作用统一起来的物理学家格拉肖 1982 年绘制了一幅吞食自己尾巴的巨蛇图，生动形象地描述了科学世界与大统一理论。沃洛波罗斯蛇在欧洲古代是炼金术的象征，是各个时期炼金术士的标识，其寓意是物质是统一的。塑性和脆性的、流变、固体和液态的辩证关系也可用类似的图来示意。图 17.21 用吞食自己尾巴的巨蛇图形象地描述了非晶物质中脆性和塑性、流变、非晶固态和液态之间的辩证关系；当达到超塑性时，体系就开始向脆性转化；达到极脆的理想脆性时，又开始向塑性转化，极脆意味着超塑。塑性和脆性的关系可以轮回转换。

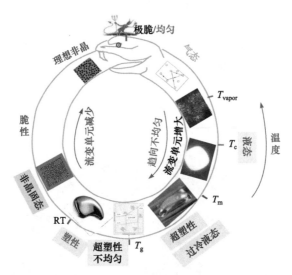

图 17.21 用吞食自己尾巴的巨蛇图形象地描述塑性和脆性、流变、非晶固态和液态的辩证关系

17.3.6 第六大类问题：稳定性和失稳问题

第六大类是和非晶物质稳定性和失稳相关的问题。能量上处在亚稳状态、高熵态，结构非均匀，丰富的动力学模式都导致非晶物质在一定外场条件下，会发生失稳现象，包括局域的、宏观上不易察觉的原子尺度的形变、老化，也包括大尺度、灾难性的整体流变和失稳现象，如剪切带产生、屈服、断裂等。不稳定、衰变也是非晶物质的宿命。非晶固体的失稳是一种类似临界现象的复杂物理过程，和非晶体系的结构、动力学和热力学密切相关，也和地质灾害、一些工程安全问题在物理本质上类似。山体、混凝土和石头工程，随着时间延长，石头和混凝土会出现小裂缝，渗透进去的水一旦冻结会膨胀，造成裂缝加大，这种侵蚀造成混凝土建筑物或工程、山体失稳，类似非晶物质的失稳、

衰变和断裂。

　　一般是从结构、动力学和热力学等不同的角度来研究非晶体系的失稳问题。能否找到影响非晶失稳的局域或整体结构特征一直是一个核心难题。从动力学的角度来看，非晶物质中不同区域的动力学有很大的差异，这种动力学不均匀性影响非晶体系对外场的响应机制。从热力学角度来看，非晶失稳就是系统在外场的驱动下克服势垒的过程。非晶体系的失稳具有不同的时空尺度，而宏观的失稳都是从微观的局域失稳聚集和发展而成的。从局域失稳如何发展成为宏观失稳的过程是认识非晶失稳的关键问题。目前微观尺度上局域化的形变或流变在实验上还无法直接观察，由局域至宏观的失稳过程更难观察研究。非晶物质失稳问题如下。

　　问题 68：非晶物质的失稳行为和规律是什么？非晶体系的失稳包括微观失稳和宏观失稳，宏观失稳是由微观失稳积累和发展到一定程度后发生的类似临界或逾渗现象，其中主要的问题包括：非晶体系局域失稳的特征及其表征，包括其振动模式、结构、热力学和动力学特征；外场下从局域失稳发展成宏观失稳的过程和规律，能量耗散机制以及是否存在描述失稳过程的序参量；非晶体系的结构和粒子间相互作用对宏观失稳的跨尺度影响，特别是对宏观失稳的临界性质的影响，是利用非晶失稳理论指导实践的关键。

　　问题 69：非晶物质屈服的本质是什么？非晶物质在外力作用下，当外力达到某个确定值时，材料的力学性质会发生不可逆的改变，即材料发生屈服。非晶物质的屈服是由流变单元及剪切带承载的，其核心的科学问题包括屈服的机制，屈服和结构、非均匀性、流变单元、玻璃转变的关系，非晶屈服准则以及屈服的微结构原因和调控等。

　　问题 70：非晶物质是如何断裂的？这是个古老的难题，人类在石器时代就在利用非晶物质的断裂来制造工具，断裂过程是非晶物质和材料主要的宏观失稳行为。但是由于断裂是一个非线性过程，目前很难建立精准的理论模型加以描述，更难预测、控制非晶物质的断裂行为。由于非晶的无序结构，其断裂行为和晶体的断裂有很大的不同，晶体的断裂理论也不适用非晶断裂。非晶材料断裂微观上是如何发生和演化的，是脆性断裂还是韧性断裂还有很大的争议，非晶材料断裂的控制是非晶材料应用的难题。

　　问题 71：非晶物质断裂的机制和准则是什么？非晶物质的断裂行为和模式对造成断裂的外界条件很敏感。至今对非晶断裂的一些基本现象，如断裂和剪切带的关系，非晶断裂力学响应的征兆的探测，能否建立统一的断裂准则都还没有定论。

　　问题 72：非晶物质中裂纹是如何扩展的？非晶物质裂纹的形成、演化或扩展相比晶态很独特，其裂纹前端塑性区尺寸较小，其特征及与非晶材料力学性能、非晶物质断面图案的关系都是断裂研究的前沿问题。

　　问题 73：非晶材料断面上丰富多彩、不同尺度和形态的形貌的形成机制？非晶物质断裂相比晶体断裂有更丰富、更细微、更复杂的断裂形貌，这些断面图案是了解非晶物质的独特窗口。其断面形貌和断裂、形变机制、结构、力学性能的关系研究是理解非晶物质的断裂机制、非晶物质特征的重要途径之一。

问题 74：非晶物质的蠕变和疲劳损伤机制？非晶物质和材料也会发生蠕变和疲劳损伤，其蠕变有时能提高非晶体系的能量，有时又可以降低非晶体系的能量。有些非晶材料非常脆，有些如 TiAl 非晶膜具有超强的抗疲劳特性。其蠕变和疲劳损伤结构机理和控制是非晶材料性能调控和应用的关键。

问题 75：如何预测和控制非晶材料性能随时间的衰变演化？非晶材料在不同服役条件下(高压、温度、辐照、温度交变、腐蚀等环境下)的服役行为和性能会随时间变化，直至材料失效。非晶物质从远离平衡态到亚稳平衡态缓慢的转变是个非线性过程，其失效规律及描述，失效效应如何影响非晶材料的物理和力学性能等问题对于认识非晶稳定性和应用十分重要。

问题 76：影响非晶物质稳定的物理和化学因素是什么？不同非晶物质稳定性差异很大。很多研究人员都在探求控制非晶物质稳定的因素，探求如何制备超高稳定性的非晶物质，以及稳定性和非晶形成能力的关系。

问题 77：为什么有些非晶物质如硅化物玻璃、琥珀有如此超高的稳定性(可以稳定存在于千百万年以上)？透明硅化物玻璃具有极高的稳定性，这是因为其中最主要的成分二氧化硅的性质稳定不活跃，只与少数物质发生反应，常常被用于盛放各种腐蚀性化学材料。此外，除了其化学物质很稳定以外，它的结构也比较稳定，其内部有着"硅氧四面体"这种构造单元，由中间的一个硅和与它相连的四个氧形成了四面体结构。正是这种较为稳定牢固的构造单元使得玻璃非常稳定，难以与其他物质发生反应，而且表面还无比光滑，不管在里面装上什么都不会泄漏。玻璃在自然界中可以存在很久，是一种超稳定非晶材料。非晶领域一直期望合成具有超稳定性的非晶合金等非晶材料。但是这些超稳定非晶物质的物理机制即形成机制仍不甚清楚。

问题 78：非晶物质晶化形核和长大的机理和理论？非晶物质的晶化研究历史悠久，但是有大量相关的科学问题没有解决。如相变非晶存储材料反复循环的非晶相到晶态相快速转化以及非晶态的高稳定性的现象一直很奇特：非晶到晶态的晶化需要在低于纳秒的时间内完成，而其非晶态在室温需要有很高的稳定性以保证数据的长期存储。晶化的控制，晶化和形成能力以及稳定性的关系是关键问题。

17.3.7　第七大类问题：电子结构及功能特性问题

第七大类是和非晶物质电子结构及功能特性相关的问题。非晶物质由原子/分子组成，每个原子有很多电子。电子在非晶物质中的运动规律是非常复杂的多体、强关联问题。固体能带论是研究晶体固体电子运动的主要理论基础。在非晶物质的非周期性势场中，电子能态的本征函数已不是周期函数，而是局域态。分立能级对应的局域化本征态不再能用单一的波矢 k 来描述。即不存在一个描述本征态的好的量子数。局域态的本征函数对非晶的所有性质都有深刻影响，但是自从 Anderson、Mott 提出电子局域化理论后的半个世纪以来，非晶电子结构研究进展很缓慢，还有很多问题有待进一步研究。这些问题如下。

问题 79：不同非晶物质的电子结构特征及表征？玻璃转变过程中电子结构随温度和

压力的变化？非晶态电子结构特征与其物理和化学性能的关系？仅仅从原子结构并不能理解非晶物质丰富多彩的性能和特征。从电子结构角度研究非晶物质的性能特征是认识非晶物质的重要途径。

问题 80：局域态理论如何进一步实验验证？Anderson 模型得出局域态理论是无序体系的基本特征之一，但是很难和实验直接对比。

问题 81：非晶合金中复杂的电子、自旋、电声相互作用的理论模型？非晶合金的低温电阻、比热、热导等特性和晶态金属不同，其物理机制是非晶物理的难点。

问题 82：自旋玻璃的物理机制是什么？自旋玻璃对非晶本质的重要启示是什么？乔治·帕里西(Giorgio Parisi)获诺贝尔物理学奖的主要贡献是因为他最早给出了自旋玻璃模型中的严格解。作为一个典型的无序体系，自旋玻璃相对结构无序的非晶物质而言更为简单，其无序不再是原子的结构位置，而是原子的自旋。早在 20 世纪 70 年代，Anderson 和 Edwards 就提出了"复本法"，并结合平均场理论初步探讨了自旋玻璃中的复杂数学问题。后来 Sherrington 和 Kirkpatrick 构造了无穷维下自旋玻璃的模型并严格求解。然而，计算结果表示系统的熵在绝对零度下是负值，违反了热力学第三定律。1978 年，Parisi 天才地引入了逐级分类方法，他先将复本分为若干大类，然后将大类分为若干子类，再将子类分为更小的子类，以此类推。每一级分类都对应一个序参量，而无穷多个序参量组合成一个神奇的数学函数，并解决了自旋玻璃中的负熵问题，发展了一套有效的数学方法，给出了自旋玻璃系统的一个精确的理论解。该理论很快就被扩展到其他的无序体系，诸如结构玻璃、阻塞系统、恒星运动。这个理论还影响了数学、生物学、神经科学甚至机器学习、计算机科学研究领域。

17.3.8　第八大类问题：非晶材料性能调控问题

第八大类问题是非晶材料性能调控问题。"结构决定性能"是材料科学和凝聚态物理领域最普遍的法则之一。但是，结构-性能关系一直是非晶物理和材料领域重要的挑战，它挑战材料科学的传统哲学：即结构决定性能。从非晶物质的原子和电子结构特征(如非晶短程序、局域电子态)不能很好地预测其宏观性能及长时间动力学行为。如何调控非晶材料的性能是重要的方向和挑战。

问题 83：能否建立非晶材料的微观结构-宏观性能的构效关系？和晶体材料相比，非晶材料具有很优异和新颖的力学、物理和化学性能，但其微观结构-宏观性能关系却远比晶体材料复杂。一方面主要是非晶物质的复杂无序结构表征困难，至今仍然找不到一个可以全面描述非晶原子尺度及更大尺度的结构参数，进而难以建立与宏观性能的关联规律；另一方面，由于无序结构的复杂性，非晶物理研究也缺乏晶体物理的研究范式，这使得从理论上定量理解非晶的微结构和性能的关系极为困难。

问题 84：如何建立定量或者半定量的非晶物质序、熵和性能的关系？非晶物质不同于晶态物质，对于同一成分，其熵和序可以有很大的不同；同一成分因为熵和序的不同对应于不同的物理及力学性能，如图 17.22 所示。如何从熵、序的角度来有效调控非晶材料，获得性能优异的无序、高熵、中熵和低熵材料是探索非晶材料、改进优化非晶性能的途径。

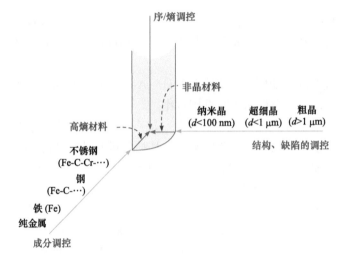

图 17.22　晶体材料一般从结构、缺陷以及成分的角度调控性能，非晶可从序和熵的角度调控。关键是建立定量的序/熵和性能的关系

问题 85：是否存在动力学和性能之间的精准关联关系？非晶物质具有丰富的动力学模式，这些模式类似于非晶物质的指纹，每种动力学行为模式和非晶微结构及性能有关联，但是目前还没有精确的动力学模式和性能的对应关系。

问题 86：能否从动力学角度调控非晶的性能？对于晶体材料，主要是通过结构和缺陷来调控其性能，对于非晶材料，能否另辟蹊径，通过建立动力学模式和性能的关系来调控、优化其物理和力学是新课题。

问题 87：能否从能量的角度精准调控非晶物质的性能？同一成分的非晶物质可以有很大的能量不同，对应于不同的非晶态和性能，如图 17.23 所示。发展有效的方法来控制物质的能量变化，可以得到性能优异的非晶材料，如超稳态非晶、高能可燃的非晶合金、具有高效催化特性的非晶材料等。

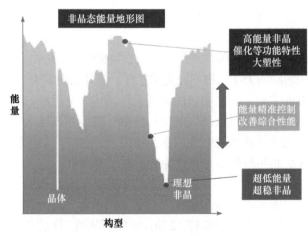

图 17.23　能量调控非晶物质性能示意图

问题 88：如何实现非晶材料成分和物性关系的调控？当连续改变非晶材料的化学组分和成分时，其密度、相变温度、电导率、力学、物理和化学性能等随之连续变化，这样可实现非晶材料性能连续的物性控制。这是非晶材料不同于晶体化合物的特性和优势。此外，调控非晶物质的电子结构也能使之表现出多方面的优异物理和力学性能。但是澄清非晶物质中结构构型-动力学/时间-能量-序/熵-电子结构协同演化关系，以及对性能的影响是实现调控的关键。

17.3.9　第九大类问题：制备方法、技术和工艺问题

第九大类是非晶材料成分设计、制备方法、技术和工艺方面的问题。成分设计、制备方法、技术和工艺主导非晶材料的发展，非晶材料领域的革命性进展都是新的制备工艺和技术及新的制备方法引起的。比如制备平板玻璃的浮法工艺，玻璃吹铸方法，制备非晶合金的急冷方法，化学表面处理工艺对于大猩猩玻璃，成分设计对于块体非晶合金等都在非晶材料领域发展史上起到至关重要的作用。非晶材料的进一步发展取决于新的材料制备方法、技术和工艺。非晶材料成分设计、制备方法、技术和工艺方面的主要问题如下。

问题 89：非晶材料的探索和改性能否智能化、信息化？转变非晶新材料研究模式，建立高通量非晶材料设计有效算法和制备探索方法，代替长时耗费的经验试错研究模式(效率低、周期长、制备条件苛刻等)，并与建立非晶材料设计数据库、革新数据集群相结合，实现非晶材料研发模型化、数值化和智能化，是非晶材料设计、研制以及研究的新方向之一。

问题 90：能否研制出更多具有特殊功能特性的非晶材料？能否研制出更多具有特殊功能特性的，具有智能化非晶材料，比如类似具有信息储存功能特性的非晶 $Ge_2Sb_2Te_5$ 材料，大磁熵的制冷材料，具有力-电阻敏感等的传感材料，是促进非晶材料应用的重要途径。

问题 91：能否发明出高效制备非晶复合材料的方法、技术和工艺？与非晶材料复合化相关的界面匹配、工艺和方法等问题仍然是材料难题。非晶与其他材料复合可以克服其本身的缺陷，实现新的结构和功能特性，扩大非晶材料应用范围。一个典型的例子是混凝土和钢筋的复合。

问题 92：能否实现非晶材料的制造？原子制造、3D 打印、空间制造等是先进的现代制造技术。能否把原子制造、3D 打印等制造技术引入非晶材料的制造，用于克服非晶形成能力的限制，制造出大块非晶材料(如大尺寸非晶合金)，复杂的非晶器件，实现制造和成型一体化？实验证明原子制造可以合成超稳定的非晶材料，3D 打印、声制造、光制造可以制备分米级块体非晶合金(这些合金的本征形成能力有限)。能否发展出成熟、连续的制造技术实现非晶的制造可望解决非晶材料形成能力难题，改变非晶材料领域。

17.3.10　第十大类问题：应用问题

第十大类是和非晶材料应用相关的问题。一种材料的广泛和不可替代的应用将决定其未来的发展。不断开发新型、具有特殊功能、高强高韧的非晶材料，特别是先进功能性非晶合金材料，一直是材料领域的重要方向和关注点。非晶材料应用的一个难题是存在"短板"性能。如非晶合金高强、高硬但是较脆；非晶塑料有优良的成型特性，但是稳定性不好；非晶合金有优良的软磁性能但是饱和磁化强度过低，非晶合金功能特性不够丰富等。非晶材料应用领域值得关注的问题如下。

问题 93：能否开发出综合性能优异的非晶材料？研发出综合性能优异的非晶材料是解决非晶材料应用的"短板"性能难题的关键。如探索开发新一代大尺寸(分米级)、综合性能优异的非晶合金材料是新一代块体非晶合金大规模应用的关键。

问题 94：能否开发出新一代高饱和磁化强度、高韧的软磁非晶合金材料？研发出新一代适用于高频下的，低矫顽力和电导率、高饱和磁感强度和低磁致伸缩系数的软磁非晶合金新材料，它将是制备高频高效电机铁芯、匹配大功率密度和高工作频率的第三代半导体器件的理想材料。这需针对非晶核心科学问题——非晶形成能力，围绕制备新技术和新理念来取得突破。

问题 95：各种先进智能制造技术能在非晶材料探索制备中发挥重要作用吗？2013 年，德国 IFW 材料研究所的 Eckert 研究组在国际上率先报道了采用选区激光熔化(selective laser melting，SLM)3D 打印技术制备出了三维支架结构的非晶合金的工作。不同于传统的熔体快速凝固技术，依据试错法以及经验判据开发非晶合金新体系的理念，智能制造技术制备大尺寸非晶材料，如基于激光增材制造的微区熔化 3D 打印成形、基于半固态超声速沉积成形、基于超塑性的连接成形这些从下而上(bottom-up)的制造技术可能避开非晶形成的临界冷却速率的限制，避开合金非晶形成能力的瓶颈，制备出超大尺寸非晶合金(理论上无尺寸限制)。但这种 bottom-up 的成形技术在非晶合金成形过程中均涉及复杂的温度场分布，直接影响非晶合金的缺陷产生、微结构演变，进而影响非晶合金的性能。因此，需要弄清非晶合金成形过程中的温度场分布及其与成形工艺的关系，温度场对缺陷形成及微结构变化的影响规律，建立工艺-结构-性能之间的关系。这些研究是能否获得大尺寸、结构可控、性能优异的新一代非晶合金材料及零件的关键。

问题 96：能否设计或探索出具有大拉伸塑性的非晶材料特别是非晶合金？从材料角度来说，研制出具有大拉伸塑性的非晶材料如非晶合金、玻璃是非晶材料领域的"圣杯"。高韧性大猩猩玻璃是非晶领域采用化学方法增韧玻璃材料的实例，这种玻璃材料的出现，改变了人类的生活。但是高韧性和大塑性非晶材料极少，特别是具有拉伸塑性的块体非晶合金材料还没有被开发出来。

问题 97：如何实现非晶材料的超精密成型，以及非晶材料和器件的短流程制造？这类问题包括过冷液态的稳定性，影响过冷液相区的温度窗口和时间窗口的物理因素，如果提高体系非晶形成能力，如何实现过冷液相区范围的调控。非晶合金等材料在过冷液相区实现微纳米尺度成型需要对熔体黏度、流变性和可加工温度以及时间窗口，摩擦、浸润等影响成型精度的关键因素有细致的了解，这一过程还取决于对冷却速率和熔体性质的控制，高冷却速率与气孔等铸造缺陷的控制，这些都需要发展先进的技术工艺解决。

问题 98：如何突破非晶合金材料的大规模制备技术、装置和工艺的瓶颈？大规模非晶合金材料制备设备和技术是其产业化和应用的关键。

问题 99：能否开发出在极端环境下服役、高性能和成本低廉的非晶材料？钢铁材料被广泛应用的一个重要因素是它们对环境的依赖性相对较弱，服役的环境范围广，成本低廉。通过成分的高效筛选，遴选对环境不敏感的、可以在空间、极地、深海、太空等极端坏境下服役的非晶材料，是提升非晶材料影响力的关键。

问题 100：能否找到非晶材料更多颠覆性的新用途？如光纤通信、作为存储材料等是非晶材料的全新用途，促成了信息时代的到来，改变了人类社会。非晶材料新的颠覆性应用的探索将改变非晶物质科学和材料领域的面貌，也将深刻影响人类社会。

　　需要说明的是，以上总结了非晶物质科学和材料领域的 100 个前沿问题只是非晶领域诸多问题的一部分，更多重要的科学问题有待发掘和提出。对于一个学科，问题多，特别是深刻和重要的科学问题多，是其学科生命力的标志之一，决定了这个学科的发展。能否提出深刻和重要的科学问题也是一个科学家水平的标志之一。在非晶物质科学领域，玻璃转变的本质，理想玻璃态是否存在，是否存在大块体、非晶形成能力超强的合金材料，单质金属能否制备成稳定的非晶态，非晶物质非均匀性的本质，非晶是如何流变的，非晶动力学复杂模式的起源等问题一直引领着非晶物理和材料的发展。非晶领域的生命力和今后的发展在某种程度上也取决于新的重要科学问题，以及重大需求的牵引。提出重要的科学问题，发现重大的对非晶材料的需求比解决一个问题更重要。不断提出新的重要科学问题、发现新的重大应用需求牵引，也是非晶领域需要重视的工作。

17.4　小　　结

　　非晶物质晴朗、美丽的天空飘着朵朵乌云。作为常规物质第四态，非晶物质科学、非晶材料是相对不成熟的学科，有大量科学和技术问题有待提出和解决。从本章列举的大量典型科学、技术和工艺问题，说明我们对非晶物质的认识和理解还很像盲人摸象，如图 17.24 所示。实际上，非晶物质科学的基本理论框架仍尚待建立，关于非晶物质的结构和本质研究也深陷纷繁的争论之中。非晶材料的探索研究始终缺乏坚实的理论基石，还处在试错阶段，新型非晶物质——非晶合金的应用还有很多瓶颈问题没有解决，影响了非晶合金诸多优异性能的发挥。这些问题和难题既是挑战更是机会。

图 17.24　目前我们对非晶的研究和认识状况如图中摸象的盲人

本章总结和梳理出了非晶物质科学和技术的 10 大奥秘和 100 个问题。这些问题涉及非晶物质的本质、形成规律和机制、动力学和热力学、结构和转变、稳定性和晶化、形变和断裂、制备加工技术和工艺和应用等不同方面。这些列举的奥秘和问题绝不是非晶科学和技术问题的全部，只是期望能抛砖引玉地引出一些目前大家比较关注的问题，期待随着对非晶物质研究的深入，激发大家不断提出更多深刻而有趣的科学问题，引领和促进非晶物质学科的发展。在寻求问题、研究问题的过程中，遭遇的情形有时也会和炼金术士所遇到的一样：在寻找金子的过程中，却发现了火药、瓷器、医药，甚至大自然的规律。

让我们用玻尔对量子力学的评价来结束本章，玻尔说：如果你认为你自己完全理解了，那只能说明你对它一无所知。

本书前面的章节主要论述介绍了非晶物质及科学的昨天和今天。随着各种大型科学装置的建立，物质科学研究手段的现代化，非晶物质科学的未来又会是什么样子呢？ 第 18 章我们试图对常规物质第四态——非晶物质的物质特性、研究现状、问题和应用等做一个全面总结，同时对非晶物质科学和其他学科的关系，如何改变非晶材料研发的困境进行探讨，对非晶物质科学和技术未来的发展，以及非晶物质对其他学科的影响，对人类社会的进步可能的重大作用做一个展望。

参 考 文 献

[1] 钱学森. 物理力学讲义. 北京: 科学出版社, 1962.
[2] Strogztz S. Infinite powers: How calculus reveals the secrets of the universe. Taylor & Francis., 2019.
[3] Wang W H. Dynamic relaxations and relaxation-property relationships in metallic glasses. Prog. Mater. Sci., 2019, 106: 100561.
[4] Hanak J J. The "multiple-sample concept" in materials research: synthesis, compositional analysis and testing of entire multicomponent systems. J. Materials. Science, 1970, 5(11): 964-971.
[5] Angell C A, Ngai K L, McKenna G B. Relaxation in glass forming liquids and amorphous solids. J. Appl. Phys., 2000, 88(6): 3113-3157.
[6] Stillinger F H. A topographic view of supercooled liquids and glass formation. Science, 1995, 267(5206): 1935-1939.
[7] Debenedetti P G, Stillinger F H. Supercooled liquids and the glass transition. Nature, 2001, 410(6825): 259-267.
[8] Ngai K L. Relaxation and Diffusion in Complex Systems. New York: Springer, 2011.
[9] Lunkenheimer P, Schneider U, Brand R, et al. Glassy dynamics. Contemp. Phys., 2000, 41(1): 15-36.
[10] 汪卫华. 非晶态物质的本质和特性. 物理学进展, 2013, 33(5): 177-351.
[11] Wang W H. The elastic properties, elastic models and elastic perspectives of metallic glasses. Prog. Mater. Sci., 2012, 57(3): 487-656.
[12] Anderson P W. Through the glass lightly. Science, 1995, 267(5204): 1609-1610.
[13] Angeu C A. Formation of glasses from liquids and biopolymers. Science, 1995, 267(5206): 1924-1935.
[14] Couzin J. How much can human life span be extended? Science, 2005, 309(5731): 83.
[15] Vogt T, Shinbrot T. Editorial: overlooking glass? Phys. Rev. Appl., 2015, 3(5): 050001.
[16] Berthier L, Biroli G. Theoretical perspective on the glass transition and amorphous materials. Rev. Mod. Phys., 2011, 83(2): 587-645.

[17] Dyre J C. Colloquium: the glass transition and elastic models of glass-forming liquids. Rev. Mod. Phys., 2011, 78: 953-972.

[18] Wang W H. The elastic properties, elastic models and elastic perspectives of metallic glasses. Prog. Mater. Sci., 2012, 57(3): 487-656.

[19] Wang J Q, Wang W H, Liu Y H, et al. Characterization of activation energy for flow in metallic glasses. Phys. Rev. B, 2011, 83: 012201.

[20] Ichitsubo T, Matsubara E, Yamamoto T, et al. Microstructure of fragile metallic glasses inferred from ultrasound-accelerated crystallization in Pd-based metallic glasses. Phys. Rev. Lett., 2005, 95(24): 245501.

[21] Huang P Y, Kurasch S, Alden J S, et al. Imaging atomic rearrangements in two-dimensional silica glass: watching silica's dance. Science, 2013, 342(6155): 224-227.

[22] Yu H B, Shen X, Wang Z, et al. Tensile plasticity in metallic glasses with pronounced β relaxations. Phys. Rev. Lett., 2012, 108(1): 015504.

[23] Wagner H, Bedorf D, Küchemann S, et al. Local elastic properties of a metallic glass. Nat. Mater., 2011, 10(6): 439-442.

[24] Angell C A. Relaxation in liquids, polymers and plastic crystals—strong/fragile patterns and problems. J. Non-Cryst. Solids, 1991, 131-133: 13-31.

[25] Tanaka H, Kawasaki T, Shintani H, et al. Critical-like behaviour of glass-forming liquids. Nature Mater., 2010, 9(4): 324-331.

[26] Ma J, Yang C, Liu X D, et al. Fast surface dynamics enabled cold joining of metallic glasses. Sci. Adv., 2019, 5(11): eaax7256.

[27] Cheng Y Q, Ma E. Atomic-level structure and structure-property relationship in metallic glasses. Prog. Mater. Sci., 2011, 56(4): 379-473.

[28] Miracle D B, Egami T, Flores K M, et al. Structural aspects of metallic glasses. MRS Bull., 2007, 32(8): 629-634.

[29] Bernal J D. A geometrical approach to the structure of liquids. Nature, 1959, 183(4655): 141-147.

[30] Finney J L. Random packings and the structure of simple liquids. I. The geometry of random close packing. Proc. Roy. Soc. Lond. A, 1970, 319(1539): 479-493.

[31] Sheng H W, Luo W K, Alamgir F M, et al. Atomic packing and short-to-medium-range order in metallic glasses. Nature, 2006, 439(7075): 419-425.

[32] Hirata A, Kang L J, Fujita T, et al. Geometric frustration of icosahedron in metallic glasses. Science, 2013, 341(6144): 376-379.

[33] Royall C P, Williams S R. The role of local structure in dynamical arrest. Phys. Rep., 2015, 560: 1-75.

[34] Tang C, Harrowell P. Anomalously slow crystal growth of the glass-forming alloy CuZr. Nature Mater., 2013, 12(6): 507-511.

[35] Madsen R S K, Qiao A, Sen J S, et al. Ultrahigh-field ^{67}Zn NMR reveals short-range disorder in zeolitic imidazolate framework glasses. Science, 2020, 367(6485): 1473-1476.

[36] Haines J, Levelut C, Isambert A, et al. Topologically ordered amorphous silica obtained from the collapsed siliceous zeolite, silicalite-1-F: a step toward "perfect" glasses. J. Am. Chem. Soc., 2009, 131(34): 12333.

[37] Desgranges C, Delhommelle J. Unusual crystallization behavior close to the glass transition. Phys. Rev. Lett., 2018, 120(11): 115701.

[38] O'Shea, P G, Freund H P. Free-electron lasers: status and applications. Science, 2001, 292(5523): 1853-1858.

[39] McNeil B W, Thompson N R. X-ray free-electron lasers. Nature Photonics., 2010, 4(12): 814-821.

[40] 姜伯承, 邓海啸. 自由电子激光. 科学, 2012, 64: 13-16.

[41] 谢家麟. 自由电子激光发展概况. 原子能科学技术, 1988, 22(1): 22-31.

[42] Xu W, Sandor M T, Yu Y, et al. Evidence of liquid-liquid transition in glass-forming $La_{50}Al_{35}Ni_{15}$ melt above liquidus temperature. Nature Commun., 2015, 6: 7696.

[43] Xu L M, Buldyrev S V, Giovambattista N, et al. A monatomic system with a liquid-liquid critical point and two distinct glassy states. J. Chem. Phys., 2009, 130(5): 054505.

[44] Cadien A, Hu Q Y, Meng Y, et al. First-order liquid-liquid phase transition in cerium. Phys. Rev. Lett., 2013, 110(12): 125503.

[45] Katayama Y, Mizutani T, Utsumi W, et al. A first-order liquid-liquid phase transition in phosphorus. Nature, 2000, 403(6766): 170-173.

[46] Lan S, Blodgett M, Kelton K F, et al. Structural crossover in a supercooled metallic liquid and the link to a liquid-to-liquid phase transition. Appl. Phys. Lett., 2016, 108(21): 211907.

[47] Wei S, Yang F, Bednarcik J, et al. Liquid-liquid transition in a strong bulk metallic glass-forming liquid. Nat. Commun., 2013, 4(1): 1-9.

[48] Hecksher T, Nielsen A I, Olsen N B, et al. Little evidence for dynamic divergences in ultraviscous molecular liquids. Nature Phys., 2008, 4(9): 737-741.

[49] Wojnarowska Z, Ngai K L, Paluch M. Deducting the temperature dependence of the structural relaxation time in equilibrium far below the nominal T_g by aging the decoupled conductivity relaxation to equilibrium. J. Chem. Phys., 2014, 140(17): 174502.

[50] Pogna E A A, Rodríguez -Tinoco C, Cerullo G, et al. Probing equilibrium glass flow up to exapoise viscosities. Proceedings of the National Academy of Science, 2015, 112: 2331-2335.

[51] Zhao J, Simon S L, McKenna G B. Using 20-million-year-old amber to test the super-Arrhenius behaviour of glass-forming systems. Nat. Commun., 2013, 4: 1783.

[52] Paluch M, Wojnarowska Z, Hensel-Bielowka S. Heterogeneous dynamics of prototypical ionic glass CKN monitored by physical aging. Phys. Rev. Lett., 2013, 110(1): 015702.

[53] Baggiol M. Topological defects reveal the plasticity of glasses. Nat. Comm., 2023, 14: 2956.

[54] Wu Z W, Chen Y X, Wang W H, et al. Topology of vibrational modes predicts plasticevents in glasses. Nature Commun, 2023, 14: 2955

第 18 章　总结和展望：游戏永不结束

格言

♣ 向混乱进军，因为那里才大有可为。(Go for the messes—that's where the action is.)——史蒂文·温伯格(Steven Weinberg)

♣ 无序的本质是其他方向的秩序，只不过你没有理解那个秩序。有自己独特秩序的无序，其实你根本消除不了，只能善加利用。——蒂姆·哈福德《无序：如何成为失控时代的掌控者》

♣ The most incomprehensible thing about the world is that it is comprehensible——Albert Einstein

♣ 书已经写成了，我不计较现在有人或者后世的人们会读它，也许要一个世纪才能等到一个读懂它的人，上帝也是足足等了六千年才等到某个能看透他的杰作的人。(The book is written, to be read either now or by posterity, I care not which; it may well wait a century for a reader, as God himself has waited six thousand years for someone to behold his work.)——开普勒《开普勒全集》，第 18 卷

♣ 好书会宁静地、谦逊地等待少数几个读者。——叔本华

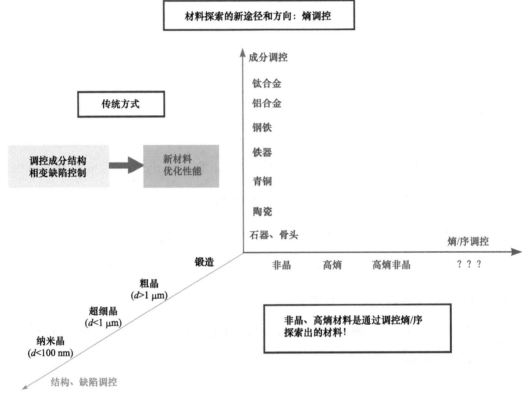

非晶物质是熵和序调控的产物

18.1　引　言

现代科学知识在深度和广度的增长速度使得每一个学科领域更加专门化。要想彻底掌握哪怕是像非晶物质这样的一个专门学科也是很困难的。所以试图去全面总结非晶物质领域的进展、观点、理论、技术和工艺、问题和应用，是要冒着被人看成愚蠢的风险。另一方面，相比其他很多传统物理和材料学科，非晶物理和材料的研究和发展还处在婴儿期。预测一个婴儿的未来，总结和展望一个新兴和快速发展的学科都是非常困难的事情。此外，总结也往往是一篇文章、一本书中最难写的部分。即便如此，也值得做些尝试，总结便于提升，可以抛砖引玉。因此，如果有总结不当和冒犯之处，也表示歉意，敬请读者谅解。

本章还将结合非晶物质的发展历史、形成、结构、特性、动力学和热力学、性能，以及非晶材料的应用进一步总结阐明非晶物质是完全不同于其他三类常规物质的第四态。

非晶物质是复杂的体系，非晶物质的形成、演化、结构、特性等都非常复杂，那么认知复杂的非晶物质世界需要怎样的心智模式？目前，我们的研究模式、手段还停留在传统学科研究模式的阶段。本章拟结合非晶物理和材料的发展历史，总结和非晶物质相关的重要发现、进展、现象、理论及模型、研究范式、存在的科学和技术问题、非晶材料重要的、潜在的应用等，并试图梳理未来研究和发展的思路，凝炼和聚焦关键的科学和技术难题，对该领域的发展方向、研究范式提出一些看法，希望能引发读者的思考和兴趣。

此外，本章还讨论了非晶物质研究和其他学科的关系，介绍一些先进科学理论和仪器在非晶物质科学研究中的作用。试图说明非晶物质科学只有通过和不同学科的交叉、不断引入先进的科学理念和技术、充分利用先进的科学大装置和技术才能获得空前的发展。

本章还分享了非晶体系研究的一些感悟，试图总结无序以及无序(熵)调控和利用的意义，讨论非晶物质学科发展带来的启示。非晶物质研究和打牌有很类似之处：都是在混乱、复杂无序中发现或建立秩序，其内涵都是在无序中发现和创造秩序。无序的本质是其他方向的秩序，只不过是你还没有理解这个秩序。无序、混乱和熵不是用来消除的，而是可以利用的资源。有自己独特秩序的无序，其实根本无法消除和回避，只能善加利用。

非晶物质科学研究与其他学科类似，也是起起伏伏，时冷时热。如果一项研究，或一个领域从一开始看起来就始终是热门，充满颠覆性问题和机会，估计世界上早有人想过或者做过了，根本轮不到自己。如果想做出原创性工作，就要去耕耘一个少有人踏足过、满地是荆棘的荒滩野岭。实际上，往往是那些初看起来不重要，没有多大意义，被别人看不起并且诋毁且否定的研究才有可能做成颠覆性的工作。这个世界上总有一些人，他们能在别人的冷眼和嘲笑中，始终保持孩子般的初心，能把一个初看起来"无用的研究"最后做成"革命性的领域"。这种人才是科学探索中的王者。这个世界上的绝大多数人，因为看见，所以相信；而总有一些人，因为相信，所以看见。

非晶物质领域的学者、学生和工程技术人员经常被问到的一个问题是：非晶物质科学还能研究多久？还有没有研究意义？非晶材料的用途？我想用夏洛克·福尔摩斯的那句名言来回答：游戏永远不会结束(The game is never over)。因为非晶物质有些章节的知识还模糊不清，其细节的增加和知识的澄清需要数十年的时间；非晶物质科学是相对较年轻的学科，有些章节还没有开始，其诞生、演化和发展会有很多的故事等待继续。科学家还会不间断地为非晶故事增加丰富的章节和情节。可以说非晶物质是一部永远讲不完的故事，非晶物质的游戏和故事会永远延续下去。

　　本章也试图结合非晶物质科学发展过程及轨迹，对非晶物质学科的发展，非晶故事的延续，非晶文化的发展，非晶材料如何在新时代促进文明进步，改进人类生存方式等诸方面，做些展望和提出初浅建议。

18.2　非晶物质科学发展的总结

　　本节试图总结把非晶物质归为常规物质的第四态的理由，非晶物质科学和材料的主要发展思路、研究范式、研究路线、发展状况以及进展。

18.2.1　非晶物理发展的总结

1. 非晶物质是常规物质的第四态

　　非晶物质科学这几十年的研究工作提供了大量物理、化学、结构以及材料方面的证据证明非晶态物质无论从其结构特征、形成机制、合成方法、本征特性、动力学和热力学特征、流变特征、断裂、普遍性、多样性、复杂性，以及在物质世界中所占的数量、广泛应用各方面看，都是有别于其他三类常规物质气体、液体和晶体固体的。

　　复杂和无序意味着不同(complexity/disorder is different)。无序性造就了世界的复杂性，造就了非晶物质及其多样性；无序中隐藏的序造就了复杂体系的独特性质。生命等过程就是在利用有序到无序的转变过程。独特的微观结构、复杂和无序的特点、原子/电子的强相互作用使得非晶物质表现出很多完全不同于其他常规物质的特征，导致非晶物质的多样性、普遍性。

　　从物质形成的角度来说，非晶物质可以看成是熵或者序调控的产物，是物质凝聚过程中玻璃转变的产物。熵(序的表征)的概念提出(能量总是在耗散，熵是能量如何耗散的表征)以及后续对熵的不断深入理解使得人类的智力飞跃，也加深了对能量、物质、序演化过程的理解。根据熵公式，无序是所有事情的宿命(disorder is the fate of everything)，熵、序是描述和表征以无序、复杂为特征的非晶物质的重要物理量。高度无序的、高熵的非晶物质和体系是不同于、独立于其他三种常规物态的物质态。

　　从热力学、能量角度看，非晶物质是远离平衡态、能量亚稳的物质，非晶物质从一形成，就开始从高能态向低能态衰变，其衰变符合一种扩展的指数规律。因此，非晶物质是不同于平衡态的其他三种常规物态的物质态。

　　从微观结构上看，非晶物质在无序的大背景下包含局域的序，即非晶具有独特的长程无序，短/中程有序，宏观均匀各向同性，微观结构非均匀的特征，组成粒子具有强相互作用的体系，完全不同于其他三种常规物态的物质。

　　从动力学、粒子运动、能量耗散特征看，非晶物质丰富多彩的动力学模式，局域电子运动行为，局域流变能量耗散模式，粒子集体运动行为，都证明它是不同于其他三种常规物态的物质态。从特性、独特性能看，非晶物质也不同于其他三类常规物质。

　　因此，非晶物质可以归类于和气体、晶体固体、液体并列的常规物质第四态。

2. 非晶物质科学研究方法和范式

我们知道，简单原则的叠加可构造复杂体系。如何有效简化非晶物质科学研究，如何模型化复杂的非晶物质，是非晶物质科学突破的关键之一。还原论在非晶物质研究中有一定的作用，一般演绎方法、一般归纳方法、类比方法、实验概括等是非晶物质科学中常见的传统研究方法。但是，还原论的研究范式无疑不是研究非晶物质的最有效范式。

作为高熵物质，非晶物质多是复杂体系，具有高度无序性、复杂多样性、不稳定性，因此非晶物质研究是面对由大量个体组元构成的复杂体系，探索超越个体的、复杂和无序"演生"出来的有序和合作现象，这意味着非晶物质科学研究的范式和思路的不同，凝聚态物理目前的研究范式不适用于常规物质第四态。例如，晶体中用具有周期性的单胞来描述结构，建立微观结构和性能的关系，但是在非晶物质中其单胞(短程序)具有多样性，又不具有周期性，到目前还没有有效的办法和参数来描述非晶物质的结构，因此难以建立其微观结构和跨尺度的性能的关系。晶体中用长程结构序的变化来表述相变，在非晶物质中很难用微观结构来描述非晶到非晶的相变、玻璃转变等，目前也没有好的物理参量和方法来描述相变；晶体流变的载体是其结构缺陷，如位错、晶界等，但在无序非晶物质中难以发现和定义其结构缺陷，其流变的微观载体和机制都缺乏成熟的概念和理论描述等。目前只是利用固体物理的范式做些修正，勉强用于非晶物质研究。

研究复杂体系的范式和理论有复杂性理论、分形、临界理论等，复杂体系多尺度模拟和计算等也在尝试用于非晶物质科学研究。复杂性科学的流派和理论，例如普利高津的耗散结构理论、托姆的突变论、哈肯的协同理论、巴克的自组织临界理论等，主要处理对象是社会、经济、生命等复杂异质系统，难以得到简洁而又可以通过实验验证的"基本原理"，更没有形成类似基础数学中的公理和定理。因此复杂性科学的主流理论也难以全面应用到非晶物质科学领域，非晶物质科学的范式应该说还没有建立。

此外，非晶物质科学是一门交叉学科，它涉及的学科、理论和技术、思想很丰富，带有很多的哲学色彩，和文化有很多的纠缠。非晶物质科学可以说不是一个纯科学和技术的学科，它很像社会学，不但关注特定的技术工艺细节，而且关注普遍性的规律和研究范式，其结果对文化、思想、经济、文明、技术、艺术和科学本身都有很大的影响。

近年来，热力学和统计物理的发展深化了热力学第二定律在微观尺度的表述和运用，人工智能、机器学习和各种统计方法为描述复杂无序体系、非平衡系统也提供了新的理论和方法。此外，由于物质世界极为纷繁复杂，解析方法已经不足以涵盖复杂系统的全部特征，如非微扰和高度非线性。因此，一个重要的发展趋势是理论与强大的现代计算手段相结合，使得理论预言更加定量化和精密化。计算物理应运而生，成为连接物理实验和理论模型必不可少的纽带。采用统计数学、计算机科学、系统科学和人工智能科学等来研究非晶物质复杂系统越来越引起人们高度重视。机器学习、人工智能、大数据、信息和物质科学的结合，是建立复杂非晶物质科学研究范式，取得学科突破的途径和希望之一。

3. 非晶物质科学研究的三条途径

非晶物理近五十年来一直是凝聚态物理领域十分活跃的重要分支之一。目前非晶物理大致是从微观结构、动力学和时间、能量和熵(序)三个途径和思路来研究、理解和描述非晶态物质的。材料学家把非晶物质看成一堆原子/分子的长程无序集聚和密堆;部分物理学家认为非晶物质态和弛豫时间τ等效,非晶物质的某个状态可用平均本质弛豫时间τ随时间的变化$\tau(t)$描述,液态到非晶态的转变过程可用$\tau(T)$随温度的变化描述;部分物理学家倾向于用熵和能量(即能量地貌图)来表征、描述非晶物质。

第一条途径是试图从微观结构的角度来表征、描述、理解非晶物质[1]。这是沿袭研究晶体材料的思路,也是大部分材料研究者的思路。

图 18.1 所示的是从微观结构的角度认识相对简单的、由原子组成的非晶合金的思路和过程。最早人们认为非晶物质是一堆硬球无序的密堆积,即硬球密堆模型。在此基础上又发展了团簇模型,即认为非晶物质由大量的不同原子团簇组成,非晶物质中存在短程序。大量实验和计算机模拟研究表明,非晶物质中还可能存在中程有序,中程序是由这些短程有序的团簇连接、密堆组成的。这样的密堆形式导致非晶物质中有自由体积或者松散区域的存在。根据这样的结构图像可以定性地解释非晶物质的结构特征、流变行为、玻璃转变、力学行为如高强、高韧、脆性等、电子结构特征、耐蚀等特征和性能。

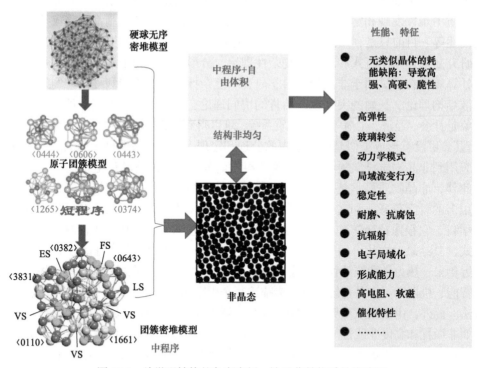

图 18.1   从微观结构的角度表征、认识非晶物质的线路图

这条研究线路把非晶结构模型化为短/中程序加上自由体积,其物理图像比较清楚,其问题是这种微观结构模型和宏观性能跨越了很大的尺度,难以建立结构和性能的定量构效关系,不能有效指导非晶物质的合成及性能调控。

另一条研究思想和路径是把非晶物质的各个状态抽象为动力学弛豫时间$\tau(T)$[2]。图 18.2(a)给出从动力学和弛豫时间的角度研究、表征非晶物质的线路图。图 18.2(b)是非晶物质动力学、弛豫时间测量方式和原理示意图。动力学采用平均弛豫时间 $\tau(T)$ 来代表非晶物质态，如图 18.2 所示。弛豫时间 τ 可以通过不同的动力学方式测量。物质的不同状态如熔体、过冷态、固态、玻璃态等都可以等效于弛豫时间 τ，而且非晶物质态随温度的变化也可以用 $\tau(T)$ 描述，在不同的温度区间，$\tau(T)$ 和温度的关系不一样，这反映了非晶物质体系随着凝聚过程中相互作用的规律发生的变化。在液态，$\tau\sim10^{-16}$ s；在 T_g 附近，$\tau\sim10^2$ s；在非晶固态，远低于 T_g 温度，$\tau\to\infty$。不同弛豫时间对应不同的非晶态和不同的特征和性能，这条研究路径试图建立 $\tau(T)$ 和性能的关系，并通过 τ 和性能的关系来设计和调制非晶材料的性能特征。

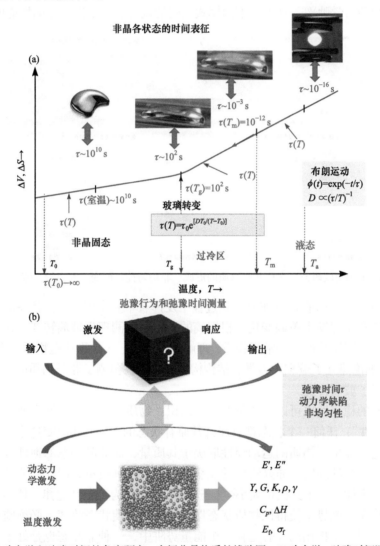

图 18.2　(a)从动力学和弛豫时间的角度研究、表征非晶物质的线路图；(b)动力学、弛豫时间测量方式和原理

　　结构无序复杂、亚稳、非平衡的特征，使得动力学可能成为表征非晶物质的重要和有效的方法。根据动力学，也可以调控非晶材料的稳定性(如得到超稳定非晶材料)、力学等性能等。但是非晶动力学模式背后的物理学机制、动力学和性能的定量关联关系还不明晰。

第三条思路和途径是从能量和熵的角度及路径研究非晶物质，采用的主要概念是熵(序)及能垒图[3]。如图 18.3 是从能量(熵)的角度研究、表征非晶物质的形成、亚稳性、非均匀性、形变和动力学弛豫、动力学不同模式之间的耦合、非晶性能的调控等的线路图。如图所示，非晶物质的形成可以看成是被凝固在能量形貌图中不同能谷中的态，各个态具有不同的能量和能垒。不同的工艺、热历史条件，同成分的非晶物质的能态会不同。这能够解释非晶物质的亚稳性、复杂性，及其对其热历史、工艺条件的依赖，非均匀性特征，流变机制，动力学弛豫等。非晶物质中每个局域的凝固热历史不同，造成非晶物质内部的结构和动力学不均匀性，每个局域区域对应不同的能态。能量形貌图可以定性地描述形变和动力学弛豫、动力学不同模式之间的耦合、稳定性、非晶性能的调控等。

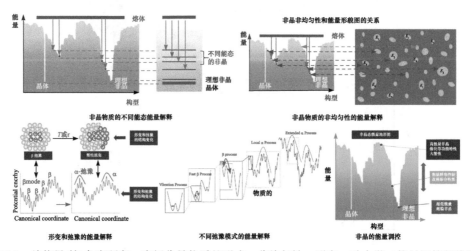

图 18.3　从能量(熵)角度研究、表征非晶物质的形成、非均匀性、形变、动力学、能量调控的线路图

如图 18.4 所示，熵在研究非晶物质过程中发挥着重要作用。一个体系的熵从熔态到非晶态随温度和压力发生单调变化，根据熵的变化可预测理想玻璃转变，证明非晶物质形成规律完全不同于其他三种常规物质，理解玻璃转变、非晶物质是物质凝聚的必然等。Adam-Gibbs 理论建立了熵和动力学、结构构型的关联，预测了非晶物质的非均匀性，从熵的角度解释了玻璃转变。

非晶物质的稳定性也可以从能量的角度认识：物质状态的稳定性类似物质的惯性，物态也有"惯性"：任何一个状态都有保持其原有状态的本能，要改变这个状态需要外加能量，即要克服能垒。物质的运动惯性取决于其质量，而非晶物态的惯性取决于其能谷的深度，或者能垒的高度。非晶物质的能垒大小取决于其模量，因此，非晶物质某个态的惯性或者稳定性决定于其模量大小[4-6]。这个可以称之为稳定性定律：任何一个物质状态都有一个势垒，该势垒使得该物质状态保持稳定，要使状态改变，必须施加能量来克服这个势垒。即一个物相的能态是在一个能量势阱中，一种非晶态也是处于势能阱中，稳定性类似运动的惯性，是非晶物质的"惯性"，其大小取决于非晶物质的模量。

维持非晶物质稳定和惯性的势垒会随着时间、应力和温度降低，到一定时候或条件，势垒降到一定程度，微扰就能够造成非晶物质状态的变化或失稳。例如，流变是在应力作用下的非晶物质变化或失稳；晶化、结构弛豫是温度作用下的失稳；老化是随时间的

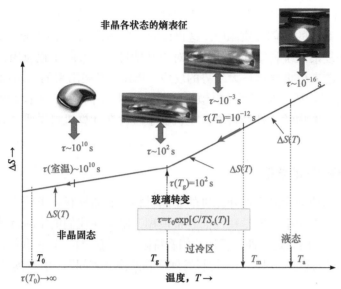

图 18.4   从熵的角度理解、表征非晶物质的形成示意图

失稳；等等。失稳会导致晶化、非晶到非晶的相变、结构弛豫和老化、形变和断裂等。但是，目前从能量和熵的角度也同样难以给出其和性能的定量关系，一个复杂体系的能垒图也很难精确得到。

需要说明的是微观结构、动力学弛豫时间、能量和熵是互相密切联系的。如何发展新的概念和思路，完整、定量的物理图像来描述、表征非晶物质是目前非晶物质科学的最大挑战。

4. 有大量重要科学问题和挑战

近百年的非晶物质的物理研究引入了大量的科学问题，这些问题以及相关的研究成果使得非晶物理成为物理学的重要分支。

无序复杂体系结构如何表征？玻璃转变和非晶物质的本质？非晶物质微观上是如何流变的？非晶物质是如何基于简单单元如原子、原子团、分子构建的？原子/分子和材料是如何进一步被编码成"活"的生物非晶软物质的？凝聚态物理学家 Philip W. Anderson 在 20 世纪 90 年代提出非晶物质本质及玻璃转变问题是凝聚态物理的前沿和挑战，加上新的非晶材料的涌现，促成了非晶物理的大发展，使得非晶物质科学成为凝聚态物理和材料科学的前沿。

Anderson 因为所从事的凝聚态物理研究当年被某些还原论链条顶端的人瞧不上，写下了名作：*More is different*。这篇名作促成凝聚态物理成为物理主流学科，还催生了凝聚态之外很多新的学科发展与交叉。其中最重要的进展之一是在非晶物质研究中发现了很多重要科学问题和研究这些问题的意义。如玻璃转变问题、动力学模式和耦合问题、非晶物质流变或如何耗散能量问题、非晶和液体比热本质问题、局域非周期序表征问题、非晶物质构效关系问题等。这些问题和挑战引领了非晶物质科学的发展，引无数科学家为之尽折腰。

2021 年的诺贝尔物理学奖授予意大利科学家乔治·帕里西 Giorgio Parisi，以表彰他对理解复杂无序系统的开创性贡献[7]，这也说明无序体系的科学问题研究的重要科学意义，也是近年来复杂系统科学问题的研究对于基础科学、实际工程应用，乃至于解决人类社会重大问题越来越重要这一大趋势的反应。Parisi 发展出来的非晶理论(自旋玻璃理论)广泛适用于非晶物质、阻塞系统、恒星运动等各种无序体系，不仅影响了物理学界，同时影响了数学、生物学、神经科学甚至机器学习，在计算机科学研究领域也有着重要应用。

18.2.2 非晶材料研究的总结

现代的生活和社会发展离不开先进的非晶材料。非晶材料种类繁多，遍布我们的周围，充斥于我们的生活中。但是往往面貌很模糊，隐藏在我们的生活背景中，容易视而不见，乍看很容易忽略其重要性，就像我们看待阳光空气一样。这里我们试图强调和总结非晶材料对于人类的意义，以及非晶材料发展面临的挑战和问题，引发读者的思考和兴趣。

1. 非晶材料改变世界

如果你此时正坐在办公桌前看书，环境或许很普通。但是如果你稍微仔细观察一下，你就会发现你周围充斥着非晶材料。你可以列出一串非晶材料的名单：喝水的玻璃杯，计算机的塑料外壳，手机的玻璃屏，身边的饼干、巧克力等零食，身上的织物，墙中的混凝土，窗户玻璃，橡皮擦，纸张书籍，桌椅……如果拿掉这些非晶材料，我们的办公室就不能称其为办公室，我们在办公室的工作就很不顺利。放眼周围，我们几乎被塑料、混凝土、玻璃等广泛使用的结构非晶材料包围着，我们所谓的物质文明很多需要归功于种类繁多的非晶材料和物质。各式各样的非晶材料的性能随着科学的发展不断优化、品种不断增多。可以说，这些非晶材料改变了这个世界，让我们成为现代的人。我们不断发明、发现新非晶材料、制造非晶材料，非晶材料的回报方式是让我们成为现代的我们。

非晶材料的研究还丰富了材料探索的方式，提供了一条熵调控(序调控)探索材料的新途径[8]，如再次出现的图 18.5 所示，熵调控是和成分调制、结构调制等价的探索材料的新途径和思路。非晶材料的研究和探索还导致了准晶、高熵合金、超饱和固溶体、金属间化合物、高熵非晶合金、超稳态非晶材料，超饱和固溶体等新材料的发现。

2. 新制备技术改变非晶材料领域

每隔一段时间，非晶材料的制备技术或工艺就会有大的进展，并带来改变世界的非晶新材料。例如，泡碱助溶剂技术大大降低了玻璃原料熔炼的熔点，降低了玻璃制备的成本和技术壁垒，优化了玻璃的性能和质量，导致玻璃材料的广泛应用；过冷液区吹塑成型技术导致各种复杂、精美的玻璃制品的产生，促使欧洲人对玻璃材料的喜爱；浮法工艺是大面积、低成本制备平板玻璃的技术，使得玻璃材料在建筑等领域广泛使用至今；高纯透明玻璃工艺的进步导致高倍望远镜和显微镜即其他光学器件的发明，极大地促进了近代科学的产生和发展；高纯度玻璃光纤技术导致信息传输的革命和网络时代的到来；塑料制备技术的发明和大规模应用改变了人类生活；快速凝固技术导致了新型非晶合金

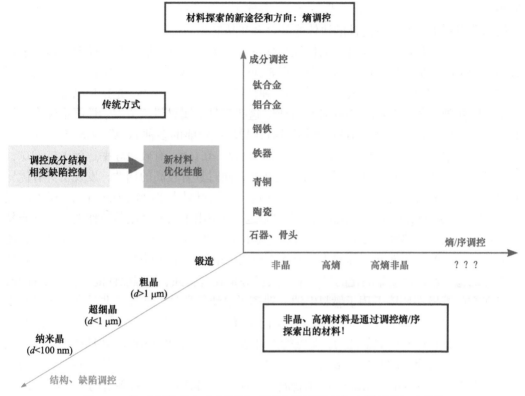

图 18.5　熵/序调控是和成分调制、结构调制等价的探索材料的新途径[5]

的产生，金属合金非晶化极大地改进了金属材料的各种性能和应用范围；玻璃转变技术改变了生物制药、物种保存、食品工业等领域的面貌等例子不胜枚举。

新制备技术的发明一直在助力非晶材料的发展，非晶材料的发展的关键之一是制备和加工技术的发展和突破。

3. 非晶合金的出现是金属和非晶材料史上的里程碑

非晶合金的合成及相关制备技术的发明是金属材料发展史上的一个重要里程碑，它的出现使得金属材料由过去单一的结构或功能材料向集优异的物理、化学与力学性能于一体的新型功能性结构材料的跨跃成为可能。一系列非晶材料制备新技术的发明，如快速凝固、固相反应非晶化技术、合金压铸超塑性成形技术、高熵复杂成分设计技术和方法、金属非晶复合技术等，使得大部分金属合金都可以非晶化，发现了十余种具有超大形成能力，形成能力接近氧化物玻璃的块体非晶合金体系(Zr 基、Fe 基、Pd 基、稀土基等)；目前正在探索价格低廉、高形成能力的 Al 基、Fe 基、Mg 基等合金体系，这些性能优异、成本低的非晶合金的获得将导致非晶合金应用的重大突破。在室温稳定的单质非晶金属方面的研究也取得了进展，得到了 Ta、W 等单质非晶合金金属。在热稳定性方面，研制出了临界玻璃转变温度 ⩾ 1000 K，强度达 5 GPa 的高热稳定性、高强非晶合金，可望实现非晶合金在高温等极端条件下的应用；发明了超高强度、大塑性、高韧性、高弹性变形的非晶合金；获得了具有拉伸塑性的非晶基复合材料及相关技术；得到多种过冷液相区宽度≥100 K 的新型块体非晶合金，并能用于热塑性成型；通过慢速沉积技术、高压技术等得到了具有超稳定性的块体非晶合金和其他非晶材料等。

非晶合金材料使得金属合金的性能指标进一步优化和极大地提升，极大地拓展了合金的应用范围。最大尺寸的非晶合金达到 8 cm 直径(PdNiCuP 体系)；室温屈服强度达到 6 GPa 以上，同时具有一定塑性变形能力；弹性极限高达 4%～5%，是常规晶态金属的几十倍；断裂韧性值高达 $K_{IC}\sim200$ MPa·m$^{1/2}$，这些都是金属材料相关力学性能指标中的最高值。通过成分设计、结构调制得到了具有优异软磁性能的多种 Fe 基、Co 基、Ni 基非晶合金，其饱和磁感应强度 B_s 达 1.9 T，矫顽力 $H_c\sim0.1$ A，有效磁导率达到 1.5×10^6，非晶带材厚度在 50 μm 以上，叠片系数达 0.95，同时具有较高的韧性；发现了具有优异磁热效应的非晶合金材料，其最大磁熵变接近巨磁熵材料水平(20 J/(kg·K))，磁蓄冷能力 RC 值在 600 J/kg 以上，居里温度在室温附近；研制出了具有低温蓄冷性能的新型非晶合金材料：低温比热峰在 2 K 或者更低，低温比热峰值达到 0.5 J/(K·cm^3)。非晶合金还具有优异的电解催化性能，其催化能力优于商用的电解催化材料(如 Pt/C 合金)，并且具有更好的稳定性；合金非晶化的另一个巨大优势是其抗腐蚀、抗辐照性能有极大的提升，可以在空间等极端环境下用于燃料电池、锂离子电池等器件。此外，非晶合金还具有强降解污水能力，其降解效率和使用寿命远高于现有的用于污水降解的合金材料；Mg 基等非晶合金还具有优异的储氢能力，储氢能力可达自身重量比的 6wt%，并且在多次吸放氢循环后还能保持稳定的非晶态结构；Ti 基块体非晶合金具有良好的生物相容性，其杨氏模量降低至 80～90 GPa，耐磨、耐生物腐蚀；还研发出具有可生物降解的 Mg 基、Zn 基和 Ca 基非晶合金，其杨氏模量在 20～40 GPa，与自然人体的模量接近，具有良好的生物细胞黏附性以及与生物体液反应极慢的析氢速率(降解时间在 2～3 个月)等。

非晶合金的加工成型方式和玻璃类似，可以在相对温度较低的过冷液区成型，是一种短流程近成形加工技术，完全不同于传统的金属材料，颠覆了传统金属材料的加工成型方式，使得金属材料的加工和成型精度达到纳米甚至原子级，极大地拓展了合金应用领域。

非晶合金作为绿色环保材料在很多领域如节能、催化、5G 电子、传感器、航天军工等有重要应用，例如非晶合金变压器带来了卓越的节能与环保效益。

4. 非晶材料发展对其他学科的促进

非晶材料的发展也促进和带动了很多其他学科的发展。例如，非晶合金具有优异的力学性能，其形变、断裂行为、加工成型方式完全不同于晶态合金，这对传统的结构材料理论、固体力学理论提出了挑战，为这些学科提供了新的研究材料；非晶物质也是非平衡统计物理、复杂体系研究的模型体系，为统计物理研究提供了前沿问题；非晶态材料和软物质科学有很多共性，相应的科学研究方法和结果也能够相互借鉴和促进。18.3 节将具体介绍非晶材料的发展对其他学科的发展的促进作用。

5. 非晶材料研究的问题

非晶材料研究的主要问题可归纳为：一是非晶材料的研发还停留在"炒菜式"传统模式，效率低下。非晶材料研究和探索的进一步发展需要凝练科学问题和技术难题，引入最新的材料研发理念和范式，如材料基因工程理念，机器学习和人工智能。非晶材料探索和制备要和先进的信息技术、增材制造技术、光声制造技术密切结合。二是非晶材料的研究要充分利用现代科学大装置以及先进的结构研究设备的优势，研究非晶材料的形成机制、结构特征、构效关系等难题。三是稳定性是很多非晶材料服役和应用的问题，如非晶材料的老化、失稳。四是非晶材料的脆性也是非晶材料的应用短板；五是如何实现熵/序精确调控，制备出更多高性能新材料。这些问题的突破会导致非晶领域的飞跃发展。

6. 文化和美感始终是非晶材料发展的强大动力

对人类来说，材料和物质从来都不只是实用品。文化和美感始终是材料科学包括非晶材料发展的强大动力。典型而古老的非晶材料——玻璃的发展就是文化和美感推动的很典型的例子。玻璃最早就是被用作首饰、珠宝和工艺品。玻璃酒杯的出现提高了生活的品味，引发了大众对这种材料的喜欢，进一步刺激了对这种材料性能和品质的改进和提升，以至于每一个历史时期，都有新型玻璃材料产生和改变世界的应用。玻璃在建筑领域的应用，玻璃在光学器件方面的应用，玻璃在光纤和通信领域的应用更是深受文化和艺术追求的影响。东西方文化和艺术感的追求的不同(西方重视通透，东方更喜欢半透明)，使得古代在材料选择上西方重视发展透明的玻璃材料，东方重视发展不透明的陶瓷材料。

因为非晶材料和社会功能关系密切，人们在心理上也会和材料建立联系。我们喜欢的非晶物质和我们周围常用的非晶材料才会重要，非晶材料因文化和美感而拥有意义。例如，人类从古代就用玻璃容器和瓷器，玻璃和瓷器都很脆，容易摔碎，有很多材料可以代替玻璃制备容器，但是千百年来，人类一直还对具有美感的玻璃容器和瓷器爱不释手。

因文化和艺术的背景对材料的偏好和喜爱，引起了解非晶物质微观结构和构造的兴趣，推动人们发展出非晶物质科学。

我们制造和欣赏非晶物质和材料，非晶物质也反映了我们，改变了我们，使我们成为我们。

18.3　非晶物质科学对其他学科的意义

伴随科学技术的不断进步，科学研究领域正在自发地相互渗透交叉，学科交叉可能导致跨越式发展和突破性成果。非晶物质科学研究也是如此。非晶物质科学领域通过多学科交叉融合，不仅能够为解决领域自身长期存在的关键科学问题提供新的研究思路，而且还可能建立和发展出具有重要科学意义和潜在应用价值的前瞻性研究方向。他山之石，可以攻玉。非晶物质科学和其他学科领域的交叉、渗透及深入融合，是非晶物质科学发展的趋势。下面重点总结介绍非晶物质科学对影响国家经济社会和科技发展的材料、信息、能源、环境和催化及生物医用材料、软物质科学等高新技术领域的影响和意义。

18.3.1　对结构材料的意义

玻璃、混凝土、非晶聚合物、橡胶、非晶合金等非晶结构材料的出现改变了人们的生活和世界。我们仅以非晶合金为例子来说明。非晶合金的发明大大提升了金属材料的力学性能和综合性能。相对于传统结构材料，非晶材料不含晶体缺陷，从而表现出了较高的硬度、断裂韧性和屈服强度。虽然室温下非晶物质的非均匀变形使塑性应变局限于剪切带内，缺乏塑性变形能力，但非晶合金在极低温、高速冲击、高辐照或氧化腐蚀等极端环境条件下，仍可能作为高强度结构材料使用。如对于铁基非晶合金，它在保持高强度的同时还具有较高的韧性，其断裂强度是一般优质结构钢的 7 倍，且可弯曲形变(最高可达 50%以上)。非晶合金具有优异的抗辐射特性，在中子、伽马射线的强辐照下仍然可以保持较长的使用寿命，在火箭、宇航、核反应堆等领域具有特殊的应用。锆基非晶合金具有高强度、高韧性和侵彻穿深性能，被认为是第三代穿甲、破甲弹备选材料；具有高比强度、高弹性极限及体膨胀系数低的非晶合金有望用于航天飞行器的关键部件，如卫星、空间站等的太阳电池阵、光学卫星反射镜、空间探测器伸展机构的盘压伸杆等。

非晶材料在机械加工(如铣、车削和电火花线切割等，热加工如铸造和热塑性成型等)中都会伴随着玻璃转变过程的发生或者剪切带的产生，而不会出现晶体结构材料加工与成型理论中的最主要因素：液固一级相变和位错运动。在非晶材料热加工过程中，过冷液体的黏度随温度连续变化，其平稳流动准则、温度场和流场对过冷液体流动作用，以及热加工缺陷的形成等方面也不同于传统材料。这些都丰富了材料的成型和加工工艺，并对传统的材料加工与成型理论提出了挑战。此外，非晶材料机械加工过程中极限失稳的数学模型与传统理论也完全不同，有助于完善与丰富材料加工研究领域的基础理论和新技术。

非晶合金的合成理念还导致了系列新的结构材料，如高熵合金、准晶、金属间化合物、超饱和固溶体、非晶复合材料等。极大地丰富了结构材料家族。

18.3.2 对力学的意义

常规物质第四态非晶物质挑战了以晶态材料为主要研究对象的传统力学，尤其是固体力学的理论体系。非晶物质的塑性流动机制、连续介质本构模型、形变机制、局域化剪切带、强度理论、断裂机理等与晶态固体材料显著不同。因此，非晶物质力学行为的研究将丰富和发展传统的力学理论，对力学学科的发展有促进作用。

非晶物质首先对强度理论及塑性流变机制研究有重要意义。晶体的强度是组成粒子的键和结构缺陷决定的，而非晶物质中没有晶体中的缺陷，如位错、晶界等，其强度又远高于其相应成分的晶态物质，但还是远低于理论强度。非晶物质强度的物理本质和结构起源，耗散能量的方式、流变方式都给力学学科提出了挑战[9,10]。塑性即固体在外力作用下如何流变、如何耗能，是固体力学的一个经典课题。但是，经典晶体塑性机制对于非晶材料不再适用，因为晶体固体承载塑性的晶格缺陷如位错、孪晶等在无序非晶结构中难以定义[11-18]。非晶物质塑性和强度给固体力学提供了新的研究方向。非晶物质在剪切转变事件的实验捕捉[19]、理论建模[20,21]、数值模拟[22,23]、结构起源[24-26]等方面的研究取得了诸多重要进展，如建立了非晶塑性的剪切转变区模型(STZ 模型)[27]，给出了塑性本构方程；通过将剪切转变事件和动力学结构弛豫联系起来，建立了协同剪切模型，描述了从单个剪切转变事件到宏观屈服发生的动力学过程[28,29]；在系统地研究流变动力学及其结构起源的基础上，提出非晶物质中流变的动力学"缺陷"——流动单元(flow unit)

模型[30-37]，在理解非晶合金的塑性流变规律、调控其性能方面起到一定的作用[30-37]。非晶塑性理论或模型、强度理论的发展极大地丰富了固体塑性理论[12-18]。

非晶物质对固体力学塑性本构理论研究具有重要意义。在连续介质力学中，塑性本构关系本质上是流动理论，是建立在塑性变形阶段任一微小时间增量内，塑性应变增量或应变率与瞬时应力的关系。在认清微观流动机制的基础上，构筑基本流动事件的激活自由能图谱随激活路径的关系，然后基于一定的统计方法，建立宏观塑性应变率和激活能图谱特征参量之间的定量关系。在晶体材料中由于其背景晶格有周期性序、微观流动事件如位错、晶界运动等可以清晰表征，流变事件的激活在时空上可以用理论方法预测和定量数学描述，其激活自由能图谱相对容易构筑。但非晶物质的微观流动事件的物理图像还不明晰，在时空上存在本征的非均匀性、无序性和随机性，流动事件的激活自由能量图谱非常复杂[36]。从原子/团簇尺度流动事件到连续介质力学尺度塑性流动还存在很大的鸿沟，非晶物质的塑性本构理论框架还未建立。非晶物质的塑性即流变为力学领域指出了挑战性的方向。

非晶物质对流变局域化的载体剪切带研究有意义。适用于晶体固体的经典剪切带理论通常认为剪切带源于功热转化引起的局部绝热软化，而演化过程取决于塑性功以及热耗散和动量耗散的共同作用。非晶材料的塑性变形在时空上极易局域化，形成纳米尺度的剪切带失稳[38-41]。剪切带作为非晶物质普遍的塑性失稳现象，是非平衡态下不同耗散机制耦合的多时空跨尺度问题，涉及动量/黏性、能量/热、微结构、局域化形核与扩展等多个过程，挑战了以绝热软化为核心机制的热塑剪切带理论。

非晶物质对认识断裂机理的作用有意义。在晶态固体中，有以位错运动等机制诱导的塑性断裂，还存在沿着晶面解理的脆性断裂。非晶物质的断裂行为和特点完全不同于晶态物质，其宏观断裂往往表现出压力/正应力敏感性和拉压不对称[42,43]，并且断裂模式和断裂面斑图呈现复杂多样性[43]。这导致传统晶体屈服准则的失效[43-45]。从断裂能耗散角度来看，非晶物质的断裂本质上是塑性的，其微观基本耗散过程是原子团簇的剪切运动，裂纹的扩展是一种发生在裂纹和流体(裂尖塑性软化层)界面的弯月失稳[43]。非晶物质断裂的微观过程或者机理，非晶材料的断裂到底是脆性还是塑性问题，都将挑战人们对于材料断裂的认知[46,47]。

18.3.3　对热力学和非平衡态统计物理学的意义

非晶体系类似活性物质体系和生命体系是典型的远离平衡态系统。非晶物质形成的玻璃转变是典型的非平衡转变。在玻璃化转变过程中，系统的各项热力学参数都近乎连续的变化，没有明显的区分过冷液体和玻璃固体的分界点。所得到的非晶固体在结构上与液体也没有明显的对称性的变化，但具有完全不同的物态、物性的变化。平衡态统计结合量子理论是现代凝聚态物理的基础。平衡态统计物理从基本的微观相互作用和对称性出发，通过对大量统计状态的平均，能够有效地定义宏观热力学物理量，并且对系统的各种相变过程进行精确地预言和描述。平衡态是一种大系统、长时间、相对孤立理想的状态和模型，实际系统都会或多或少地偏离平衡态的条件。当这种偏离不大的时候，平衡态的理论近似上适用。但是对于玻璃转变这样远离平衡态的转变，平衡态理论就不再适用了，如何从统计物理的角度理解非晶物质的基本规律是给统计物理提出的重大挑战。

根据统计物理过冷液体与非晶态有明显的差异。过冷液体是各态历经的准平衡态，在准静态的降温过程中，可以认为系统有足够长的时间在微小的温度变化之后遍历可能的微观状态重新达到平衡，因此是能用统计平均的方法来描述的；非晶物质是非各态历经的远离平衡态，在快速降温过程中，体系在温度发生明显变化之前没有足够的时间达到平衡，也是非各态历经的，因此，各态历经破缺成为用统计物理描述非晶物质、玻璃化转变现象，以及基本热力学问题的根本困难。

平衡热力学系统中的相变一般都伴随着两相结构上的明显差异。玻璃转变难以归为一个热力学的相变，因为现有结构分析手段没有发现玻璃化转变前后体系结构有明显的变化，都是随机的无序结构。目前的实验能力只能观察到从过冷液体到非晶固体的玻璃转变过程前后及各阶段动力学时间的标度不同，其他如结构并没有本质的区别，整个玻璃转变过程看上去就好像用不同的播放速度来观看同一部电影。但是，目前非晶结构的测量主要依赖以衍射/散射为主的实验手段，得到的是大量平均的结果，只对周期性的结构序敏感，对于非周期性的有序结构探测能力非常有限，不能用于重建材料中原子的三维分布。但是不能简单地根据非晶物质中没有周期性结构就认为其结构是无序的。实际上，很多实验现象都暗示非晶物质的结构可能并不是完全随机无序的，而是存在着某种非周期性的"非晶序"或者"隐藏序"[48-53]。例如非晶固态的熵比完全无序的液体要低得多，如图 18.6 所示是玻璃转变过程中热力学变量比热和过剩熵的变化[54]。很显然在 T_g 处比热和过剩熵有跳跃性变化，类似二级热力学相变。这说明二者的微观结构存在定性的差异，至少无序度不同，只是目前还没有表征无序程度的有效实验方法而已。另外，模拟和实验表明非晶物质包含大量非周期性的有序团簇，在有序团簇内部，原子的排布具有较高的关联性，而在液体或团簇之间，原子的排布的关联性则很低。在玻璃转变过程中，非晶物质的结构关联长度随着温度的降低而不断增加。因此，有人认为，玻璃化转变显然存在着热力学的驱动力，可能是一种热力学相变，或者至少伴随着热力学相变，不仅是简单的动力学的冻结，而是形成了一种新的非晶态的热力学相，动力学变慢则是这种非晶相形成的后果[54-56]。

根据我们的日常经验，非晶物质应该是固体，然而要在科学上严格判断非晶是固体还是黏度极大的流体并不是一件易事。经验上一般把液体黏度达到 10^{12} Pa·s 时的温度定为玻璃化转变温度，这样高黏度的液体发生可观测流动的时间尺度在百年的量级，非晶固体的弛豫时间更长。因此，从应用的角度把非晶物质看成固体没有问题。但实际上即使在极高的黏度下，非晶物质仍然会以十分缓慢的速度流动，只是难以在实验室时间尺度下观测到而已。单纯的高黏度不足以判定非晶态物质是固体还是流体，本质的问题是黏度是否在某一温度下发散，即和晶体一样彻底冻结平动自由度，只保留振动自由度。实验上，随着黏度的增加，非晶物质的弛豫时间很快就超出了实验室条件下能够观测的范围，因此不能确定地判断弛豫时间是否发散。理论上，模耦合理论曾经预言了体系的弛豫时间在某个临界温度附近发散。然而数值模拟和实验都发现在理论临界温度附近，系统的弛豫时间并没有产生发散[56]。因此，对玻璃转变过程中以及非晶物质中的弛豫动力学做出可验证的定量的判断是对统计理论提出的新的课题。

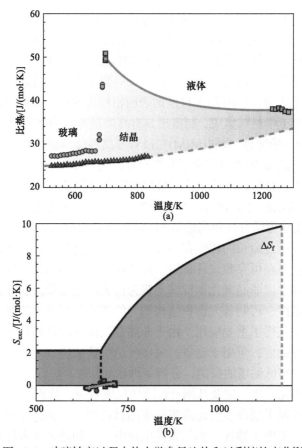

图 18.6　玻璃转变过程中热力学参量比热和过剩熵的变化[54]

因此，非晶物质作为一个非平衡的多体体系，有着十分复杂的结构、热力学和动力学现象，这些现象之间相互关联，互为因果。要建立全面普适的非晶理论框架，需要综合考虑非晶物质中的多尺度时空关联，发展新的统计物理思想和方法。非晶物质统计理论上一旦取得突破，将不仅对非晶材料的研发和应用有重要的指导作用，更能推动现代物理学的进步。

18.3.4　对信息科学的意义

非晶材料包括合金导体、半导体和绝缘体，符合信息材料对多功能特性的集成要求，包括非晶材料大规模可控制备工艺及性能调控；光、电、热、磁、力在内的多场调控下非晶材料的性能响应及机制；基于非晶材料的新型微纳器件的设计原理、工作机制、集成和可靠性；基于非晶材料的新型自旋电子学器件及机理等问题。非晶材料在信息领域的应用也为非晶物质科学研究提出了新的问题和挑战。

非晶材料具有优异的力学性能、热塑性微纳加工成型能力、耐腐蚀性能、软磁特性以及超快速晶化-非晶化可逆相变行为等诸多独特性能，在信息技术领域中，如微纳机电系统(MEMS/NEMS)、新型非易失相变随机存储技术、透明电子器件、传感器等微纳电子学及器件等，展现出重要的应用前景。非晶合金可在过冷液相温区进行热塑性精密成型加工，制备复杂形状的微纳器件，并保持接近原子尺度的表面光滑度和结构均匀性，可与 MEMS/NEMS 工艺兼容并实现低成本大批量器件的工业化生产。高强度、高弹性以及在弹性变形范围内具有高抗疲劳服役寿命等优异性能的 TiAl 非晶合金，已大批量应用于数字光学处理器中连接微镜的关键铰链材料，并对数字光学处理器获得广泛应用起到了不可或缺的作用。高达约 0.2 nm 原子尺度的表面粗糙度使得非晶合金薄膜易与半导体或介电绝缘体等微纳电子学材料集成，制备出具有高质量界面的多层膜结构，获得金属-半导体肖特基结或金属-绝缘体-金属(MIM)二极管等高性能薄膜器件。采用非晶合金作为 MIM 三明治电容结构的金属电极解决了长期存在的关键基础材料难题，成为微纳电子学及器件领域通过引入新材料诱发新工艺、最终实现器件制备关键技术突破的典范。

非晶材料独特的晶化-非晶化可逆相变行为，以及晶态和非晶态的电阻和反射率均有显著差别，超快晶化动力学特性和高低阻态，使得非晶材料可以制备出响应快、非易失、储存单元尺寸小和使用寿命长的相变存储器件。非晶氧化物、超薄非晶合金膜、非晶合金纳米槽网等非晶材料在可穿戴式计算机、热理疗仪、除雾器等柔性透明电子器件中有重要的应用前景。其中以非晶氧化铟锌镓薄膜为代表的宽禁带透明非晶氧化物半导体具有高迁移率、高稳定性、可制备大面积结构均匀的薄膜及制备工艺温度低等特点，已在有源驱动平板显示中获得了重要应用。由于非晶合金优异的软磁性能和巨磁阻抗、磁弹性、磁致伸缩等物理效应，可用于制备高灵敏度、快速响应、小尺寸、低功耗和易于集成的磁传感器，用于超低磁场的探测，分辨率可达 0.1 nT。

低维非晶材料的光、电、磁及其耦合性能的尺度效应，特别是尺度小于 10 nm 的非晶颗粒、纳米线、单原子层或多层超薄膜等非晶材料在多场耦合作用下出现的新奇物理现象可应用于柔性透明电子器件，如与柔性电极电导率和透光率等性能相近的低成本非晶合金电极，宽带隙透明 p 型非晶氧化物半导体，透明磁性非晶绝缘体用于透明薄膜电感器或透明磁耦合原型器件的制备等。

在兼具结构无序和长程磁有序的磁性非晶合金中观测到了电控磁效应。长程磁有序和结构无序特性对其磁阻、霍尔效应等磁电输运行为的影响研究，可以发展出非晶合金和自旋电子学的交叉方向，同时磁性非晶合金中有望在自旋电子学领域获得应用。

氮化镓、碳化硅等第三代半导体有望大幅提升电子元件的功率密度和工作频率。如氮化镓主要用于 5G 应用等电力电子器件、5G 基站、卫星通信、卫星小数据站、雷达航空等领域，碳化硅也主要是用于电动车等功率器件。但是目前用于器件电源和电感的软磁材料饱和磁感低、高频损耗高，第三代半导体电子元件的功率密度和工作频率受到严重限制，其优势难以充分发挥。研制匹配第三代半导体器件功率密度和工作频率的软磁材料、发展相关电源和电感等元器件制备技术，有望促进第三代半导体在大功率、高频器件中的应用，进而推动 5G 基站、卫星通信、雷达航空、智能汽车等关键领域的发展。兼具高频低损耗、高饱和磁感应强度的金属及金属合金类非晶软磁材料，有望在高功率密度高频应用领域替代传统的软磁铁氧体材料。

18.3.5 对能源、环境、催化、生物医用材料领域的意义

非晶合金内部具有不同能级的空位，间隙种类及位置更是多样化，为氢扩散提供了

更多的输运通道，在储氢量及储氢效率上均优于晶态合金，是最具潜力的固态储氢材料[57]。非晶合金的高强度、高耐腐蚀性，使得其可能成为极端条件储氢材料，抗氢脆能力也是非晶合金储氢性能的优势[58]；非晶合金的易吸氢特性可实现从导体到半导体及绝缘体的可逆转换，可在光敏材料领域发挥重要作用；氢在内耗、核磁、同步辐射等技术手段中敏感性好，研究氢在非晶材料中的分布特征及吸放氢过程也为理解非晶物质微观结构提供了新途径。

非晶合金较高的废水处理效率和稳定性在工业污水处理上引起了科学界以及工业界的极大兴趣。与 PtC 商业电极相比，非晶合金 $Pd_{40}Ni_{10}Cu_{30}P_2$ 反应电势相当，而且循环稳定性更好。筛状铂基非晶合金纳米线器件可应用于微型燃料电池中的催化电极，比商业 Pt/C 标准电极的效率和寿命都要高。CoLaZrB 非晶合金纳米颗粒在 $NaBH_4$ 释放氢气的催化反应中具有很高的催化活性和较低的反应热激活能。

很多药物都是非晶态的，非晶态可以提高药物的溶解速率和溶解度；非晶合金由于具有高强度、低弹性模量和较好的生物相容性，作为生物植入材料具有广阔的应用前景[59]。Ti 基、Mg 基及 Ca 基等非晶合金具有很好的生物相容性，在离子溶出、细胞毒性和动物体内植入后对周围组织的影响等方面表现良好，在骨科修复材料、可降解生物材料等医用生物材料领域具有研究价值和应用前景。

从基础研究的角度来说，凝聚态物理主要研究对象目前还是相对简单的晶体的原子和电子结构及电荷运动和能量。而生物体、生命物质里这些现象会复杂很多。生物体、生命物质大部分是非晶物质组成的，因此，研究原子、小分子非晶物质是将来迈向更广阔的生物世界的关键的第一步。

18.3.6 对软物质学科的意义

非晶物质的基本性质和软物质材料如胶体、非牛顿流体和颗粒物质有很多相似点，如结构都是长程无序的，力学性质都表现为非线性和黏弹性的特点，弛豫时间都远超过实验室能达到的观察时间，都是远离热力学平衡态，都普遍存在复杂的多时空尺度的共性问题和挑战等。这些非平衡的特征正是这类体系中众多非线性现象的根源。因此，相应的研究方法和结果可以相互借鉴和促进[60]。胶体在很多情况下也可以简化成相对简单的硬球模型，因此大小均匀的胶体粒子为研究非晶物质中的问题提供了一个独特的实验平台和模型体系。如图 18.7 所示，胶体集聚过程类似玻璃转变[61]：在低浓度时，胶体粒子之间在溶液中和简单液体中的原子类似，表现为自由扩散行为；胶体在玻璃化转变附近也表现出动力学变慢、动力学不均匀等特征，具有明显的黏弹性的力学形变特征。由于胶体粒子尺寸较大、弛豫时间长，能够方便地观测，甚至直接使用光学显微镜就能达到"亚原子"精度的结构测量，因此胶体是研究非晶微观结构和动力学的理想模型体系。自从 20 世纪 90 年代发展出数字图像方法分析胶体玻璃的技术以来，利用胶体玻璃能够非常精确地测量非晶体系的微观结构和动力学，获得了大量的结构数据，以及相应的宏观及微观动力学和热力学信息，为建立非晶物质结构的有效描述提供了实验支持。胶体的研究已经和非晶物质研究深度结合在一起。

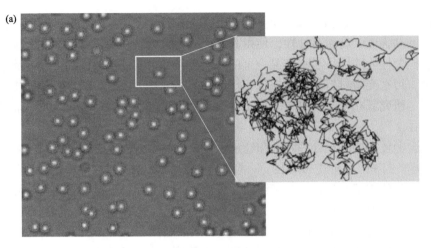

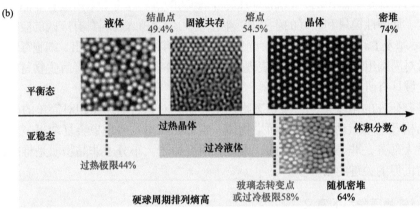

图 18.7 (a)微米级胶体小球在水中的布朗运动, 右图是实验得到的小球 1 min 内的布朗运动轨迹。(b)胶体形成晶体或非晶的过程[61]

非牛顿流体定性上可以分为剪切变稀(shear thinning)和剪切增稠(shear thickening)两种情况。在剪切增稠现象中, 黏度的迅速上升能够达到几个数量级, 与玻璃化转变过程中的动力学突然变慢的现象非常类似。在一定程度上, 可以认为剪切增稠现象是由外力驱动的阻塞过程, 流体的弹性响应可以认为是胶体粒子在高速驱动下无法有效弛豫造成的, 这一机制对应于玻璃化转变过程中原子在快速骤冷的条件下无法结晶而形成非晶物质。通过发展高速三维图像技术有望对高速剪切的非牛顿流体中胶体粒子的结构和运动进行实时的测量, 建立定量或半定量的理论模型。因此, 非晶物质和非牛顿流体在很多基本问题研究上是可以相互借鉴和促进的。

作为广泛存在于自然和工业中的重要材料——颗粒物质, 当颗粒物质组成粒子的尺寸超过 100 μm 的时候, 其热运动就变得可以忽略了, 颗粒之间的相互作用以弹性接触和非弹性的摩擦相互作用为主。颗粒和非晶物质二者之间主要的区别在于在没有外场驱动的情况下, 颗粒体系一般不存在通常意义上的动力学和热力学, 因此可以近似地认为是零温条件下的非晶物质。相对于原子体系, 颗粒体系的相互作用简单, 体系容易控制和观察, 因此颗粒体系从很早就被作为模型体系来研究非晶物质的结构和形变, 例如, Bernal

最早就通过随机堆积的钢球来研究液体和非晶的结构特征。X 射线断层扫描技术能够非常精确地测量颗粒内部的三维结构，以及颗粒结构在剪切和振动下的演化，这些都是在传统非晶研究中难以获得的重要信息。宏观上，当颗粒材料受到外部剪切发生形变的时候，体系的体积会膨胀，这与非晶的形变规律一致。微观上，颗粒内部在剪切力作用下不断发生局部的结构重排，在较大的应变下，颗粒体系会发生断裂与滑动，和非晶物质断裂时产生的剪切滑移带完全对应。利用光弹粒子还能够准确地测量颗粒之间的弹性力，并发现颗粒体系是通过少量"力链"来抵抗和分散外部的作用力。在形变的过程中，颗粒物质中的"力链"能够迅速地响应外场的变化，局部接触的微小变化也能造成整体力链分布的巨大改变。通过研究颗粒体系的形变过程，特别是通过观察微观局域形变的产生和演化，能够为理解非晶材料的形变规律提供重要的线索。

当颗粒体系受到足够大的振动激励或者外界剪切的时候会突然发生"流化"现象，原本类似固体的颗粒堆积开始流动，对应于非晶物质中的玻璃转变，具有发生位置的不确定性和时间上的突然性。很多地质灾害，如雪崩、山体滑坡、泥石流和地质沉陷等都和颗粒体系的流化失稳有关。很多大型工程如坝体实际是颗粒体系，非晶物质的研究成果可用以借鉴来提高这类大型工程的设计和建设质量，保证其长期稳定性和安全性。颗粒体系受到激励的时候也有丰富的动力学行为。在连续微小的振动下，颗粒的堆积比会逐渐上升，这一过程对应于非晶材料的老化(ageing)。当激励的强度突然发生变化的时候，颗粒非晶的堆积比会先下降再继续上升，这一现象与非晶物质中常见的记忆效应非常相似。因此对颗粒体系的研究对理解非晶物质中的动力学现象也有意义。

18.3.7　对星际探索地外资源利用的意义

17 世纪诗人 Thomas Traherne 曾写下如下诗句：

直到以苍穹做衣

以星辰为冠

血脉里流淌着海水

人们才能真正享受世界之美

人类的足迹到哪里，就会把科学研究带到哪里。探索宇宙是人类的梦想和永恒的事业，地外资源利用是探索宇宙的必备技术。我国嫦娥五号和美国阿波罗飞船带回的月壤中，都含有大量的非晶物质——玻璃，它们是由月球早期火山喷发，或者小行星、陨石撞击形成的。从地外玻璃形成原因看，非晶玻璃物质可能是宇宙中地外行星上很普遍的物质。因此，对非晶物质的认识和研究可以帮助认识星辰宇宙、有益于星际探索和地外资源利用。下面列举一些有趣的例子来说明研究和认识非晶物质对认识宇宙、未来星际探索、地外资源利用的重要意义。

第一个例子是利用玻璃来区分真假陨石。陨石区别于地球岩石的一个特征是它表层有一层玻璃壳，如图 18.8 所示。这层玻璃是陨石高速穿过大气层高温燃烧过程中，表面熔融并快速冷却而形成的，也称为熔壳。陨石表面玻璃层很薄(~1 mm)，和陨石内部完全不同。熔壳大部分是黑色的，有极少数呈现出像玉石般漂亮的绿色。玻璃熔壳往往会龟裂成多边形，如图 18.8 所示。因此，玻璃熔壳是判断陨石的重要依据。

图 18.8　陨石表面的玻璃融熔壳，有些陨石具有玉石般绿色玻璃熔壳。图片来自中国科学院地质与地球
物理研究所林杨挺

　　第二个例子是根据火星陨石中的玻璃发现火星古时候存在水。火星陨石是目前我们
唯一能够得到的火星岩石样品。第一块火星陨石于 1815 年在法国被发现，当时并不能确
定它来自于火星。通过测量陨石的放射性同位素测定其年龄为 2~13 亿年。小行星的陨
石年龄都是 45 亿年，月球岩石的年龄在 30~40 亿年。这些说明它们来自一个比月球更
大的天体，但仅仅根据这一点，还不能确定它来自火星。切开这块陨石发现里面有玻璃
黑点，在这些玻璃中封存有气体，见图 18.9。对玻璃中包裹的气体的分析发现，其中的
气体与1976年海盗号对火星大气的分析结果完全一样，这证明这个陨石确实来自于火星。

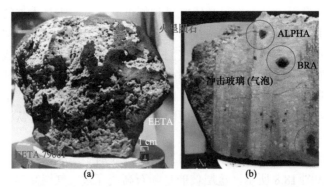

图 18.9　火星陨石中的黑点玻璃。图片来自中国科学院地质与地球物理研究所林杨挺

　　火星陨石的岩浆冷却之后，与地下水相互作用，保存了远古时代火星地下水的信息。
水中氢(H)同位素氘 D 的组成，也就是 D/H 的比值可以区分火星的水与地球的水，相当于水的指纹。如果说火星以前有水，但现在表面上没有流动的水，是因为有一部分水逃入太空。逃走的水越多，留下水的就越重，即 D/H 比值越大。研究发现火星陨石中玻璃包裹体含水量高。使用纳米离子探针设备可探测其中水含量和 D/H 比值。测试结果表明火星地表水的氢同位素组成很重，比地球大洋水重约 7 倍，说明有非常多的水逃离了火星。据此科学家认为在大概 30 亿年前火星地表有流水。玻璃在陨石中保存了星球重要的远古地质信息。

　　另一例子是月球玻璃的研究。阿波罗飞船和嫦娥五号分别在月球完全不同的区域采回月壤，月壤的成分、地质年龄等都不相同，但是它们都包含有大量的玻璃物质。这意味着玻璃在月壤中普遍存在，是月壤的重要组成成分。阿波罗 17 号宇航员拍摄的月球一个环形火山口边缘的红土之所以呈现橙色，是因为土壤中有大量的高钛含量玻璃球(直径在 0.1～0.4 mm)[62]，这些玻璃被认为是火山岩浆喷发产生的。图 18.10 为我国嫦娥五号采回的月球样品照片。图 18.11 插图是阿波罗号采回月壤中的玻璃物质的放大照片，这些玻璃物质主要呈球状[62]。嫦娥五号采回的月壤中，也有很多玻璃物质。图 18.12 是嫦娥五号采回月壤中的玻璃物质的电镜放大照片。可以看到这些玻璃颗粒大小从几百纳米到几十微米不等，有完美的球形等。研究表明嫦娥五号采回的月球玻璃主要是由陨石撞击而形成的。

图 18.10　我国嫦娥五号采回的月球样品照片。来自松山湖材料实验室非晶材料团队

图 18.11　月球环形火山坑边缘发现了橘红色土，其中有大量的高钛含量玻璃球，插图是放大的玻璃物质[62]

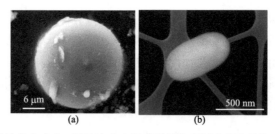

图 18.12   嫦娥五号采回的月球玻璃。图片来自中国科学院物理研究所非晶物理和松山湖非晶材料团队

月球玻璃主要有两种形成方式：一是月球早期火山爆发，喷出的高温岩浆快速冷却后形成的，如图 18.13(a)所示。阿波罗飞船带回的月球玻璃主要是火山熔浆形成的。火山玻璃是认识月球内部物质组成和月幔演化的重要物质。二是小行星或陨石撞击月球时，形成的熔融物质快速冷却形成的，如图 18.13(b)所示。月球不像地球有厚厚的大气层，天外陨石可以近乎无损地高速撞击到月球表面，撞击所产生的高温将月壤中的二氧化硅等物质熔融，迅速冷却成玻璃。撞击形成的玻璃的成分保存了撞击区域月壤的地质、化学成分等信息。嫦娥五号采回的月球玻璃主要是撞击熔融玻璃，少量是火山玻璃。

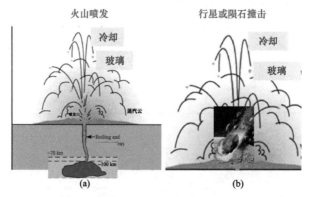

图 18.13   (a)月球上火山喷发形成玻璃的示意图；(b)陨石撞击月球形成玻璃示意图

月球玻璃异常稳定。月面上环境十分恶劣，位于月球风暴洋北部吕姆克山东部的嫦娥五号采样点的月壤玻璃，已经在月球上完好地存在了约 15 亿年，可谓是饱经沧桑。这种具有罕见稳定性的月球玻璃不仅保存了早期月球的重要信息，还给人类提供了一种非常有用的材料。这些硅化物玻璃的主要成分是二氧化硅(SiO_2)，它内部由 1 个硅和 3 个氧连接形成的"硅氧四面体"这种构造单元组成。正是这种稳定牢固的构造单元，使得玻璃非常稳定，难以与其他物质发生反应，而且密封性强。因此，月球玻璃能保存月球远古时期的地质和环境等重要信息，是月球上的"琥珀"。我们知道琥珀是由树脂凝固形成的糖玻璃，糖玻璃非常稳定，且对蛋白质等生命物质有良好的保存作用。如果在其形成过程中正巧包裹住昆虫、植物等，就能把远古时代的动植物封存于其中，形成琥珀。图 18.14(a)是一只被保存在 4000 万年前的波罗的海琥珀中的苍蝇。琥珀把千百万年前的生物及其当时的动态完好地保存下来，对我们认识古生物、生命进化和分析远古地球气候起到了重要作用。神奇的是，月球玻璃类似琥珀，早期月球火山喷发的熔浆或陨石撞击形成的炙热熔浆在凝固过程中，正巧包裹住周围环境中的水、气、矿物等，并形成玻

璃，就能把这些物质封存于其中。月球火山活动和流星撞击在月壤中形成的丰富的玻璃，以其无与伦比的稳定性保存了这些远古的物质。

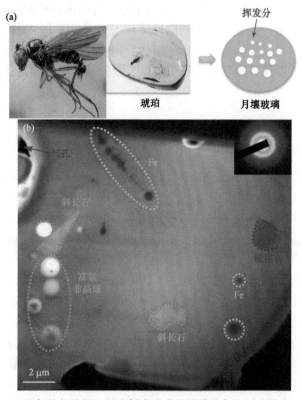

图 18.14　(a)琥珀中 4000 万年前的苍蝇，它在树脂形成的糖玻璃保护下变成化石；(b)月壤玻璃和地球上琥珀类似，嫦娥五号月壤玻璃也包含和保存了各种月球远古物质(来自松山湖材料实验室)

封存在月球玻璃中的水、铁、气等物质叫挥发分[图 18.14(b)]。它们记载着早期月球火山活动和太阳系撞击史的信息，不仅可能反映月球古气候的演化，而且记录了太阳风和太阳耀斑的历史。图 18.14(b)所示是嫦娥五号采回的月壤玻璃球中所包裹的各种月球远古物质。解剖的玻璃球中含有 15 亿年前的各类矿石、Fe、气泡(富氢气)等，这些月球早期的物质被玻璃封裹保存下来了。精确测量月壤玻璃物质中各种挥发分的含量，研究其在玻璃颗粒内部和不同月壤深度的分布规律，能为认识月壤形成阶段的月球气候环境，月球火山活动提供重要的信息和依据。科学家在阿波罗宇航员从月球带回的微米级玻璃小球中发现了水分子，月球玻璃使得当时月壤中的水得以保存至今，这有力证明了月球曾存在水。因此月球玻璃是研究月球历史和演化的关键样本和载体，堪称月球“琥珀”。

研究月球玻璃对于认识月球的起源、演化、物质成分、分布、岩浆作用、冲击作用及历史等具有重要意义[63]。例如，火山玻璃的成分均匀，取较少的样品便可作为研究岩浆成分的样本。分析火山玻璃中的挥发分有助于了解月球内部的性质，包括月球上水的来源和地月系统的成因。另一个例子是，月球玻璃研究解开了月球在其历史上某个阶段是否存在过磁场的谜团。科学家对月球玻璃样品进行激光快速加热，然后急冷，这样可以避免改变样品的特性。然后使用灵敏超导磁力计来准确测量样品产生的磁信号，从而得出月球玻璃的磁化可能来源于陨石撞击或者彗星等星体撞击,而不是来自于月球本身磁场。这证明了月球历史上可能并没有存在过比较稳定的磁场。

玻璃和其他复杂的亚稳物质一样,具有处于稳态的晶体物质所不具有的"记忆效应",即玻璃物质能够"记忆"住它所经历的剧烈热和压力变化历史。通过研究月球玻璃的弛豫行为和记忆效应,可以推测玻璃的形成年代,判断月球表面何时发生过剧烈的地质活动、火山活动、撞击事件等热和撞击历史事件,这样就能够构建月球表面各类地质活动和撞击事件的编年史。

18.3.8 对其他学科的意义

非晶物质科学的研究模式可以为很多其他领域提供思路和技术,比如,玻璃转变理论可用于食品、制药技术的改进;非晶研究中的复本法(replica method)可以被应用于研究交通堵塞等问题;模拟上,使非晶态向平衡态演化的模拟退火(simulating annealing)算法在数值优化上有应用[64];制备非晶冰的思路用于冷冻电镜,提供破解生物大分子结构的新途径;熵调控的思路被用于开发出了新型高熵合金材料;非晶物质与其他复杂系统的相似之处在于都具有复杂的"能量"地貌图。非晶物质能量地貌图有许多极小值的能谷,热运动往往不足以激发其离开能谷的束缚,因此越过能垒向更低能态演化的弛豫过程很慢,难以达到最小值对应的晶体态。这种大量局部最优解且系统难以离开并实现整体最优的情形是非常普遍的,也是数学上的一个难题。交通、人工智能、生态或社会系统的演化等都可以看作在高维地貌图上的演化,比如高温液态和低温玻璃态可分别对应朝阳产业初期的疯狂生长和成熟期的稳定与生长停滞等。系统陷入局部最优而难以改变现状,跳出局部最优的困难在于需要很多微观参与者一起打破固有利益,联动地解锁原来僵化的状态。这类的例子还很多,非晶物质研究有助于加深对这些更复杂的系统的认识。同时,其他学科的研究成果即研究范式,对非晶物质研究也有帮助和借鉴作用[65]。

18.4 非晶物质科学发展的启示

非晶物质科学研究和非晶材料应用的发展给我们带来的启示和感悟是多方面的。

启示一:新材料的发现可以带动非晶物质科学领域跨越式发展。物质科学需要首先有物,有物才有理。非晶物质科学依赖于新材料和好的模型材料。从 20 世纪 30 年代 VFT 公式发现开始的非晶物质科学至今已有 90 多年的历史,从历史角度看非晶新材料的出现总能引发非晶物理和材料研究的跨越式发展,非晶物质科学每次大的飞跃都是新材料发现引起的。例如,非晶高分子塑料的发明,橡胶的工业化生产,非晶合金的发明,Mg-Cu-Y、La-Al-Ni-Cu、Zr-Al-Ni-Cu 和 Zr-Ti-Cu-Ni-Be 等块体多元非晶合金系的发现,都引发大量关于非晶结构、形变、动力学、热力学、形成规律等研究,都极大地促进了非晶物质科学的发展。特别是非晶合金表现出的高强度、高硬度、高耐磨、过冷液相区超塑性、耐腐蚀、抗氧化及抗辐照等优异、奇特的性能,引发人们对非晶结构和动力学与性能关系的研究。因此,非晶物质科学的进一步发展依赖于新材料体系探索的重大突破。所以,需要坚持和加强新材料的探索。国内要实现非晶材料科学领域的超越,大力探索非晶新材料是必由之路。

启示二：非晶材料合成方法和制备新技术至关重要。非晶材料和科学的发展与制备新方法发明紧密相关。从传统非晶玻璃领域看，助溶剂方法的发明、吹铸方法的发明、浮法平板玻璃方法的发明等都极大地促进了玻璃材料的发展和应用；从非晶合金领域看，从急冷法制备出非晶条带，到助熔剂方法首先获得 Pd 基大块非晶合金，再到利用成分的复杂性和设计提高非晶形成能力、铜模浇注制备出多种块体非晶合金，高熵材料的发现，每一次制备技术的变革都带来非晶合金材料的突破性进展。探索制备非晶材料的新方法和技术是实现非晶物质科学突破的关键之一。

新的实验技术也是解决很多非晶物质基本科学问题和技术难题的关键。非晶材料的探索方法目前还是基于科学的直觉和经验积累，而不是建立在基础理论指导之上。因此，非晶材料的研究模式长期依赖于科学直觉和实验尝试，其设计、制备和检测大多数要通过耗时的密集型的试错过程。例如，配制冶炼和测试一个合金成分就几乎要花费一整天的时间。到目前为止，已经开发的非晶合金仍只是可能的非晶合金形成成分海洋中很小的一部分，探索高形成能力、高性能非晶合金材料的效率很低。非晶物质研究要想实现快速发展的新模式，需要充分利用和结合现代信息技术，计算机技术、软件和算法与大数据的成果，发挥模拟计算在快速发现新材料、洞察材料物理、揭示材料中的新现象等方面的强大作用和潜能。使得非晶材料设计、制备和检测这些耗时的反复试验工作通过强有力的计算方法模拟来减轻强度。通过建立高通量集成设计计算体系，配合高通量试验方法，实现代替长时耗费的非晶材料经验研究模式。

先进和独特的非晶物质微观结构和性能的实验表征技术的发展对建立结构和性能内在的相关性至关重要。比如消球差电子显微技术成功实现了埃尺度相干电子衍射，可在真实空间探测非晶材料原子近邻及次近邻结构信息。动态原子力显微技术、超声显微镜技术和纳米压痕技术实现了直接测量纳米尺度非晶材料的结构和性能。这些独特的结构和性能表征方法为直观表征非晶物质中局域有序结构及其与性能、流变和动力学的关系提供了手段。固体核磁共振技术可测量高温合金液态及非晶态的扩散、局域对称性的变化和动力学特性，使得从原子和电子层次研究非晶合金的形成能力、流变机制、结构和性能关系、动力学特征成为可能；计算机模拟技术可帮助研究非晶的结构特征、演化以及和性能的关系。用动态模量分析技术可测量非晶损耗模量、弛豫谱、非晶物质中基本流变单元激发过程和能量等；内耗方法可以系统研究非晶和过冷液体的弛豫特征。这些现代技术和丰富的非晶物质模型体系为深入认识非晶物质的结构和性能的关系提供了前所未有的有利条件和可能性。非晶物理和材料中很多疑难问题的解决还依赖于将来新的现代化制备设备、表征设备和方法的发明和产生。大量的现代表征方法和技术手段，特别是先进的科学大装置的应用是非晶物质科学研究突破的关键。

启示三：非晶物质基础研究、技术工艺以及应用需要有机结合，互相促进。工业革命之所以发生在英国(英国并不是现代科学的发源地，却是工业革命的发源地)，是因为英国最早把纯科学研究和生产及生活实际结合起来，科学家和工程师一起合作把科学转化成生产力，从而导致了推动人类社会和生活方式巨大进步的工业革命。科学、技术和应用的有机结合才能大大促进非晶材料领域的发展、应用和深入。要高效获得大量新的高性能非晶材料体系，需要对非晶物质形成规律、玻璃转变机制有深入了解，但非晶物质科学和材料的长期发展必须依靠基础研究和材料工艺技术的有机结合，需要在基本物理问题认识上取得突破，还需要有应用和市场需求的引导。非晶物质科学研究下一个高潮的出现一定是新方法和技术、具有特性的新材料、大规模应用的引领。比如具有超高非晶形成能力的 Al 基、Fe 基、Mg 基、Ti 基、Cu 基等合金体系的获得，将改变目前非晶合金材料领域的状况。在信息时代，信息领域对非晶材料的需求将会促进非晶领域快速发展；和其他材料学科一样，大规模应用，需求引导才能使得非晶材料具有生命力。正是在建筑、通信、光纤等领域的大规模应用促进了硅化物玻璃材料和相关科学的大发展。作为节能绿色软磁材料，Fe 基非晶合金、非晶钢带动非晶物理和材料领域飞速发展。目前阻碍块体非晶合金应用和发展的关键问题之一是高成本，用最便宜的组元制成的非晶合金的价格也在 100 元/kg，而一般的钢的价格是 1 元/kg。这是因为块体制备过程需要在高真空条件下进行，难以规模化制备，非晶合金还有脆性，这些都限制了其广泛应用。要进一步推动非晶合金领域的进步，取决于其大规模，或者社会发展必须的高端应用的需求，制备工艺和方法的技术改进取决于以热塑性为基础的大规模工业应用技术的发展，以及发现新一代应用型非晶合金。在非晶领域重视应用和加强基础研究并不矛盾，二者是相互促进的，科学和技术的有机结合将大大促进非晶材料领域的发展、应用和深入。

启示四：广泛的交叉合作将极大地促进非晶领域的发展。非晶物质科学中很多基本问题都还悬而未解。翻开凝聚态物理教科书，关于非晶和液体的基本范式和理论框架几乎是空白。系统理论框架缺失严重影响了非晶材料的应用和新发展。从另一方面讲，这也为后续研究者提供了一个良好机遇。随着新的非晶材料不断被开发出来，新的物理现象不断涌现，非晶物质和材料的研究将从"炼金术"、纯工艺性走向科学。非晶物质科学的基础研究需要和其他学科、新技术、科学大装置、先进设备仪器、最新成果相结合和交叉，建立新的概念和范式，从全新的角度、思路、理念去认识非晶物质的基本问题，这样才能把非晶物质研究从定性、唯象的研究中解脱出来，使之走向深入和成熟。非晶材料研究的生命力取决于它与不同学科的结合与交叉。不同学科的相互影响和启发可能导致非晶物质科学研究快速发展。目前非晶研究与其他学科的交叉远远不够，非晶材料研究甚至和非晶物理研究交叉的都很少。对于非晶物质这样的复杂体系中的重要问题、悖论、挑战，实际上不可能单独、孤立地考虑和研究，因为这些问题有紧密的联系，必须对整个系统进行研究，即使这样研究很粗糙，那也是必要的。比如液体与非晶本质的研究已证明是密不可分的，因为不对复杂系统各部分做紧密联系的研究，就不可能对非晶学科整体有正确的理解。所以不同非晶体系交叉、融合研究，不同学科的参与，先进设备的实验验证，对建立完整的非晶体系理论非常重要。非晶物质很多基本问题的解决需要材料、物理、化学、力学、数学等多领域科学家共同合作。

启示五：注重传承和范式研究。中国人在材料领域有深厚的传统，对材料有重要贡献。例如，青铜、陶瓷、丝绸、油漆、纸张、中药、食物工艺等都是中国古代杰出的贡献(图 18.15)。屠呦呦青蒿素药物的发现就是从传统中国医学获得的启示(图 18.15)，这也启示非晶材料研究需要发掘和发扬中国古代材料的制备经验、思想、工艺和理念，和现代非晶物质科学的方法、理念和理论有机结合。普利高津也说过："中国的思想对于那些想扩大西方科学的范围和意义的哲学家和科学家来说始终是一个启迪的源泉。"有必要发掘和发扬中国古代材料的制备经验、思想、工艺和理念，并和非晶物质科学结合[64]。另一个例子是日本物理学之父长冈半太郎和日本物理学发展的故事。长冈半太郎的几代弟子中获得诺贝尔物理学奖的有：汤川秀树(1949 年)、朝永振一郎(1965 年)、小柴昌俊(2002 年)、南部阳一郎(2008 年)、益川敏英(2008 年)、小林诚(2008 年)以及 2015 年的梶田隆章。1883 年，当他完成了在东京大学理学部第一学年的学业时，他决心成为在科学某一分支有所建树的科学家。但是，当时的日本在现代科学所有分支领域里都还没有原创性工作，这使得他没有信心确定东方人是否拥有成为优秀科学家的天赋。于是他决定休学一年，通过考察中国典籍去证明或证伪东方人的这种禀赋。他发现在包括庄子在内的中国古人所写的著作中，一些科学发现和观察甚至早于西方。这个发现宽慰了他，并使他毫无疑虑地重返物理学领域。通过几代人的努力，日本人在物理学领域做出了杰出的贡献。

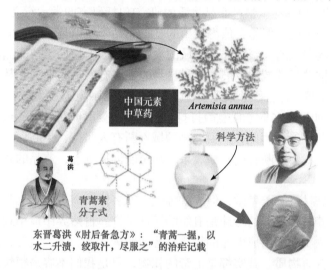

材料研究史上有丰富的中国元素和历史积淀

图 18.15　青蒿素从传统中国医学获得启示，这也启示非晶物质研究需要发掘和发扬中国古代材料的制备经验、思想、工艺和理念，并和现代非晶物质科学有机结合

　　解决复杂的非晶物质科学问题需要范式和理念上的突破。如何继承和传承中国古代研究、发展材料的传统、经验和积淀，或许是在非晶物质科学领域做出有中国特色研究的一个途径。一个学科的兴盛需要一代代的传承，非晶合金材料的发明和发展也证明了传承的重要性。

此外，自然科学学者要想有好的原创成果，非晶物质科学领域要有突破，在哲学层面有思考和创新是重要的，然后再进行科学的询证。比如说安德森的"多则异也(More is different)"，其实就是关于凝聚态物理的一种哲学思考。

启示六：贵在坚持。每一门学科的发展都不是一帆风顺的，总是起起落落。比如在过去的半个多世纪，非晶合金材料的研究经历了几次高潮及低谷。块体非晶合金所带来的研究热潮也已持续二十几年了，如今有降温的趋势，一些研究组转入其他课题如高熵合金、高温合金等材料的研究。非晶合金的研究似乎又到了一个新的瓶颈，原因是大部分合金非晶形成能力低、制备工艺复杂、成本高、成品率低、均一性、稳定性差，块体非晶合金大规模应用这个瓶颈一直没有被突破。非晶合金应用方面的投入和研究还远远不够，学科本身创新点、热点和亮点与其他学科相比也不够多。另外，非晶物质研究发展过程始终伴随着对非晶研究意义的各种争议。创新很难，创新能被人理解更难。如非晶合金的研究发展过程(甚至整过非晶物质的研究)包括研究的学术意义、应用和研究价值等一直伴随着各种争议。但是，值得指出的是，非晶领域最具影响力的工作往往是在该领域最低谷的时候产生的。很多非晶领域的大师都是因为长期坚持非晶研究，从而做出卓越的工作，并推动了领域的发展。学科自身的发展有盛衰周期的交替，非晶研究和其他学科一样贵在坚持。著名科学家爱丁顿(实验证实爱因斯坦广义相对论)提出过"无限猴子理论"，认为"如果许多猴子任意敲打打字机键，只要时间足够长，最终可能会写出大英博物馆所有的书"[67]。因此，只要非晶领域不断有人坚持，不断深耕和精进，把事情做到极致或极限，就会不断有创新和成果，甚至能创造奇迹，非晶的研究就会有无穷的活力。

启示七：非晶材料始于卑微，但成就辉煌。很多伟大高贵始于平常和卑微，娇艳的花朵由平常泥土养育，美丽的珍珠是丑陋的河蚌孕育。自然界中最精致的、高端的东西都来自最普通的物质，如组成生命的物质是普通的碳、氮、氧、氢等，像铁、碳、硅、沙子、泥土这些普通物质，其实都是上帝的礼物，只是我们不容易很快意识到。其实这个世界上真正珍贵的东西都是免费的，如爱、空气、阳光。陶瓷材料来源于平凡的泥土。典型非晶物质玻璃源于随处可见的沙子，可谓始于卑微。但是沙子经过合适的工艺技术，会蜕变为晶莹剔透、性能独特的材料——玻璃。玻璃成就了科学，造就了文化，改变了社会，成就了辉煌。非晶合金也来源于普通的金属，而且越是由普通的金属组成，越有用：如 Fe 基非晶合金是唯一大规模应用的非晶合金。但是非晶物质从卑微蜕变出来是需要经受考验的。玻璃是沙与火的艺术，沙子经过高温炉中炉火熔炼的考验，在高温熔炼过程中，包容各种成分，让它们形成一体，形成合力，达到某个临界点(T_g点)，才能发生蜕变，得到很纯净的玻璃。非晶材料研究需要工匠精神。玻璃就是工匠精神的体现。

启示八：非晶物质研究和打牌有类似之处，即根据随机抽取的机会，在混乱中发现或建立秩序。打牌和非晶研究的内涵或者本质都是从混乱中发现和创造秩序(Based on random drawing of tiles，create order out of disorder even chaos)。如图 18.16 所示，打牌是根据随机抽取的机会即牌张，抓到手的是无序组合的混乱牌，通过牌手组合这些牌，在混乱抽取的牌中发现或建立秩序，然后打出精彩；组成非晶物质世界的粒子的复杂排列就像上苍所抓的牌，非晶物质研究是从非晶无序结构中发现有序，发现其背后的规则，从复杂中寻求简单(图 18.16)。作者平生两大爱好是打牌和研究非晶，号称只有打牌的时候才能忘掉非晶，唯有在研究非晶的时候才能忘掉打牌。因为打牌和研究非晶确实有类似之处：都是从无序和随机中去发现和创造有序。研究非晶物质如打牌，组成非晶物质世界的粒子的复杂排列就像是天神的一副牌，我们研究非晶物质相当于在观看这场牌，试图明白非晶物质这局牌的规则。当我们观看了足够长的时间，就能看出几条规则来，这些规则就是非晶物质科学基本原理。但是，即使我们知道了某些规则，仍然有可能不理解为什么此时要打出这张牌，即不明白非晶现象背后的机制，我们或许能用已知规则来解释非晶物质的一些现象，但非常有限，这是因为情况太复杂，我们很难领会每张牌应用这些规则的用意，更无法预言下一步应该怎么打。学会所有的规则是容易的，要选择打出最好的一张牌，或者要弄懂别人为什么打出这张牌，往往更困难。但是，我们终将能发现非晶物质所有的规则，虽然我们今天还知之甚少。

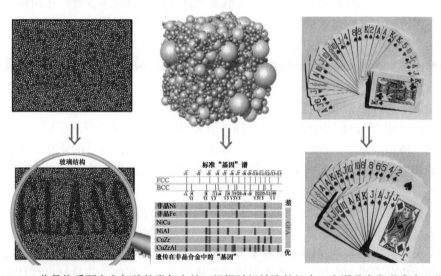

图 18.16　非晶物质研究和打牌的类似之处：根据随机抽取的机会，在混乱中发现或建立秩序

启示九：非晶物质和材料科学研究没有穷尽(game is never over)。从非晶材料对人类社会、先进技术、科学、艺术和文化发展的作用看，非晶物质的研究不会穷尽；相比其他学科，非晶物质研究还是婴儿期，才刚刚开始，本书介绍了很多研究进展和有关非晶物质的新知识，这些新东西或许是浅薄的、片断的、粗浅的、有缺陷的和不完整的，但代表了创新和进步，非晶物质科学在等待和谐、连续、细致、厚实和优美的深厚学问；从非晶物质中包含的诸多重要科学问题和挑战看，非晶物质成熟的理论框架和范式尚未建立，其研究不会停止；从非晶物质在物质中的地位看，非晶物质是常规物质的四大类之一，是相对简单的复杂物质，是认识复杂体系、生物、生命物质的基础，对其研究不会穷尽；从非晶物质科学对其他学科的作用看，其研究对很多领域都具有重要意义，不会停止；从非晶材料的应用看，我们生活的四周和方方面面已经充斥非晶材料，人们期待更多高性能的非晶材料，层出不穷的新的非晶材料将惠及社会，非晶材料的研发不会停止。如果如序言所说，非晶物质研究可以看成一台戏，那么这曲戏才刚刚揭开序章。

18.5 非晶物质科学的展望

18.5.1 展望

非晶物质科学的研究对象会不断扩大，常规物质的第四态——非晶物质是无序多体相互作用物质体系，根据粒子间相互关联的主导因素，无序多体相互作用物质可分为热体系(体系性能受热影响变化显著)和力体系(体系主要受控于力的因素)。前者包含液体、玻璃、非晶合金和众多的非晶材料；后者有颗粒、胶体等复杂无序体系。非晶物质涉及物质的两大状态：固态和液态。液体、玻璃、胶体和颗粒体等无序体系都是非晶态物理研究的典型模型体系，但都有自己独特的研究问题、挑战和研究思路。

认识自然过程总是从简单到复杂，从低级到高级这样的顺序发展。在四种常规物态中，气体组成粒子之间是近乎独立的，粒子间几乎不存在相互作用，无须考虑粒子大小和结构，是最简单的物态。因此，气体早在 19 世纪就因统计物理的发展已经建立了较完整的理论体系。20 世纪量子物理的出现，使得人们可以系统研究粒子强关联的常规有序结构物质——固体。凝聚态物理最初主要研究对象是相对简单的有序晶体。虽然组成晶体的大量粒子间存在强相互作用，但晶体中每个组成粒子方位都能明确(位于一个点阵中)，容易建模数学处理。因此，固态晶体的研究也已建立系统的理论框架，固体理论成为现代科学体系的重要组成部分[68-70]。气体和晶体完备的理论体系的建立是现有物理基本准则成功应用的典范，对促进物质科学的发展起到巨大的推动作用，也是进一步认知物质世界的动力。

随着科学的发展和技术的进步，人们的目光很自然地开始面向更复杂的两类常规物质态，即液态和非晶态。常规物质的第四态——非晶物质等复杂体系正逐渐成为物理和物质科学关注的中心。这是因为相对于有序晶态体系和简单、粒子相互作用弱的简单气态，非晶物质分布更为广泛，是物质世界非常重要的组成部分，非晶材料在日常生活、高科技和军事领域发挥着越来越重要的作用。非晶体系还与液态、生命物质、人类活动、社会运作和自然变化息息相关。亚里士多德的十字箴言：整体大于部分之和(The whole is more than the sum of its part. 安德森说：多则异也(More is different)。霍金说"二十一世纪是复杂性的世纪"。非晶物质作为重要组成部分的复杂体系研究已经是当今物理学的主要方向之一。非晶物质的研究对于全面认识凝聚态物质、认识复杂体系，完善现有理论体系，建立统一的常规物质的理论体系非常重要。已有的非晶态物理研究为进一步探索研究非晶态体系、建立基本理论框架积累了大量丰富经验和基础，不断出现的先进的科学手段为非晶物质研究提供新的工具。21 世纪凝聚态物质的研究更大的挑战之一应该是对非晶物质体系的探索和认知。同时，非晶体系研究在应用方面是以新材料发展和创新、工程安全性评估以及自然灾害预测等重大需求为背景的。此外，生物是最复杂的物质体系，而生物体就主要由液态和非晶物质所组成。研究非晶物质是研究更复杂和广阔生物世界的起步，将推动对复杂系统的深入认识。

作为相对年轻的学科，非晶态物理和材料应该是凝聚态物理和材料的朝阳学科。我们对非晶态物质的认识还很少，关于非晶体系的核心科学问题的研究也处于早期阶段，无论在非晶物质的微观结构、宏观特性、结构和性能的关系、基本概念和范式的建立、基础理论、形成规律、新材料和工艺探索、应用等方面都有大量的问题还未被发现或有待解决，大量现象、材料体系还未被发现、未被研究和解决[71]。正如著名理论物理学家 de Gennes 所说"对其认识相当于 30 年代固体物理水平"[72]。由凝聚态科学发展历史轨迹可乐观推测，非晶体物理应该是 21 世纪的重要发展方向，研究复杂非晶体系的简单性规律、非晶复杂性和简单性的关系是非常紧迫的任务。非晶体物理基础理论的发展是一个巨大挑战和一个可遇而不可求的机遇，挑战和机会并存。

非晶物质本质将始终是物理和材料科学探索和研究的难点和热点，是非晶体系基本理论框架建立的主要依据和对象。非晶态物质的结构不同于气体，也不同于存在强相互作用、每个组成粒子方位都能明确、有周期性的晶体。非晶物质的组成粒子之间有强相互作用、粒子位置很难明确，其微观结构的基本特征是多样性、不确定性和空间上的无序复杂性共存，此外，非晶结构和性质都随时间缓慢演化。确立非晶微观结构时空演化基本特征是认识非晶本质，建立非晶动力学和热力学行为理论的重要依据和基础。但是，目前还没有完备和有效描述无序微观结构的理论、方法和实验仪器，对非晶结构的研究始终没有突破传统晶体材料研究结构的概念、思路和方法，没有能够提出新的描述结构特征的概念和范式(如从粒子相互作用的角度来描述非晶结构)。现有结构模型仍存在如下严重缺陷：一是非晶中的组成粒子，物理上无法等同于简单球体；二是钢球模型严重阻碍了对非晶物质中组成粒子基本运动的认识，因为该模型中只能存在振动模式；三是没有考虑动力学、时间效应和时空关联性；四是现有的结构模型始终无法对非晶物质基本热力学参量(比热和熵)给予定量描述。现有非晶结构模型没能提供深入认识非晶本质的有力支持。所以，非晶结构时空关联性研究将是今后非晶物质科学的重点之一。

从时间、动力学角度研究非晶物质的本质，根据动力学来调控非晶材料性能是非晶物质学科的主线之一。动力学研究的前沿大致分为两类：其一是非晶形成液体黏度随温度变化规律和机理的研究，动力学特征在玻璃转变点附近的巨大变化的物理机制，这些被视为动力学研究的关键点。目前面临的主要困难和困惑是非晶体系中是否存在类似气体和固态晶体的理想模型。现有理论模型几乎都是唯象，且纷繁杂乱，无法统一，甚至相互矛盾。实验上，恰恰相反，大量研究结果已表明不同非晶物质的动力学基本行为具有普适性，如何从复杂的非晶体系动力学行为进一步发掘其普遍规律的物理内涵，并与结构和热力学行为联系起来是今后一段时间研究的一个热点和重点[73]。其二是建立动力学特征、不同动力学模式和非晶物质性能的关联关系，理解其本质。动力学和性能关系的建立，类似晶体材料中的构效关系，可以用于从动力学角度调控非晶材料的性能。

热力学是有效描述物质物理特性的重要基础，但非平衡非晶体系的热力学理论的建立和完善仍存在巨大困难。如经典固体振动模型无法解释非晶物质固体比热在 10 K 左右存在比热反常峰，即玻色峰；过冷液体的比热非常复杂，还没有被普遍接受的比热模型[74]。由于过冷液体的比热总是高于晶体的比热，由此得出液体的熵在某一温度以下将低于晶体的推论，形成理论上的熵危机。实际凝固过程中是否会产生熵危机呢？非晶态是不是物质的本质热力学状态？存在不存在非晶热力学基态？熵和焓是如何被"凝固"于非晶物质中的？玻璃转变本质上和热力学有关吗？是否存在理想的非晶态？此外，非晶物质热力学与其结构和动力学密切相关，但其关系很模糊。非晶物质热力学还非常不完善，不完善的非晶热力学理论致使非晶物质科学仍处于经验累积阶段，因此，对非晶材料探索难以提供有效的理论指导。对非晶和液体比热、熵、能态等的研究或许是认识非晶本质的突破口之一，是非晶物理研究的一个重要方向。

　　非晶物质中有很多类似临界现象的复杂物理过程，如断裂、玻璃转变、局域形变、流变、非晶-非晶转变、晶化、衰变等。这些现象不仅涉及深刻的物理问题，也关系到非晶材料的稳定性和服役。非晶体系的稳定性是其应用的基础[75]。因此，失稳研究是今后非晶物理和材料研究的重点方向之一。非晶材料的失稳研究重点主要涉及的是非晶材料在应力场中的时效、断裂或破坏行为。广义上来说，非晶体系失稳是自然界中一个普遍存在，如地震、山崩和泥石流等自然灾害，以及塌方、颗粒物质阻塞等。块体非晶合金的出现为无序态物质提供了研究失稳机理的理想模型体系，非晶物质失稳研究近年来有了新的发展和突破，从剪切带到微观裂纹的形成，直至宏裂纹扩展，以及断裂形貌的研究获得了极其丰硕的科研成果。不同类型非晶体系的失稳对比研究将进一步深化非晶体系失稳基本规律和特征的认识，有望在此基础上建立一个统一的非晶体系失稳机制。非晶失稳机制研究的突破还有助于指导新型高强韧非晶材料的设计[76]，也有助于对常见自然灾害的认知和防御[77]。

　　胶体粒子和颗粒物质为研究非晶物质中基本问题提供了一个独特的实验平台和模型体系。通过光学显微镜可以直接观察均匀微米大小的胶体粒子组成的非晶体的表面和内部。可以在介观尺度观察、研究非晶物质的形成、玻璃转变、弛豫和输运、长大和形变、流变和失稳的过程，并能用图像处理得到单个粒子的运动轨迹，可为复杂的非晶物质研究提供丰富的微观信息[78]，是目前非晶物理领域的热点方向之一。

　　采用先进的科学装置，如自由电子激光、冷冻电镜、同步辐射、利用极端物理化学环境来研究非晶物质的基本科学问题、研制非晶新材料、发现新的现象是今后非晶研究的趋势之一。非晶物质研究和化学、生物、信息、能源、工程等领域的交叉也将赋予非晶研究新的生长点和生命力。

　　量子物理学家 David Bohm 提出隐形序的观点和概念[79]。即物质在貌似复杂的表面下，总隐藏着一个更深奥、不易察觉的隐序。寻找复杂的非晶物质中的各种隐藏的序有助于对非晶物质本质的认识，但是如何发现和表征这些隐藏序是非晶物质科学的重大挑战。

　　随着现代计算机技术、软件和算法、人工智能突飞猛进的快速发展，科学研究的方式和进程发生了划时代的深刻变化，计算技术、人工智能在科学领域的广泛应用正在改变着传统科学研究的方式和面貌。计算科学、科学实验和科学理论在并行地推动着近代科学技术的发展。材料基因组的基本理念就是通过高通量自动流程计算与多层次材料设计，基于高通量计算与实验构建的材料设计数据库及信息数据库，探索物质或材料最底层要素(化学元素及其组合，结构单元及其构建)及其协同调控物性的机制或规律。目标是变革材料研发模式，实现材料按需设计，快速低耗创新发展新材料，可能实现颠覆性材料和技术。在大数据时代，可充分利用积累的数据，通过数据从中挖掘得到更准确有效的规律。机器学习的强大之处在于它分析大量的、多维度的数据的能力，机器学习中有许多不同的方法可以从数据库中对数据特征进行识别，从而对新的数据进行预测[80,81]，可以大大提高材料探索的效率。高通量计算集成了量子力学、热力学、动力学以及多尺度跨层次模拟计算，同时结合可靠的实验数据以及尽可能多的材料知识积累，建立化学组分、结构、显微组织以及各种物性的数据库。在理论计算和模拟基础上，通过数据挖掘来探寻材料结构和性能之间的关系，为材料设计提供更多的信息，拓宽材料筛选范围，集中筛选目标，减少筛选尝试次数，预期材料性能，缩短性质优化和测试周期，从而加速材料的创新与应用。高通量计算在快速发现新材料、洞察材料物理、揭示材料中的新现象等涉及材料核心问题方面，愈来愈显示出其强大的作用和巨大的潜势[82,83]。材料计算模拟已经逐渐成为和实验、理论并立的三大科学发现的途径。计算机模拟、人工智能如机器学习对认识非晶物质的基本结构、动力学和结构的关系等科学问题提供了强大的工具。非晶研究需要结合大型计算机、大数据、高通量计算和实验等先进的信息技术和理念，和信息时代的最新研究成果的结合、交叉是今后的必然趋势。

今后需要发展的非晶体系基本理论框架包括：非晶体系的微观结构模型化，实现时间作为微观结构表征的一个坐标，实现结构时空演化与动力学和热力学行为关联；建立非晶物质热力学行为定量描述的范式；确立非晶动力学各类模式的微观机理，将整个区域(液态、过冷态、非晶态)结构弛豫行为纳入一个统一的定量描述范式，建立和微观运动相关的动力学弛豫模型和完整的非晶动力学理论；建立非晶物质流变和形变耗散的微观机制，明确非晶物质从宏观尺度至原子尺度的流变机制的物理图像，阐明影响非晶物质变形的规律。

在非晶材料方面，新型、高强韧、具有功能特性的非晶材料的研发是材料领域的永恒主题。不断有新型非晶材料的涌现某种程度决定了这个领域的生命力。非晶材料研究要抓住信息产业革命的机遇，开发可以在信息领域应用的新型非晶材料，充分利用全球化背景下各种优质创新资源、新设备、理论的进步和发展。先进非晶材料应该努力实现从原子/分子层面设计、智能化制备、制造新材料，即实现原子设计和制造在非晶物质研发探索中的应用，充分利用 3D 打印、清洁高效、更加环境友好等先进技术和理念制造非晶材料和物质，颠覆非晶材料研发的传统思路。

非晶物质科学的研究方法、理念(如熵调控)、结果和手段已对科学、生物、材料以及其他领域产生重要影响。非晶本质研究成果、新型非晶材料的出现将引领、导致众多丰硕的成果，影响众多学科，促进科学和社会进步。

经济社会发展需求最旺盛的地方，就是新科技革命最有可能突破的方向。因此开发、促进非晶材料的新应用是今后的重要方向。非晶研究的挑战和非晶材料应用瓶颈会给中国的非晶物质科学研究带来难得的机遇。过去十几年的研究积累及国内蓬勃发展的制造业和较低的产业化门槛值，信息时代对先进材料的各类特殊需求，使得非晶合金等新型非晶材料的研究及应用极有可能在中国取得突破性进展，从而带动由中国引导的另一个非晶材料研究高潮的出现。非晶物质研究能否继续有生命力和以怎样的速度发展，将取决于科学界寻找新一代具有激动人心的应用型非晶材料的能力和水平，取决于新体系和新成果的不断涌现，以及以热塑性、非晶材料等为基础的复合材料大规模工业应用技术的发展。非晶材料的大规模实际应用、基础理论研究、新的研究模式、先进实验技术的引入都将是决定非晶材料未来发展的重要因素。

目前，我们对复杂的非晶物质和材料的了解还太肤浅，甚至可笑(图 18.17)。非晶物质科学的天空还漂浮着朵朵乌云，很多亟须解决的科学和技术问题很难突破。非晶物质的研究还处在巨大的问号的阴影之中(图 18.18)。由于一代代人坚忍不拔的努力，已经把这个问号逐渐推向隐约可辨的界限。另一个方面，根据库恩关于科学突破的经典分析，自然科学的学科只有处于危机状态时才会产生突破和范式转换(paradigm shift)[84]。例如，19 世纪末期物理学大厦上空漂浮着两朵"乌云"：迈克耳孙-莫雷试验结果和黑体辐射的紫外灾难，引发了物理学一场深刻的革命，导致了相对论和量子力学的诞生。充满问题的领域正说明它是充满希望的。在充满未知的非晶物质科学领域面前，所有人都是平等的：是挑战，更是机会。总有一天有人能越过界限，找到满意答案。目前，非晶物质科学的核心科学问题还没有足够多的知识积累和异常，只有显现出了"危机"迹象或积累了很多不能解释的发现，才可能会开启一扇重大范式转换的大门。其实，任何一个学科的发展都会有高潮有低潮。正如生物学家约翰·霍普金斯说："任何一门科学都好像是一条河流。它有着朦胧的、默默无闻的开端；有时在平静地流淌，有时湍流急奔；它既有涸竭的时候，也有涨水的时候。借助于许多研究者的辛勤劳动，或是当其他思想的溪流给它带来补给时，它就获得了前进的势头，被逐渐发展起来的概念和归纳不断加深和加宽。"所以，应该有挑战非晶学科复杂性和难题，面对非晶研究困境的愿望和勇气。

图 18.17 我们对非晶物质认识的肤浅漫画

图 18.18 非晶物质科学研究还处在巨大的问号的阴影之中

从物质研究的历史长河来看，对常规物质第四态非晶物质的研究是人类探索自然的小片段。英国科学史学家丹皮尔曾用一首诗描述人类探索、理解自然的历程[85]：

一个图案在远方幽灵般闪光

它的影像变幻不已

但没人能揭示哪怕是其碎片的底细

更不知晓其字谜的意义

......

大自然在微笑

> 但却小心珍藏着她内心的秘密
> 依然在时刻保护着
> 她那猜不透的斯芬克斯之谜。

研究者最大的乐趣和成就，就是发现其他所有人都视而不见的小涌泉，把它培养成小河，再拓宽成大河。

我们时常听到的感叹是非晶物质学科已经没有重要的课题和方向值得做了。的确，非晶物质领域确实需要不断提出高水平的科学和技术问题，需要不断有创新性的概念和成果。但是，非晶物质的研究远没有走到尽头，而是处在研究初期。如果把非晶物质研究看成一台戏，这曲戏才刚刚开始序章，这曲戏高潮部分还未到来。关于非晶物质研究前景的顾虑也使人想起 100 多年前，德国物理学家普朗克的老师曾忠告他，"物理学基本是一门已经完成了的科学"。1899 年，美国专利局长曾断言，"所有能够发明的，都已经发明了"。国际商业机器公司(IBM)董事长沃森也曾预言，"全球计算机市场的规模是 5 台"。这些人大都是本领域的杰出人才，他们预言的失败，并不是因为他们短视，而是因为人类创新的潜能远远超出了人们的想象和预测。爱因斯坦说："科学是一种认识的冒险。"重大的科研成果不是突然产生的，其背后必然隐含着巨大的付出和坚持。非晶物质科学研究不是短暂的冲刺，而更应该是一场漫长的马拉松。相信非晶物质领域的突破一定属于那些对非晶研究有激情、有耐心、有信心、有兴趣的人，属于那些具有寻求真理比真理本身更有价值的心态的人。

18.5.2　非晶之塔

人类自古有造塔的习惯，塔能够实现最高的相对高度，能彰显成就和自豪感，是人类功能上和心理上获得更高高度的需求，圣经记载造通天塔曾是人类的梦想。约 4500 年前，古埃及人因为有了青铜材料的工具，建造了金字塔，其中胡夫金字塔塔高 146.5 m (图 18.19)，这是钢铁时代之前人类用石土木材料能够建造的最高建筑。彰显了当时人类制造所能达到的最高极限和人类当时所能达到的最高技术和材料水平。

钢铁的发明和大规模应用，使人类的建筑从"土""石"和"木"中超脱出来，进入了全新的钢铁时代。钢铁时代的标志建筑是巴黎的埃菲尔铁塔，这座塔于 1889 年建成，高度 324 m(图 18.19)，主要使用钢材，是当时最高建筑，也是第一座超过埃及金字塔的人类建筑。埃菲尔铁塔也彰显了当时人类最高技术和材料水平。21 世纪我国在南沙造大型岛人工岛，南沙灯塔凌空矗立在人工岛上(图 18.19)，也彰显了中国制造和建设狂魔的水平。

图 18.19　(a)埃及金字塔；(b)巴黎埃菲尔铁塔；(c)通天塔；(d)南沙人工岛上的南沙灯塔

　　能否建成划时代的非晶之塔，能否形成非晶文化应该是非晶人的梦想。非晶塔就是非晶物质和材料领域的新突破、新高度、新坐标、新概念、新技术和新材料。例如，近代利用最古老的砂石材料，根据新的科学理念和新技术，制备出玻璃光纤，导致新时代——信息时代的来临，非晶光纤就是非晶塔的典范。这也是华人在非晶领域的重大贡献。遗憾的是在非晶物质科学的历史舞台上，源自中国的贡献太少。以前我们中国的学者，不过是在非晶这台戏的舞台下看剧的观众。那时在非晶物质科学历史的舞台上，根本没有中国学者站立的地方。通过半个世纪的努力，现在应该是我们要准备登上舞台的时候了。因为中国的科技经济能力和科技投入给予了我们去持续地研究重大非晶物质科学问题的环境和机会。因此，我们要抛弃跟踪性研究的思路，努力探索原创性的材料、理论与方法。汤恩比说"二十一世纪是中国人的世纪"。本册封面中间图案中的天空蓝寓意纯净和深远，寓意非晶物质的研究是一片蓝海，它像深邃的蓝色太空一样有无穷的奥秘值得有识之士去投身探索。但愿中国人和非晶物质科学、非晶材料能在这个世纪中交相辉映，并能形成新的非晶(玻璃)文化和思想。非晶物质(玻璃)以及相关科学和技术与我们儿时的记忆和初心有着密切的联系(图 18.20)。可以相信，未来对怀着非晶创新梦想的中国人，机遇会越来越多。

　　费曼在其《费曼物理学讲义》中有过一段精彩的阐述[86]："有一位诗人曾经说过：'整个宇宙就存在于一杯葡萄酒中。'我们大概永远不可能知道他是在什么含义上这样说的，因为诗人的写作并不是为了被理解。但是真实的情况是，当我们十分接近地观察一杯葡萄酒时，我们可以见到整个宇宙。这里出现了一些物理学的现象：弯弯的液面，它的蒸发取决于天气和风；玻璃上的反射；而在我们的想象中又添加了原子。玻璃是地球上的岩石的净化产物，在它的成分中我们可以发现地球的年龄和星体演化的秘密。葡萄酒中所包含的种种化学制品的奇特排列是怎样的？它们是怎样产生的？这里有酵素、酶、基质以及它们的生成物。于是在葡萄酒中就发现了伟人的概括：整个生命就是发酵。任何研究葡萄酒中的化学的人也必然会像巴斯德(L. Pasteur)所做过的那样发现许多疾病的原因。红葡萄酒是多么的鲜艳！让它深深地留在人们美好的记忆中去吧！如果我们微不足道的有限智力为了某种方便将这杯葡萄酒——这个宇宙——分为几个部分：物理学、生物学、地质学、天文学、心理学等，那么要记住大自然是不知道这一切的。所以让我们把所有这些仍旧归并在一起，并且不要忘记这杯酒最终是为了什么。让它最后再给我们

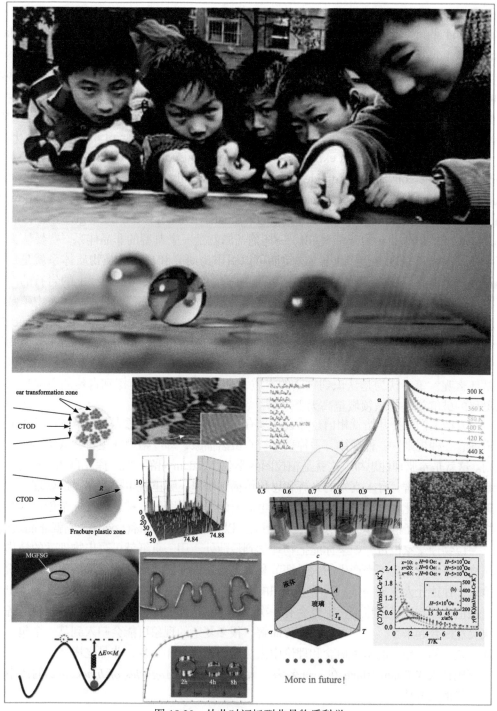

图 18.20　从儿时记忆到非晶物质科学

一次快乐吧！喝掉它，然后把它完全忘掉！"（A poet once said, "The whole universe is in a glass of wine." We will probably never know in what sense he meant it, for poets do not write to be understood. But it is true that if we look at a glass of wine closely enough we see the entire universe. There are the things of physics: the twisting liquid which evaporates depending on the wind and weather, the reflection in the glass; and our imagination adds atoms. The glass is a distillation of the earth's rocks, and in its composition we see the secrets of the universe's age, and the evolution of stars. What strange array of chemicals are in the wine? How did they come to be? There are the ferments, the enzymes, the substrates, and the products. There in wine is found the great generalization; all life is fermentation. Nobody can discover the chemistry of wine without discovering, as did Louis Pasteur, the cause of much disease. How vivid is the claret, pressing its existence into the consciousness that watches it! If our small minds, for some convenience, divide this glass of wine, this universe, into parts — physics, biology, geology, astronomy, psychology, and so on -- remember that nature does not know it! So let us put it all back together, not forgetting ultimately what it is for. Let it give us one more final pleasure; drink it and forget it all!) 一杯葡萄酒就是一个典型的非晶体系。费曼认为观察一杯葡萄酒就是观察整个世界。这句话可以引申为研究和观察非晶物质体系就是研究和观察整个世界。"整个世界就在一杯葡萄酒中"。他认为"玻璃是地球上的岩石的净化产物,在它的成分中我们可以发现地球的年龄和星体演化的秘密"。即非晶体系中蕴藏着物质世界的秘密。物理学的终极问题是"这个世界是怎么被创造的(How did he create the world)",化学的终极问题就是物质是如何被创造的(How did he create the matter),生物学的终极问题是"生命和人是怎么被创造的(How did he create us)"。非晶物质学科的终极问题是什么呢?笔者认为是认识到物质的本质,是利用非晶物质窥探到自然的奥秘!物质的奥秘的破解就是非晶领域至高无上之塔。

西方精英们从一开始就相信,社会必须有一种超越任何个人意志,超越物质外表的一种道理、一种规则、一种规律、一种秩序,它虽然抽象,却严格遵守逻辑、数学与实证的规则。这就是希腊理性思维,这就是柏拉图的学院(Academy)留下来的探究自然的精神。古希腊先贤逻辑思辨、寻求真知的光辉和思想传播到哪里,哪里就生根发芽,造就璀璨的富于理性精神的文化。今天研究非晶物质,也需要延续柏拉图的精神,寻找上帝创造这个非晶物质世界时赋予的规律、规则,抽象的道理,以及其背后的图标(Logos),成就非晶之塔。

一位物理学家说过,如果你能把物理学到最薄处,用一页纸就可写出物理学的精华。非晶物质科学研究近年来产生的大量细节和观点是盲人摸象式研究的结果。面对这些纷繁和争论,往往让人莫衷一是。科学上知识的大综合是时常进行的,根据科学发展的历史规律,相信非晶物质科学将来一定也会有一次综合。在这样的综合中,就像字谜画中的各个方块突然配合起来了,一切可能都迎刃而解,很多复杂的现象可能会归入到某一个包罗万象的、统一的、单一的基本概念和理论中去。这,也就是非晶梦,非晶之塔。

英国诗人 William Blake 在一首名为《天真的暗示》(Auguries of Innocence)的诗中写下了这样的名句[87]:

To see a world in a grain of sand
And a heaven in wild flower
Hold infinity in the palm of your hand
And eternity in an hour

经诗人徐志摩转译成如下的妙语：

一沙一世界，一花一天堂。

无限掌中置，刹那成永恒。

这首诗也可用来描述非晶物质世界的独特之美，可以从诗的角度帮助我们理解非晶物质科学研究的本质：化普遍物质为神奇的材料，于微处可以见世界的智慧和功绩，即通过研究代表非晶物质世界的一粒沙，表征无序天堂的一朵花，通过描述非平衡体系随时间演化规律的一刹，就可以认识时间和空间都是无限的、极其复杂的物质世界；而这一沙、一花和一刹那就是某个统一的基本理论框架，将帮助我们去构建极致简单，却纷繁美丽的非晶物质世界和非晶文化。

参 考 文 献

[1] Cheng Y Q, Ma M. Atomic-level structure and structure–property relationship in metallic glasses. Prog. Mater. Sci., 2011, 56(4): 379-473.

[2] Wang W H. Dynamic relaxations and relaxation-property relationships in metallic glasses. Prog. Mater. Sci., 2019, 106: 100561.

[3] Stillinger F H. A topographic view of supercooled liquids and glass formation. Science, 1995, 267(5206): 1935-1939.

[4] Dyre J. The glass transition and elastic models of glass-forming liquids. Rev. Mod. Phys., 2006, 78: 953-972.

[5] Wang W H. Correlation between relaxations and plastic deformation, and elastic model of flow in metallic glasses and glass-forming liquids. J Appl. Phys., 2011, 110(5): 053521.

[6] Wang W H. The elastic properties, elastic models and elastic perspectives of metallic glasses. Prog. Mater. Sci., 2012, 57(3): 487-656.

[7] Mydosh J A. Spin Glasses: An Experimental Introduction. London: Taylor & Francis, 1993.

[8] 汪卫华. 非晶合金材料科学前沿论坛专题·编者按. 中国科学: 物理学力学天文学, 2020, 50(6): 5-6.

[9] Schuh C A, Hufnagel T C, Ramamurty U. Mechanical behavior of amorphous alloys. Acta Mater., 2007, 55(12): 4067-4109.

[10] 王峥, 汪卫华. 非晶合金中的流变单元. 物理学报, 2017, 66(17): 176103.

[11] Orowan E, Zur Kristallplastizität I. Tieftemperaturplastizität und beckersche formel. Zeitschrift für Physik, 1934, 89: 605-613.

[12] Spaepen F. A microscopic mechanism for steady state inhomogeneous flow in metallic glasses. Acta Metall., 1977, 25(4): 407-415.

[13] Huang R, Suo Z, Prevost J H, et al. Inhomogeneous deformation in metallic glasses. J. Mech. Phys. Solids, 2002, 50: 1011-1027.

[14] Dai L H, Yan M, Liu L F, et al. Adiabatic shear banding instability in bulk metallic glasses. Appl. Phys. Lett., 2005, 87(14): 141916.

[15] Argon A S. Plastic deformation in metallic glasses. Acta Metall., 1979, 27(1): 47-58.

[16] Eshelby J D. The determination of the elastic field of an ellipsoidal inclusion, and related problems. Proc. R. Soc. London A, 1957, 241(1226): 376-396.

[17] Sun B A, Yu H B, Jiao W, et al. Plasticity of ductile metallic glasses: a self-organized critical state. Phys. Rev. Lett., 2010, 105(3): 035501.

[18] Budrikis Z, Castellanos D F, Sandfeld S, et al. Universal features of amorphous plasticity. Natu. Comm.,

2017, 8(1): 1-10.

[19] Schall P, Weitz D A, Spaepen F. Structural rearrangements that govern flow in colloidal glasses. Science, 2007, 318(5858): 1895-1899.

[20] Lemaître A. Rearrangements and dilatancy for sheared dense materials. Phys. Rev. Lett., 2002, 89(19): 195503.

[21] Falk M L, Langer J S. Dynamics of viscoplastic deformation in amorphous solids. Phys. Rev. E, 1998, 57(6): 7192-7205.

[22] Li L, Homer E R, Schuh C A. Shear transformation zone dynamics model for metallic glasses incorporating free volume as a state variable. Acta Mater., 2013, 61(9): 3347-3359.

[23] Schuh C A, Lund A C. Atomistic basis for the plastic yield criterion of metallic glass. Nat. Mater., 2003, 2(7): 449-452.

[24] Ding J, Cheng Y Q, Sheng H, et al. Universal structural parameter to quantitatively predict metallic glass properties. Nature Commu., 2016, 7: 13733.

[25] Peng H L, Li M Z, Wang W H. Structural signature of plastic deformation in metallic glasses. Phys. Rev. Lett., 2011, 106(13): 135503.

[26] Hu Y C, Li F X, Li M Z, et al. Five-fold symmetry as indicator of dynamic arrest in metallic glass-forming liquids. Nature Commu., 2015, 6: 8310.

[27] Langer J S, Pechenik L. Dynamics of shear-transformation zones in amorphous plasticity: energetic constraints in a minimal theory. Phys. Rev. E, 2003, 68(6 Pt 1): 061507.

[28] Johnson W L, Samwer K. A universal criterion for plastic yielding of metallic glasses with a $(T/T_g)^{2/3}$ temperature dependence. Phys. Rev. Lett., 2005, 95(19): 195501.

[29] Harmon J S, Demetriou M D, Johnson W L, et al. Anelastic to plastic transition in metallic glass-forming liquids. Phys. Rev. Lett., 2007, 99(13): 135502.

[30] Wang Z, Wen P, Huo L S, et al. Signature of viscous flow units in apparent elastic regime of metallic glasses. Appl. Phys. Lett., 2012, 101(12): 121906.

[31] Yu H B, Shen X, Wang Z, et al. Tensile plasticity in metallic glasses with pronounced β relaxations. Phys. Rev. Lett., 2012, 108(1): 015504.

[32] Lu Z, Jiao W, Wang W H, et al. Flow unit perspective on room temperature homogeneous plastic deformation in metallic glasses. Phys. Rev. Lett., 2014, 113(4): 045501.

[33] Wang Z, Wang W H. Flow units as dynamic defects in metallic glassy materials. Natl. Sci. Rev., 2019, 6(2): 304-323.

[34] Manning M L, Liu A J. Vibrational modes identify soft spots in a sheared disordered packing. Phys. Rev. Lett., 2011, 107(10): 108302.

[35] Ding J, Patinet S, Falk M L, et al. Soft spots and their structural signature in a metallic glass. Proc. Natl. Acad. Sci. U S. A., 2014, 111(39): 14052-14056.

[36] Huang B, Zhu Z G, Ge T P, et al. Hand in hand evolution of boson heat capacity anomaly and slow β-relaxation in La-based metallic glasses. Acta Mater., 2016, 110: 73-83.

[37] Luo P, Li Y Z, Bai H Y, et al. Memory effect manifested by a boson peak in metallic glass. Phys. Rev. Lett., 2016, 116(17): 175901.

[38] Fan Y, Iwashita T, Egami T. How thermally activated deformation starts in metallic glass. Nature Commu., 2014, 5: 5083.

[39] Greer A L, Cheng Y Q, Ma E. Shear bands in metallic glasses. Mater. Sci. Eng. R, 2013, 74(4): 71-132.

[40] Zhang H W, Maiti S, Subhash G. Evolution of shear bands in bulk metallic glasses under dynamic loading. J. Mech. Phys. Solids, 2008, 56(6): 2171-2187.

[41] Jiang M Q, Dai L H. On the origin of shear banding instability in metallic glasses. J. Mech. Phys. Solids, 2009, 57(8): 1267-1292.

[42] Zhang Z F, Eckert J, Schultz L. Difference in compressive and tensile fracture mechanisms of $Zr_{59}Cu_{20}Al_{10}Ni_8Ti_3$ bulk metallic glass. Acta Mater., 2003, 51(4): 1167-1179.

[43] Sun B A, Wang W H. The fracture of bulk metallic glasses. Prog. Mater. Sci., 2015, 74: 211-307.

[44] Zhang Z F, Eckert J. Unified tensile fracture criterion. Phys. Rev. Lett., 2005, 94(9): 094301.

[45] Lei X, Wei Y, Wei B, et al. Spiral fracture in metallic glasses and its correlation with failure criterion. Acta Mater., 2015, 99: 206-212.

[46] Xi X K, Wang W H, Wu Y, et al. Fracture of brittle metallic glasses: brittleness or plasticity. Phys. Rev. Lett., 2005, 94: 125501.

[47] Wang G, Zhao D Q, Bai H Y, et al. Nanoscale periodic morphologies on the fracture surface of brittle metallic glasses. Phys. Rev. Lett., 2007, 98(23): 235501.

[48] Wu Z W, Li M Z, Wang W H, et al. Hidden topological order and its correlation with glass-forming ability in metallic glasses. Nature Commun., 2015, 6(1): 1-7.

[49] Liu X J, Xu Y, Hui X, et al. Metallic liquids and glasses: atomic order and global packing. Phys. Rev. Lett., 2010, 105(15): 155501.

[50] Ma D, Stoica A D, Wang X L. Power-law scaling and fractal nature of medium range order in metallic glasses. Nature Mater., 2009, 8(1): 30-34.

[51] Hirata A, Guan P F, Fujita T, et al. Direct observation of local atomic order in a metallic glass. Nature Mater., 2011, 10(1): 28-33.

[52] Salmon P S, Martin R A, Mason P E, et al. Topological versus chemical ordering in network glasses at intermediate and extended length scales. Nature, 2005, 435(7038): 75-78.

[53] Zeng Q C, Sheng H, Ding Y, et al. Long-range topological order in metallic glass. Science, 2011, 332: 1404-1406.

[54] Smith H L, Li C, Hoff A, et al. Separating the configurational and vibrational entropy contributions in metallic glasses. Nature Phys., 2017, 13(9): 900-905.

[55] Ke H B, Wen P, Zhao D Q, et al. Correlation between dynamic flow and thermodynamic glass transition in metallic glasses. Appl. Phys. Lett., 2010, 96(25): 251902.

[56] Hecksher T, Nielsen A I, Olsen N B, et al. Little evidence for dynamic divergences in ultraviscous molecular liquids. Nat. Phys., 2008, 4(9): 737-741.

[57] Eliaz N, Eliezer D. An overview of hydrogen interaction with amorphous alloys. Adv. Perform. Mater., 1999, 6(1): 5-31.

[58] Fukunaga T, Itoh K, Orimo S, et al. Structural observation of nano-structured and amorphous hydrogen storage materials by neutron diffraction. Mater. Sci. Eng. B, 2004, 108(1-2): 105-113.

[59] Zheng Y F, Xu X X, Xu Z G, et al. Metallic Biomaterials — New Directions and Technologies. Weinheim, Germany: Wiley-VCH Verlag GmbH & Co. KGaA, 2017.

[60] 陆坤权, 刘寄星. 软物质物理学导论. 北京: 北京大学出版社, 2006.

[61] 韩一龙. 利用胶体研究晶体的熔化和结晶. 物理, 2013, 42(3): 160-169.

[62] Saal A E, Hauri E H, Cascio M L, et al. Volatile content of lunar volcanic glasses and the presence of water in the Moon's interior. Nature, 2008, 454(7201): 192-195.

[63] Gibney E. How to build a Moon base. Nature, 2018, 562(7728): 474-478.

[64] Kirkpatrick S, Gelatt C D, Vecchi M P. Optimization by simulated annealing. Science, 1983, 220(4598): 671-680.

[65]张会军, 章琪, 王峰, 等. 利用胶体系统研究玻璃态. 物理, 2019, 48(2): 69-81.

[66] Prigogin I, Stengeer I. Oder Out of Chaos. Bantam Books, Inc., 1984.

[67] Eddington A. The Philosophy of Physical Science. Cambridge: Cambridge University Press, 1939.

[68] Callaway J. Quantum Theory of the Solid State. New York: Academic Press, 1991.

[69] Ziman J M. Principles of the Theory of Solids. Cambridge: Cambridge Univ. Press, 1972.

[70] 黄昆. 固体物理学. 北京: 高等教育出版社, 1998.

[71] Jackle J. Models of the glass transition. Rep. Prog. Phys., 1986, 49(2): 171-231.

[72] De Gennes P G, Badoz J. Fragile objects: Soft Matter, Hard Science, and the Thrill of Discovery, Copernicus. New York: Springer-Verlag, 1996.

[73] Sillescu H. Heterogeneity at the glass transition: a review. J. Non-Cryst. Solids, 1999, 243(2-3): 81-108.

[74] Granato A V. The specific heat of simple liquids. J. Non-Cryst. Solids, 2002, 307-310: 376-386.

[75] Johnson P A, Savage H, Knuth M, et al. Effects of acoustic waves on stick-slip in granular media and implications for earthquakes. Nature, 2008, 451(7174): 57-60.

[76] Demetriou M D, Launey M E, Garrett G, et al. A damage-tolerant glass. Nature Mater., 2011, 10(2): 123-128.

[77] Ide S, Beroza G C, Shelly D R, et al. A scaling law for slow earthquakes. Nature, 2007, 447(7140): 76-79.

[78] Bohm D. Wholeness and the Implicate Order. New York: Routledge, 1983.

[79] Witten I H, Frank E, Hall M A, et al. Data Mining: Practical Machine Learning Tools and Techniques. Morgan Kaufmann, 2016.

[80] Ghiringhelli L M, Vybiral J, Levchenko S V, et al. Big data of materials science: critical role of the descriptor. Phys. Rev. Lett., 2015, 114(10): 105503.

[81] Raccuglia P, Elbert K C, Adler P D, et al. Machine-learning-assisted materials discovery using failed experiments. Nature, 2016, 533(7601): 73-76.

[82] Yang K, Setyawan W, Wang S, et al. A search model for topological insulators with high-throughput robustness descriptors. Nature Mater., 2012, 11(7): 614-619.

[83] Curtarolo S, Mingo N, Sanvito S, et al. The high-throughput highway to computational materials design. Nature Mater., 2013, 12: 191-195.

[84] Kuhn T S. The Structure of Scientific Revolutions. Chicago: University of Chicago Press, 1962.

[85] 丹皮尔. 科学史. 北京: 商务印书馆, 1970.

[86] Feynman R P. 费曼物理学讲义. 郑永华, 华宏鸣, 吴子仪, 等译. 上海: 上海科技出版社, 2012: 31-32.

[87] 威廉·布莱克. 布莱克诗集. 张炽恒, 译. 上海: 上海社会科学院出版社, 2017.

跋

经过十多年的努力，特别是近三年来的疫情带来了很多空余闲暇时间，本书终于和同行、读者见面了。此时，作为一位非晶物质研究领域的老兵，我心中充满感激之情。

首先要感谢的是作者所在非晶材料和物理研究团队。凝聚能够带来奇迹。微观粒子的凝聚能形成全新的物态和性质，形成液体、固体和非晶态物质，能产生很多奇特的物理、化学性质和现象。人的凝聚同样如此。作者所在的非晶材料和物理研究团队就是一个对科研有浓厚兴趣、团结向上的科研人员、工程师和研究生凝聚的群体。几十年来，本群体的成员团结一致、精诚合作，在非晶物质和材料领域不懈耕耘。本书涉及的许多结果就来自我们这个团队。本书的写作也得益于他们的很多帮助、讨论、支持和鼓励。在此，衷心感谢我们这个团队以及曾在团队工作和学习过的每个成员。特别感谢我们非晶材料和物理研究团队以及中国科学院极端条件物理重点实验室的主要工作人员：王汝菊，潘明祥，白海洋，赵德乾，闻平，柳延辉，孙永昊，孙保安，郗学奎、丁大伟，王超，李明星，沈来权，鲁振，孙奕涛，张博，柯海波，尚宝双，童星，赵勇，陈自强，闫玉强，胡远超，曹乘榕，张华平，李金凤，王灿，赵少凡，张琪，刘明等。

本书还得益于与国内外很多同行、朋友的合作、支持、交流和讨论。下面这些教授和我们曾经或正在进行研究合作：吴跃，陈明伟，王循理，A. L. Greer，K. Samwer，J. Lewandowski，J. Eckert，T. G. Nieh，C. T. Liu，A. Inoue，T. Egami，J. Perepesko，A. Meyer，J. Dyre，C. H. Shek，Y. Yang，J. Lu，A. Lemaitre，R. Busch，J. Schores，K. Ngai，周少雄，柳林，李茂枝，徐莉梅，管鹏飞，武振伟，吕勇军，金喻亮等，在此深表感谢。作者曾有幸能和很多非晶研究领域前辈如 H. S. Chen，W. L. Johnson，R. Cahn，J. Langer，A. Angell，K. Lieb，H. Schober 等讨论，本书很多想法得益于他们的建议、启发和指教。

特别要感谢我的导师何怡贞先生、李林先生、王文魁老师、董远达老师给予的教诲、支持和鼓励。感谢国家自然科学基金委员会靳达申、车成卫、郑雁军、陈克新老师的支持和鼓励。

感谢我的父亲汪守信、母亲戴曼萍一直指导、鼓励我写作、写书，他们的鼓励和期待是我完成这本书的主要动力。

感谢对本书写作有重要帮助的文献和书籍。

感谢国家自然科学基金和科技部、中国科学院物理研究所、松山湖材料实验室的科研项目持续支持。

　　最后，请读者和同行谅解本人省略或忽略了博大的非晶物质科学领域中这样或那样的问题、方向、内容和成果。非晶物质领域发展如此之快，它包含如此众多的内容和问题，新成果、新问题不断涌现。客观地说，想要在这套书中涵盖所有的内容几乎是不可能的，这也是非晶物质科学具有魅力的原因之一。

　　特别要强调的是，本书可能带有很多个人观点。由于作者学识、水平、格局、眼界及能力有限，错误、疏忽和不当之处在所难免，敬请读者批评和指正。